量子光学基础与应用丛书

彭堃墀　主编

固体单频激光技术

卢华东　苏　静　彭堃墀　著

科学出版社

北　京

内 容 简 介

全固态单频连续波激光器具有高光束质量、低噪声、窄线宽以及高相干性等优点，在量子光学、原子物理、精密测量、激光雷达和激光制导等基础研究及国防和军事领域中有着广泛且重要的应用。本书基于作者多年的工作积累，总结了高功率全固态单频连续波激光器相关的技术和方法，并且给出了一些已经应用于成熟产品的激光器设计实例。全书共有6章，包括光学谐振腔、热效应的产生和改善、高功率单频激光器的稳定性、强度噪声的分析与抑制、利用非线性损耗提升单频激光器的性能和宽调谐单频激光技术。最后在结束语中简要介绍了全固态单频连续波激光器在光场量子态的制备、冷原子物理的研究和引力波探测中的应用情况。

本书深入浅出，尤其是给出的若干成熟产品的激光器设计实例，很适合高等院校的本科生和研究生、科研院所的科研工作人员以及从事相关工作的企业科技工作者等阅读和参考。希望从事量子光学和激光技术相关的科研人员和研究生通过本书能了解和掌握此类激光器的基本性能和初步的设计思想。

图书在版编目(CIP)数据

固体单频激光技术/卢华东，苏静，彭堃墀著. —北京：科学出版社，2024.1
(量子光学基础与应用丛书)
ISBN 978-7-03-076855-1

Ⅰ. ①固… Ⅱ. ①卢…②苏…③彭… Ⅲ. ①固体–单模激光器 Ⅳ. ①TN248

中国国家版本馆CIP数据核字(2023)第212751号

责任编辑：周 涵 赵 颖／责任校对：彭珍珍
责任印制：张 伟／封面设计：无极书装

科学出版社出版
北京东黄城根北街16号
邮政编码：100717
http://www.sciencep.com
北京建宏印刷有限公司 印刷
科学出版社发行 各地新华书店经销
*
2024年1月第 一 版 开本：720×1000 B5
2024年1月第一次印刷 印张：22 1/2
字数：452 000

定价：198.00元
(如有印装质量问题，我社负责调换)

前 言

全固态单频连续波激光器具有高光束质量、低噪声、窄线宽以及高相干性等优点，在量子光学、原子物理、精密测量、激光雷达和激光制导等基础研究及国防和军事领域中有着广泛且重要的应用。我们研究组在 20 世纪 80 年代初就开展了作为量子光学和量子技术中重要光源的高功率全固态单频连续波激光器的研究，并取得较好的进展。目前，激光器领域的著作很多，但是专门针对全固态单频连续波激光器的著作较少。本书基于我们研究组多年的工作积累，总结了高功率全固态单频连续波激光器相关的技术和方法，并且给出了一些已经应用于成熟产品的激光器设计实例。希望从事量子光学和激光技术相关的科研人员和研究生通过本著作能了解和掌握此类激光器的基本性能和初步的设计思想。

本书第 1 章介绍了光学谐振腔以及模式的基本概念，在此基础上介绍了全固态单频连续波激光器的基本组成单元及单频激光器的测试方法。随着科学研究的快速发展，许多领域对高功率全固态单频连续波激光器提出了迫切需求。因此，第 2~6 章则主要介绍在研制高功率全固态单频连续波激光器过程中发展起来的技术和方法。传统单频激光器的单频特性比较脆弱，容易受外界环境的干扰而发生多模或跳模现象；同时，固体激光器中严重的热效应直接限制着激光器输出功率的提高。而且随着泵浦功率的提高，激光器的增益加大，模式竞争加剧，严重破坏了激光器的单频特性、功率和频率稳定性以及强度噪声特性。我们研究组一方面在分析增益晶体热透镜效应及热透镜像散的基础上，发展了像散自补偿激光器谐振腔设计技术和单谐振腔多激光晶体结构设计技术；通过研究组成光学单向器的磁致旋光晶体的热透镜效应及其对激光器输出功率的影响，发展了采用负热光系数晶体主动动态补偿光学元件正热透镜效应的技术和方法，大幅度提高了全固态单频连续波激光器的输出功率。该内容主要在第 2 章进行了讨论。另一方面，我们研究组发展了利用非线性损耗大幅度提高全固态单频连续波激光器整体性能的技术和方法。通过在激光器谐振腔内插入非线性晶体引入非线性损耗，增大了主模和次模的损耗差，有效抑制了次模振荡，实现了激光器稳定的单纵模运转，在此基础上，提出了激光器实现单纵模运转的物理条件。该条件的提出，为设计不同种类、不同波长的单频激光器提供了很好的参考和依据。该内容主要在第 5 章进行了讨论。针对全固态单频连续波激光器在量子光学、量子精密测量等领域的应用，本书的第 3 章和第 4 章对激光器的稳定性和强度噪声进行了讨论。结合钛宝石晶体的宽光谱特性，第 6 章介绍了钛宝石晶体的宽光谱特性及全固态单频连续波宽调谐钛宝石激光器的相关关键技术。

本书的相关内容主要来源于山西大学光电研究所激光研发和应用平台的教学和科研工作。感谢科技部、国家自然科学基金、山西省有关单位的长期大力支持；感谢张宽收教授在全固态单频激光器研究和转化平台建设中所做的贡献；感谢参与过该工作的每一位老师和学生！

彭堃墀

2023 年 2 月 20 日于山西大学量子光学楼

目　录

第 1 章　光学谐振腔

光学谐振腔是产生激光的基础，根据几何偏折损耗的大小，光学谐振腔可以分为稳定腔和非稳腔。稳定腔的几何偏折损耗很小，绝大多数的中小功率激光器件均采用稳定腔。而非稳腔大多数用于高功率激光器。

光学谐振腔内可能存在的电磁场分布称为激光的模式，激光的模式是理解激光的相干性、方向性、单色性等一系列参数的根本。通常将激光谐振腔产生的模式分为纵模和横模两类。纵模彼此之间的差异仅在于它们具有不同的振荡频率；而横模彼此之间的差异除了具有不同振荡频率外，它们在垂直于传播方向平面内的电磁场分布也不同。同一个横模可能存在大量的纵模，这些纵模具有与该横模相同的电磁场分布，但是频率却不同。因此，研究谐振腔以及谐振腔中的模式具有重要的意义。

1.1　法布里–珀罗腔

1.1.1　基本概念

在激光技术的发展历史上，最早提出的光学谐振腔是平行平面腔，它由两块平行平面反射镜组成，这种装置在光学上称为法布里–珀罗 (Fabry-Perot) 腔，简称为 F-P 腔。随着激光技术的发展，F-P 腔又广泛采用由两块具有公共轴线的球面镜构成，称为共轴球面腔。而根据球面镜的曲率半径和光学谐振腔长度的关系，共轴球面腔又可以分为共焦腔和共心腔等。

1.1.1.1　驻波条件 [1]

当光波在腔镜上反射时，入射光波和反射光波会发生干涉，多次往复反射时就会发生多光束干涉。为了能在光学谐振腔内形成稳定的光场，要求光波在干涉的过程中得到加强。所谓稳定的光场分布是指光波的振幅和相位在一次往返行程后都会实现自再现。也就是说，只有当谐振腔长度是半波长的整数倍时，我们才能在谐振腔内得到镜面上有强度节点的驻波 (图 1.1.1)。因此，在光学谐振腔内形成稳定的光场取决于激光的波长和光学谐振腔长度。对于给定的镜间距 L_0 以及反射镜间折射率为 n 的介质，我们将得到全波长 λ_q 的稳态场分布，它满足如下条件：

$$\lambda_q = \frac{2L}{q} \tag{1.1.1}$$

其中，λ_q 为光束在真空中的波长；$L=nL_0$ 为有效光程；L_0 为两镜之间的几何距离；n 为折射率；整数 q 定义为轴向模数，表示驻波的波节个数。

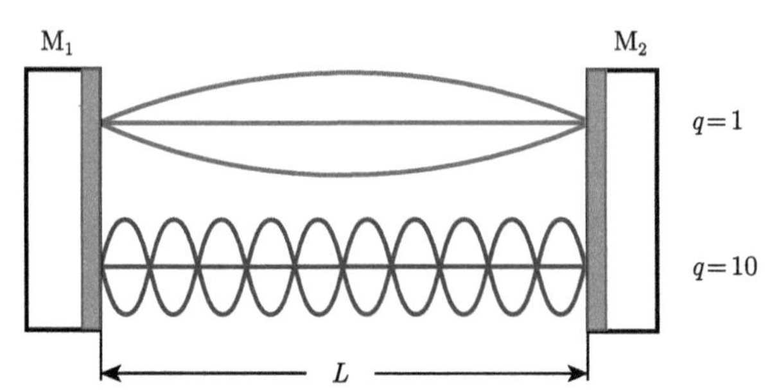

图 1.1.1　只有当反射镜之间的光学镜间距是半波长的整数倍 q 时，激光谐振腔内才能建立稳定的场分布。相向传输的两个光场之间存在干涉现象，从而形成驻波图案

1.1.1.2　腔稳定性条件

实际上，要想在光学谐振腔内形成满足图 1.1.1 所示的稳态光场，必须讨论光线在谐振腔内的传输行为。已经发展起来的几何光学、波动方程、广义衍射理论、矩阵光学等方法均可以用来研究谐振腔内的光束传输问题。相对于其他方法而言，矩阵光学以其处理问题简明、规范化和便于计算机求解等优点，成为处理光束传输问题最主要的方法之一。采用矩阵进行表述，可以用一系列变换矩阵对光束通过近轴光学元件和系统的行为进行描写。如图 1.1.2 所示的两凹面镜构成的 F-P 腔，两凹面镜 M_1 和 M_2 曲率半径分别为 ρ_1 和 ρ_2，两镜面曲率中心的连线构成系统的光轴，谐振腔的腔长为 L(为表述方便，本书所述腔长均指光学镜间距)。腔内任一傍轴光线在某一给定的横截面内都可以由两个坐标参数来表征：一个是光线离轴线的距离 x，另一个是光线与轴线的夹角 θ。我们规定，光线出射方向在腔轴线的上方时，θ 为正；反之，θ 为负。

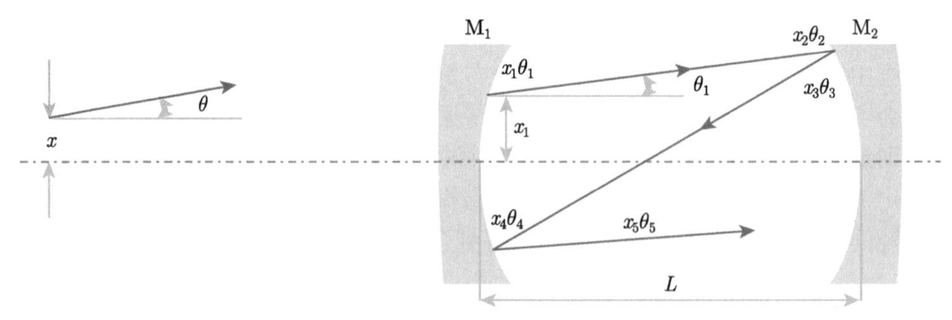

图 1.1.2　光线在共轴球面腔中的往返传播

设开始时光线从 M_1 面上出发，向 M_2 方向行进，其初始坐标由参数 x_1 和 θ_1 表征，到达 M_2 面上时，上述两个参数变成 x_2、θ_2。由几何光学的直本原理可知：

$$\begin{cases} x_2 = x_1 + L\theta_1 \\ \theta_2 = \theta_1 \end{cases} \tag{1.1.2}$$

该方程用矩阵可以表示为

$$\begin{pmatrix} x_2 \\ \theta_2 \end{pmatrix} = \begin{pmatrix} 1 & L \\ 0 & 1 \end{pmatrix} \begin{pmatrix} x_1 \\ \theta_1 \end{pmatrix} \tag{1.1.3}$$

即任一光线的坐标可用一个列矩阵

$$\begin{pmatrix} x \\ \theta \end{pmatrix}$$

来描述，而光线在自由空间中行进距离 L 所引起的坐标变换用一个二阶矩阵来描述，即

$$T_L = \begin{pmatrix} 1 & L \\ 0 & 1 \end{pmatrix} \tag{1.1.4}$$

当光线传输到凹面镜 M_2 上并发生反射时，根据球面镜对傍轴光线的反射规律有

$$\begin{cases} x_3 = x_2 \\ \theta_3 = \theta_2 - \dfrac{2}{\rho_2} x_2 \end{cases} \tag{1.1.5}$$

当光线在凹面镜 M_2 上反射时，位置参数不发生变化，因此式 (1.1.5) 中的第一式显然是成立的，而第二式则根据图 1.1.3 推导如下：

$$\theta_3 = -(\theta_2 + 2\alpha) \tag{1.1.6}$$

其中，α 表示入射光线与凹面镜法线之间的夹角，β 表示凹面镜法线与光轴的夹角，则在傍轴近似下

$$\alpha = \beta - \theta_2 = \frac{x_2}{\rho_2} - \theta_2 \tag{1.1.7}$$

将式 (1.1.7) 代入式 (1.1.6) 中，就可以得到式 (1.1.5) 中的第二式。

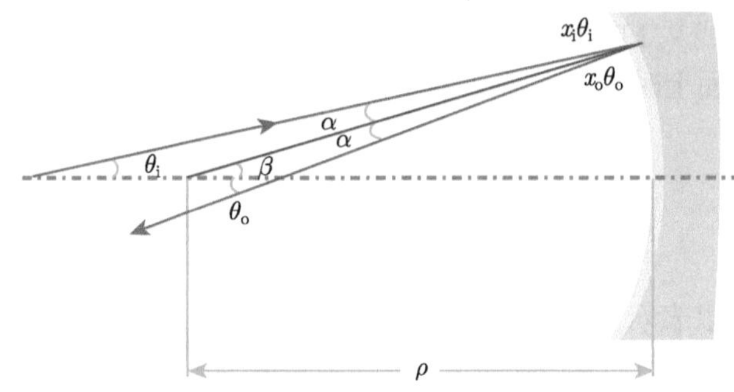

图 1.1.3　傍轴光线在球面镜上的反射

因此，光线在凹面镜上发生反射时的变换矩阵为

$$\begin{pmatrix} x_3 \\ \theta_3 \end{pmatrix} = \begin{pmatrix} 1 & 0 \\ -\dfrac{1}{\rho_2} & 1 \end{pmatrix} \begin{pmatrix} x_2 \\ \theta_2 \end{pmatrix} = T_{\rho_2} \begin{pmatrix} x_2 \\ \theta_2 \end{pmatrix} \tag{1.1.8}$$

由 M_2 反射的光线再传输到 M_1 上时，又有

$$\begin{pmatrix} x_4 \\ \theta_4 \end{pmatrix} = \begin{pmatrix} 1 & L \\ 0 & 1 \end{pmatrix} \begin{pmatrix} x_3 \\ \theta_3 \end{pmatrix} = T_L \begin{pmatrix} x_3 \\ \theta_3 \end{pmatrix} \tag{1.1.9}$$

在 M_1 上，光线再次发生反射时

$$\begin{pmatrix} x_5 \\ \theta_5 \end{pmatrix} = \begin{pmatrix} 1 & 0 \\ -\dfrac{2}{\rho_1} & 1 \end{pmatrix} \begin{pmatrix} x_3 \\ \theta_3 \end{pmatrix} = T_{\rho_1} \begin{pmatrix} x_4 \\ \theta_4 \end{pmatrix} \tag{1.1.10}$$

至此，光线在腔内完成一次往返。其总的坐标变换为

$$\begin{aligned} \begin{pmatrix} x_5 \\ \theta_5 \end{pmatrix} &= \begin{pmatrix} 1 & 0 \\ -\dfrac{2}{\rho_1} & 1 \end{pmatrix} \begin{pmatrix} 1 & L \\ 0 & 1 \end{pmatrix} \begin{pmatrix} 1 & 0 \\ -\dfrac{2}{\rho_2} & 1 \end{pmatrix} \begin{pmatrix} 1 & L \\ 0 & 1 \end{pmatrix} \begin{pmatrix} x_1 \\ \theta_1 \end{pmatrix} \\ &= \begin{pmatrix} A & B \\ C & D \end{pmatrix} \begin{pmatrix} x_1 \\ \theta_1 \end{pmatrix} = T \begin{pmatrix} x_1 \\ \theta_1 \end{pmatrix} \end{aligned} \tag{1.1.11}$$

式中，

$$T = \begin{pmatrix} A & B \\ C & D \end{pmatrix} = \begin{pmatrix} 1 & 0 \\ -\dfrac{2}{\rho_1} & 1 \end{pmatrix} \begin{pmatrix} 1 & L \\ 0 & 1 \end{pmatrix} \begin{pmatrix} 1 & 0 \\ -\dfrac{2}{\rho_2} & 1 \end{pmatrix} \begin{pmatrix} 1 & L \\ 0 & 1 \end{pmatrix}$$

$$= T_{\rho_1} T_L T_{\rho_2} T_L \tag{1.1.12}$$

为傍轴光线在腔内往返一次的总变换矩阵，称为往返矩阵，T 是四个变换矩阵的乘积。上式表明连续施行 T_L、T_{ρ_2}、T_L、T_{ρ_1} 四个变换的结果等效于由矩阵 T 所表示的一个变换。

在实际处理光线的传输问题时，可以用等效薄透镜序列来进行直观的分析和处理。对于上述的两凹面镜组成的 F-P 腔，以腔镜 M_1 为参考面，光线沿正向传输，则等效的周期性薄透镜序列如图 1.1.4 所示。

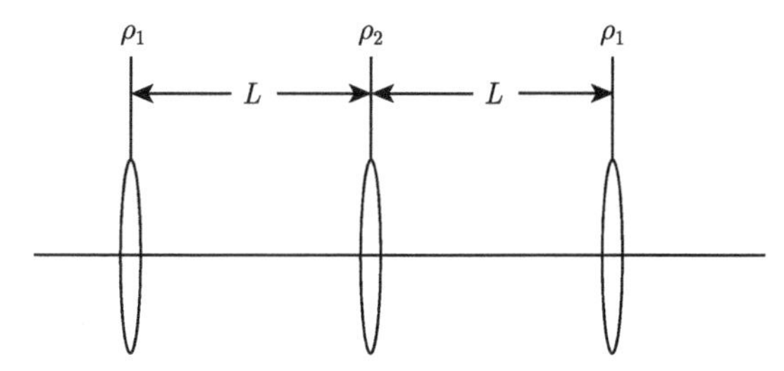

图 1.1.4 等效的周期性薄透镜序列

入射到腔镜 M_1 的光线在腔内往返一周的变换矩阵为

$$M = \begin{bmatrix} 1 & L \\ 0 & 1 \end{bmatrix} \begin{bmatrix} 1 & 0 \\ -\dfrac{2}{\rho_2} & 1 \end{bmatrix} \begin{bmatrix} 1 & L \\ 0 & 1 \end{bmatrix} \begin{bmatrix} 1 & 0 \\ -\dfrac{2}{\rho_1} & 1 \end{bmatrix} = \begin{bmatrix} A & B \\ C & D \end{bmatrix} \tag{1.1.13}$$

$$\begin{aligned} A &= -\left[\frac{2L}{\rho_1} - \left(1 - \frac{2L}{\rho_1}\right)\left(1 - \frac{2L}{\rho_2}\right)\right] \\ B &= 2L\left(1 - \frac{L}{\rho_2}\right) \\ C &= -\left[\frac{2}{\rho_1} + \frac{2}{\rho_2}\left(1 - \frac{2L}{\rho_1}\right)\right] \\ D &= 1 - \frac{2L}{\rho_2} \end{aligned} \tag{1.1.14}$$

设初始光线参数为 (x_{00}, θ_{00})，光线经腔内 1 次往返传输后，其参数 (x_{01}, θ_{01}) 可以表示为

$$\begin{bmatrix} x_{01} \\ \theta_{01} \end{bmatrix} = \begin{bmatrix} A & B \\ C & D \end{bmatrix} \begin{bmatrix} x_{00} \\ \theta_{00} \end{bmatrix} = \delta \begin{bmatrix} x_{00} \\ \theta_{00} \end{bmatrix} \tag{1.1.15}$$

其中，δ 是传输矩阵 M 的本征值。这样，上述问题就可以转化成一个行列式求解的问题。即

$$\begin{vmatrix} A-\delta & B \\ C & D-\delta \end{vmatrix} = 0 \tag{1.1.16}$$

在 $ABCD$ 矩阵中，矩阵的行列式之值 $AD - BC = n_1/n_2 = 1$，可将上式简化成

$$\delta^2 - (A+D)\,\delta + 1 = 0 \tag{1.1.17}$$

该二次方程的根为

$$\delta = \frac{A+D}{2} \pm \sqrt{\left(\frac{A+D}{2}\right)^2 - 1} = \mathrm{e}^{\pm\varphi}, \quad \left|\frac{A+D}{2}\right| > 1 \tag{1.1.18}$$

或者

$$\delta = \frac{A+D}{2} \pm \mathrm{i}\sqrt{1 - \left(\frac{A+D}{2}\right)^2} = \mathrm{e}^{\pm\mathrm{i}\varphi}\ , \quad \left|\frac{A+D}{2}\right| < 1 \tag{1.1.19}$$

式中，φ 为实数。

当光线在谐振腔内作 N 次重复反射或折射，最终输出的光线矢量表示为

$$\begin{bmatrix} x_N \\ \theta_N \end{bmatrix} = \delta^N \begin{bmatrix} x_0 \\ \theta_0 \end{bmatrix} \tag{1.1.20}$$

显然，只有当式 (1.1.19) 所表示的条件成立时，方程 (1.1.20) 才有周期性稳定解，此时光线的轨迹将保持稳定，或者紧靠光学系统的光轴，这是因为在此条件下 $\delta^N = \mathrm{e}^{\pm\mathrm{i}N\varphi}$ 成立 [2]。当式 (1.1.18) 表示的条件成立时，方程 (1.1.20) 有指数函数解，随着 N 的增大，x_N 和 θ_N 按指数规律增大，光线的轨迹将发散，这意味着光束在腔内经有限次传输后终将从横向逃逸出去。

因此，光腔的稳定性条件 [3] 为

$$\left|\frac{A+D}{2}\right| < 1 \tag{1.1.21}$$

或

$$-1 < \frac{A+D}{2} < 1 \tag{1.1.22}$$

满足该条件的共轴球面腔称为约束稳定腔，或稳定腔。

反之，当

$$\frac{A+D}{2} > 1 \tag{1.1.23}$$

或

$$\frac{A+D}{2} < -1 \tag{1.1.24}$$

时，由于光束在腔内经有限次的往返传输后从横向逃逸出去，这种腔具有较大的几何损耗，故称满足式 (1.1.23) 或式 (1.1.24) 的腔为非稳腔 (不稳腔) 或高损耗腔。

引入腔的 g 参数：

$$g_i = 1 - \frac{L}{\rho_i}, \quad i = 1, 2 \tag{1.1.25}$$

式 (1.1.14) 可用 g 参数表示为

$$\begin{aligned} A &= 4g_1g_2 - 1 - 2g_2 \\ B &= 2Lg_2 \\ C &= \frac{2}{L}\left(2g_1g_2 - g_1 - g_2\right) \\ D &= 2g_2 - 1 \end{aligned} \tag{1.1.26}$$

光腔的稳定性条件 (1.1.22) 可用 g 参数写为

$$0 < g_1 \cdot g_2 < 1 \tag{1.1.27}$$

相应地，非稳定条件式 (1.1.23) 或式 (1.1.24) 的 g 参数表示为

$$g_1 \cdot g_2 > 1 \tag{1.1.28}$$

或

$$g_1 \cdot g_2 < -1 \tag{1.1.29}$$

处于不等式 (1.1.22)、(1.1.23)、(1.1.24) 的交界处，即满足条件

$$A + D = \pm 2 \tag{1.1.30}$$

的腔称为临界腔。式 (1.1.30) 亦可写为

$$g_1 \cdot g_2 = 0 \tag{1.1.31}$$

于是，按照几何光学的观点，以判断光线在腔内多次往返传输后是否横向逃逸，即以几何损耗大小为标准，将光学谐振腔分为稳定腔、非稳腔和临界腔。需

要指出的是这里所用的“非稳腔”一词是一个不甚确定的概念，它并不是指这类腔不能稳定工作，仅意味着这类腔损耗较大而已。为了与微扰稳定性、热稳定性等相区别，这里的稳定性可称为约束稳定性。

1.1.1.3　光腔损耗 [2]

损耗大小是评价光学谐振腔腔质量的一个重要指标，引起光腔的损耗可分为腔内损耗和透射损耗。腔内损耗包括几何损耗、衍射损耗以及非激活吸收和散射损耗。其中，几何损耗和衍射损耗属于选择性损耗，对于不同的模式而言，几何损耗和衍射损耗各不相同。而非激活吸收和散射为非选择性损耗，对于所有的模式而言大体一样。而为了获得必要的输出耦合，稳定腔至少有一个反射镜是部分透射的，这部分有功损耗称为光腔的透射损耗，它与输出镜的透射率 T 有关。透射损耗也是一种非选择性损耗，对于所有的模式大体一样。

为了定量描述损耗大小，可定义“平均单程损耗”(简称单程损耗) 为 δ：如果初始光强为 I_0，在腔内往返一周后衰减为 I，则有

$$I = I_0 \exp\left[-2\delta\right] \tag{1.1.32}$$

于是平均单程损耗可表示为

$$\delta = \frac{1}{2}\ln\frac{I_0}{I} \tag{1.1.33}$$

如果损耗是由多种因素引起的，每种损耗可用相应的 δ_i 来描述，则总损耗

$$\delta = \sum_i \delta_i = \delta_1 + \delta_2 + \cdots \tag{1.1.34}$$

即总损耗与分损耗间为简单相加关系。

在文献中还经常使用“损耗系数”α，定义为单位长度的损耗，即

$$\alpha = \frac{\delta}{L} \tag{1.1.35}$$

定义“单程损耗因子”V 为

$$V = \sqrt{\frac{I}{I_0}} \tag{1.1.36}$$

因而有

$$\delta = -\ln V \approx 1 - V \tag{1.1.37}$$

这里仅当损耗较小时近似才可成立。

由式 (1.1.32) 可以求出光在腔内经 m 次往返传输后强度将由 I_0 衰减为

$$I_m = I_0 \exp\left[-2\delta m\right] \tag{1.1.38}$$

取 $t=0$ 时，光强为 I_0，则 t 时刻光在腔内往返次数：

$$m=\frac{t}{2L/c} \tag{1.1.39}$$

将式 (1.1.39) 代入式 (1.1.38)，得到 t 时刻的光强 $I(t)$ 为

$$I(t)=I_0\exp\left[-t/\tau_R\right] \tag{1.1.40}$$

式中，

$$\tau_R=\frac{L}{\delta c} \tag{1.1.41}$$

称为光子在腔内的平均寿命，简称光子寿命，是描述光腔的一个重要物理量。由式 (1.1.40) 知，τ_R 的物理意义为光强衰减至初始值 1/e 所需要的时间。显然，腔损耗越大，则 τ_R 越小，腔内光强衰减得越快。

从光子说的观点可以更清楚理解 τ_R 的含义。设 t 时刻腔内光子密度为 $N(t)$，则有

$$I(t)=N(t)h\nu c \tag{1.1.42}$$

式中，h 为普朗克常量。把式 (1.1.42) 代入式 (1.1.40) 得到

$$N(t)=N_0\exp\left(-\frac{t}{\tau_R}\right) \tag{1.1.43}$$

式中，N_0 为 $t=0$ 时的光子密度，此式表明，腔内光子密度按指数规律衰减，到 $t=\tau_R$ 时，$N=N_0/\mathrm{e}$。因而 N_0 个光子的平均寿命 $\bar{t}$ 为

$$\bar{t}=\frac{1}{N}\int_0^{+\infty}t[-\mathrm{d}N(t)]=\frac{1}{\tau_R}\int_0^{+\infty}t\exp\left(-\frac{t}{\tau_R}\right)\mathrm{d}t=\tau_R \tag{1.1.44}$$

这就是将 τ_R 称为光子寿命的原因。

如果总损耗 δ 可表为式 (1.1.34)，则有

$$\frac{1}{\tau_R}=\sum_i\frac{1}{\tau_{R_i}}=\frac{1}{\tau_{R_1}}+\frac{1}{\tau_{R_2}}+\cdots \tag{1.1.45}$$

式中，

$$\tau_{R_i}=\frac{L}{\delta_i c} \tag{1.1.46}$$

为由单程损耗 δ_i 所决定的光子寿命。

另外，我们还可以使用 Q 值 (亦称品质因子) 来标志腔或系统的特性，谐振腔 Q 值的普遍定义为

$$Q = 2\pi\nu \frac{\text{腔内储藏的能量}}{\text{腔损耗功率}} \tag{1.1.47}$$

式中，ν 为腔内光场的振荡频率。

由式 (1.1.47) 可求得 Q 值的另一表示式：

$$Q = 2\pi\nu\tau_R = \omega\frac{L}{\delta c} \tag{1.1.48}$$

当腔内存在多种损耗时，总的 Q 值由下式决定：

$$\frac{1}{Q} = \sum_i \frac{1}{Q_i} = \frac{1}{Q_1} + \frac{1}{Q_2} + \cdots \tag{1.1.49}$$

式中，

$$Q_i = 2\pi\nu\tau_{R_i} = \omega\frac{L}{\delta_i c} \tag{1.1.50}$$

为由单程损耗 δ_i 所决定的品质因子。

1.1.2　无源法布里–珀罗干涉仪

1.1.2.1　传输特性 [4]

假设组成 F-P 腔的两个腔镜的反射率分别为 R_1 和 R_2，它们之间的距离为 L(图 1.1.5)，而且两个反射镜都是平面的，不受光阑孔径的限制。光的衍射可以忽略不计，焦平面内的光束传播可以用几何光学的方法来描述。为了讨论方便，将反射镜表面的散射和吸收产生的损耗均包含在两腔镜之间放置于引起损耗为 V 的介质中。

当波长为 λ、强度为 I_0(电场 E_0) 的单色光入射到 F-P 腔上时，首先被腔镜 M_1 分成反射光束和透射光束。透射光束到达腔镜 M_2 后，同样会发生反射和透射。从 M_2 反射回来的光束再经过腔镜 M_1 时，再次发生反射和透射。如此反复后，我们将得到一个无穷系列的反射光束 1，2，3，$\cdots$ 和无穷系列的透射光束 $1'$，$2'$，$3'$，$\cdots$。而且这两个系列的反射光束和透射光束的振幅和强度是随着反射次数和透射次数的增加而递减的，并且最终会趋于 0。如果 r_1，r_2 分别表示两腔镜的振幅反射率，t_1, t_2 分别表示两腔镜的振幅透射率，v 表示振幅损失因子，则

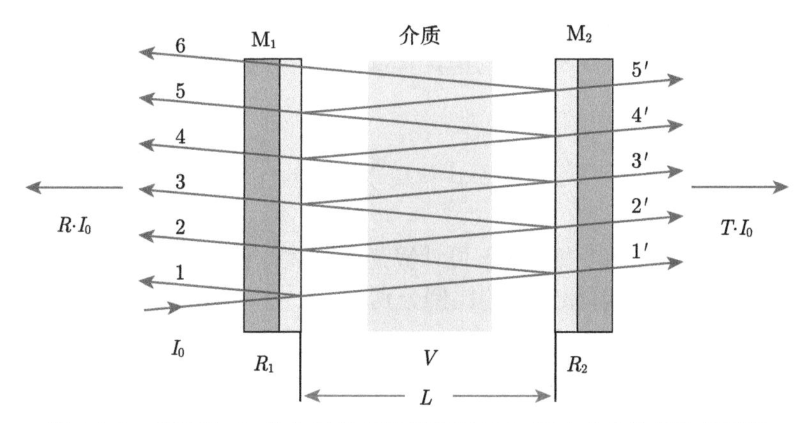

图 1.1.5 强度为 I_0 的入射光在平行平面 F-P 腔中的多次反射和透射

第一次分割出来的反射光束和透射光束的振幅分别为 r_1E_0 和 $t_1t_2vE_0$。如此类推，最后可以得到 1，2，3，$\cdots$ 和 $1'$，$2'$，$3'$，$\cdots$ 反射光束和透射光束的两个系列光束的振幅 [5]。所有耦合输出波的相干叠加才能得到 F-P 腔的透射率 T 和反射率 R，即该过程是一个多光束干涉的问题。在这两个系列的光束中，每对相邻光束之间均具有固定的相位差 $2kL$，其中 $k=2\pi/\lambda$ 为入射光的波数。特别地，在两腔镜之间反射的光束必须考虑半波损失，也就是说在反射光束中，每相邻的两光束之间的相位差除了一个 $2kL$ 外，还要有一个 $\pm\pi/2$。这样，每个反射光束和透射光束的光场可以表示为

$$\begin{cases} E_{\mathrm{r}_1}=E_0r_1 \\ E_{\mathrm{r}_2}=-E_0v^2t_1^2r_2\exp(\mathrm{i}2kL) \\ E_{\mathrm{r}_3}=-E_0v^4t_1^2r_1r_2^2\exp(\mathrm{i}2kL)^2=-E_0v^2t_1^2r_2\exp(\mathrm{i}2kL)[v^2r_1r_2\exp(\mathrm{i}2kL)] \\ \vdots \end{cases} \tag{1.1.51}$$

$$\begin{cases} E_{\mathrm{t}_1}=-E_0t_1t_2v\exp(\mathrm{i}kL) \\ E_{\mathrm{t}_2}=-E_0v^3t_1t_2r_1r_2\exp(\mathrm{i}3kL)=-E_0t_1t_2v\exp(\mathrm{i}kL)[v^2r_1r_2\exp(\mathrm{i}2kL)] \\ E_{\mathrm{t}_3}=-E_0v^5t_1t_2r_1^2r_2^2\exp(\mathrm{i}5kL)^2=-E_0t_1t_2v\exp(\mathrm{i}kL)[v^2r_1r_2\exp(\mathrm{i}2kL)]^2 \\ \vdots \end{cases} \tag{1.1.52}$$

反射光束总的振幅 E_{r} 和透射光束总的振幅 E_{t} 可以表示为

$$E_{\mathrm{r}}=\sum_{n=1}^{\infty}E_{\mathrm{r}n}=E_0\left[r_1-t_1^2v^2r_2\exp\left[\mathrm{i}2kL\right]\sum_{n=0}^{\infty}\left(v^2r_1r_2\exp\left[\mathrm{i}2kL\right]\right)^n\right] \tag{1.1.53}$$

$$E_{\mathrm{t}}=\sum_{n=1}^{\infty}E_{\mathrm{t}n}=-E_0t_1t_2v\exp\left[\mathrm{i}kL\right]\sum_{n=0}^{\infty}\left(v^2r_1r_2\exp\left[\mathrm{i}2kL\right]\right)^n \tag{1.1.54}$$

通过式 (1.1.53) 和式 (1.1.54) 可计算光场强度，我们可以确定入射光束的光场强度 I_0 被 F-P 腔反射和透射的比例分别为

$$R=\frac{\left(\sqrt{R_1}-\sqrt{R_2}V\right)^2+4\sqrt{R_1R_2}V\sin^2\left(kL\right)}{\left(1-\sqrt{R_1R_2}V\right)^2+4\sqrt{R_1R_2}V\sin^2\left(kL\right)} \tag{1.1.55}$$

$$T=\frac{\left(1-R_1\right)\left(1-R_2\right)V}{\left(1-\sqrt{R_1R_2}V\right)^2+4\sqrt{R_1R_2}V\sin^2\left(kL\right)} \tag{1.1.56}$$

其中，$R_i=|r_i|^2$ 为腔镜 i 的反射率；$T_i=|t_i|^2$ 为腔镜 i 的透射率；$V=|v|^2$ 为单程传输损耗因子；λ 为真空中的波长；L 为腔长。对于 $R_1=R_2$ 的无损耗 F-P 腔，其透射率 T 和反射率 R 随相位 kL 变化的关系如图 1.1.6 所示。

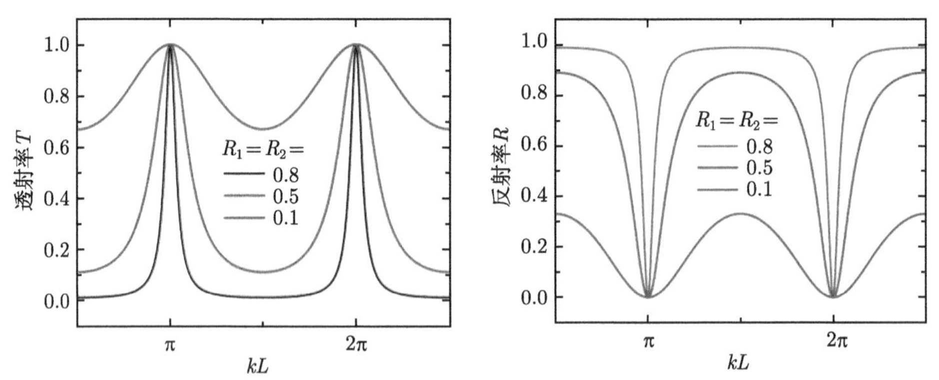

图 1.1.6　无损耗 F-P 腔 ($V=1$) 的透射率和反射率。当腔长 L 等于真空半波长的整数倍时，观察到透射最大值。能量守恒要求 $R+T=1$

可以看出，反射光强的地方透射光弱，反射光弱的地方透射光强，二者的透射光强是互补的。当满足条件

$$\sin\left(kL\right)=0\rightarrow\lambda=\frac{2L}{q},\quad q=1,2,3,\cdots \tag{1.1.57}$$

时，透射率可以取最大值：

$$T_{\max}=\frac{(1-R_1)(1-R_2)V}{\left(1-\sqrt{R_1R_2}V\right)^2} \tag{1.1.58}$$

而且可以看到，透射率 T 和反射率 R 表现出的周期序列的极大值和极小值，其频率间隔为 $c/(2L)$。该频率间隔即定义为 F-P 腔的自由光谱区 (free spectral range, FSR)：

$$\Delta\nu=\frac{c}{2L} \tag{1.1.59}$$

它与腔长 L 成反比。每个透射峰对应的频率 ν_q 或谱线 λ_q 即为 F-P 腔的一个纵模。

根据式 (1.1.58)，我们还可以得到以下结论：

(1) 当输入镜反射率 R_1=1 时，入射光将直接被 M_1 完全反射，没有光进入到 F-P 腔中，也就不存在多光束干涉现象，F-P 腔没有透射，即公式 (1.1.58) 所示的透射率为 0。

(2) 当 $R_1 = R_2<1$，V=1 时，公式 (1.1.58) 所示的透射率取最大值，即 $T_{\max}=1$，此时，由公式 (1.1.55) 表示的反射率为 0。同时，我们也可以看到，随着两腔镜反射率的增加，F-P 腔透射光强的锐度会越来越大。这种表征 F-P 腔内光场衰减快慢程度的参数叫做线宽，定义为某个纵模的半值宽度 (半高全宽，full width at half maximum，FWHM)，即腔内光场降低到最大值的 1/e 时的频率宽度，可以表示为

$$\delta\nu=\left|\ln\left(\sqrt{R_1R_2}V\right)\right|\frac{c}{2\pi L} \tag{1.1.60}$$

从公式 (1.1.60) 可以看到，当入射光的频率在 F-P 腔一个共振峰的频率宽度 $\delta\nu$ 内，从 F-P 腔反射回来的光波由于干涉相消使得其反射率 R 最小。如果两个反射镜的反射率相等，且为无损腔 ($V=1$) 时则会发生完全相消干涉，光将会从 F-P 腔实现完全透射，即无损耗 F-P 腔的透射率等于 1。这也意味着即使两个腔镜有一定的反射率，甚至镜子反射率高达 $R_1=R_2=0.9999$，F-P 腔也不会有任何光反射。这和第一种情况是完全不同的。从上述两种情况可以看出，要想使 F-P 腔具有最大的透射率，彻底消除反射时，必须使入射镜有少许的透射率。一旦有少许的光腔进入到 F-P 腔后，在共振频率处，F-P 腔内的光波就会表现出明显的干涉相长，导致腔内强度 I 增加，使得通过腔镜 M_2 透射的强度等于初始光束强度 I_0。例如当镜子反射率为 $R_1=R_2=0.9999$ 时，腔内光强是入射到无损 F-P 腔上的光束光强 I_0 的 10000 倍。图 1.1.7 描述了腔内光强 I 作为 kL 函数的共振行为。

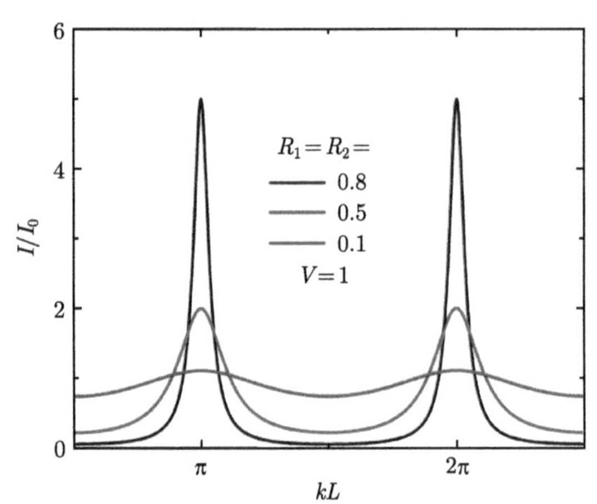

图 1.1.7　对于无损耗对称 F-P 腔 ($V=1$)，F-P 腔内的光强 I(归一化为入射强度 I_0) 作为 kL 的函数

实际上，描述光场在光学谐振腔腔内的传输特性时，光子寿命和线宽均可以表示腔内光场的衰减情况，二者的关系可以表示为

$$\tau=\frac{L}{c}\frac{1}{\left|\ln\left(\sqrt{R_1R_2}V\right)\right|}=\frac{1}{2\pi\delta\nu}\tag{1.1.61}$$

可以看出，衰减时间与共振线宽成反比。

另外表征 F-P 腔质量的参量还有精细度，定义为自由光谱区 $\Delta\nu$ 和线宽 $\delta\nu$ 的比值：

$$F=\frac{\Delta\nu}{\delta\nu}=\frac{\pi}{\left|\ln\left(\sqrt{R_1R_2}V\right)\right|}\tag{1.1.62}$$

同时，根据腔质量 Q 的定义，无源 F-P 腔的 Q 值可以表示为

$$Q=2\pi\Delta\nu\tau=\frac{\nu}{\delta\nu}\tag{1.1.63}$$

可以看出，要想提高 F-P 腔的精细度和品质，必须选用反射率 R_1、R_2 接近于 1 的反射镜，同时要保证损耗因子 V 尽可能接近 1。

(3) 如果 F-P 腔的损耗因子 $V<1$，在 F-P 腔内来回反射的光将会因为吸收或散射而经受损耗，使得 F-P 腔的透射率 T 在谐振频率处不能达到其最大值 $T_{\max}=1$。我们可以通过将公式 (1.1.55) 和 (1.1.56) 代入下面的能量守恒条件来计算 F-P 腔的损耗 ΔV^*：

$$R+T+\Delta V^*=1\tag{1.1.64}$$

可以得出

$$\Delta V^* = (1-V)\frac{(1-R_1)(1+R_2V)}{\left(1-\sqrt{R_1R_2}V\right)^2+4\sqrt{R_1R_2}V\sin^2(kL)} \tag{1.1.65}$$

其中，$1-V$ 是光在 F-P 腔内的单次传输损耗。根据公式 (1.1.65)，我们得到了当单次传输损耗为 5%时，对称 F-P 腔的损耗与 kL 的函数关系，如图 1.1.7 所示。可以看出，损耗极大值出现在共振频率处，而且 F-P 腔的损耗通常高于单次传输损耗，尤其是损耗极大值会随着反射镜反射率的增加而增加。特别是对于高反射率的腔镜，即使每次传输的损耗只有 1%，F-P 腔损耗也可能超过 50%。这个结果表明，光学谐振腔对腔内损耗是十分敏感的。

从图 1.1.7 和图 1.1.8 可以看出，腔内光强在共振频率处会被放大，对于具有高 Q 值 (高反射率) 的 F-P 腔，其值可以超过初始光束强度的几个数量级。但是，随着腔内光强的增加，F-P 腔的损耗 ΔV^* 也会增加。

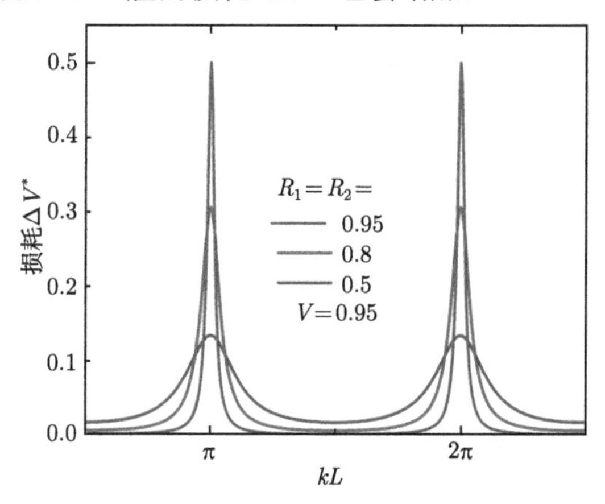

图 1.1.8 F-P 腔损耗与 kL 的关系。单次传输损耗为 5%($V=0.95$)

例如，当腔内光强是初始光强 I_0 的 20 倍，每次传输损耗为 1%时，F-P 腔的损耗将会达到初始强度的 20%。我们也可以用衰减时间 τ 来讨论 F-P 腔的损耗。在共振频率下，光在 F-P 腔内停留时间变长，反射次数就会增加。然而对于每次传输，都会有强度的 $(1-V)$ 倍被吸收或散射，反射次数的增加将会导致损耗的增加，使得具有高 Q 值 (相当于具有高镜面反射率 R_1，R_2 或小带宽 $\delta\nu$) 的 F-P 腔会产生高的损耗 ΔV^*，导致 F-P 腔的透射率降低。从这里可以看出，对于一个 F-P 腔，我们很难保证其既具有高的透射率 $T_{\max}$，又能获得小的带宽。

图 1.1.9 进一步讨论了单程传输损耗因子分别为 0.99、0.95 和 0.90 时，损耗极大值 $\Delta V^*_{\max}$ 和透射率极大值 $T_{\max}$ 随腔镜反射率的变化关系。可以看出，当两腔镜反射率为 1 时，F-P 腔的损耗会消失，透射率极大值 $T_{\max}$ 也会趋于 0。也

就是说，此时没有任何光强进入到 F-P 腔中，入射光束被 F-P 腔 100%反射，这和第一种情况就完全一样了。

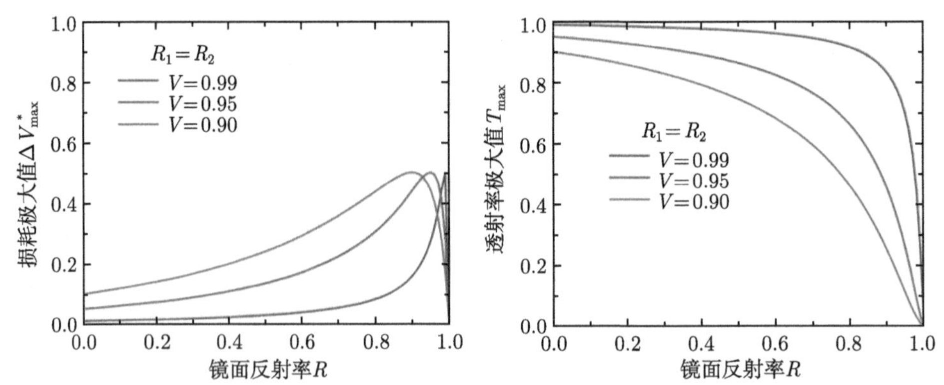

图 1.1.9 共振频率处，F-P 腔的损耗极大值和透射率极大值与镜面反射率 $R_1=R_2$ 的函数关系

但是，在实际应用中，两腔镜的反射率不可能达到 1，总会有一点透射率存在。在这种情况下，只要合适选择两个腔镜的反射率，就可以保证 F-P 腔的反射率 R 在谐振频率处消失，即公式 (1.1.55) 的结果为 0，F-P 腔的透射率为最大值。在此条件下，我们得到如下关系：

$$R_1=R_2V^2 \tag{1.1.66}$$

该关系称为阻抗匹配。也就是说，在满足阻抗匹配的条件时，F-P 腔的反射率为 0，透射率最大。这种情况和第二种情况是一样的，唯一的区别就是透射率的最大值不再等于 1 了。

1.1.2.2 无源法布里–珀罗干涉仪的应用

由于 F-P 腔的透射率是腔长 L 和入射光波长λ 的函数，因此 F-P 腔可用于测量长度的微小变化，或确定光源的光谱特性。此外，F-P 腔还可用作滤光片以减小光源的光谱宽度以及作为频率参考标准对激光器进行稳频等。

(1) 使用 F-P 腔进行长度测量。实验装置图如图 1.1.10 所示。在共焦 F-P 腔中，将其中一个腔镜固定在压电陶瓷上。压电陶瓷由交流电压驱动，使 F-P 腔的一个反射镜发生振荡运动。波长为 λ 的激光束入射到共焦 F-P 腔内，透射光强由光电二极管进行探测，可以观察到一系列的透射极大值，两相邻极大值之间的距离为 $\lambda/2$。利用这些数据，可以确定压电长度随施加电压的变化。该长度测量装置的测量精度可以达到纳米量级 (10^{-9}m)。

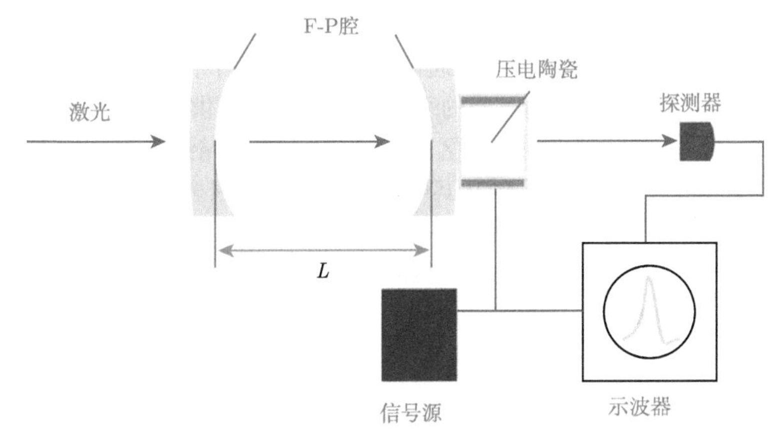

图 1.1.10 测量压电陶瓷伸缩特性的实验装置

(2) 使用 F-P 腔进行激光束的光谱特性测量。此时，被测激光的线宽必须小于 F-P 腔的自由光谱区，否则将会同时获得多个波长的透射极大。此外，F-P 腔的带宽应该尽可能小，以获得较高的频率分辨率。

为此，用于激光频率测量的 F-P 腔的腔长 (10 mm) 一般都很短，而且腔镜反射率也要很高。典型的自由光谱区约为 10 GHz，带宽约为 10 MHz。首先用已知波长 λ 的激光作为校准标准，将压电元件的每个驱动电压与特定波长联系起来。然后用未知波长的激光进行替换，并记录其光谱分布特性。图 1.1.11 就是利用该方法测量的 He-Ne 激光器的光谱特性。

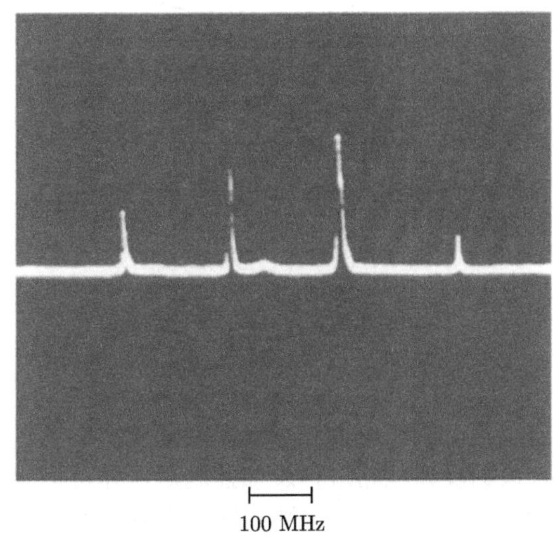

图 1.1.11 扫描 F-P 腔测量 He-Ne 激光器 (λ_0=632.8 nm) 的光谱。光学谐振腔长度为 $L = 0.7$ m

(3) 使用 F-P 腔的光谱滤波特性制作标准具。标准具是固定间隔的 F-P 腔，其腔长从 10 mm 到 0.1 mm 不等，通常由两个镀膜的平行平面玻璃板 (空气隙标准具) 制成，或者由一块两面镀膜的平板组成。后者提供了更高的传输效率和更高的损伤阈值。标准具的自由光谱区高达 1000 GHz，精细度约为 50。当入射光为非单色光时，利用标准具可以从其中选择出一系列纵模谱线 λ_q，用频率表示，它们是等间隔的，间隔宽度随反射率 R 和腔长 L 的增大而减小。同时，通过倾斜标准具也可以在一定程度上选择共振波长 λ_q。如果θ 表示倾斜角，则新的共振波长由 $\lambda_q' = \lambda/\cos\theta$ 给出。总之，F-P 腔对于输出的非单色光起到挑选波长、压缩线宽，从而提高激光单色性的作用。基于标准具具有优良的光谱滤波特性，已经被广泛应用于激光器的纵模选取中 [6]。

(4) 使用 F-P 腔作为频率参考标准对激光器进行稳频 [7]。作为频率参考标准的 F-P 腔腔镜的反射率通常大于 98%，其精细度通常大于 100，其俯视图如图 1.1.12 所示。为了减少空气流动，采用密封的腔体，即用铝罩将腔体封住；为了减小温度的影响，采用热膨胀系数较小的殷钢材料 (膨胀系数为 9×10^{-7}/℃)，同时用控温精度为 ±0.01℃ 的控温仪通过半导体制冷器和热敏电阻进行控温；为了避免殷钢导热性差对温度控制响应速率的限制，又在殷钢外边包裹了一层对热反应敏感的紫铜；为了防震，在紫铜的外边包裹了一层胶木，并将整个装置放在防震台上。整个装置外观图如图 1.1.13 所示。

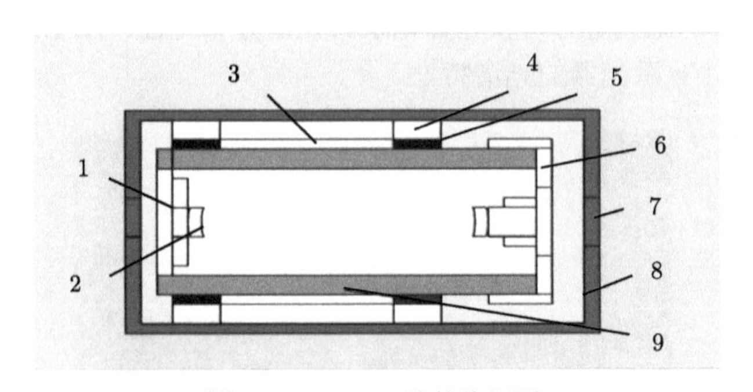

图 1.1.12 F-P 腔的俯视图

1：压电陶瓷；2：腔镜 M_1；3：胶木；4：紫铜；5：半导体制冷器；6：螺旋微调块；7：腔镜 M_2；8：铝壳；9：殷钢

稳频的光路如图 1.1.14 所示。当激光器输出的光束注入到 F-P 腔后，扫描 F-P 腔腔镜上的压电陶瓷，我们可以获得一定间隔频率的透射峰极大值，以此作为频率标准，使用合适的反馈电路进行反馈控制后，即可把激光器精确锁定到参考 F-P 腔上。由于参考 F-P 腔的稳定性要远优于激光器，从而显著减小激光器的频率漂移，提高激光器的频率稳定性。具体的锁定技术和方法将在第 3 章进行详细的叙述。

图 1.1.13 F-P 腔的外观图

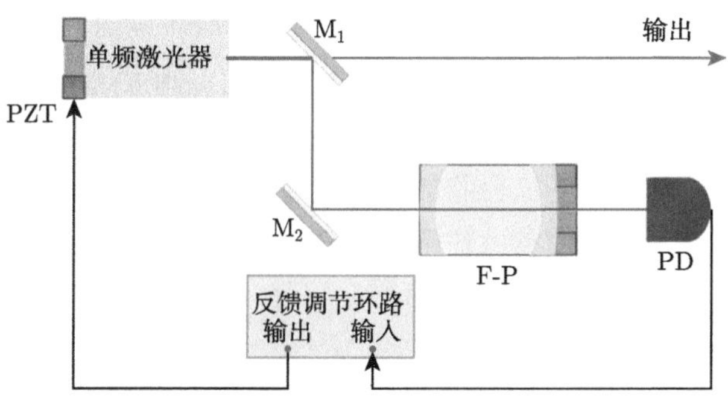

图 1.1.14 激光器锁定到 F-P 参考腔的光路示意图
PZT: 压电陶瓷；PD: 光电探测器

1.1.3 有源法布里–珀罗干涉仪

1.1.3.1 传输特性

现在考虑另外一种情况，即放置在 F-P 腔中的介质不只是引入损耗，其还会放大两个反射镜之间的振荡光。也就是说，存在一个 $G>1$ 的增益因子使得一束入射光的强度穿过介质后被放大。在 1.1.2 节讨论的无源 F-P 腔中，介质上的入射光强度 I 在透射后降低到 VI。而此时，考虑光放大后，穿过介质后的光强度由 GVI 给出。因此，有源法布里–珀罗干涉仪的各参数表达式仍可使用 1.1.2 节中导出的所有公式，只需要将表达式中的 V 用 GV 替换。

共振频率：

$$\nu_q = q\frac{c}{2L}, \quad q = 1, 2, 3, \cdots$$

自由光谱区：

$$\Delta\nu = \frac{c}{2L}$$

线宽：

$$\delta\nu = \left|\ln\left(G\sqrt{R_1R_2}V\right)\right|\frac{c}{2\pi L} \approx \frac{\Delta\nu}{\pi}\left(1 - G\sqrt{R_1R_2}V\right)$$

衰减时间：

$$\tau = \frac{L}{c}\frac{1}{\left|\ln\left(G\sqrt{R_1R_2}V\right)\right|} \approx \frac{L}{c}\frac{1}{1 - G\sqrt{R_1R_2}V}$$

最大透射率：

$$T_{\max} = \frac{(1-R_1)(1-R_2)GV}{\left(1 - G\sqrt{R_1R_2}V\right)^2} \tag{1.1.67}$$

从以上公式中，我们可以得到以下结论：① 共振频率随介质增益有少量偏移，但对于大多数应用来说，这种偏移可以忽略不计；② 随着有源介质增益的增加，光在每次往返传输时所经受损失的部分被有源介质补偿，使得有源 F-P 腔的线宽会减小，F-P 腔的衰减时间和透射率会提高。因此，插入有源介质可以有效提高 F-P 腔的光谱分辨率。

1.1.3.2　增益饱和

从公式 (1.1.56) 可以看出，只有

$$G\sqrt{R_1R_2}V < 1 \tag{1.1.68}$$

成立，用于推导 F-P 腔反射率 (1.1.53) 和透射率 (1.1.54) 的方法才适用。一旦选择的增益因子 G 使所有的损耗都得到精确补偿，即

$$G\sqrt{R_1R_2}V = 1 \tag{1.1.69}$$

可以预测衰减时间、透射率均会趋于无穷，即在 F-P 腔内发散。用于推导 F-P 腔反射率 (1.1.53) 和透射率 (1.1.54) 的方法在这种情况下不再适用。当阈值条件 (1.1.69) 成立时，即使没有外部光源，有源介质的自发辐射也会导致在 F-P 腔内产生驻波，这时 F-P 腔已经成为一个激光谐振腔。发射激光的频率为 ν_q，相应的电磁场分布 (如果两个反射镜的反射率相等，则为驻波) 称为谐振腔的轴向模式，可以用特征模数 q 标定，它决定了适合光学谐振腔长度的入射光半波长的个数。

增益因子 G 取决于谐振腔内振荡光的强度和频率。腔内光强可以通过泵浦过程 (例如，闪光灯或激光二极管用于泵浦固态激光器，气体放电用于泵浦气体激光器) 将功率传输到有源介质中来提高。而频率则受限于增益介质的发射谱。通常情况下，增益介质会有一系列特定的发射频率谱，只有在所用增益介质所特有的发射频率处，增益因子 G 才有可能超过 1.0。因此，实际使用过程中，通过特殊的镜面镀膜设计，可以将发射的激光限制在某个特定的发射频率或波长处 (镜面反射率在其他波长太低，无法达到阈值条件 (1.1.69))。图 1.1.15 显示了四种不同泵浦功率下红宝石晶体在首选激光发射波长 $\lambda = 694$ nm 的增益曲线。阈值泵浦功率需要达到增益因子 $G > 1.0$。

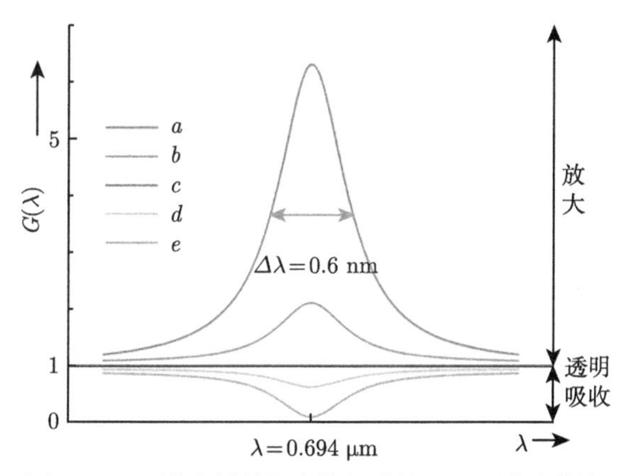

图 1.1.15 激光材料仅在特征波长处显示增益曲线

激光发射只能在增益分布的带宽内产生。轴向模式的数量可以近似由增益带宽与谐振腔自由光谱区的比值给出。激光发射的带宽随所用增益介质的不同而变化很大。一些气体激光器的增益带宽低至 100 MHz，而染料激光器的增益带宽可以超过这个值 10000 倍。因此，轴向模式的数量随着激光器的类型而有很大的不同。

当 $G\sqrt{R_1R_2}V > 1.0$，且 G 为一个定值时，可预见的结果是在谐振腔内，增益增加的强度大于由于损耗而减少的强度，使得强度将会变得无穷大。但实际上，这种情况并不会发生，因为增益系数会随着光强的增加而降低，即存在增益饱和现象。增益系数对光场强度的依赖性由下式给出：

$$G = \exp\left[\frac{g_0 l}{(1 + I/I_{\mathrm{S}})^x}\right] \tag{1.1.70}$$

小信号增益 $g_0 l$ 与反转粒子数成正比，对于四能级激光器，反转粒子数随着泵浦功率线性增加。饱和强度 I_S 由激光材料决定。数值 x 取决于所用激光介质的类型。均匀加宽介质的极限值是 $x = 1$，非均匀加宽介质的极限值是 $x = 0.5$。所谓均匀加宽是指引起加宽的物理因素对每个原子都是等同的，如自然加宽、碰撞加宽及晶格振动加宽等。而非均匀加宽的特点是，原子体系中每个原子只对谱线内与它的表观中心频率相应的部分有贡献，因而可以区分谱线上的某一频率范围是由哪一部分原子发射的。气体物质中的多普勒加宽和固体物质中的晶格缺陷加宽均属于非均匀加宽类型。在增益介质被泵浦光泵浦，但是没有形成谐振条件时 (可以覆盖一个谐振腔镜以防止激光振荡)，由于谐振腔内的强度可以忽略不计 (损耗太高，无法使激光振荡)，小信号增益因子由下式给出：

$$G_0 = \exp(g_0 l) \tag{1.1.71}$$

G_0 决定了强度远小于饱和强度的光在一次传输中被介质放大。一旦我们移开谐振腔镜上的遮挡，所有适用 $G_0\sqrt{R_1R_2}V \geqslant 1$ 关系成立的轴向模式都将振荡，且强度会迅速增加。根据式 (1.1.70)，增益系数将会降低，导致光的净放大倍数持续降低。最后，达到 $G\sqrt{R_1R_2}V = 1$ 的稳态条件。基于公式 (1.1.70)，我们发现稳态条件下，光的强度为

$$I = I_S \frac{(g_0 l)^{1/x} - |\ln(\sqrt{R_1R_2}V)|^{1/x}}{|\ln(\sqrt{R_1R_2}V)|^{1/x}} \tag{1.1.72}$$

在非均匀加宽激光器中，所有开始振荡的轴向模式将达到这种稳态强度 (图 1.1.16)。但是在均匀加宽激光器中，因为模式之间会发生竞争，只有一个轴向模式在稳态下振荡。注意，是增益饱和现象使激光器工作增益与光场强度相互依赖和制约，从而确保我们得到光场强度的稳态解，最终得到激光器的输出功率。图 1.1.17 显示了激光谐振腔的光谱发射特性。只有小信号增益因子 G_0 足够高才能克服因吸收和输出耦合产生的损耗，谐振腔的轴向模式才会振荡。小信号增益最高所对应的模式稳定度最高。对于非均匀展宽的有源介质，可以观察到轴向上所有的振荡模式，因为每个模式仅在其共振频率处消耗增益，而不与其他模式相互作用。轴向模式强度谱的包络由介质的增益分布决定 (图 1.1.15 和图 1.1.16)。对于均匀展宽的激光器，只要不发生热或机械变形，而且空间烧孔效应被消除，在形成增益的所有轴向模式在振荡过程中会相互竞争。结果总是最靠近中心频率的纵模得胜，形成稳定振荡，其他轴向模式都被有效抑制。

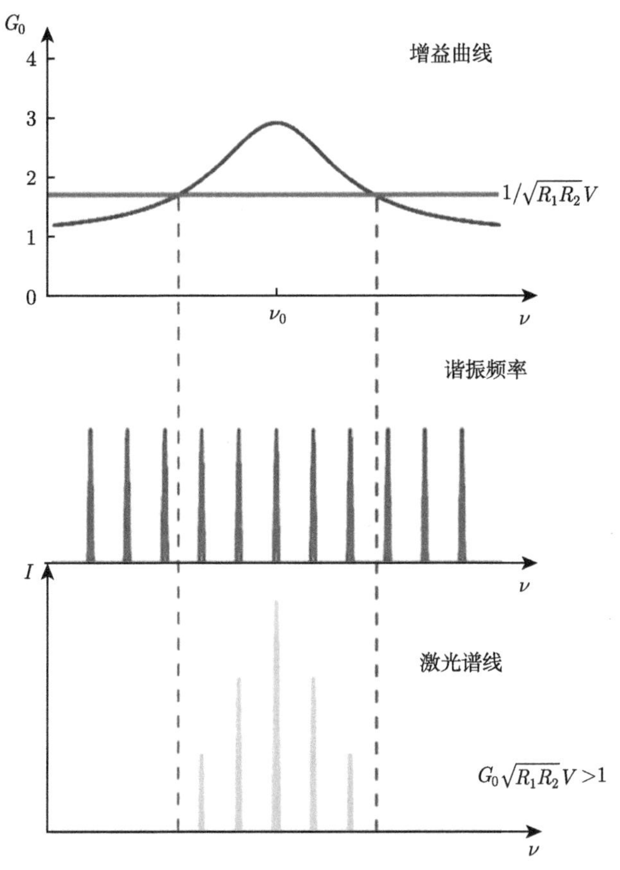

图 1.1.16 只有适用 $G_0\sqrt{R_1R_2}V > 1$ 的轴向谐振腔模式才能振荡。由于饱和，增益系数将随着模式强度的增加而降低

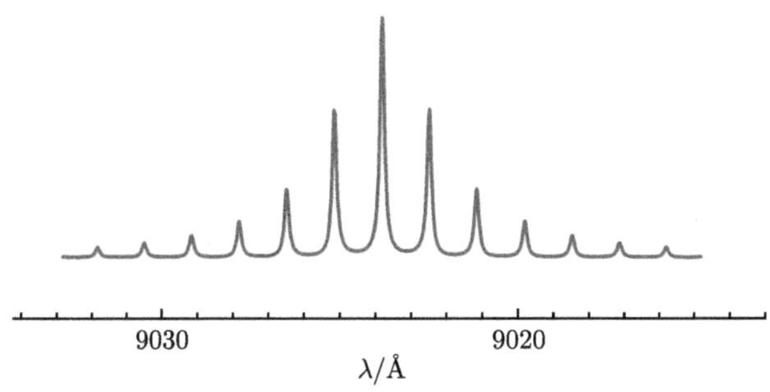

图 1.1.17 砷化镓半导体激光器的轴向模式强度光谱 (用扫描 F-P 腔测量)。晶体的抛光端面用作谐振腔镜。较短的谐振腔长度 ($L_0 = 1$ mm) 产生较大的自由光谱区

随着泵浦功率的增加，增益加大，谐振腔内的损耗更容易被克服，激光器会产生更宽的频率谱。对于非均匀加宽的激光器，在增益分布的外部区域会增加新的

轴向模式。根据有源 F-P 腔理论，激光器在稳态振荡时的线宽应为零。然而，在实际的激光器中，由于自发辐射在通过受激辐射建立轴向模式的过程中产生一定的噪声背景，因此线宽要大得多。这种线宽是由于自发辐射的存在而产生的，因而是无法排除的，所以称之为线宽极限。此外，谐振腔装置由于振动和温度变化而经历小尺度的光学长度变化。该长度变化引起的频率漂移要远大于激光器本身的线宽。根据公式 (1.1.67) 也可以知道，输出功率越大，线宽就越窄。这是因为输出功率增大意味着腔内相干光子数增大，受激辐射比自发辐射占据更大优势，因而线宽变窄。减小损耗和增加腔长也可以使线宽变窄。

通过使用特殊的稳定和反馈技术，可以实现低至 100 mHz 的线宽。在没有主动或被动稳频的情况下，激光模式的线宽约为 MHz 量级。在谐振腔内没有额外选频元件的情况下，非均匀加宽激光器的带宽由增益分布的带宽决定。在这些激光器中，可以将标准具加入谐振腔中实现窄线宽或单轴向模式工作。在均匀加宽的激光器中，激光谐振腔的光谱发射中通常存在许多轴向模式，可以通过设计消除空间烧孔效应的谐振腔来产生单轴向模式的振荡。

1.2　激光的模式

大多数激光发射的光都包含几种分立的光学频率，它们彼此之间的频率差各不相同，从而使光学谐振腔产生不同的模式。通常将谐振腔产生的模式分为两类：纵模和横模。纵模彼此间的差异仅在于它们具有不同的振荡频率；横模彼此间的差异除了具有不同的振荡频率外，在垂直于其传播方向的平面内场的分布也不同。与一个给定的横模相对应的大量纵模同该横模具有相同的场分布，但是频率却不同。

激光器的光谱特性，如谱线宽度和相干长度等，主要取决于纵模；而光束发散角、光束直径和能量分布等则取决于横模。一般来说，如果没有采取特殊的措施来限制振荡模的数量，激光器就是多模振荡器。

1.2.1　纵模

根据 1.1 节中的驻波条件可以看出，谐振腔表现出共振频率为 $\nu_q = c_0/\lambda_q$ 的周期性序列。通常把由整数 q 所表征的腔内纵向的稳定场分布称为激光的纵模，不同的纵模对应于不同的 q 值。相邻两个纵模之间的频率之差就是之前定义的光学谐振腔的纵模间隔 $\Delta\nu$，即光学谐振腔的自由光谱区：

$$\Delta\nu = \frac{c}{\lambda_q} - \frac{c}{\lambda_{q+1}} = \frac{c}{2L}$$

可以看出，对于特定的光学谐振腔，腔的纵模在频率尺度上是等距离排列的，如图 1.2.1 所示。因此，$\Delta\nu$ 只决定于光学谐振腔的长度。腔长 L 越长，$\Delta\nu$ 越小。而且 $\Delta\nu$ 与 q 无关，对特定的光学谐振腔是一常数。例如，对于 L=1 m 的光程长度 (激光谐振腔的典型长度)，频率间隔为 150 MHz，当 $\lambda = 500$ nm 时，$\nu = 6 \times 10^8$ MHz 与可见光的频率相比非常小。轴向模数 q 表示反射镜之间稳定传输光场的半波长整数倍，非常大：当 $\lambda = 500$ nm 时，我们将得到 4×10^6 个强度最大值。

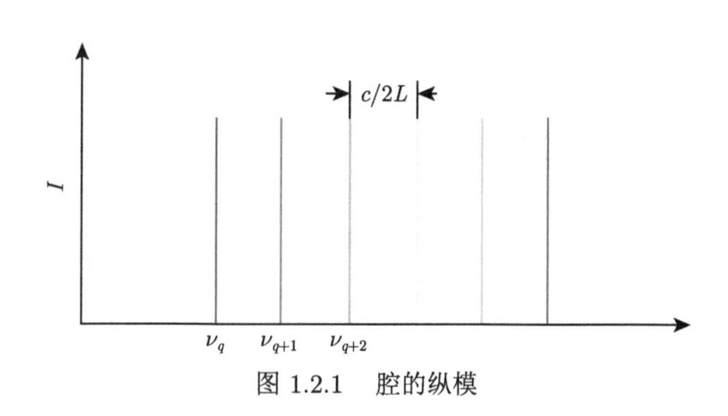

图 1.2.1 腔的纵模

根据驻波条件，当光学谐振腔的两个腔镜均为高反射率，即反射率为 100%，同时不考虑谐振腔的腔内损耗时，腔内的光波可以稳定地在光学谐振腔内传输，才能出现图 1.1.1 所示的驻波。当组合镜的反射率 $R_1R_2<100\%$时，就会产生行波分量。强度极小值将不再等于零。谐振条件 (1.1.1) 决定产生最大腔内功率密度的波长，也适用于有损谐振腔，但图 1.1.1 所示的谐振峰将随着谐振腔中损耗的增加而展宽。

1.2.2 横模

除了在光学谐振腔的纵向方向 (z 轴方向) 存在本征模式，即纵模外，腔内电磁场在垂直于其传输方向的横截面上 (x-y) 也存在稳定的场分布，称为横模 [8]。不同的横模对应于不同的横截面上稳定光场分布和频率。图 1.2.2 标示出在轴对称和旋转对称情况下各种横模的图像。

激光的模式可以用 TEM_{mnq} 来标记。q 为纵模序数，即纵向驻波波节数，通常都不写出来。m、n(旋转对称时习惯用 p、l) 为横模序数，$m = 0$，$n = 0$ 即为 TEM_{00} 模，称为基模，其他情况称为高阶模。对于轴对称情况 (TEM_{mn})，m 表示 x 方向暗区数，n 表示 y 方向暗区数。对于旋转对称情况 (TEM_{pl})，p 表示径向节线数，即暗环数，l 表示角向节线数，即暗直径数。实际的激光器常因为模式叠加而出现模式畸变和简并现象。因此，如何实现激光器基横模运转一直是激光器研究中重要的方向之一。

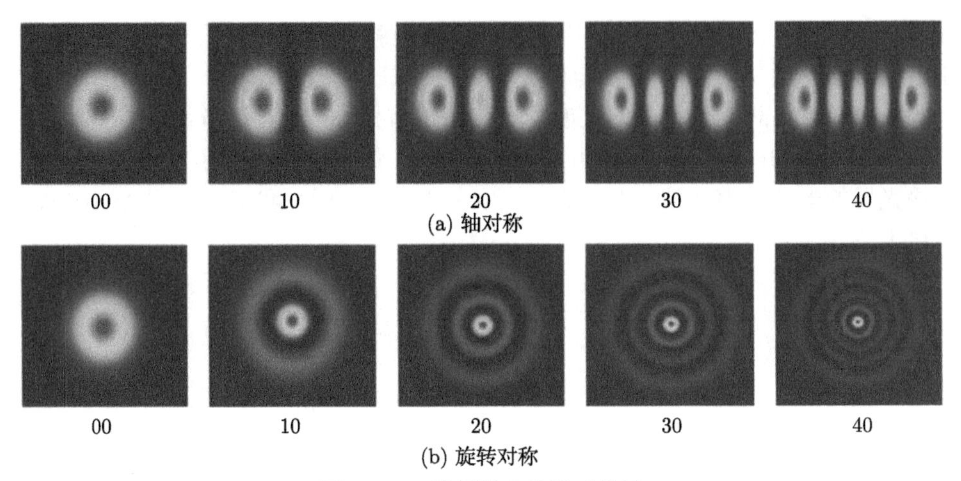

图 1.2.2　横模模式花样示意图

1.2.3　高斯光束

1.2.3.1　基本性质

激光器谐振腔内发出的光束，既区别于单纯的平面波，又与单纯的球面波不同，它是振幅和相位在横向具有高斯函数型强度分布特点的光束，我们称之为基模高斯光束，或 TEM_{00} 模。高斯光束的场振幅随着离轴的距离 r 的增大而减小，可由下式表示：

$$E(r) = E_0 \exp\left(-\frac{r^2}{\omega^2}\right) \tag{1.2.1}$$

由此，得到的功率密度分布为

$$I(r) = I_0 \exp\left(-\frac{2r^2}{\omega^2}\right) \tag{1.2.2}$$

式中，ω 为在光学轴上场振幅降至 1/e 时的径向距离，同时轴上的功率密度也降到 $1/e^2$，通常将参量 ω 称为光束半径或“光斑尺寸”，2ω 称为光束的直径。在半径 $r=\omega$、1.5ω、2ω 的辐射孔径中，高斯光束的功率与总功率的百分比分别为 86.5%、98.9%和 99.9%。如果高斯光束通过半径为 3ω 的孔，由于阻挡而损失的光束就只占总功率的 10^{-6}%。在接下来的讨论中，“无限大孔径”就是指超过 3 倍光斑尺寸的孔径。

通过观察正在传播的高斯光束，发现尽管光束的每个截面上的强度分布都是高斯形，但强度分布的宽度却沿着光轴线方向发生变化。在波前为平面的束腰处，高斯光束的直径收缩为最小值 $2\omega_0$。如果从束腰处测量 z 值，光束的扩展规律就会表现为一种简单的形式。与束腰相距为 z 的光斑尺寸以双曲线表示为

$$\omega(z)=\omega_0\left[1+\left(\frac{\lambda_z}{\pi\omega_0^2}\right)^2\right]^{\frac{1}{2}} \tag{1.2.3}$$

其渐近线与轴线成 $\theta/2$ 角，见图 1.2.3，由此确定出发射光束的远场发散角。基模的最大发散角由下式给出：

$$\theta=\lim_{z\to\infty}\frac{2w(z)}{z}=\frac{2\lambda}{\pi\omega_0}=1.27\frac{\lambda}{2\omega_0} \tag{1.2.4}$$

由此可见，当距离很远时，光斑尺寸随 z 呈线性增大，而光束以恒定的锥角θ发散。需要指出的是，在束腰处的光斑尺寸 ω_0 越小，发散角越大。

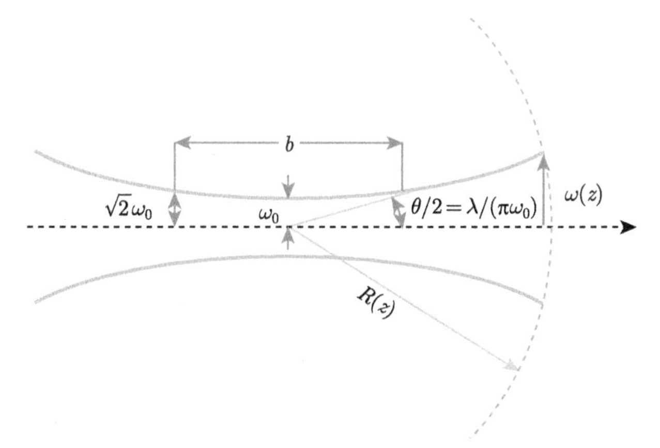

图 1.2.3 高斯光束的轮廓线

在距离束腰足够远的地方，光束有一个从束腰处的光轴线方向上的某点发出的球面波前。如果用 $R(z)$ 表示与光轴线相交于点 z 的波前曲率半径，则有

$$R(z)=z\left[1+\left(\frac{\pi\omega_0^2}{\lambda z}\right)^2\right] \tag{1.2.5}$$

重要的是要注意在高斯光束的波前面上，各点相位是相同的。

有时，用一个特定的共焦参量 b 来说明 TEM_{00} 模的光束特性

$$b=\frac{2\pi\omega_0^2}{\lambda} \tag{1.2.6}$$

式中，b 为 $\omega_{(z)}=\sqrt{2}\omega_0$ 时在束腰两边的点与点之间的距离 (图 1.2.3)。

在结束高斯光束的讨论之前，对高斯光束和平面波光束的发散角之间的不同作一个简要的说明。激光器输出 TEM_{00} 模时，根据式 (1.2.4) 可求出光束发散角。当一个平面波前入射到直径为 D 的圆孔上时，由夫琅禾费衍射花样的第一个最小值确定的中心光斑 (艾里斑) 的最大锥角为

$$\theta_p=\frac{2.44\lambda}{D} \tag{1.2.7}$$

该锥角所包含的能量大约是圆孔透射的总能量的 84%。

在实验室里，通常用尺子测量出光斑半径来得到光束尺寸。但这并不是式 (1.2.3) 所定义的光斑尺寸 ω_0。对于光斑，不能明显地从视觉上判断其尺寸，"光斑尺寸" 和 "可视光斑尺寸" 是完全不同的概念。前者是激光腔的特性，后者为主观上的估计值。为了测量出光斑尺寸，可以用针孔后面的光电探测器来扫描光斑，所得到的强度与针孔的位置的函数将呈现高斯曲线，凭借该曲线可以计算出光斑尺寸 ω_0。

如果使用电子束诊断仪，得出的结果就会快得多。这些仪器配有 CCD(电荷耦合器件) 阵列摄像机、计算机和光束分析软件，CCD 阵列相机能够在透镜的聚焦面上对光束取样。这些仪器能够快速地显示二维或者三维的可视光束分布，并能计算出光束的参量。

1.2.3.2 光束质量

如何评价一个激光器所产生的激光光束的空间分布质量是一个重要的问题。在激光技术的发展过程中，人们根据具体的应用需求，先后将聚焦光斑尺寸、远场发散角等参数作为衡量激光光束质量的参数。但由于光束的束腰宽度以及发散角均会通过光学系统变换后发生改变，因此单独使用其中之一来评价激光光束质量是有局限性的。后来人们发现，一束激光的束腰宽度和远场发散角的乘积经过无像差的光学系统变换后不会发生变化，是一个固定值，可以用来同时描述光束的近场和远场特性。因此，目前国际上普遍采用光束衍射倍率因子 M^2 作为衡量激光光束质量的参量。光束衍射倍率因子 M^2 定义为

$$M^2=\frac{\text{实际光束的空间束宽积}}{\text{理想光束的空间束宽积}} \tag{1.2.8}$$

式中，光束的空间束宽积 (space-beamwidth product) 是指光束在空间域中的宽度 (束腰宽度) 和在空间频率域中的角谱宽度 (远场发散角) 的乘积，即

$$M^2=\frac{\text{实际光束的束腰宽度和远场发散角的乘积}}{\text{理想光束的束腰宽度和远场发散角的乘积}} \tag{1.2.9}$$

M^2 因子定义式中同时考虑了束宽和远场发散角的变化对激光光束质量的影响。一般情况下，激光束在通过理想无衍射、无像差光学系统时光束参数乘积是一个不变量，这样就避免了只用聚焦光斑尺寸或远场发散角作为光束质量判据带来的不确定性。因此 M^2 因子是一个判断光束质量优劣的重要参数。

1.2.3.3 光束质量因子测量

实验上确定高斯光束的光束质量 M^2 因子，实质上归结为束腰宽度的测量。国际标准化组织推荐的束腰宽度测量方法包括可变光阑法、移动刀口法、移动狭缝法、CCD 法等。但要想尽可能精确测量 M^2 因子，目前最常用的方法是双曲线拟合法。采用多点测量双曲线拟合法计算 M^2 因子至少需要测量 10 次，其中必须有 5 次以上位于瑞利尺寸之内。沿传输轴测量束腰宽度 ω 的双曲线拟合公式为

$$\omega^2 = Az^2 + Bz + C \tag{1.2.10}$$

式中，A、B、C 为拟合系数，与光束参数关系为

$$M^2 = \frac{\pi}{\lambda}\sqrt{AC - \frac{B^2}{4}} \tag{1.2.11}$$

$$\omega_0 = \sqrt{C - \frac{B^2}{4A}} \tag{1.2.12}$$

$$L_0 = -\frac{B}{2A} \tag{1.2.13}$$

$$\theta = \sqrt{A} \tag{1.2.14}$$

测量 M^2 因子和激光束相关参数的仪器称为 M^2 因子测量仪或光束剖面分析仪，国际上已有多家产品出售，如 ThorLabs 公司生产的 M2MS 系列光束质量分析仪，以及 MKS 公司生产的 BeamSquared 系列光束质量分析仪。

1.3 单频激光器

单频激光器与单横模激光器的区别在于：单频激光器需要在单横模激光器的基础上采取必要的选纵模措施，从而实现单纵模激光输出。尽管目前已经有许多选模措施，如双折射滤波片法 [9]、短程吸收法 [10]、扭摆模腔法 [11]、短腔法 [12] 以及标准具选模法 [13] 等，但是，要想获得高功率输出的全固态单频连续波激光器，必须采用可以消除空间烧孔效应的单向运行的环形谐振腔 [14] 来实现。因此，在讨论单频激光器之前，需要首先讨论模式竞争和空间烧孔效应。

1.3.1　模式竞争

均匀加宽激光器内的“模式竞争”机制如图 1.3.1 所示，假设在激光器增益谱范围内含有 $q-1$、q、$q+1$ 三个模式满足振荡条件 (曲线 1)，起始阶段，三个模式均可以起振；随着腔内光强逐渐增大，由于激光器的增益饱和效应，其增益逐渐减小，当减小到曲线 2 所示情形时，模式 $q-1$ 的增益小于阈值，因此该模式对应激光猝灭；随着腔内光强继续增大，激光器的增益减小到曲线 3 所示情形时，模式 $q+1$ 的增益小于阈值，该模式对应激光也猝灭；随着腔内光强继续增大，激光器的增益减小到曲线 4 所示情形时，模式 q 的增益与损耗相等，腔内光场形成了稳定振荡，因此，经过模式竞争后，激光谐振腔内最终只剩靠近增益中心的模式形成稳定振荡，激光器实现单纵模运转。

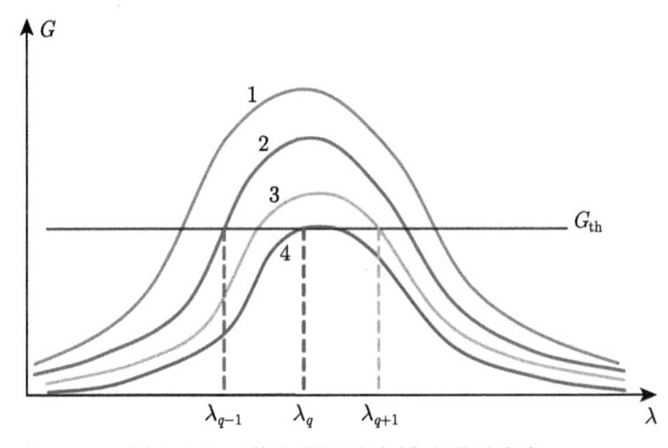

图 1.3.1　激光谐振腔内模式增益竞争

1.3.2　空间烧孔引起多模振荡

由以上分析可知，均匀加宽稳态激光器应为单纵模输出。但实际上，在许多激光器当中，当激发较强时，往往出现多纵模振荡，而且激发越强，振荡模式越多，如图 1.3.2 所示，下面分析产生这一现象的原因。

在图 1.3.2(a) 中，当频率为 ν_q 的纵模在腔内形成稳定振荡时，腔内形成一个驻波场，波腹处光强最大，波节处光强最小。因此虽然 ν_q 模在腔内的平均增益系数等于 g_t，但实际上轴向各点的反转集居数密度和增益系数是不相同的，波腹处增益系数 (反转集居数密度) 最小，波节处增益系数 (反转集居数密度) 最大。这一现象称作增益的空间烧孔效应。我们再来看频率为 ν_q' 的另一纵模，其腔内光强分布示于图 1.3.2(c)。由图可见，q' 模式的波腹有可能与 q 模式的波节重合而获得较高的增益，从而形成较弱的振荡。以上讨论表明，由于轴向空间烧孔效应，

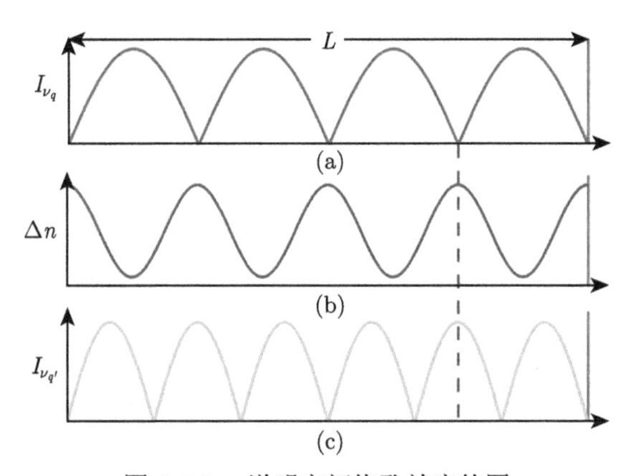

图 1.3.2　说明空间烧孔效应的图

(a) q 模腔内光强分布；(b) 只有 q 模存在时的反转集居数密度的分布；(c) q' 模腔内光强分布图

不同纵模可以使用不同空间的激活粒子而同时产生振荡，这一现象叫做纵模的空间竞争。

如果激活粒子的空间转移很迅速，空间烧孔便无法形成。在气体工作物质中，粒子做无规热运动，迅速的热运动消除了空间烧孔，所以，以均匀加宽为主的高气压气体激光器可获得单纵模振荡。在固体工作物质中，激活粒子被束缚在晶格上，虽然借助粒子和晶格的能量交换形成激发态粒子的空间转移，但由于激发态粒子在空间转移半个波长所需的时间远远大于激光形成所需的时间，所以空间烧孔不能消除。如不采取特殊措施，以均匀加宽为主的驻波腔固体激光器一般为多纵模振荡。在含光隔离器的环形行波腔内，光强沿轴向均匀分布，不存在空间烧孔，因而可以得到单纵模振荡。

激光器中，除了存在轴向空间烧孔外，由于横截面上光场分布的不均匀性，还存在着横向的空间烧孔。由于横向空间烧孔的尺度较大，激活粒子的空间转移过程不能消除横向空间烧孔。不同横模的光场分布不同，它们分别使用不同空间的激活粒子，因此，当激励足够强时，可形成多横模振荡。

在非均匀加宽激光器中，假设有多个纵模满足振荡条件，由于某一纵模光强的增加，并不会使整个增益曲线均匀下降，而只是在增益曲线上造成对称的两个烧孔，所以只要纵模间隔足够大，各纵模基本上互不相关，所有小信号增益系数大于 g_t 的纵模都能稳定振荡。因此，在非均匀加宽激光器中，一般都是多纵模振荡。图 1.3.3 表示，当外界激发增强时，小信号增益系数增加，满足振荡条件的纵模个数增多，因而激光器的振荡模式数目增加，稳定后，各模的增益系数均为 g_t。

在非均匀加宽激光器中也存在模式竞争现象。例如，当 $\nu_q=\nu_0$ 时，ν_{q+1} 及 ν_{q-1} 模形成的两个烧孔重合，也就是说，它们共用同一种表观中心频率的激活粒子，因而存在模竞争，此时 ν_{q-1} 模及 ν_{q+1} 模的输出功率会有无规起伏。此外，当相邻纵模所形成的烧孔重叠时，相邻纵模因共用一部分激活粒子而相互竞争。

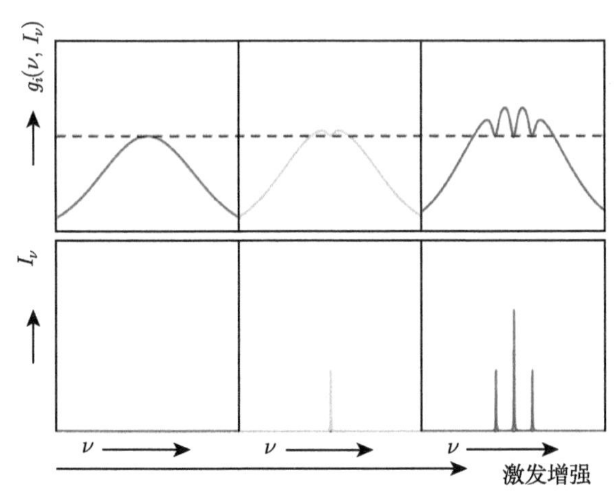

图 1.3.3　非均匀加宽激光器的增益曲线和振荡模谱

1.3.3　环形谐振腔

图 1.3.4 中所示谐振腔为环形腔，腔内光束沿一多边形闭合光路传输。如果仅着眼于分析环形腔内光束传输特性和计算模参数，可以把环形腔从某一参考面处截断，展开成一个等效多元件直腔来处理，这样，就能够利用本章所述的方法来计算环形腔的光束参数。尽管如此，也应当注意环形腔与多元件直腔有下述不同点。

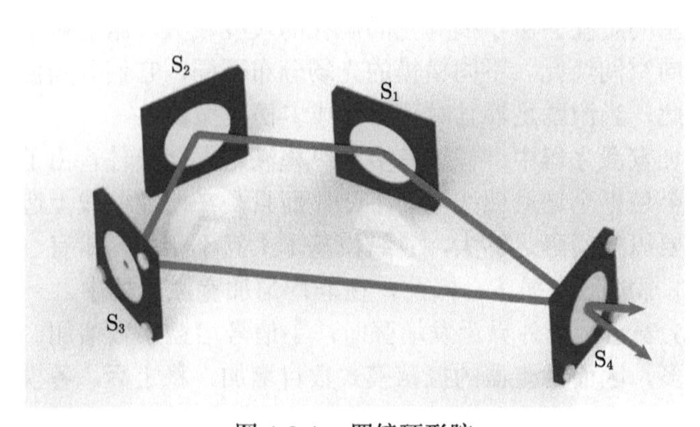

图 1.3.4　四镜环形腔

(1) 与驻波腔不同，环形腔是行波腔。

(2) 在高斯光束近似下，稳定环形腔内能够存在的光束 q 参数应当满足环绕一周自再现条件，而不是往返一周自再现条件。代替往返一周矩阵，在相应的计算中对环形腔应当使用环绕矩阵。

1.3.3.1　环形腔参数计算

研究对象设为图 1.3.5 所示常用四镜环形腔 (8 字形)。四个反射镜曲率半径分别为 ρ_1、ρ_2、ρ_3、$\rho_4(\rho_4 \to \infty)$，各分臂长设为 l_1、l_2、l_3、l_4，暂时不计像散，分别取镜 S_1、S_2、S_3、S_4 为参考面，将环形腔展开为周期性薄透镜序列，设以镜 i 为参考，环形矩阵为

$$M = \begin{bmatrix} A & B \\ C & D \end{bmatrix}$$

则稳定条件：

$$|A + D| < 2 \tag{1.3.1}$$

由自再现条件式：

$$\frac{1}{q_1} = \frac{D - A}{2B} \pm \mathrm{i}\frac{\sqrt{4 - (A + D)^2}}{2B}$$

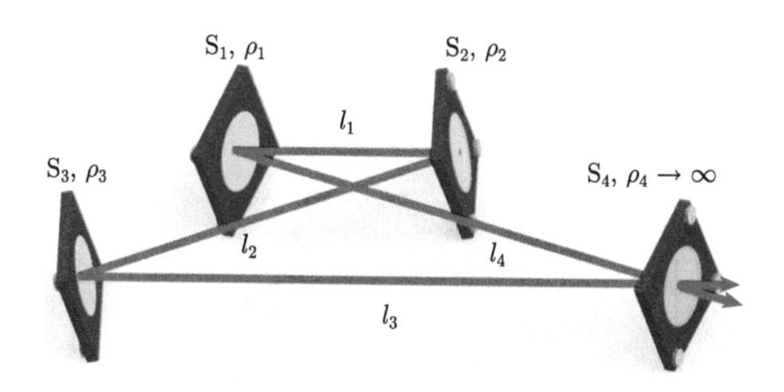

图 1.3.5　四镜环形腔 (8 字形)

可求得：

镜 i 处基模高斯光束束宽：

$$\omega_i^2 = \pm \frac{2\lambda B/\pi}{\sqrt{4 - (A + D)^2}} \tag{1.3.2}$$

镜 i 处高斯光束等相面曲率半径：

$$R_i = \frac{2B}{D - A} \tag{1.3.3}$$

分臂上束腰宽度：

$$\omega_{0ij}^2 = \pm\frac{\lambda}{2\pi C}\sqrt{4 - (A + D)^2} \tag{1.3.4}$$

以镜 i 为参考束腰位置：

$$L_{0ij} = \frac{A - D}{2C} \tag{1.3.5}$$

例如，以镜 1 为参考，正向行波 (设为沿镜 $S_1 \to S_2 \to S_3 \to S_4 \to S_1$ 方向) 等效周期性薄透镜序列为图 1.3.6，由此得到环绕矩阵：

$$\begin{aligned} M &= \begin{bmatrix} 1 & l_3 + l_4 \\ 0 & 1 \end{bmatrix} \begin{bmatrix} 1 & 0 \\ -\dfrac{2}{\rho_3} & 1 \end{bmatrix} \begin{bmatrix} 1 & l_2 \\ 0 & 1 \end{bmatrix} \begin{bmatrix} 1 & 0 \\ -\dfrac{2}{\rho_2} & 1 \end{bmatrix} \begin{bmatrix} 1 & l_1 \\ 0 & 1 \end{bmatrix} \begin{bmatrix} 1 & 0 \\ -\dfrac{2}{\rho_1} & 1 \end{bmatrix} \\ &= \begin{bmatrix} A & B \\ C & D \end{bmatrix} \end{aligned} \tag{1.3.6}$$

$$\begin{aligned} A =& \left(1 - \frac{2l_1}{\rho_1}\right)\left(1 - \frac{2l_2}{\rho_2}\right)\left[1 - \frac{2(l_3 + l_4)}{\rho_3}\right] - \frac{2(l_3 + l_4)}{\rho_1}\left(1 - \frac{2l_1}{\rho_1} - \frac{2l_2}{\rho_3}\right) \\ & - \frac{2l_2}{\rho_1} - \frac{2(l_3 + l_4)}{\rho_2} \end{aligned} \tag{1.3.7}$$

$$B = l_1\left(1 - \frac{2l_2}{\rho_2}\right)\left[1 - \frac{2(l_3 + l_4)}{\rho_3}\right] + (l_3 + l_4)\left(1 - \frac{2l_1}{\rho_2} - \frac{2l_2}{\rho_3}\right) + l_2 \tag{1.3.8}$$

$$C = -\frac{2}{\rho_3}\left(1 - \frac{2l_1}{\rho_1}\right)\left(1 - \frac{2l_2}{\rho_2}\right) - \frac{2}{\rho_1}\left(1 - \frac{2l_1}{\rho_2} - \frac{2l_2}{\rho_3}\right) - \frac{2}{\rho_2} \tag{1.3.9}$$

$$D = -\frac{2l_1}{\rho_3}\left(1 - \frac{2l_2}{\rho_2}\right) + \left(1 - \frac{2l_1}{\rho_1} - \frac{2l_2}{\rho_3}\right) \tag{1.3.10}$$

把式 (1.3.7)～式 (1.3.10) 代入式 (1.3.1)～式 (1.3.5) 便可判断腔的稳定性，求出 ω_1、ω_{014}、L_{014}、R_1，再分别以镜 S_2、镜 S_3、镜 S_4 为参考面，仿照上述计算就可求出其余分臂上光束的模参数，反向行波亦可仿此计算。

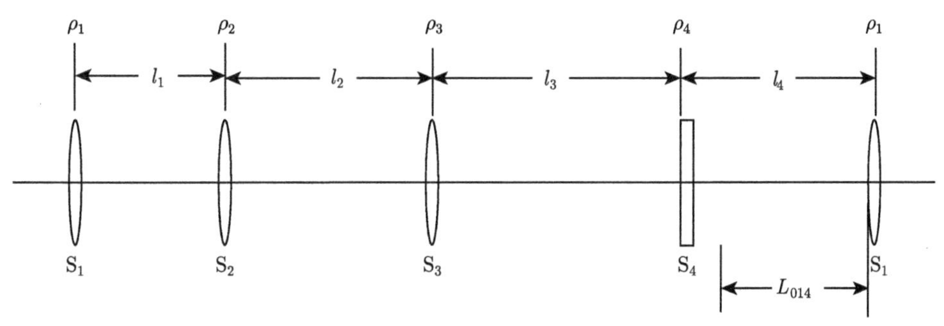

图 1.3.6 等效薄透镜序列 (以镜 S_1 为参考)

1.3.3.2 像散

当光束在环形谐振腔内传输时，为了实现闭环传输，光束的传播方向并不能完全垂直于光学镜片，即光束的传播方向和谐振腔腔镜之间总会存在一定角度，导致光束经过非平面镜会产生像散。如图 1.3.7 所示，由于物点离光轴较远，光束倾斜度较大，从而使出射光束的截面一般呈椭圆形，沿光束传播方向上总有两处椭圆形可以退化为直线，称为散焦线，两散焦线互相垂直，分别称为子午焦线和弧矢焦线。

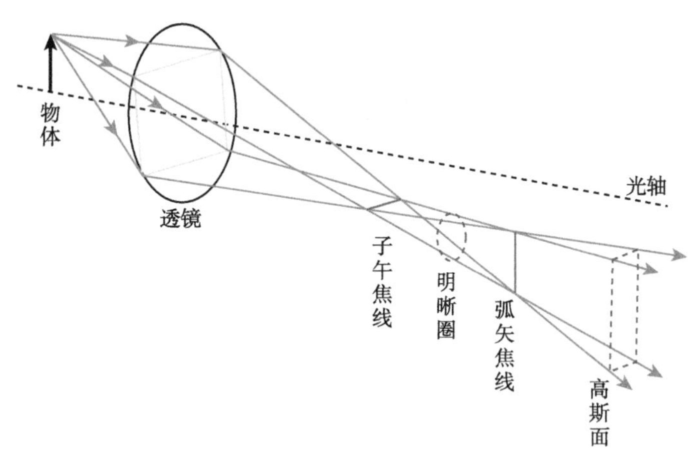

图 1.3.7 像散示意图

在环形谐振腔内，离轴放置的球面腔镜在子午面和弧矢面内的焦距不同 [15]，分别表示为

$$f_{i\text{子午}} = \frac{\rho_i}{2}\cos\varphi_i \tag{1.3.11}$$

$$f_{i\text{弧矢}} = \frac{\rho_i}{2}\sec\varphi_i \tag{1.3.12}$$

式中，φ_i 为腔内光束在镜 i 上的入射角。

镜 i 对沿子午面和弧矢面传输光束的反射矩阵为

$$M_{i子午} = \begin{bmatrix} 1 & 0 \\ -\dfrac{1}{f_{i子午}} & 1 \end{bmatrix} = \begin{bmatrix} 1 & 0 \\ -\dfrac{2}{\rho_i}\sec\varphi_i & 1 \end{bmatrix} \tag{1.3.13}$$

$$M_{i弧矢} = \begin{bmatrix} 1 & 0 \\ -\dfrac{1}{f_{i弧矢}} & 1 \end{bmatrix} = \begin{bmatrix} 1 & 0 \\ -\dfrac{2}{\rho_i}\cos\varphi_i & 1 \end{bmatrix} \tag{1.3.14}$$

像散的存在，对激光器会产生以下影响：

(1) 在子午面和弧矢面内光束的模参数不同，合成后为一椭圆高斯光束。

(2) 在分臂上，子午面和弧矢面内的束腰不等，位置也不重合，在反射镜的反射面上，子午面和弧矢面内的束腰大小不相等，等相位面曲率半径也不相等，光束截面为一椭圆，等相位面为非球二次曲面。

(3) 在子午面和弧矢面内稳区的交叉部分才是激光系统的稳区，可由以下方程组的解决定：

$$\begin{cases} |A+D|_t < 2 \\ |A+D|_s < 2 \end{cases} \tag{1.3.15}$$

因此，像散的存在不仅能影响激光器输出激光的光束质量，而且会明显缩小激光器工作的稳区。

1.3.3.3 像散补偿

在实际的激光器谐振腔的设计过程中，需要进行像散补偿。为补偿环形腔内离轴放置的谐振腔腔镜产生的像散，可以在谐振腔内插入厚度为 t，折射率为 n 的倾斜放置的像散补偿板。当补偿板的法线与入射光线成 β 角时，子午面和弧矢面上补偿板的变换矩阵为

$$M_{子午} = \begin{bmatrix} 1 & \dfrac{n^2\left(1-\sin^2\beta\right)t}{\sqrt[3]{(n^2-\sin^2\beta)^2}} \\ 0 & 1 \end{bmatrix} \tag{1.3.16}$$

$$M_{孤矢} = \begin{bmatrix} 1 & \dfrac{t}{\sqrt{n^2-\sin^2\beta}} \\ 0 & 1 \end{bmatrix} \tag{1.3.17}$$

为减小补偿板引入的损耗，补偿板通常以布儒斯特角入射，在这种情况下，$\tan\beta = n$。此时，式 (1.3.16) 和式 (1.3.17) 可以简化为

$$M_{子午} = \begin{bmatrix} 1 & \dfrac{t\sqrt{n^2+1}}{n^4} \\ 0 & 1 \end{bmatrix} \tag{1.3.18}$$

$$M_{弧矢} = \begin{bmatrix} 1 & \dfrac{t\sqrt{n^2+1}}{n^2} \\ 0 & 1 \end{bmatrix} \tag{1.3.19}$$

例如，在图 1.3.5 所示的激光器谐振腔的 S_1-S_2 臂中，当以布儒斯特角放置补偿板时，在子午面和弧矢面有

$$\begin{aligned} l_1 + l_{子午} &= \frac{\rho_1}{2}\cos\alpha_1 + \frac{\rho_2}{2}\cos\alpha_2 + \varDelta_{子午} \\ l_1 + l_{弧矢} &= \frac{\rho_1}{2}\sec\alpha_1 + \frac{\rho_2}{2}\sec\alpha_2 + \varDelta_{弧矢} \end{aligned} \tag{1.3.20}$$

式中，l_1 为 S_1-S_2 臂中空气段的长度，$l_{子午}$、$l_{弧矢}$ 分别为补偿板在子午面和弧矢面上的有效长度，由式 (1.3.18) 和式 (1.3.19) 知

$$\begin{aligned} l_{子午} &= t\sqrt{n^2+1}/n^4 \\ l_{弧矢} &= t\sqrt{n^2+1}/n^2 \end{aligned} \tag{1.3.21}$$

$\varDelta_{子午}$、$\varDelta_{弧矢}$ 分别为子午面和弧矢面上的调整量，α_1、α_2 分别为光束在 S_1、S_2 上的入射角 (像散角)。

实现像散补偿条件为子午面和弧矢面上的调整量应相等，即

$$\varDelta_{子午} = \varDelta_{弧矢} \tag{1.3.22}$$

由式 (1.3.20)~ 式 (1.3.22) 得

$$\rho_1 \sin\alpha_1 \tan\alpha_1 + \rho_2 \sin\alpha_2 \tan\alpha_2 = 2Nt \tag{1.3.23}$$

式中

$$N = \left(n^2 - 1\right)\sqrt{n^2+1}/n^4 \tag{1.3.24}$$

1.3.4　光学单向器

采用环形谐振腔结构的连续波单频激光器要想实现单向运转最常用的方法是在环形谐振腔内插入不可逆元件，如光学单向器。光学单向器的工作原理是利用自然旋光效应 [16] 补偿磁致旋光效应 [17]，使正向传输的线偏振光束无损耗通过，而反向传输的线偏振光束因损耗较大而被有效抑制，进而使得环形谐振腔激光单向运转。

1.3.4.1　自然旋光效应

当一线偏振光束通过如石英等介质时，光束的振动面会发生旋转，旋转角度 ψ 与介质晶片的厚度 d 成正比：

$$\psi = \alpha(\lambda) d \tag{1.3.25}$$

比例系数 $\alpha(\lambda)$ 叫做介质的旋光率 (specific rotation)。旋光率的数值因波长而异，不同颜色的光束通过介质时振动面旋转的角度不同，这种现象叫做旋光色散。而且振动面究竟向左还是向右旋转，与介质本身的结构和性质有关。例如，石英晶体有左旋和右旋两种变体，它们的外形完全相似，但两种晶体使偏振光的振动面旋转的方向相反。

另外，在自然旋光效应中，振动面的旋转方向只由介质决定，和光束的传播方向没有关系。如图 1.3.8 所示，无论光束沿正向还是反向传播，迎着传播方向看去，振动面总是向右旋转。因此，如果透射光束沿原路返回，其振动面将回到初始位置。

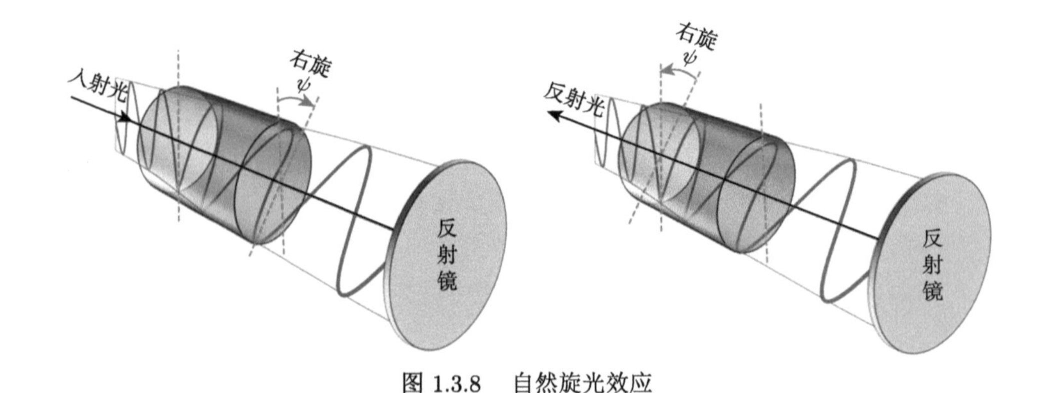

图 1.3.8　自然旋光效应

1.3.4.2　磁致旋光效应

磁致旋光效应是指一线偏振光束在经过外加磁场的磁致旋光晶体时，其振动面向左或者向右会旋转一个角度，该效应又称为法拉第旋转效应。在磁致旋光效

应中，线偏振光的振动面所旋转的角度 φ 为

$$\varphi = V(\lambda)Bl \tag{1.3.26}$$

其中，B 为磁感应强度，l 为光束传播方向上的磁致旋光介质长度，$V(\lambda)$ 为介质的旋光率，与介质本身的特性有关，而且也会随光波长的变化而变化，即存在磁致旋光色散。实验中，最常用的磁致旋光介质为 TGG(terbium gallium garnet) 晶体。与其他的磁致旋光介质相比，TGG 晶体具有更强的磁致旋光能力，对光的吸收较小，在谐振腔中附带的损耗也较小，而且具有较高的热导率，有利于热传导，因此对功率高的激光器有较好的适应性。图 1.3.9 是 TGG 晶体的旋光率随波长变化的关系，可以看出，当光波长由短波向长波过渡时，TGG 晶体的旋光率由大变小。

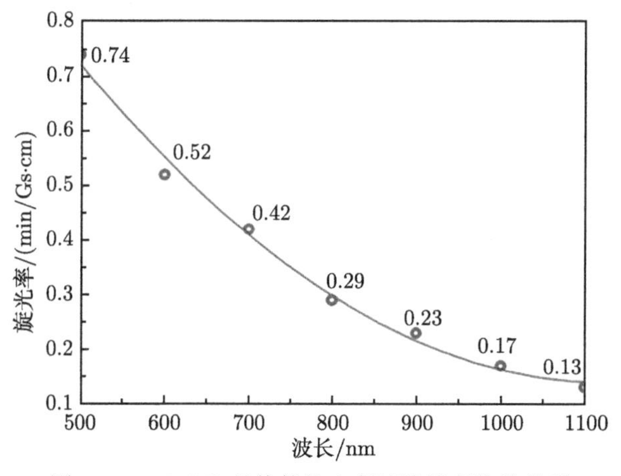

图 1.3.9　TGG 晶体的旋光率随波长变化的关系

磁致旋光效应导致的偏振光束振动面的旋转不仅和旋光介质本身有关，而且和入射光的传输方向也有关。如图 1.3.10 所示，当线偏振光通过磁光介质时，如果沿磁场方向传播，振动面向右旋；当光束沿反方向传播时，迎着传播方向看去振动面将向左旋。所以，如果光束由于反射一正一反两次通过磁光介质后，振动面的最终位置与初始位置比较，将转过 2φ 的角度。

1.3.4.3 光学单向器的组成与原理

对于光学单向器，理想的情况是在所工作的波长范围处，只对反向行波造成损耗，并使之被抑制，对于希望运转的正向行波则无损耗或者损耗极小。因此，在实际的单频激光器中，使用的光学单向器由外加磁场的 TGG 晶体和半波片两部分组成，其结构如图 1.3.11 所示。

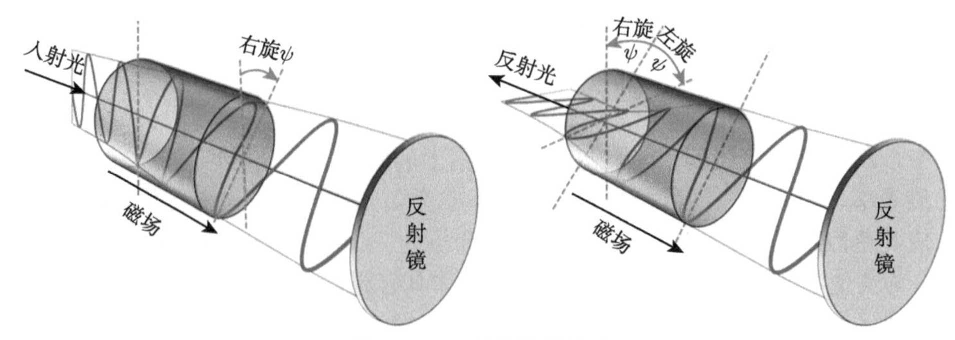

图 1.3.10　磁致旋光效应

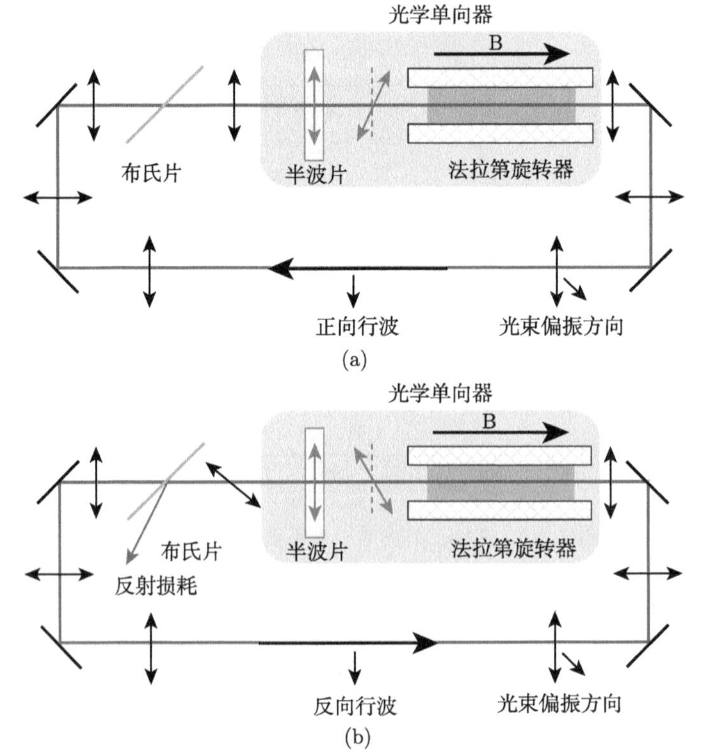

图 1.3.11　单向器在环形谐振腔中的作用

(a) 正向行波；(b) 反向行波

当某波长的线偏振光在环形谐振腔中传输时，有正反两个方向，当线偏振光沿如图 1.3.11(a) 所示的正向传输时，经过外加磁场的 TGG 晶体后，其偏振方向会旋转 φ_F 的角度，要想使正向传播的线偏振光无损耗地透射，需要调节半波片，使得线偏振光向相反的方向旋转相同的角度。这时，沿如图 1.3.11(b) 所示的反向传输线偏振光的偏振方向已经旋转了 $2\varphi_F$，导致其在腔中的损耗较大而无法起振。

具体地，当在激光器谐振腔中谐振的偏振光通过外加磁场的 TGG 晶体后，其偏振方向旋转的角度可以表示为 φ_F，通过半波片后，其偏振方向旋转的角度可以表示为 φ_A。正向行波和反向行波的损耗可以简单地描述为

$$L_F = (\varphi_F - \varphi_A)^2 \tag{1.3.27}$$

$$L_B = (\varphi_F + \varphi_A)^2 \tag{1.3.28}$$

则正反向行波的强度损耗差可以表示为

$$D = L_B - L_F = 4\varphi_F\varphi_A \tag{1.3.29}$$

为了保证正向行波能在谐振腔中谐振，而反向行波能有效地被抑制，正向行波的损耗不能大于 0.1%，而反向行波的强度损耗不能小于 0.4%[18]。将这些参数代入公式 (1.3.27)～(1.3.29) 中，可以知道，当线偏振光通过磁致旋光晶体后，其角度改变不能小于 1.8°；同时，磁致旋光效应和半波片旋转的角度的差也不能大于 1.8°。

1.3.5 单频激光器的输出特性

1.3.5.1 速率方程

尽管激光工作物质有三能级系统和四能级系统之分，但大多数的激光工作物质主要是四能级系统，其能级简图如图 1.3.12 所示。参与产生激光的有四个能级: 基态能级 E_0 (泵浦过程的低能级)、泵浦高能级 E_3、激光上能级 E_2(亚稳能级) 和激光下能级 E_1。它的主要特点是，激光下能级 E_1 不是基态能级，因而在热平衡状态下处于 E_1 的粒子数很少，有利于在 E_2 和 E_1 之间形成集居数反转状态。

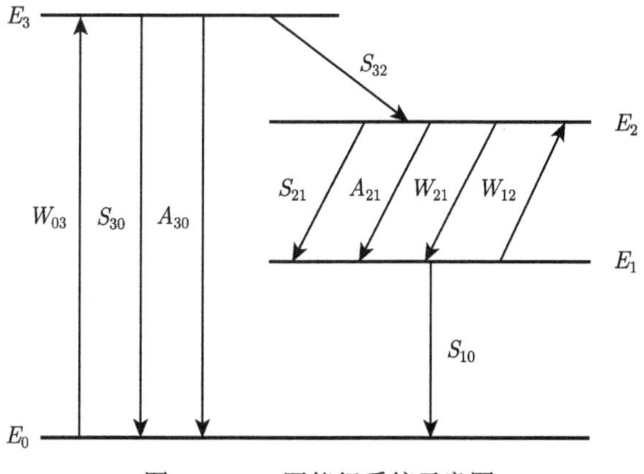

图 1.3.12 四能级系统示意图

粒子在能级间的主要跃迁过程如图 1.3.12 所示。粒子在这些能级间的跃迁过程可以简述为：

(1) 在泵浦源泵浦作用下，基态 E_0 上的粒子被泵浦到能级 E_3 上，泵浦概率为 W_{03}。

(2) 到达高能级 E_3 的粒子数 n_3 将主要以无辐射跃迁的形式迅速地转移到激光上能级 E_2，其概率设为 S_{32}。另外，n_3 也能以自发辐射和无辐射跃迁等方式返回基态 E_0。但是对于一般激光工作物质来说，这种跃迁过程的概率是很小的，即 $A_{30} \ll S_{32}$，$S_{30} \ll S_{32}$。

(3) 激光上能级 E_2 一般都是亚稳态能级，在未形成集聚数反转之前，n_2 粒子将主要以自发辐射形式跃迁到 E_1，由于粒子在 E_2 上的寿命较长，因此自发辐射概率 A_{21} 很小。n_2 粒子也可能通过无辐射形式跃迁到 E_1，但一般情况下，$S_{21} \ll A_{21}$。如果粒子泵浦到 E_2 上的速率足够高，就有可能形成集居数反转状态，则在 E_2 和 E_1 之间的受激辐射和受激吸收跃迁将占绝对优势。

(4) 激光下能级 E_1 与 E_0 的间隔一般都比粒子热运动能 kT 大得多，即 $E_1 - E_0 \gg kT$，这样就保证在热平衡情况下 E_1 能级上的粒子数可以忽略。另一方面，当粒子由于受激辐射和自发辐射由 E_2 跃迁到 E_1 后，必须使它们以某种方式迅速地转移到基态，即要求 S_{10} 较大。S_{10} 也称为激光下能级的抽空速率。

综上所述，可以写出四能级系统的速率方程组为

$$\frac{\mathrm{d}n_3}{\mathrm{d}t} = n_0 W_{03} - n_3(S_{32} + A_{30}) \tag{1.3.30}$$

$$\frac{\mathrm{d}n_2}{\mathrm{d}t} = -\left(n_2 - \frac{f_2}{f_1}n_1\right)\sigma_{21}(\nu,\nu_0)\nu N_l - n_2(A_{21} + S_{21}) + n_3 S_{32} \tag{1.3.31}$$

$$\frac{\mathrm{d}n_0}{\mathrm{d}t} = n_1 S_{10} - n_0 W_{03} + n_3 A_{30} \tag{1.3.32}$$

$$n_0 + n_1 + n_2 + n_3 = n \tag{1.3.33}$$

$$\frac{\mathrm{d}N_l}{\mathrm{d}t} = \left(n_2 - \frac{f_2}{f_1}n_1\right)\sigma_{21}(\nu,\nu_0)\nu N_l - \frac{N_l}{\tau_{Rl}} \tag{1.3.34}$$

式中，忽略 $n_3 W_{30}$ 项，因为 n_3 很小，故 $n_3 W_{30} \ll n_0 W_{03}$。

对于四能级系统，另有一种常见的粒子数密度速率方程的写法，介绍如下：

$$\begin{aligned}
\frac{\mathrm{d}n_2}{\mathrm{d}t} &= R_2 - \frac{n_2}{\tau_2} - \left(n_2 - \frac{f_2}{f_1}n_1\right)\sigma_{21}(\nu,\nu_0)\nu N_l \\
\frac{\mathrm{d}n_l}{\mathrm{d}t} &= R_1 - \frac{n_1}{\tau_1} + \frac{n_2}{\tau_{21}} + \left(n_2 - \frac{f_2}{f_1}n_1\right)\sigma_{21}(\nu,\nu_0)\nu N_l
\end{aligned} \tag{1.3.35}$$

式中，R_1、R_2 为单位体积中、在单位时间内泵浦至 E_1、E_2 能级的粒子数；τ_1、τ_2 为 E_1、E_2 能级的寿命；τ_{21} 为由 E_2 能级至 E_1 能级的跃迁造成的有限寿命。

式 (1.3.35) 与式 (1.3.30)~ 式 (1.3.34) 的不同在于，前者采用泵浦速率和能级寿命来描述粒子数变化速率而不涉及具体的泵浦及跃迁过程；后者则忽略了激光下能级的泵浦过程，对大部分激光工作物质来说，这一忽略是允许的。读者可根据所研究工作物质的泵浦与跃迁过程选择或建立适用的速率方程。

1.3.5.2 输出特性分析

利用速率方程以及激光器的相关参数，可以得到四能级激光系统的阈值泵浦功率 [19]：

$$P_{\text{th}} = \frac{\pi h\nu_{\text{p}}}{4\sigma_{\text{e}}\tau\eta_{\text{p}}}(T + \delta_{\text{CAV}})(w_0^2 + w_{\text{p}}^2)[1 - \exp(-\alpha l)]^{-1} \tag{1.3.36}$$

其中，η_{p} 为传输效率，即入射在增益介质上的泵浦光功率与泵浦源输出的光功率之比；$h\nu_{\text{p}}$ 为泵浦光子能量，σ_{e} 为受激发射截面，τ 为激光上能级寿命，T 为输出耦合镜的透射率，δ_{CAV} 为腔内传输损耗，α 和 l 分别为晶体对泵浦光的吸收系数和晶体的长度；ω_0 和 ω_{p} 分别为振荡光和泵浦光的腰斑大小；$1-\exp(-\alpha l)$ 为增益介质对泵浦光的吸收效率。需要注意的是，上式已经假设泵浦和振荡激光均为基模高斯光束。对于非基模高斯光束上式依然成立，只需将 w_0、w_{p} 看成是振荡光和泵浦光在增益介质中的平均腰斑半径即可。

而激光器的斜效率可以表示为

$$\eta_{\text{s}} = f_{\text{ovl}}\eta_t\left(\frac{\nu_0}{\nu_{\text{p}}}\right)\left(\frac{T}{T + \delta_{\text{CAV}}}\right)[1 - \exp(-\alpha l)] \tag{1.3.37}$$

其中，f_{ovl} 为泵浦光和振荡光的交叠度，是影响输出功率和斜效率的重要因素；ν_0/ν_{p} 为量子亏损。

利用公式 (1.3.36) 和 (1.3.37)，我们可以将激光器的输出功率表示为

$$\begin{aligned} P_{\text{out}} &= \eta_{\text{s}}(P_{\text{p}} - P_{\text{th}}) \\ &= f_{\text{ovl}}\eta_{\text{t}}\left(\frac{\nu_0}{\nu_{\text{p}}}\right)\left(\frac{T}{T + \delta_{\text{CAV}}}\right)[1 - \exp(-\alpha l)] \\ &\quad \times \left\{P_{\text{p}} - \frac{1}{\eta_t}\frac{\pi h\nu_{\text{p}}}{4\sigma\tau}(T + \delta_{\text{CAV}})(\omega_0^2 + \omega_{\text{p}}^2)[1 - \exp(-\alpha l)]^{-1}\right\} \end{aligned} \tag{1.3.38}$$

令

$$k_1 = \frac{1}{\eta_t}\frac{\pi h\nu_{\text{p}}}{2\sigma\tau}\left(\omega_0^2 + \omega_{\text{p}}^2\right)\left[1 - \exp\left(-\alpha l\right)\right]^{-1} \tag{1.3.39}$$

$$k_2 = f_{\mathrm{ovl}}\eta_t\left(\frac{\nu_0}{\nu_{\mathrm{p}}}\right)[1-\exp(-\alpha l)] \tag{1.3.40}$$

输出功率的表达式可以简化为

$$P_{\mathrm{out}} = k_2\left(\frac{T}{T+L}\right)P_{\mathrm{p}} - k_1k_2T \tag{1.3.41}$$

从公式 (1.3.41) 中可以看出，激光器最大的输出功率不仅取决于泵浦光和振荡光的腰斑大小，而且决定于工作物质固有的参数、腔内损耗以及透射率等因素。

利用公式 (1.3.41) 可以得到最大功率激光输出的最佳透射率 [19]：

$$T_{\mathrm{opt}} = \sqrt{\frac{P_{\mathrm{p}}L}{k_1}} - L \tag{1.3.42}$$

将 k_1 的值代入公式 (1.3.42) 中有

$$T_{\mathrm{opt}} = \sqrt{\frac{P_{\mathrm{p}}\delta_{\mathrm{CAV}}}{\dfrac{1}{\eta_t}\dfrac{\pi h\nu_{\mathrm{p}}}{4\sigma\tau}(\omega_0^2+\omega_{\mathrm{p}})^2[1-\exp(-\alpha l)]^{-1}}} - \delta_{\mathrm{CAV}} \tag{1.3.43}$$

从公式 (1.3.43) 可以看出，确定工作物质固有参数以及泵浦光和振荡光的腰斑之后，当泵浦功率一定时，激光器的最佳透射率直接决定于腔内损耗的大小。因此，如何测量激光器的腔内损耗是决定该激光器高效运转的关键。

1.4 单频测试

激光器正常稳定工作时，可以用 1.2 节中所描述的无源 F-P 腔对激光器的纵模结构进行测试，测试的实验装置如图 1.4.1 所示 [20]，主要包括一个带压电陶瓷的可扫描共焦 F-P 腔、一个光电探测器、一台信号源、一台高压放大器和一台示波器 [20,21]。

将激光器的输出光束经合适的凸透镜聚焦后通过 F-P 腔正入射到探测器的光敏面上。在光束准直过程中，对于共焦 F-P 腔，透镜的有效焦距和放置位置取决于透镜前的光束参数。入射光束在透镜处的束腰半径可以使用下式计算：

$$\omega_{\mathrm{in}} = \frac{\lambda f}{\pi\omega_{\mathrm{rec}}}\frac{1}{\sqrt{1+\dfrac{f^2}{Z_0^2}}} \tag{1.4.1}$$

其中，ω_{in}、ω_{rec}、Z_0、λ 和 f 分别是入射在透镜上的束腰半径、共焦 F-P 腔中心处的推荐束腰半径、入射到透镜的光束瑞利范围、入射光波长和透镜焦距，如图 1.4.2 所示。

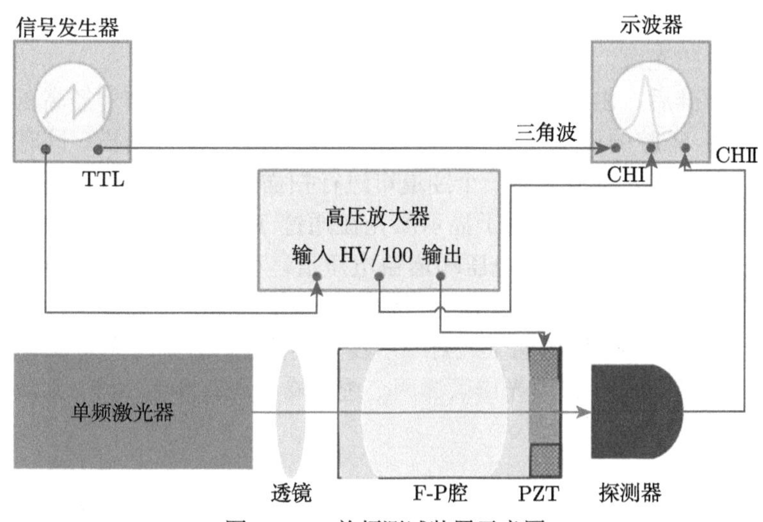

图 1.4.1 单频测试装置示意图

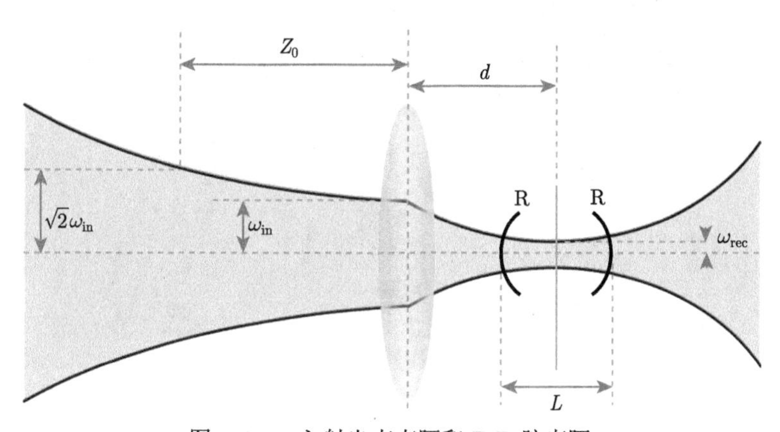

图 1.4.2 入射光束束腰和 F-P 腔束腰

对于准直良好的光束，即入射在透镜上的光束的瑞利范围明显大于透镜焦距，且光束发散角很小，那么方程 (1.4.1) 可以简化为

$$\omega_{\text{in}} = \frac{\lambda f}{\pi \omega_{\text{rec}}} \tag{1.4.2}$$

放置的透镜到共焦 F-P 腔中心的距离 d 为

$$d = \frac{f}{1 + \dfrac{f^2}{Z_0^2}} \tag{1.4.3}$$

对于准直良好的光束，可以简化为 $d = f$。

在光路对准后，由信号源输出的一个频率合适的三角波信号经高压放大器放大后加载到 F-P 腔的压电陶瓷上，进而对 F-P 腔腔长进行扫描。同时，该输出信号适当衰减后接入示波器的一个通道可进行扫描信号的监测。探测器的输出端口接入示波器的另一通道，用于显示激光在通过 F-P 腔后的光谱信息。调整扫描 F-P 腔的压电陶瓷的偏置电压和增益电压值，可以在示波器的通道上看到如图 1.4.3 所示的一系列透射峰，这些透射峰用来衡量激光器纵模特性。如果构成 F-P 腔的一个自由光谱区的两个透射峰内没有其他小峰，则激光器是单频运转的；如果构成 F-P 腔的一个自由光谱区的两个透射峰内还有其他小峰，则激光器处于多纵模运转状态。

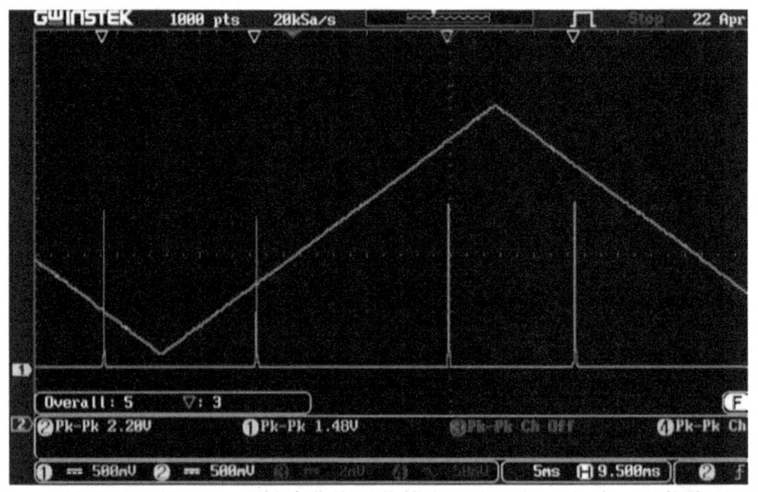

图 1.4.3　示波器显示的 F-P 透射峰曲线。蓝线表示电压的三角波，而黄线则表示 F-P 透射峰曲线

同时通过校准示波器的时间坐标，可以定量测量激光器或谐振腔模式线宽。图 1.4.4 和图 1.4.5 显示了使用自由光谱区为 750 MHz 的 F-P 腔手动校准时间坐标的过程。

图 1.4.4 显示了 F-P 腔 (黄线) 的完整自由光谱区 (FSR)，两个峰之间的间隔为 750 MHz，蓝色直线表示电压斜升。测量两个峰值之间的时间为 11.7 ms，

可以计算出校准值为 64.1 MHz/ms。已知时间坐标校准值后，我们可以放大一个峰值实时测量透射峰的线宽，如图 1.4.5 所示。测量到的半高全宽为 44.0 μs (0.044 ms)，得到的线宽是 2.82 MHz。

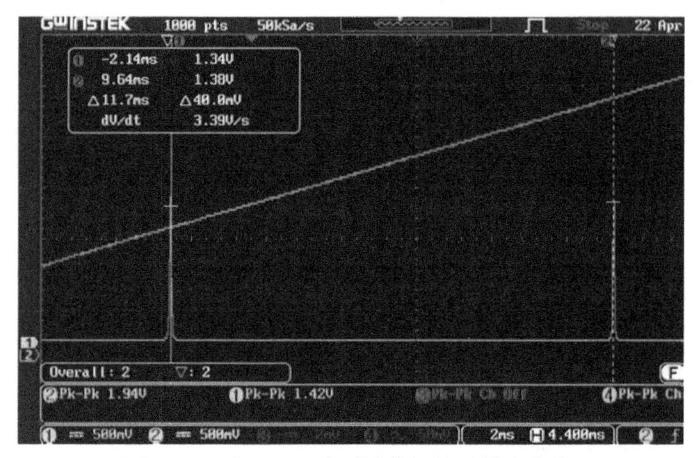

图 1.4.4 经 F-P 腔测量获得的透射峰曲线

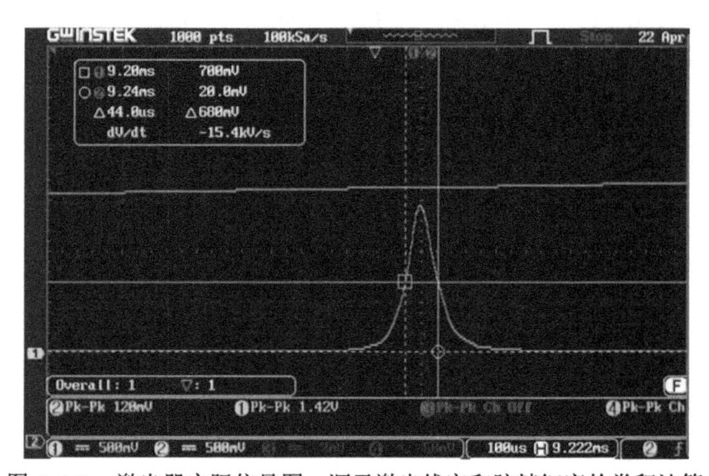

图 1.4.5 激光器实际信号图，源于激光线宽和腔精细度的卷积计算

使用波长来表示自由光谱区或线宽可能更方便。转换公式如下：

$$\delta\lambda = \delta\nu \times \frac{\lambda^2}{c} \tag{1.4.4}$$

式中，$\delta\lambda$ 是用波长表示的自由光谱区或激光线宽，$\delta\nu$ 是用频率表示的自由光谱区或激光线宽，λ 是激光波长，c 是光速。例如，图 1.4.4 中对于 1064 nm F-P 腔的自由光谱区为 750 MHz，转换成波长，我们发现自由光谱区是 0.0028 nm。同样地，图 1.4.5 中的激光线宽是 2.82 MHz，转换成波长的激光线宽是 0.0000106 nm。

参 考 文 献

[1] 周炳琨, 高以智, 陈倜嵘, 陈家骅. 激光原理. 4 版. 北京: 国防工业出版社, 2000

[2] 范安辅, 徐天华. 激光技术物理. 成都: 四川大学出版社, 1992

[3] 吕百达. 激光光学. 3 版. 北京: 高等教育出版社, 2003

[4] Hodgson N, Weber H. Laser Resonators and Beam Propagation. 2nd Ed. New York: Springer Science+Business Media, Inc., 2005

[5] 赵凯华, 钟锡华. 光学. 北京: 北京大学出版社, 1984

[6] 张靖, 雷宏香, 王少凯, 王润林, 张宽收, 谢常德. 可调谐全固化折叠腔单频倍频 Nd:YVO_4 激光器. 中国激光, 2001, 28(11): 971-973

[7] 彭堃墀, 李瑞宁, 黄茂全, 刘晶, 靳少征, 李军. 稳频环形 Nd:YAG 激光器. 中国激光, 1989, 16(8)：449-451

[8] Koechner W. Solid-State Laser Engineering. 5th Ed. New York: Springer Science+Business Media, Inc., 2005

[9] 郝二娟, 李特, 檀慧明, 钱龙生. LD 泵浦的全固态激光器的单频实现方法. 激光杂志, 2006, 27(2): 14-15

[10] Zayhowski J J. The effects of spatial hole burning and energy diffusion on the single mode operation of standing wave lasers. IEEE J. Quantum Electron., 1990, 26: 2052-2057

[11] Evtuhov V, Siegman A E. A twisted mode technique for obtaining axially uniform energy density in a laser cavity. Appl. Opt., 1965, 4: 142-143

[12] Taira T, Mukai A, Nozawa Y, Kobayashi T. Single-mode oscillation of laser-diode-pumped Nd:YVO_4 microchip lasers. Opt. Lett., 1991, 16(24): 1955-1957

[13] Culshaw W, Kannelaud J. Efficient frequency-doubled single-frequency Nd:YAG laser. IEEE J. Quantum Electron., 1974, 10(2): 253-263

[14] Kane T J, Byer R L. Monolithic, unidirectional single-mode Nd:YAG ring laser. Opt. Lett., 1985, 10(2): 65-67

[15] Kogelnik H W, Ippen E P, Dienes A, Shank C V. Astigmatically compensated cavities for CW dye laers. IEEE J. Quantum Electron., 1972, 8(3): 373-379

[16] 母国光, 战元龄. 光学. 2 版. 北京: 高等教育出版社, 2009

[17] Robinson C C. The Faraday rotation of diamagnetic glasses from 0.334 μ to 1.9 μ. Appl. Opt., 1964, 3(10): 1163-1166

[18] Johnston T F, Proffitt W. Design and performance of a broad-band optical diode to enforce one-direction traveling-wave operation of a ring laser. IEEE J. Quantum Electron., 1980, 16(4): 483-488

[19] 卢华东, 苏静, 彭堃墀. 全固态连续单频可调谐钛宝石激光器腔内损耗及最佳透射率的研究. 中国激光, 2010, 37(9): 2328-2333

[20] 潘庆, 张钧, 侯占佳, 李瑞宁, 彭堃墀. 环行稳频 Nd:YAP 激光器. 中国激光, 1995, 22(10): 731-734

[21] 郜江瑞, 张小虎, 李军, 彭堃墀, 蒋德华. 连续 Nd:YAG 稳频倍频激光器. 中国激光, 1991, 18(10): 721

第 2 章　热效应的产生和改善

固体激光材料在光泵浦过程中，由于量子亏损、能量传输上转换、激发态吸收、交叉弛豫等效应的存在，一部分泵浦光能量转化为热损耗，进而在不同程度上造成激光晶体的热效应。严重的激光晶体热效应使晶体在轴向上产生温度梯度，进而形成等效热透镜效应；同时，增益晶体对激光的不均匀吸收还会引起热致球形像差；另外，在各向异性的增益晶体中，晶体各向的弹光系数不同，晶体的热效应会进一步引起热透镜像散。这些热效应的存在，将导致激光器工作稳区变窄、输出功率降低、光束质量恶化等现象发生，严重阻碍了全固态激光器性能的进一步提升。因此，研究激光增益晶体的热效应及其改善方法是高功率全固态激光器中重要的内容。本章将着重介绍固体材料热效应产生机理、表现形式、影响因素以及改善和补偿热效应的技术和方法。

2.1　热效应产生机理

2.1.1　量子亏损

在大多数激光系统中，泵浦光的波长要小于产生激光的波长，这意味着产生激光的光子能量要小于泵浦光的光子能量。泵浦光和产生激光之间存在的能量差将会通过无辐射跃迁以热的形式散失到宿主晶格中。泵浦光子能量和产生激光的光子能量之间存在的能量差定义为量子亏损 (quantum defect，QD)[1]：

$$q = h\nu_{\mathrm{p}} - h\nu_{\mathrm{l}} = h\nu_{\mathrm{p}}\eta_{\mathrm{p}} = h\nu_{\mathrm{p}}\left(1 - \frac{\lambda_{\mathrm{p}}}{\lambda_{\mathrm{l}}}\right) \tag{2.1.1}$$

式中，h 为普朗克常量，ν_{p}、ν_{l} 分别为泵浦光和发射激光的频率，$\eta_{\mathrm{p}} = 1-\lambda_{\mathrm{p}}/\lambda_{\mathrm{l}}$ 表征由量子亏损带来的热负荷，λ_{p}、λ_{l} 分别为泵浦光和发射激光的波长。以常用的增益晶体 $\mathrm{Nd{:}YVO_4}$ 为例，从能带的角度直观展示产生激光过程中能量的转移。如图 2.1.1 所示，能级 $^4\mathrm{I}_{9/2}$ 为 Nd^{3+} 产生 1342 nm 激光时的基态，$^4\mathrm{F}_{5/2}$ 表示 880 nm 激光泵浦时的激发态，$^4\mathrm{F}_{3/2}$ 表示激光上能级，$^4\mathrm{I}_{13/2}$ 表示激光下能级。$^4\mathrm{I}_{9/2} \rightarrow {}^4\mathrm{F}_{5/2}$ 表示泵浦光的能量，$^4\mathrm{F}_{3/2} \rightarrow {}^4\mathrm{I}_{13/2}$ 表示产生激光的能量，而激发态到激光上能级 ($^4\mathrm{F}_{5/2} \rightarrow {}^4\mathrm{F}_{3/2}$) 及激光下能级到基态 ($^4\mathrm{I}_{13/2} \rightarrow {}^4\mathrm{I}_{9/2}$) 之间的能量并不能有效地转化为激光能量，而是通过无辐射跃迁的方式将能量以热的形式散失到宿主晶格中。在激光增益晶体的热效应分析中，量子亏损为晶体热效应的主要来源。

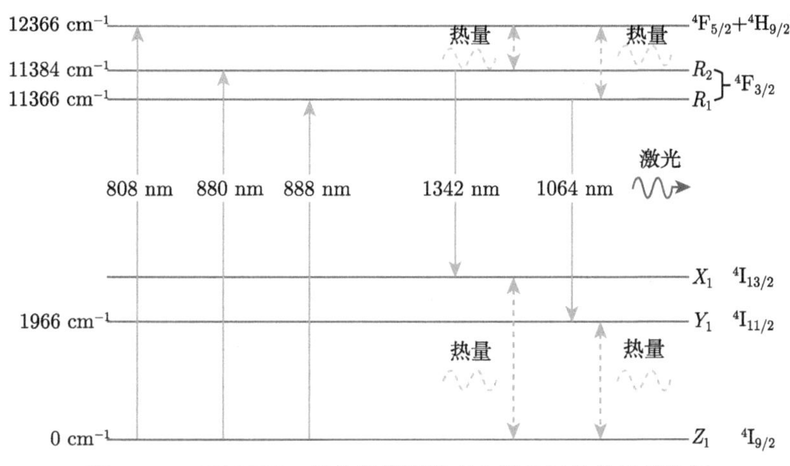

图 2.1.1 Nd:YVO_4 晶体能带图及产生激光时热效应示意图

2.1.2 能量传输上转换

能量传输上转换 [2](energy transfer upconversion，ETU) 效应是指处于激光上能级的两相邻粒子，通过相互作用，使得其中一个激活粒子弛豫到较低能级，将该过程产生的能量传递给另一个激活粒子，并通过多声子衰减过程回到基态，而获得能量的激活粒子将跃迁至更高的能级，但由于更高能级的不稳定性，该激活粒子随后会返回到激发态，如图 2.1.2 所示。

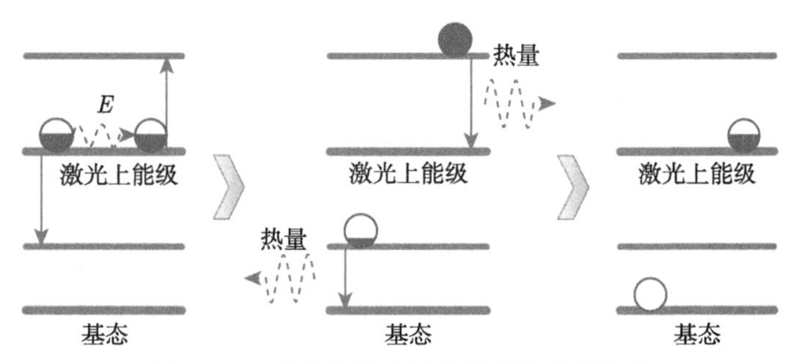

图 2.1.2 能量传输上转换产生机理示意图

因此，能量传输上转换会减少上能级反转粒子数密度，很大程度上降低激光的有效增益，加剧增益晶体热效应。其中能量传输上转换过程对上能级粒子数的消耗速率可以表示为

$$\frac{\mathrm{d}n}{\mathrm{d}t}=-\gamma n^2 \tag{2.1.2}$$

其中，γ 代表上转换速率，且 $\gamma\propto N_\mathrm{d}^2$($N_\mathrm{d}$ 为晶体的掺杂浓度)，n 为上能级粒子

数密度。从该公式可以看出，反转粒子数密度越大，能量传输上转换效应越剧烈，集居数的损耗将越严重。同时，激光增益晶体的掺杂浓度也会直接影响能量传输上转换效应，进而影响激光器的输出特性。因此，在实际激光器设计过程中，需要不断优化激光晶体的参数来减少能量传输上转换带来的负面影响，进而改善晶体的热效应和提高激光器的转换效率。

2.1.3 激发态吸收

激发态吸收 [3,4](excited-state absorption，ESA) 是指处于激发态的激活粒子吸收了泵浦光或者产生激光的光子，从而跃迁到更高能级，又因能级的不稳定而以多声子衰减的方式回到激发态的过程，如图 2.1.3 所示。

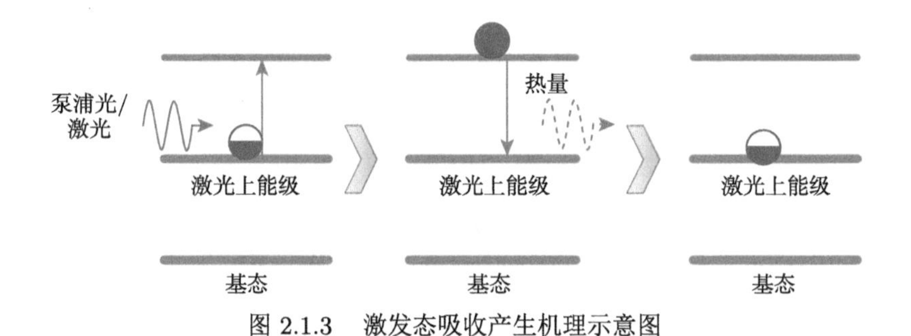

图 2.1.3　激发态吸收产生机理示意图

与能量传输上转换效应类似，该效应的发生将产生多余的废热散失到宿主晶格，且该效应严格遵循原子跃迁定则。其中激发态吸收过程对上能级粒子数的消耗速率可以表示为

$$\frac{\mathrm{d}n}{\mathrm{d}t} = -\left(\sigma_{\mathrm{ESA}}^{\mathrm{p}} F_{\mathrm{p}} + \sigma_{\mathrm{ESA}}^{\mathrm{l}} F_{\mathrm{l}}\right) n \tag{2.1.3}$$

其中，$\sigma_{\mathrm{ESA}}^{\mathrm{p}}$、$\sigma_{\mathrm{ESA}}^{\mathrm{l}}$ 分别为发生激发态吸收时晶体对泵浦光和振荡激光的吸收截面，F_{p}、F_{l} 分别为泵浦光和振荡光的光通量。例如，对于常用的 $Nd:YVO_4$ 激光晶体，其吸收泵浦波长有 808 nm、880 nm 和 914 nm，但是根据 $Nd:YVO_4$ 晶体的能带结构分析，并不具备激光上能级原子跃迁的条件，所以该晶体并不会发生因吸收泵浦光能量而导致的激发态吸收。而对于产生的 1064 nm 激光及 1342 nm 激光，存在吸收该振荡激光而发生激发态吸收的能级。研究表明，在产生 1064 nm 激光时，激发态对该波长激光的吸收截面仅约为受激发射截面的 1/100，可认为该效应对增益晶体热效应及激光效率的影响可忽略不计。而对于 1342 nm 激光，其激发态吸收截面约为受激发射截面的 1/10，该效应会严重增加激光晶体的热效应，进而制约激光器的输出特性，此时，在 1342 nm 激光器的设计过程中，必须充分考虑激发态吸收效应的影响。

2.1.4　交叉弛豫

交叉弛豫 (cross-relaxation，CR) 效应 [5] 是由于激发态的激活粒子将部分能量传递给低能级的非激活粒子，通过相互作用，两粒子处于同一中间能级，然后由于能级的不稳定以快速的多声子弛豫过程回到基态，如图 2.1.4 所示。

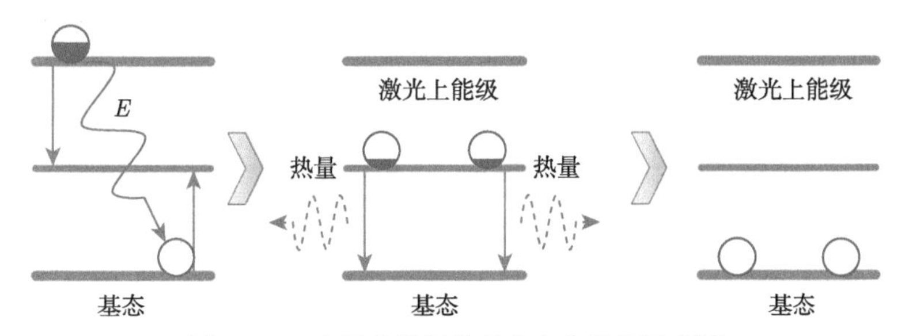

图 2.1.4　交叉弛豫振荡效应产生机理示意图

可以看出该过程弛豫损失能量与原子激发所获得的能量是相等的，该过程并不需要声子协助跃迁，且该现象在近共振时更容易发生。具体的粒子集居数消耗速率可表示为

$$\frac{\mathrm{d}n}{\mathrm{d}t} = -\frac{n}{\tau_{\mathrm{CR}}} \tag{2.1.4}$$

其中，$1/\tau_{\mathrm{CR}} \propto N_{\mathrm{d}}^2$($N_{\mathrm{d}}$ 为晶体的掺杂浓度)，n 为上能级粒子数密度。从该公式可以看出，激光产生过程中的粒子数反转会导致激光上能级集居数密度较高，进而导致量子亏损、交叉弛豫、激发态吸收、能量传输上转换等物理过程的出现，并通过无辐射跃迁过程产生大量的热。尤其是在高功率泵浦的固体激光器中，严重的热效应会导致激光器的光束质量下降、输出功率降低，甚至会造成晶体断裂，不利于产生稳定的激光输出。

2.2　端面泵浦激光晶体的热透镜效应

在激光二极管端面泵浦全固态激光器出现之前，泵浦源主要采用弧光灯或闪光灯。但是弧光灯和闪光灯的光谱分布宽，使得基质材料对光能有大的吸收而产生大量的热，这里的吸收通常主要发生在紫外光波段和红外光波段。激光二极管作为泵浦源与弧光灯和闪光灯最大的区别是：一方面，作为泵浦源的激光二极管，其波长一般都处于固体介质激活粒子的光谱吸收带内，激活粒子吸收光谱范围之外的泵浦辐射造成的基质材料发热现象被完全消除，高效率的泵浦过程极大地减小了激光介质吸收的热量，而且泵浦光的波长更接近于发射激光的波长，量子亏损发热量也随之减小；另一方面，激光二极管端面泵浦更容易实现精确的模式匹配，也更容易获得高光束质量、高功率激光输出。

激光二极管端面泵浦虽然减小了激光晶体吸收的热量，但是为了避免激光晶体的温度变化引起激光器功率的波动，常常需要对激光晶体进行温度控制，使其以恒定的温度工作。图 2.2.1 是一个典型的激光二极管端面泵浦激光晶体及其温度控制示意图，实物如图 2.2.2 所示。

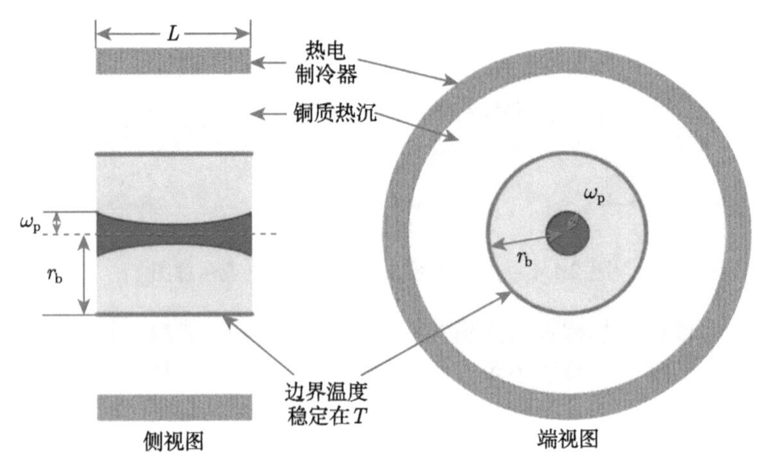

图 2.2.1　激光二极管端面泵浦激光晶体及其温控示意图

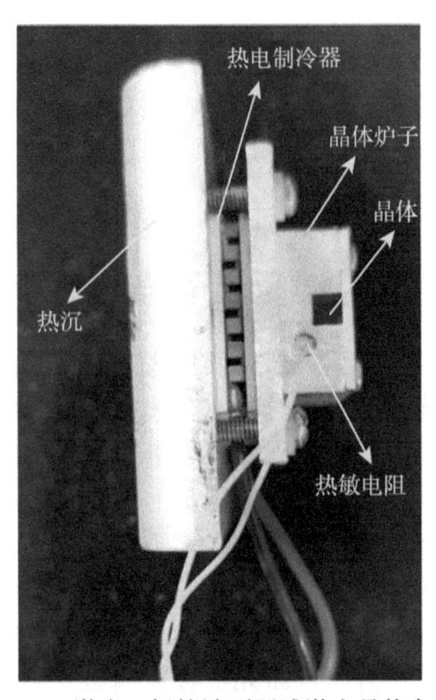

图 2.2.2　激光二极管端面泵浦激光晶体实物图

为了获得好的模式匹配，在激光晶体中，泵浦光的尺寸很小，而且一般采用侧面制冷的办法对激光晶体散热。这就引起激光晶体内部的温度分布不均匀，发生热透镜效应和热致双折射。

2.2.1 温度分布

在激光晶体边界温度恒定的条件下，激光晶体在稳态条件下的热方程为

$$\nabla \cdot h(r,z) = Q(r,z) \tag{2.2.1}$$

式中，h 表示热通量，$Q(r,z)=\mathrm{d}P(r,z)/\mathrm{d}V$ 表示激光晶体单位体积内产生的热功率。热通量是一个和晶体内温度梯度有关的量，表示为

$$h(r,z) = -K\nabla T(r,z) \tag{2.2.2}$$

式中，K 为晶体的热传导系数。

因为热沉的热传导系数远大于晶体的热传导系数，因此，我们仅考虑径向的散热，而不考虑轴向的散热。这样将方程 (2.2.1) 在无穷小的轴向厚度 Δz 内积分得到

$$2\pi r\Delta z h = \int_z^{z+\Delta z}\int_0^r \frac{\mathrm{d}P(r',z')}{\mathrm{d}V}2\pi r'\mathrm{d}r'\mathrm{d}z' \tag{2.2.3}$$

而

$$\frac{\mathrm{d}P(r',z')}{\mathrm{d}V} = \alpha I_h(r,z) \tag{2.2.4}$$

式中，α 为晶体材料对泵浦光的吸收系数，$I_h(r,z)$ 是泵浦光在晶体中的强度分布。对于这类高斯分布的泵浦光来说，它在晶体中的光分布可近似表达如下：

$$I_h(r,z) = I_{0h}\exp\left[-\frac{2r^2}{\omega_\mathrm{p}^2}\right]\exp(-\alpha z) \tag{2.2.5}$$

式中，I_{0h} 是泵浦光在晶体轴向辐射的热，ω_p 是泵浦光束的腰斑半径。将公式 (2.2.4) 和公式 (2.2.5) 插入到公式 (2.2.3) 中，并进行积分，可以得到

$$h(r,z) = -\frac{\alpha P_\mathrm{ph}^2}{2\pi}\exp(-\alpha z)\left(\frac{1-\exp\left(\frac{-2r^2}{\omega_\mathrm{p}^2}\right)}{r}\right) \tag{2.2.6}$$

其中，$P_\mathrm{ph}=\pi\omega_\mathrm{p}I_{0h}/2$，是产生热的泵浦光功率。将公式 (2.2.6) 代入到公式 (2.2.2) 中并进行积分，获得稳态时的温度分布为

$$\Delta T(r,z) = \frac{\alpha P_\mathrm{ph}\exp(-\alpha z)}{4\pi K}\times\left[\ln\left(\frac{r_\mathrm{b}^2}{r^2}\right)+E_1\left(\frac{2r_\mathrm{b}^2}{\omega_\mathrm{p}^2}\right)-E_1\left(\frac{2r^2}{\omega_\mathrm{p}^2}\right)\right] \tag{2.2.7}$$

其中，$\Delta T(r,z)=T(r,z)-T(r_{\rm b},z)$, E_1 为指数积分函数。在大多数情况下，$E_1(2r_{\rm b}^2/\omega_{\rm p}^2)$ 是一个小量，可以忽略掉。公式 (2.2.7) 可以简化为

$$\Delta T(r,z)=\frac{\alpha P_{\rm ph}\exp(-\alpha z)}{4\pi K}\times\left[\ln\left(\frac{r_{\rm b}^2}{r^2}\right)-E_1\left(\frac{2r^2}{\omega_{\rm p}^2}\right)\right] \tag{2.2.8}$$

2.2.2 等效热透镜效应

光通过聚焦后的相位变化可以表示为

$$\Delta\phi_f=kr^2/(2f) \tag{2.2.9}$$

其中，f 为有效的热透镜焦距，k 为波数。而当激光单次穿过激光介质时，总的相位变化为

$$\Delta\phi(r)=\int_0^l k\Delta n(r,z)\mathrm{d}z \tag{2.2.10}$$

其中，$\Delta n(r,z)$ 为温度变化引起的折射率变化，l 为晶体的长度。折射率的变化是由三种温度依赖效应引起的，分别是 $\mathrm{d}n/\mathrm{d}T$ 引起的折射率变化、热致应力变化和棒的热变形。其中，由 $\mathrm{d}n/\mathrm{d}T$ 引起的折射率变化 $\Delta n(r,z)$ 最为严重，因此，可以表示为

$$\Delta n\left(r,z\right)_T=\frac{\mathrm{d}n}{\mathrm{d}T}\Delta T(r,z) \tag{2.2.11}$$

通过将公式 (2.2.8) 中的 $E_1(2r^2/\omega_{\rm p}^2)$ 展开为幂级数，可以得到 $\Delta T(r,\ z)$ 和 γ^2 成正比。然后一起代入到公式 (2.2.10) 中后，可以得到端面泵浦的全固态激光器的热透镜焦距公式，可以表示为 [6]

$$f=\frac{\pi K\omega_{\rm p}^2}{P_{\rm ph}(\mathrm{d}n/\mathrm{d}T)}\left[\frac{1}{1-\exp(-\alpha l)}\right] \tag{2.2.12}$$

从公式 (2.2.12) 中可以看出，有效的热透镜焦距和泵浦光的腰斑的平方成正比，与泵浦光的功率成反比。

2.2.3 热透镜像散

热透镜像散即激光增益晶体中表现出的某一偏振激光在平行于光轴和垂直于光轴两个正交方向上热焦距大小不同的现象。对于各向异性晶体，当满足激光谐振条件时，会同时存在平行于光轴偏振光与垂直于光轴偏振光的激光振荡，而由于各向异性晶体在两个方向上参数的差异，导致引入热透镜像散。大量的理论模型和实验结果表明，热透镜像散是由弹光效应引起的 [7]。

所谓弹光效应，即增益晶体在泵浦光的照射下存在热应力，而晶体的折射率会随应力发生改变。根据增益晶体的有关参数，径向和切向折射率的变化可以表示为

$$\Delta n_r = -\frac{1}{2}n_0^3\frac{\alpha Q}{K}C_r r^2 \tag{2.2.13}$$

$$\Delta n_\varphi = -\frac{1}{2}n_0^3\frac{\alpha Q}{K}C_\varphi r^2 \tag{2.2.14}$$

其中，C_r 和 C_φ 分别表示径向和切向光弹系数的函数。

Zelenogorskii 等通过分析大量的实验数据，建立了热透镜像散的理论模型。如图 2.2.3 所示，对于 a 轴切割的 Nd:YLF 晶体来说，不同的弹光张量 $\boldsymbol{p}_{ij}$ 导致 π(或 σ) 偏振激光在晶体 c 轴和 b 轴方向上形成不同的折射率分布，从而导致 c 轴与 b 轴方向上热透镜焦距大小不同，即形成热透镜像散。从图 2.2.3 中可以看出，在 Nd:YLF 晶体中，有 3 个弹光张量 ($\boldsymbol{p}_{11}$、$\boldsymbol{p}_{13}$ 和 $\boldsymbol{p}_{14}$) 对 π 偏振光的热透镜效应产生影响，三者叠加后导致 π 偏振光表现出明显的热透镜像散特性；而影响 σ 偏振光的只有 2 个 ($\boldsymbol{p}_{31}$ 和 $\boldsymbol{p}_{33}$)，两者叠加后则没有表现出明显的像散。

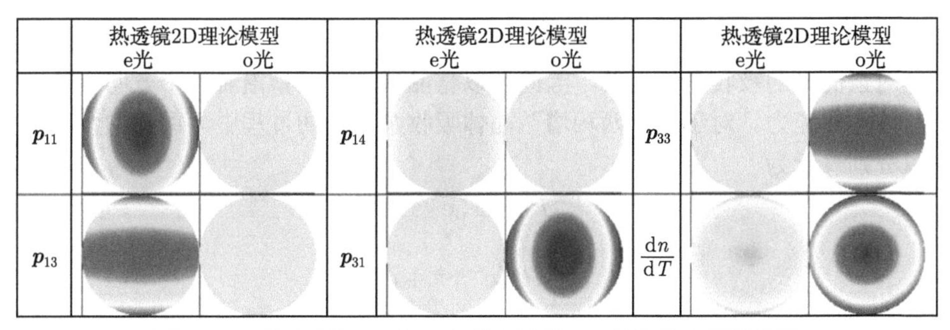

图 2.2.3 热光系数 dn/dT 与弹光张量 $\boldsymbol{p}_{ij}$ 导致的热透镜效应

此外，对于一般的激光增益晶体，其对泵浦光的吸收是不均匀的，特别是当泵浦激光功率较高时，激光增益晶体的温度分布将不再是理想的抛物线型，从而导致振荡激光经过增益晶体时发生波前畸变，进而引起高阶像差，导致泵浦激光与振荡激光的模式匹配变差、衍射损耗增加、激光光束质量恶化、激光输出功率降低等一系列问题。所以在高功率高效率全固态单横模激光器的设计中，应适当减小泵浦光与振荡激光的腰斑尺寸来减弱热致球形像差带来的衍射损耗及高阶像差。

2.3 影响热效应的因素

在实际的固体激光器中，影响增益晶体热效应的因素是多方面的。其中，最主要的因素是泵浦源以及增益晶体本身。因此，本节将分别从泵浦源和增益晶体

两方面重点介绍影响热效应的因素。

2.3.1　泵浦源

2.3.1.1　泵浦光的偏振态

通常情况下，泵浦光经过增益晶体后，晶体对泵浦光有一定的吸收。吸收的泵浦光功率可表示为 [8]

$$P = P_{\mathrm{p}}(1 - \mathrm{e}^{-\alpha l}) \tag{2.3.1}$$

其中，P_{p} 为入射到晶体前端面的泵浦功率，α 为晶体对泵浦光的吸收系数，l 为晶体的长度。对于各向异性的增益晶体来说，晶体对泵浦光的吸收一般具有偏振选择性，不同的晶轴方向对应的吸收系数不同，如果不控制泵浦光的偏振方向就会导致增益晶体的不均匀吸收。如果晶体沿着某个晶轴方向的吸收系数较大，那么在这个方向上晶体对泵浦光就有较多的吸收，在高功率泵浦中产生较大的温度分布梯度和拉伸应力，而在另一个方向上，由于增益晶体对泵浦光吸收系数相对较小，产生的温度梯度和拉伸应力也较小。增益晶体两个方向的温度梯度和拉伸应力的差异导致增益晶体产生了非对称的热透镜效应，且非对称吸收严重到一定程度时还会造成晶体断裂。如果沿着增益晶体各个晶轴方向的吸收系数相等，则晶体对泵浦光的吸收是均匀的，因此可以将晶体内的热量沿着各个方向扩散，减小晶体的热应力。对于以上两种增益晶体吸收泵浦光的过程中，剩余的泵浦功率可以分别表示为

$$P_1 = P_{\mathrm{p}}\mathrm{e}^{-\alpha x} \tag{2.3.2}$$

$$P_2 = \frac{1}{2}P_{\mathrm{p}}\left(\mathrm{e}^{-\alpha_c x} + \mathrm{e}^{-\alpha_a x}\right) \tag{2.3.3}$$

其中，P_1、P_2 分别表示控制偏振 (或无偏振) 吸收与偏振吸收条件下剩余的泵浦功率，α_c、α_a 分别表示晶体 c 轴和 a 轴方向的吸收系数。对方程 (2.3.2) 和 (2.3.3) 求导，可得单位长度晶体吸收的泵浦功率为

$$P_1' = P_{\mathrm{p}}\alpha\mathrm{e}^{-\alpha x} \tag{2.3.4}$$

$$P_2' = \frac{1}{2}P_{\mathrm{p}}\left(\alpha_c\mathrm{e}^{-\alpha_c x} + \alpha_a\mathrm{e}^{-\alpha_a x}\right) \tag{2.3.5}$$

以 $Nd:YVO_4$ 晶体为例，采用波长 808 nm 的泵浦源泵浦时，α_c=3.7α_a，假设长度为 30 mm 的晶体对泵浦光的吸收效率为 95%，则通过表达式 (2.3.2) 和 (2.3.3)，即可求得不控制偏振方向与控制偏振方向两种情况下，晶体吸收系数 α_c、α_a 和 α 的大小。将吸收系数代入表达式 (2.3.4) 和 (2.3.5)，即可计算出单位长度晶体吸收的泵浦功率的变化趋势，结果如图 2.3.1 所示。从图中可以看出，当控制

泵浦光的偏振方向时，晶体端面热效应只有偏振吸收情况下的 55%，同时晶体轴向方向上的温度梯度明显较小，因而晶体不容易发生断裂，更容易获得高功率激光输出。

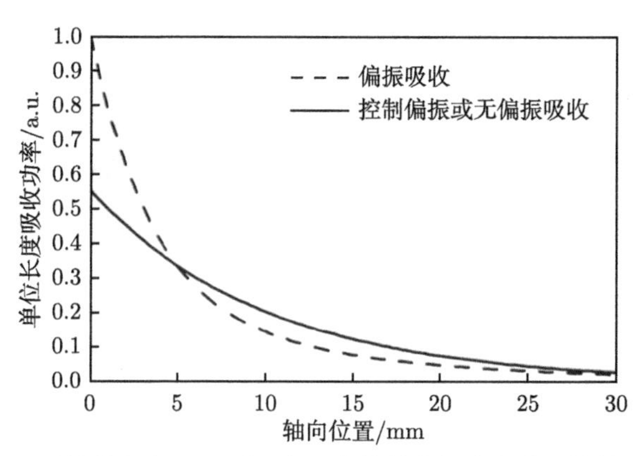

图 2.3.1 吸收效率为 95%时，归一化的单位长度晶体吸收的泵浦功率

2.3.1.2 泵浦光的强度分布

对于边沿冷却的激光器来说，热透镜焦距沿着晶体的径向发生变化。如果泵浦光的强度沿着径向分布不均匀，则会导致非抛物线型的相位畸变，产生热致像差。热透镜焦距沿着径向变化越快，则像差越严重，从而会降低输出激光的光束质量。因此，泵浦光在模内的光强分布与模外光强分布的比值越大，热致球形像差越严重。下面以平顶光束、高斯光束和环形光束为例说明泵浦光光强分布对热透镜的影响。

1) 平顶光束

对于多模光纤耦合输出的激光二极管，其输出的激光光束可以近似认为是平顶光束 (图 2.3.2)，其光强分布为

$$I_{\mathrm{p}}(r,z)=\begin{cases}\dfrac{P_{\mathrm{p}}(z)}{\pi\omega_{\mathrm{p}}^{2}}, & r\leqslant\omega_{\mathrm{p}}\\ 0, & r>\omega_{\mathrm{p}}\end{cases} \tag{2.3.6}$$

泵浦区域内与泵浦区域外热透镜焦距可表示为 [9]

$$f(r)=\frac{2\pi K\omega_{\mathrm{p}}^{2}}{\eta_{h}P_{\mathrm{abs}}\mathrm{d}n/\mathrm{d}T},\quad r\leqslant\omega_{\mathrm{p}} \tag{2.3.7}$$

$$f(r)=\frac{2\pi K r^{2}}{\eta_{h}P_{\mathrm{abs}}\mathrm{d}n/\mathrm{d}T},\quad r>\omega_{\mathrm{p}} \tag{2.3.8}$$

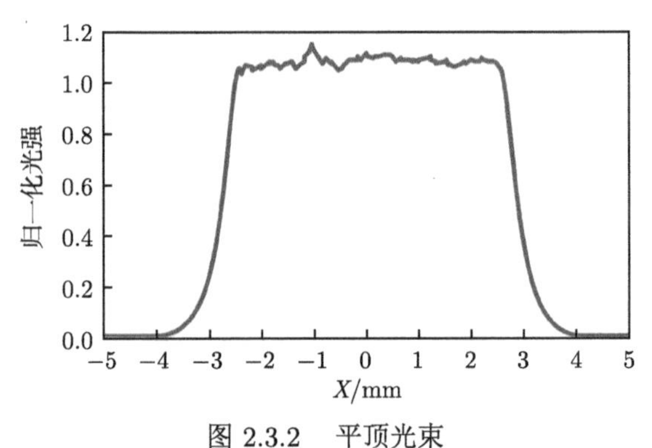

图 2.3.2　平顶光束

由以上两式可知，在泵浦区域内，增益晶体的热透镜焦距与 r 无关，因此无像差产生；然而在泵浦区域以外，增益晶体的热透镜焦距是 r^2 的函数，会产生较严重的像差。因此，在实际激光器的设计中，需保证增益晶体处激光的光斑半径 $\omega_{10}<\omega_{\mathrm{p}}$ 以抑制像差的产生。

2) 高斯光束

如图 2.3.3 所示，高斯光束的光强分布可以表示为 [10]

$$I_{\mathrm{p}}(r,z)=\begin{cases}\dfrac{2P_{\mathrm{p}}(z)}{\pi\omega_{\mathrm{p}}^2}\exp\left(\dfrac{-2r^2}{\omega_{\mathrm{p}}^2}\right), & r\leqslant\omega_{\mathrm{p}}\\ 0, & r>\omega_{\mathrm{p}}\end{cases}\tag{2.3.9}$$

当以高斯分布的激光光束作为泵浦光时，增益晶体产生的热透镜焦距可以表示为

$$f(r)=\frac{2r^2f_{\mathrm{th}}(0)}{\omega_{\mathrm{p}}^2\left[1-\mathrm{e}^{-2r^2/\omega_{\mathrm{p}}^2}\right]}\tag{2.3.10}$$

其中，$f_{\mathrm{th}}(0)$ 为 $r=0$ 时晶体沿轴向的热透镜焦距大小，表示为

$$f(0)=\frac{\pi K\omega_{\mathrm{p}}^{2}}{\eta_{h}P_{\mathrm{abs}}\mathrm{d}n/\mathrm{d}T} \tag{2.3.11}$$

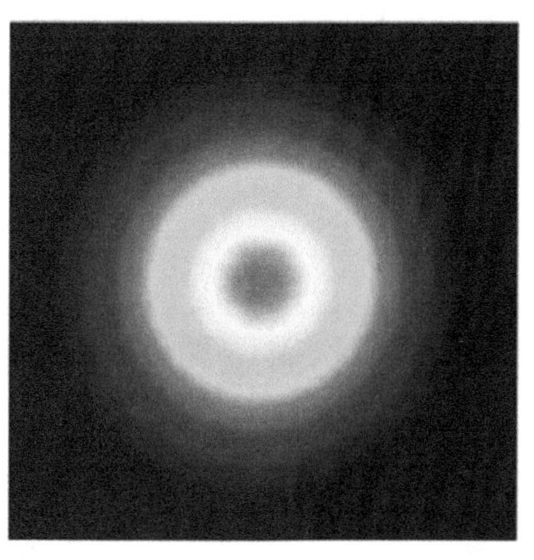

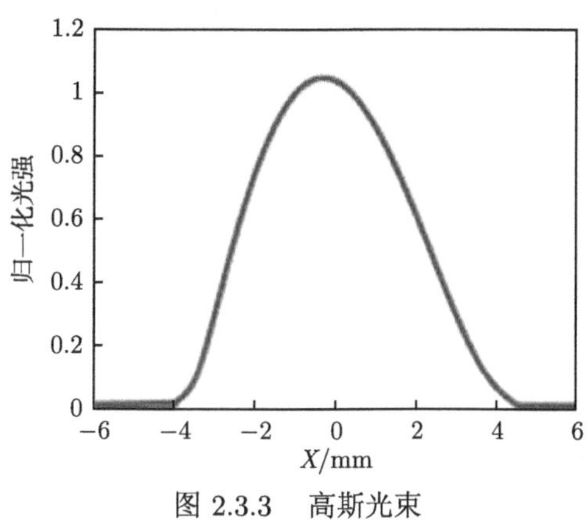

图 2.3.3 高斯光束

由此可见，与平顶光束相比，尽管高斯光束泵浦光与基模激光之间可以获得较好的模式重叠，降低激光器的阈值，获得较高的斜效率，但是高斯泵浦光导致的热透镜焦距与 r^2 有关，会带来严重的热透镜像差，从而降低输出激光的光束质量，限制激光器的输出功率进一步提高。

3) 环形光束

利用环形光纤或者锥透镜可以将半导体光纤耦合输出的激光变换成环形光束，在对增益晶体进行泵浦时 [11-13]，可以有效匀化增益晶体中心的热分布，从而

高效缓解了增益晶体的热效应，实现高功率高质量的激光输出。如图 2.3.4 所示的环形光束，其强度分布可以表示为

$$I_{\mathrm{p}}(r,z)=\begin{cases}0, & r<\omega_a\\ \dfrac{P_{\mathrm{p}}(z)}{\pi(\omega_b^2-\omega_a^2)}, & \omega_a\leqslant r\leqslant\omega_b\\ 0, & r>\omega_b\end{cases}\tag{2.3.12}$$

其中，ω_a 为内半径，ω_b 为外半径。

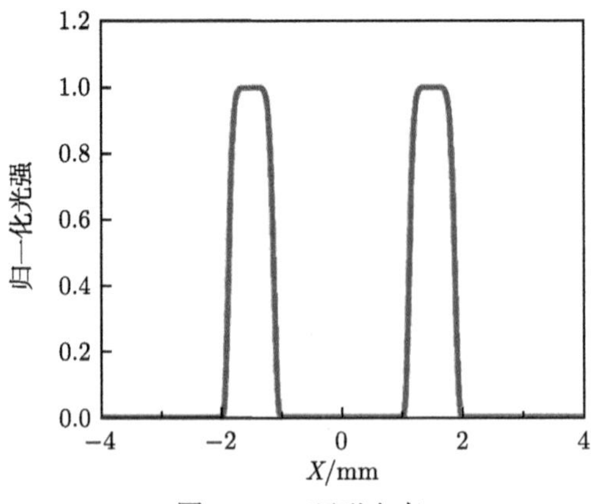

图 2.3.4　环形光束

热透镜焦距可表示为

$$f(r)=\begin{cases}\infty, & 0\leqslant r<\omega_a\\ \dfrac{2\pi K(\omega_b^2-\omega_a^2)}{P_h(\mathrm{d}n/\mathrm{d}T)}\dfrac{r^2}{r^2-\omega_a^2}, & \omega_a\leqslant r\leqslant\omega_b\\ \dfrac{2\pi Kr^2}{P_h(\mathrm{d}n/\mathrm{d}T)}, & r>\omega_b\end{cases} \tag{2.3.13}$$

与平顶泵浦光束相比，环形泵浦下的增益晶体中内孔区域没有热透镜效应，在泵浦区域的焦距变长，即环形光束泵浦下的激光增益晶体的整体热透镜效应大大降低。实际上，对于光纤耦合的二极管泵浦激光器，其聚焦泵浦光束的强度分布处于高斯分布和平顶分布之间，所以相对于理想的平顶光束泵浦，实际的激光增益晶体的热效应更严重。因此，环形光束泵浦下的热透镜效应比传统光纤耦合的二极管泵浦激光器的热效应更小，将更有利于在高功率激光输出情况下实现更好的光束质量。但是对于环形光束泵浦的激光器，泵浦光束与基横模高斯光束之间不完美的模式匹配将导致激光器阈值增加，且转换效率降低。因此采用该方法时需要仔细调整环形光束的剖面分布以权衡热效应和空间重叠效率。

2.3.1.3 泵浦光的波长

从量子亏损的表达式可以看出，泵浦光的波长直接决定着量子亏损的大小，进而影响由量子亏损引起热效应的大小。例如 $Nd:YVO_4$ 晶体，根据其吸收谱线可以看出，波长为 808 nm、888 nm、914 nm 的激光均可以用作泵浦光来实现激光输出，但是由输出能级图可以看出，相较于传统的 808 nm 激光作为泵浦源，利用 888 nm 波长进行直接泵浦可以有效减少激发态到激光上能级之间的无辐射跃迁，进而在很大程度上减少了量子亏损以及由其引起的热效应。但是在具体的激光器设计过程中，也不能为了减少激光晶体的热效应，而一味地选择波长更长的激光作为泵浦源，还应该综合考虑增益晶体对各个波段的吸收效率以及激光器的其他各参数。

从前面的介绍中可知，激光产生过程中的量子亏损和激发态吸收效应与泵浦光的波长有关，而交叉弛豫和能量传输上转换效应则与泵浦光的波长无关。表 2.3.1 列出了 $Nd:YVO_4$ 晶体在产生激光的过程中，采用不同波长的激光作为泵浦光时的量子亏损值和激发态吸收对应的能级及其因子。从表中可以看出，不同波长的泵浦光引起的热效应有明显差异。例如，对于产生 1064 nm 激光的过程来说，采用 808 nm 波长泵浦光时，量子亏损为 24%，而采用 880 nm、888 nm 和 914.5 nm 波长泵浦光 [14] 时，量子亏损则分别降低为 17.3%、16.5%和 14.1%。

表 2.3.1　不同泵浦波长下量子亏损、ESA 跃迁线与 ESA 因子对比

泵浦光波长/nm	量子亏损/%	ESA 跃迁线	ESA 因子 γ_{ESA}
808	24(1064 nm) 39.8(1342 nm)	$^4F_{3/2} \rightarrow {}^2D_{5/2}$	0.1715
880	17.3(1064 nm) 34.4(1342 nm)	$^4F_{3/2} \rightarrow {}^2P_{1/2}$	0.0153
888	16.5(1064 nm) 33.8(1342 nm)	$^4F_{3/2} \rightarrow {}^2P_{1/2}$	0.0084
914.5	14.1(1064 nm) 31.9(1342 nm)	$^4F_{3/2} \rightarrow {}^2D_{3/2}$	0.0098

此外，激光晶体在端面泵浦的条件下，由于在整段晶体内泵浦光强度较大，尤其是端面处，由泵浦光引起的激发态吸收效应比较显著，而激发态吸收会降低泵浦效率，不利于获得高效、高功率激光输出。通常，可以用 $\gamma_{\mathrm{ESA}}=1/[1+(\delta\nu/\Delta\nu)^2]$ 来衡量由泵浦光引起的激发态吸收过程的强弱，其中 $\delta\nu$ 表示激发态能级与吸收跃迁能级间的频率差，$\Delta\nu$ 为泵浦源的线宽。γ_{ESA} 越小就表示激发态吸收越小，泵浦效率也会越高。由表 2.3.1 第三、四列可知，随着泵浦波长的增加，γ_{ESA} 值逐渐减小，代表激发态吸收效应减弱，从而激发态吸收对热效应的贡献会降低，同时泵浦效率会提高。

2.3.2　增益晶体

增益晶体是激光器中产生热效应的主要元件，其热效应的影响因素可以通过分析晶体宏观的物理特性参数以及微观的能级结构来进行讨论。

2.3.2.1　晶体种类

对于激光增益介质，掺杂的稀土离子决定着发射激光的波长，而基质材料决定了增益晶体的物理和化学性质。表 2.3.2 展示了常用掺 Nd^{3+} 增益晶体的参数特征。由表可知，想要得到波长为 1064 nm 的激光发射，可选择的激光增益晶体种类不止一种，而不同种类基质的增益晶体由于材料结构的不同，导致了热传导率、热膨胀系数等相关参数有较大差异。根据 2.2.1 节中晶体热分布分析可以看出，这些差异将直接决定激光增益晶体在产生激光过程中的热传导及热分布情况，进而影响激光增益晶体的等效热透镜效应，导致不同种类增益晶体在产生激光时的阈值、输出功率以及激光转换效率等参数有较大差异。因此在激光器系统设计过程中，应统筹兼顾，不仅要选择合适的增益晶体种类，而且要结合增益晶体特性合理设计激光器的相关参数。

表 2.3.2 室温下掺 Nd^{3+} 增益晶体的参数 [15−20]

晶体名称	Nd:YAG	Nd:YAP	$Nd:YVO_4$
晶体特性	各向同性	各向异性	各向异性
Nd^{3+} 掺杂浓度/at.%	1.0	1.0	1.0
折射率	n=1.82	n_a=1.929 n_b=1.943 n_c=1.952	n_o=1.96；n_e=2.17
热传导率/(W/(m·K))	13	11	5.23//c；5.1⊥c
热膨胀系数/($\times10^{-6}$/℃)	7	9.5(//a) 4.3(//b) 10.8(//c)	3.1(//a)；7.2(//b)
热光系数/($\times10^{-6}$/℃)	9.9	9.7(//a)；14.5(//c)	π : 3 σ：8.5
泵浦波长/nm	808	803	808
吸收系数/cm^{-1}	4.3(@808 nm)	4.8(@803 nm)	34(@808 nm，π) 10(@808 nm，σ)
$^4F_{3/2}$ 能级寿命/μs	258±3	156±1	90
激光跃迁/nm $^4F_{3/2}\rightarrow{}^4F_{11/2}$	1064.2 ($\sigma_e\sim71\times10^{-20}$ cm^2) 1077.9 ($\sigma_c\sim12\times10^{-20}$ cm^2)	1064.5 ($\sigma_e\sim17\times10^{-20}$ cm^2,//a) 1077.9 ($\sigma_c\sim46\times10^{-20}$ cm^2,//c)	1064 ($\sigma\sim25\times10^{-19}$ cm^2, π) ($\sigma\sim7\times10^{-19}$ cm^2, σ)
激光跃迁/nm $^4F_{3/2}\rightarrow{}^4F_{13/2}$	1318.4 ($\sigma_c\sim15\times10^{-20}$ cm^2) 1338.1 ($\sigma_e\sim15\times10^{-20}$ cm^2)	1317.5 ($\sigma_c\sim0.5$ $\times10^{-20}$ cm^2,//a)1338.1 ($\sigma_e\sim22\times10^{-20}$ cm^2,//c)	1342 ($\sigma_c\sim6\times10^{-20}$ cm^2,//a)

2.3.2.2 晶体掺杂

激光增益晶体中的掺杂稀土离子吸收泵浦光能量后，依据能级跃迁定理以受激辐射的形式将泵浦光能量转化为激光发射。在这个过程中，稀土离子掺杂的浓度越高，泵浦光就可以在单位面积上与更多的稀土离子完成能量转换，此时增益晶体对泵浦光的吸收系数也越大。有实验研究表明，当使用 888 nm 波长的激光二极管泵浦掺杂浓度分别为 0.7at.%、0.8at.%和 1.0at.%的 $Nd:YVO_4$ 增益晶体，对应测量到的吸收系数分别为 0.88 cm^{-1}、1.07 cm^{-1} 和 1.5 cm^{-1}[19,20]。吸收系数的不同自然就会导致激光晶体吸收的有效泵浦光能量不同，从而导致激光增益晶体的热透镜效应存在差异。但是并不是离子掺杂浓度越高越好，增益晶体的离子掺杂浓度越高，在晶体对泵浦光吸收效率增大的同时，受激态吸收、能量传输上转化以及交叉弛豫现象均会变得更加严重，反而会降低激光产生的效率，甚至会引发荧光猝灭现象。图 2.3.5 为 Peng 等 [21] 模拟的在相同泵浦功率下，激光输出功率随晶体稀土离子掺杂浓度之间的变化关系图。从图中可以看出只有选取最佳的增益晶体掺杂浓度时，激光器才能获得最高的输出功率。

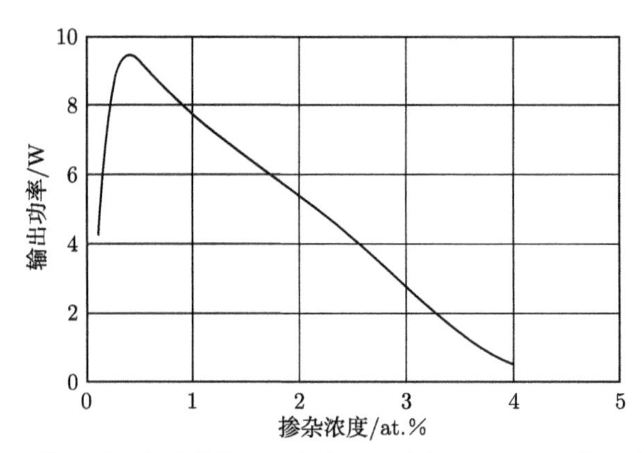

图 2.3.5　输出功率与晶体掺杂浓度在泵浦功率为 30 W 时的对应关系图

2.3.2.3　晶体温度

从宏观层面分析，对于端面泵浦的激光器，增益晶体会因边沿冷却方式而在晶体轴向及径向形成较大的温度梯度，根据温度分布稳态方程，增益晶体温度的变化将会引起温度梯度的改变，进而影响端面泵浦全固态激光器中热透镜焦距的变化。

从微观层面分析，激光热效应产生机理中的很多参数都是温度的函数，随着晶体温度的变化，这些微观参数的大小也随之发生变化，进而影响了增益晶体的热效应分布。这些微观参数有以下几种。

(1) 晶体的吸收系数：吸收系数表征增益晶体对泵浦光的吸收效率。对于 $Nd:YVO_4$ 激光增益晶体，当选择波长为 914.5 nm 的激光作为泵浦源时，晶体的吸收系数与吸收线宽随晶体边界温度升高而逐渐增加，此时可以通过适当升高激光增益晶体温度来弥补对该波段吸收系数较小的缺点。通过测量不同晶体温度状态下掺杂浓度为 0.27at.%的 $Nd:YVO_4$ 晶体对 880 nm 波长泵浦光的吸收系数，即可得到吸收系数与晶体温度之间的依赖关系为 [22](其中温度 T 的单位为开尔文)

$$\alpha = 3.88 \times 10^{-4} \times T + 1.408 \tag{2.3.14}$$

(2) 受激发射截面：对于 $Nd:YVO_4$ 晶体，其在 1064 nm 激光波长处的受激发射截面会随晶体边界温度升高而逐渐减小，输出的激光波长也会随着温度的升高向长波长方向移动，受激发射截面与晶体边界温度的关系可以表示为 [23]

$$\sigma_{\mathrm{em}}(T) = 2.2 \times 10^{-18} - 4 \times 10^{-21} \times T \quad (\pi\text{偏振}) \tag{2.3.15}$$

$$\sigma_{\rm em}(T) = 1.5\times10^{-18} - 3\times10^{-21}\times T \quad (\sigma\text{偏振}) \tag{2.3.16}$$

当 $Nd:YVO_4$ 作为激光增益晶体用于产生 1342 nm 激光时，增益晶体中 e 光的受激发射截面 $\sigma_{\rm e}$ 与振荡激光引发的 ESA 效应的吸收截面 $\sigma_{\rm ESA}$ 随晶体工作温度的变化规律为 (其中温度 T 的单位为开尔文)

$$\sigma_{\rm e}(T) = 10.3675\times10^{-19} - 1.95\times10^{-21}\times T \tag{2.3.17}$$

$$\sigma_{\rm ESA}(T) = 0.6786\times10^{-19} - 0.095\times10^{-21}\times T \tag{2.3.18}$$

受激发射截面大小的变化将会直接影响到激光系统的出光阈值及光转化效率。

(3) 热传导系数：对于 $Nd:YVO_4$ 激光增益晶体，其平行于 c 轴和 a 轴的热传导系数 K_c、K_a 随晶体温度变化趋势可以表示为 [24]

$$K_c = K_{c,g}\frac{T_g}{T} \tag{2.3.19}$$

$$K_a = K_{a,g}\frac{T_g}{T} \tag{2.3.20}$$

其中，$K_{c,g}$、$K_{a,g}$ 分别为 T_g 温度下晶体 c 轴与 a 轴方向的热传导系数，当 T_g=300 K 时，$K_{c,g}$=5.23 W/(m·K)，$K_{a,g}$=5.10 W/(m·K)。根据端面泵浦中增益晶体热透镜公式，增益晶体热传导系数的变化将直接影响激光增益介质的热透镜值，进而影响激光器的运转状态。

(4) 晶体折射率：同样以常用的 $Nd:YVO_4$ 激光增益晶体为例，晶体中 e 光与晶体温度 T 之间的依赖关系为

$$n_{\rm e} = 2.154778 + 0.72\times10^{-5}\times(T-296) + 0.309\times10^{-8}\times(T-296)^2 \tag{2.3.21}$$

折射率的变化不仅会引起增益晶体的有效光学长度发生变化，而且会导致热膨胀现象的变化，进而影响到端面泵浦激光器中增益晶体的等效热透镜值。

(5) 上转换速率：上转换速率将直接影响能量传输上转换效应的强弱，进而改变对晶体热效应的贡献程度。如图 2.3.6 为实验测量得到的上转换速率值与激光增益晶体热负荷随晶体边界温度的变化关系图，从中可以看出随着晶体边界温度的升高，上转换速率与晶体热负荷均呈增大趋势，热效应不断加剧。上转换速率的大小可以根据增益晶体屈光度公式结合出射激光腰斑及发散角情况求解出来。其中增益晶体屈光度可以表示为 [25]

$$D = CK^{-1}\eta_h P_{\rm abs} + CK^{-1}h\nu_l V\left(\frac{\Delta n}{\tau_{nr}} + \gamma\Delta n^2\right) \tag{2.3.22}$$

式中，$C=(\pi\omega_{\rm p}^2)^{-1}{\rm d}n/{\rm d}t$，$\tau_{nr}$ 为无辐射衰减寿命，Δn 为集居数反转密度。其中，与温度相关的物理量主要有晶体热负荷值 η_h 和晶体热传导系数 K。

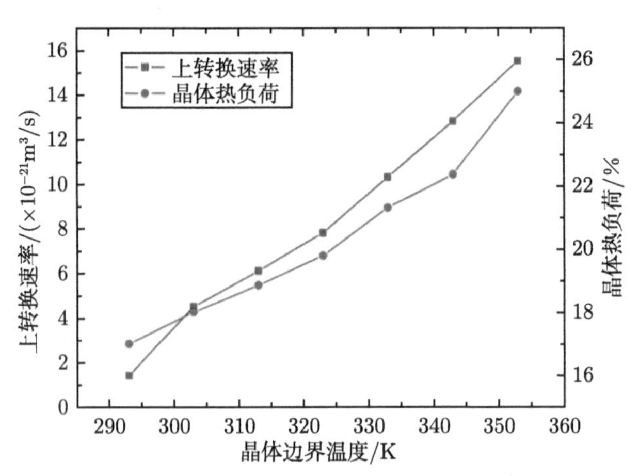

图 2.3.6　上转换速率 γ 和晶体热负荷随晶体边界温度变化的关系

于是当激光晶体温度不变时，屈光度会随着 $P_{\rm abs}$ 的增加而线性增加，变化趋势中的斜率即为 $CK^{-1}\eta_h$，截距为 $CK^{-1}h\nu_l V(\Delta n/\tau_{nr}+\gamma\Delta n^2)$。对于特定的激光系统，根据光束质量分析仪测出的出射激光腰斑及发散角，结合腔的 $ABCD$ 传输矩阵，即可计算出相应实验条件下增益晶体处的屈光度。根据屈光度数据，即可求得直线斜率和截距，从而换算得到上转换参数的数值。

2.4　热效应的改善

2.4.1　端面热效应的减轻

端面泵浦固体激光器中，晶体端面对泵浦光的吸收最为强烈，导致晶体端面产生热致机械应力而发生端面膨胀，进而产生端面透镜效应，如图 2.4.1 所示。晶体端面的热透镜效应不仅会限制激光器输出功率的提高，严重时可能导致晶体端面破裂。因此，必须采取有效的措施来减轻晶体端面的热效应。

图 2.4.1　端面热透镜效应

2.4.1.1 复合晶体

将一段未掺杂的基质晶体通过键合技术或直接生长方式紧密粘接在掺杂晶体的前端面，形成如图 2.4.2 所示的复合晶体。未掺杂的这段晶体由于没有激活粒子参与激光产生过程，因此可充当为一块热沉，进而有效地消除增益晶体的端面热效应。图 2.4.3 对比了复合 YVO_4+Nd:YVO_4 晶体和普通 Nd:YVO_4 晶体的温度梯度变化 [20]，其中，晶体掺杂部分的掺杂浓度均为 0.5at.%，尺寸为 4 mm×4 mm×7 mm，复合晶体未掺杂部分的尺寸为 4 mm×4 mm×4 mm。从图中可以明显看到，当注入增益晶体中的泵浦功率为 18 W，复合晶体前端面处 ($z=-4$ mm 处) 的温度与边界温度一致，也就是说采用复合晶体可有效消除增益晶体的端面热效应；同时，通过比较两种晶体在泵浦光吸收最强处 ($z=0$ mm 处) 的中心温度可以看出，普通晶体在此处的温度高达 650 K，但是采用复合晶体后，该处的温度可以降低到 425 K 以下。该结果表明采用复合晶体可以有效减轻晶体的热效应。

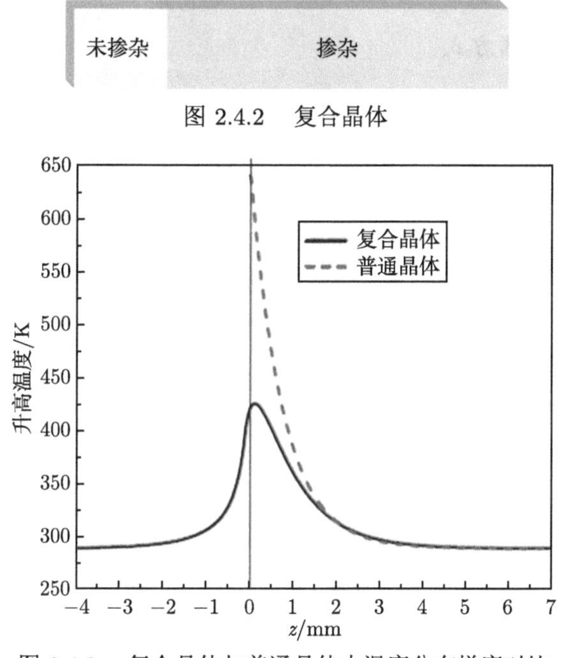

图 2.4.2 复合晶体

图 2.4.3 复合晶体与普通晶体内温度分布梯度对比

2.4.1.2 负折射率温度系数晶体

对于各向异性的 Nd:YLF 激光晶体，在 1053 nm 激光 (σ 偏振光) 产生过程中，其折射率随温度的升高呈现负温度系数的变化特性，即 $dn/dT=-2.0\times10^{-6}\ K^{-1}$。

因此，热致折射率变化导致的热透镜焦距值为负值。图 2.4.4 为负折射率温度系数晶体产生热透镜示意图。晶体端面因为热膨胀而产生正热透镜效应；同时，由于晶体的负折射率温度系数，增益晶体因为热致折射率变化导致的热透镜焦距为负值，两者间可实现热透镜的相互补偿。研究表明，由于端面透镜与负透镜相互抵消，在相同的泵浦功率下，Nd:YLF 晶体的热透镜效应仅为 Nd:YAG 晶体的 1/6[26]。

图 2.4.4　负折射率温度系数晶体产生热透镜示意图

2.4.2　热透镜效应的减轻

2.4.2.1　双端端面泵浦方式

在单端端面泵浦的条件下，泵浦光的强度因为增益晶体的吸收呈现指数衰减的趋势。而增益晶体在吸收泵浦光、产生激光的过程中会产生一定的废热，进而在晶体内会形成如图 2.4.5(a)(掺杂浓度为 0.2at.%、尺寸为 3 mm×3 mm×10 mm 的 $Nd:YVO_4$ 晶体，泵浦功率为 30 W) 所示的温度分布梯度，表现出较为严重的热透镜效应，制约着激光输出功率的提高。为了改善增益晶体内温度分布梯度，可以采用双端端面泵浦的方式 [27-29]，即泵浦光分别由增益晶体的两侧同时注入，如图 2.4.6 所示。

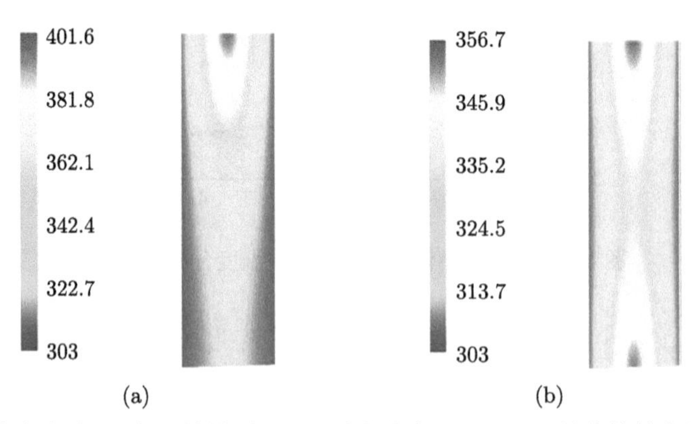

图 2.4.5　单端端面 (a) 与双端端面 (b) 泵浦方式中 $Nd:YVO_4$ 晶体的轴向温度分布梯度

图 2.4.6 双端端面泵浦方式

这样增益晶体对泵浦光的吸收在整段晶体内相对比较均匀，在相同的泵浦功率下，如图 2.4.5(b) 所示，增益晶体的中心温度由 401.6 K 降低为 356.7 K，且轴向温度分布也比较均匀，从而有效减轻了增益晶体的热透镜效应。但是，与单端面泵浦方式相比较，双端泵浦的缺点是谐振腔结构与泵浦光的准直比较复杂，因而稳定性相对较差。

2.4.2.2 侧翼泵浦方式

增益晶体对泵浦光的吸收波长具有选择性，一般来说在某一波段处有一个吸收峰，在吸收峰处吸收系数最大，吸收效率最高。但是，较大的吸收效率导致端面泵浦过程中增益晶体内泵浦光的吸收梯度较大，进而形成较大的温度分布梯度，不利于获得高功率输出。为此，在实际激光器的设计过程中，我们可以适当避开晶体的吸收峰，在吸收峰两翼处选择吸收系数相对较低的波长激光对增益晶体进行泵浦，如图 2.4.7 中四条虚线所对应的波长。这样我们只需要增加增益晶体的长度来弥补吸收系数较小的缺点，从而匀化晶体对泵浦光的吸收，进而减小增益晶体的温度梯度分布，减轻晶体的热透镜效应，提高激光器的输出功率和转化效率 [30]。

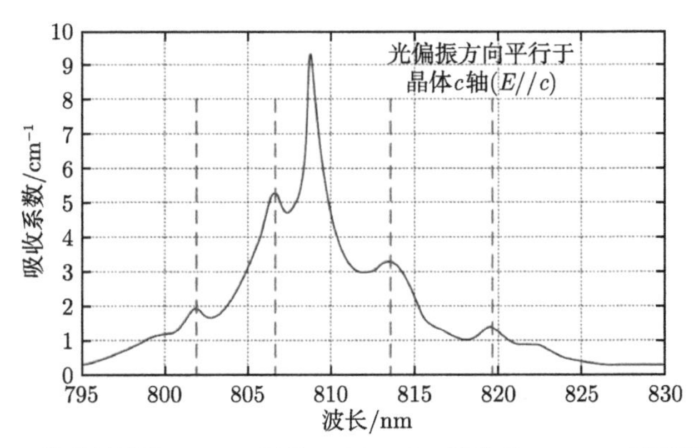

图 2.4.7 掺杂浓度为 0.27at.%的 Nd:YVO_4 晶体在 808 nm 附近吸收谱线

2.4.2.3 直接泵浦方式

由 2.3 节的分析可知，泵浦波长对晶体的热效应有影响，选择不同波长泵浦光进行泵浦时，产生激光过程中量子亏损带来的热效应区别较大。由量子亏损

的表达式 (2.1.1) 可知，泵浦波长越长量子亏损越小，因此，我们可以利用输出波长较长的激光二极管进行泵浦，从而有效降低量子亏损产生的热[31]。区别于侧翼泵浦方式，在晶体的某些吸收系数较小的吸收峰处，如图 2.4.8 中 Nd:YVO_4 晶体 880 nm 和 888 nm 跃迁线所示，粒子获得泵浦光的能量后可以直接跃迁到激光上能级，这样就避免了由泵浦带向激光上能级无辐射跃迁产生的热量，极大地减轻了激光晶体的热效应。并且由图 2.4.9 的吸收谱线我们可以看出，Nd:YVO_4 晶体在 888 nm 吸收峰处 a 轴与 c 轴方向的吸收系数区别较小，表现出无偏振吸收的特点，由此可知，选择 888 nm 激光泵浦可以进一步改善晶体的热效应。

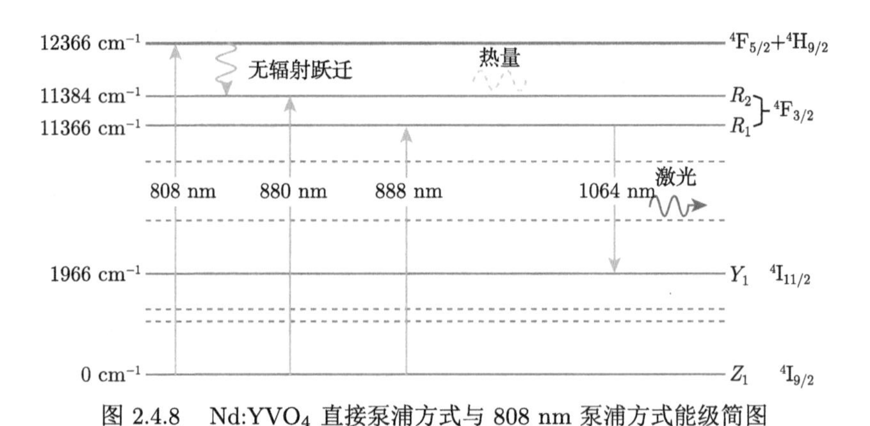

图 2.4.8　Nd:YVO_4 直接泵浦方式与 808 nm 泵浦方式能级简图

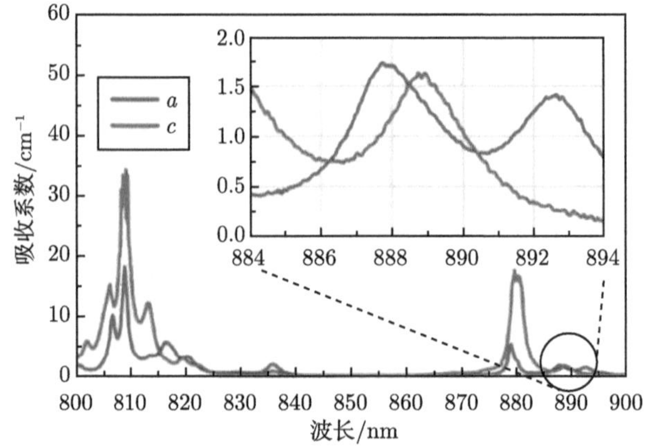

图 2.4.9　掺杂浓度为 1at.%的 Nd:YVO_4 晶体吸收谱线

2.4.2.4 低掺杂晶体 (low-doped crystal)

我们还可以通过降低晶体的掺杂浓度来均匀化晶体对泵浦光的吸收，减缓泵浦光的衰减梯度，从而减轻热透镜效应，改善激光器的输出特性。图 2.4.10 所示是掺杂浓度为 0.5at.% (a) 和 0.3at.% (b) 的 3 mm×3 mm×5 mm 的 $Nd:YVO_4$ 晶体在注入 20 W 泵浦功率的条件下晶体内温度分布的趋势，从图中明显可以看到采用 0.3at.%低掺杂浓度的晶体可以有效减轻晶体的热效应，晶体的中心最高温度由 449.7 K 降低为 408.9 K[32]。

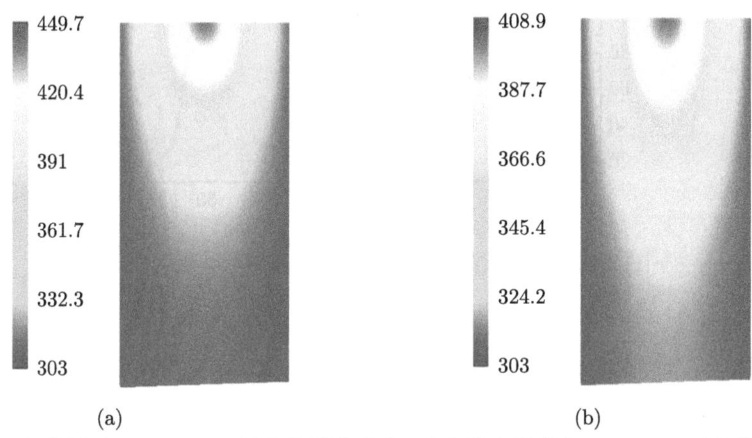

图 2.4.10 不同掺杂 $Nd:YVO_4$ 晶体的温度分布。(a) 掺杂浓度为 0.5at.%；(b) 掺杂浓度为 0.3at.%

2.4.2.5 梯度掺杂晶体

鉴于端面泵浦固体激光器中，激光晶体对泵浦光吸收梯度较大，研究工作者提出一种梯度式掺杂的晶体 [33]，以改善晶体对泵浦光的吸收梯度，从而减缓晶体内的温度分布梯度，达到减轻激光晶体热效应的目的。如图 2.4.11 所示，为类双曲线型梯度式掺杂浓度的晶体及其热分布趋势，图 2.4.12 为三段梯度式掺杂的晶体及其热分布趋势，从图中我们可以看出，采用类双曲线型梯度式掺杂浓度的晶体可以实现对泵浦光的均匀吸收，在 807.5 nm 波长泵浦的情况下，晶体内温度分布几乎为一条水平直线，可以极大地改善晶体的热效应；而采用三段梯度式的晶体设计，晶体对泵浦光的吸收呈现锯齿状，虽然对晶体热效应有所改善，但与类双曲线型梯度式掺杂晶体相比，效果较差。但是，基于掺杂浓度梯度渐变式晶体生长工艺的难度较大，目前仍无法按照设计的双曲线型掺杂方式来生长渐变式晶体，仅限于理论计算。

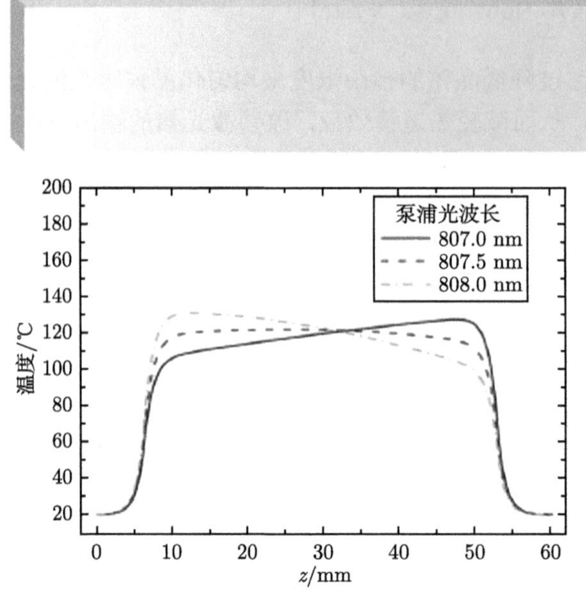

图 2.4.11　类双曲线型梯度式掺杂晶体及其温度分布

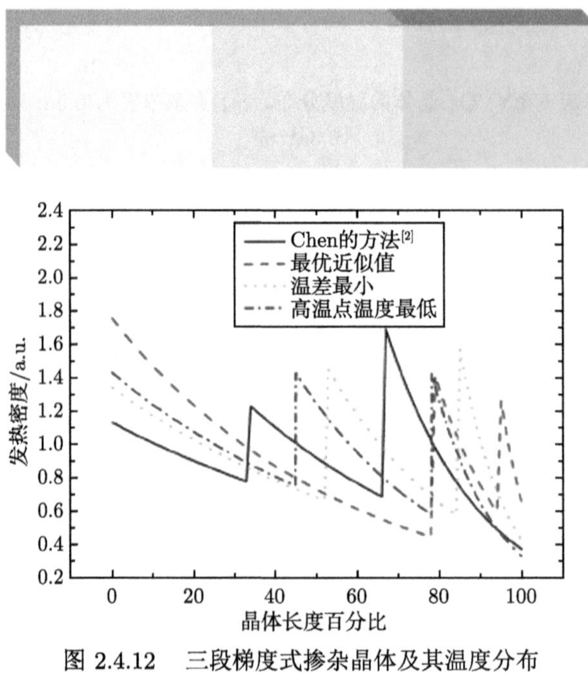

图 2.4.12　三段梯度式掺杂晶体及其温度分布

2.5 热效应的补偿

2.5.1 热致球形像差的补偿

由 2.2 节可知，在高功率泵浦条件下，晶体热效应不仅会变为热透镜效应，而且会带来严重的球形像差，进而产生热致衍射损耗，导致输出激光光束发生畸变。因此，在实际应用中为了获得基横模激光输出，需要采取一定措施来补偿热致球形像差，目前采用的方法主要有：

(1) 将增益晶体端面抛光为非球形表面补偿热致球形像差 [34]；

(2) 腔内插入非球面元件补偿热致球形像差；

(3) 采用平顶泵浦光束补偿热致球形像差。

尤其是采用平顶泵浦光束时，只要保证基模模式尺寸小于泵浦模式尺寸，即可消除泵浦过程中的高阶像差，有效改善输出激光的光束质量。多模光纤耦合输出的激光二极管由光纤端输出的激光近似为平顶光束，因此，通常情况下，我们采用多模光纤耦合输出的激光二极管作为泵浦源，可以有效消除球形像差。

2.5.2 热透镜像散的补偿

在各向异性的增益晶体中，弹光效应导致某一偏振方向的基频光会产生热透镜像散，造成平行于光轴和垂直于光轴两个方向上的聚焦参量不同，从而在增益晶体处形成椭圆光斑，不利于基模与泵浦模之间的模式匹配，容易产生多阶横模。同时，在这两个方向上，激光器工作的稳区范围会产生分离，从而压窄了激光器的工作范围，即两个方向稳区的交叉区域才是激光器的实际工作范围，而只有在两个稳区的交点处才会获得稳定的激光输出。这样工作状态的激光器很容易受到环境温度等因素的影响，不利于激光器的长期稳定运转。

因此，在实际的激光器设计中，为了获得稳定的激光输出，需要采取一定的措施对增益晶体的热透镜像散进行补偿，下面列举几种补偿热透镜像散的方法。

1) 腔内插入像散补偿板

以如图 2.5.1 所示的美国相干公司的四镜环形谐振腔为例 [16]，可以通过在谐振腔内某一分臂上插入合适厚度的像散补偿板 (色差补偿) 来补偿热透镜像散和谐振腔像散，进而扩大激光器的工作稳区，改善激光器的长期稳定性。具体补偿原理参考 1.3 节的内容。

2) 腔内插入倾斜透镜

如图 2.5.2 所示的实验装置中，由于 Nd:YALO 晶体在高功率泵浦条件下会产生严重的热透镜像散，沿晶体 a 轴和 c 轴方向的热透镜焦距区别较大。在这两个方向上，激光器工作稳区产生严重分离 (图 2.5.3 中实线所示)，从而无法获得激光运转。

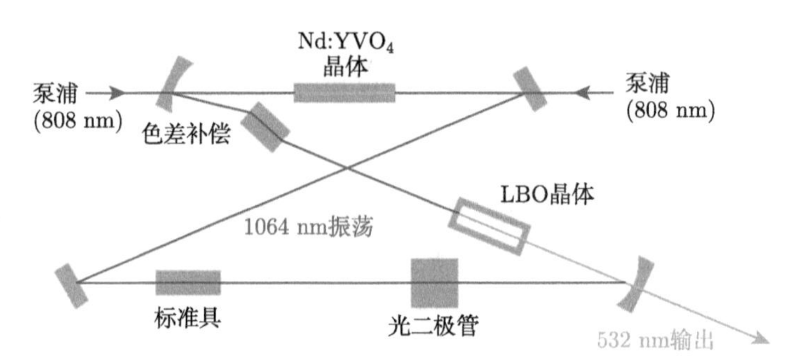

图 2.5.1　相干公司 Verdi 系列 532 nm 单频激光器谐振腔结构

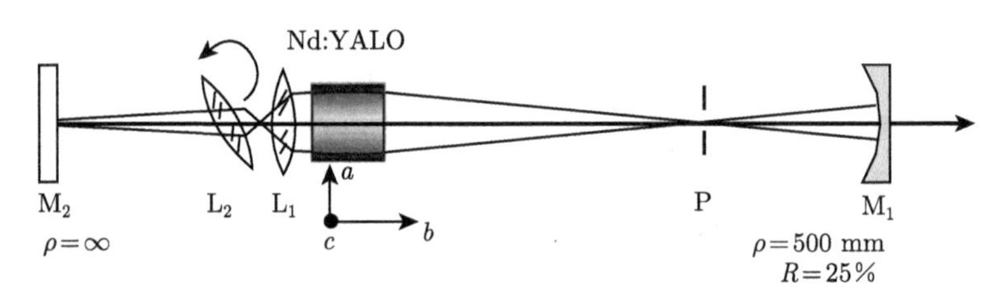

图 2.5.2　Nd:YALO 激光器谐振腔内插入倾斜透镜补偿热透镜像散实验装置

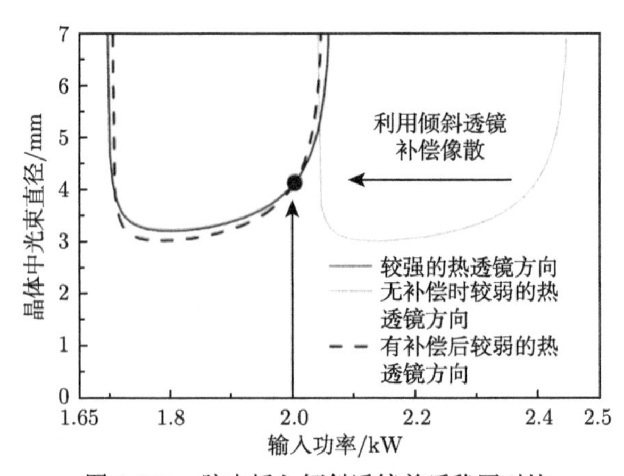

图 2.5.3　腔内插入倾斜透镜前后稳区对比

实验中 [17]，在谐振腔内插入倾斜的透镜 L_2，将热透镜较严重方向的稳区 (图 2.5.3 中细实线) 向热透镜较弱方向的稳区 (图 2.5.3 中粗实线) 靠拢，使得稳区交叉区域扩大，并且有共同的交点 (图 2.5.3 中虚线与较粗实线交集部分)。从稳区图中可以看到，利用倾斜透镜引入的像散有效地补偿了热透镜像散，有利于获得稳定的激光输出。

3) 腔内插入柱面镜

如图 2.5.4 所示，与 2) 类似，通过在谐振腔内插入柱面镜，利用柱面镜的像散补偿热透镜像散，将激光器工作稳区交叉区域扩大，从而实现稳定的激光输出 [18]。

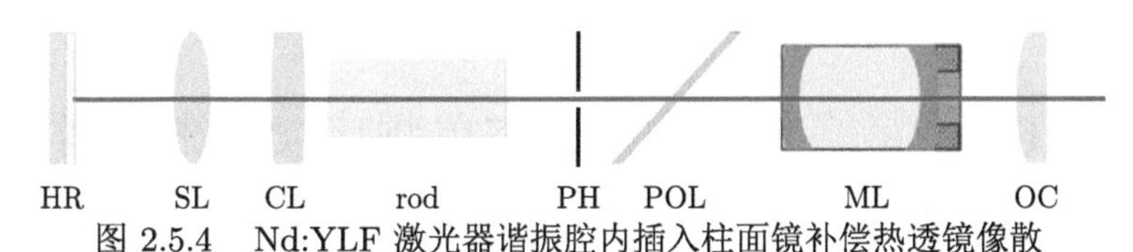

图 2.5.4 Nd:YLF 激光器谐振腔内插入柱面镜补偿热透镜像散

HR: 高反射镜；SL: 球面透镜；CL: 柱面透镜；rod: Nd: YLF 晶体；PH: 小孔；POL: 偏振片；ML: 锁模器；OC: 输出耦合镜

4) 两块以光轴正交方式放置的增益晶体

在已有的实验研究中 [19]，闪光灯泵浦功率在 10 kW 的范围内变化时，谐振腔内起振的 σ 偏振光在 c 轴与 b 轴方向上热透镜焦距的绝对值相等，只是相差一个负号，如图 2.5.5(a)、(b) 所示。

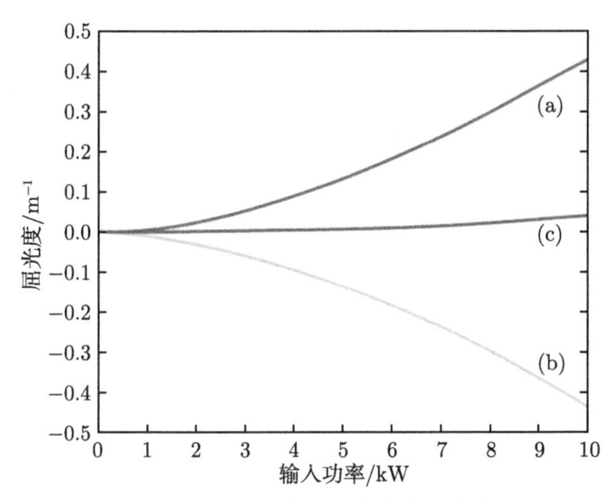

图 2.5.5 屈光度随泵浦功率的变化

于是可以采用如图 2.5.6 所示的实验装置，在线性谐振腔内，插入两块以 c 轴 (光轴) 相互垂直方式放置的 Nd:YLF 晶体，利用两者像散相差负号的特性，将两块晶体产生的热透镜像散实现相互补偿，如图 2.5.5(c) 所示，从而改善了激光器工作的稳区范围，获得了稳定的激光运转。

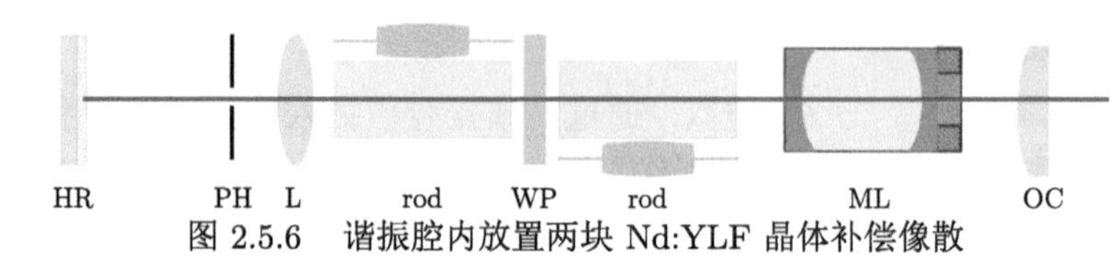

图 2.5.6 谐振腔内放置两块 Nd:YLF 晶体补偿像散

HR: 高反射镜; PH: 小孔; L: 透镜; rod: Nd: YLF 晶体; WP: 波片; ML: 锁模器; OC: 输出耦合镜

2.6 像散自补偿的全固态单频连续波激光器

在实际的激光器设计过程中，并不是单一地只考虑某个因素，而是要综合考虑各因素对激光器输出特性的影响。因此，在设计激光器时，通常需要结合多种技术对增益晶体的热效应进行减轻和补偿，进而达到大幅度提高全固态单频连续波激光输出功率的目的。

全固态单频连续波 1064 nm 激光器是目前发展最成熟的激光器之一。而产生 1064 nm 激光的晶体有许多种，最主要的两种是 Nd:YAG 晶体和 $Nd:YVO_4$ 晶体。与 Nd:YAG 晶体相比，尽管 $Nd:YVO_4$ 晶体的损伤阈值偏低，但是在其他许多方面均具有明显优势：

(1) 在 808 nm 波长处，具有较宽的吸收带宽，同时吸收系数为 Nd:YAG 晶体的 5 倍以上。因此，在激光泵浦的过程中泵浦光在中心波长附近改变时对吸收效率影响较小，更容易获得高效率的激光输出。

(2) 对于 1064 nm 激光产生来说，其受激发射截面为 Nd:YAG 晶体的 5 倍。

(3) 尽管荧光寿命较短，但由于其量子效率较高，产生激光时的阈值较低、斜效率较高。

(4) 由于自然双折射效应明显，可产生稳定的线偏振激光，避免了热致双折射效应。

基于以上原因，$Nd:YVO_4$ 晶体已成为商用激光器中最常用的一种晶体材料。$Nd:YVO_4$ 为 Nd^{3+} 掺入 YVO_4 晶体中形成的具有锆英石型结构的各向异性单轴四方晶体，有三个晶轴，分别为 a 轴、b 轴和 c 轴，其中 c 轴为光轴，a 轴与 b 轴折射率相同，其能级为典型的四能级结构。按照切割方式的不同，可以分为 a 轴切割和 c 轴切割。对于 c 轴切割方式的晶体，由于入射光传播方向平行于光轴，无自然双折射效应，发射的激光非线偏振输出，并且输出激光阈值较高、效率较低，因此，在连续波激光器中，较少采用 c 轴切割的晶体。而 a 轴切割的 $Nd:YVO_4$ 晶体，可同时激发两种偏振光，即平行于 c 轴的 π 偏振光和垂直于 c 轴的 σ 偏振光。由于各向异性的特点，π 偏振光与 σ 偏振光表现出不同的特性，比如，π 偏振光的受激发射截面为 σ 偏振光的 5 倍。

在半导体泵浦的全固态 Nd:YVO_4 激光器中，由于晶体在 808 nm 处的吸收系数较大和吸收带宽较宽，可有效提高晶体对泵浦光的吸收效率，因此，通常采用该泵浦波长的半导体作为泵浦源。但是在 808 nm 波长泵浦的过程中，量子亏损较大，晶体对泵浦光的吸收具有偏振选择性，不同的偏振方向吸收系数不同，这些因素均会带来严重的热透镜效应，不利于高功率的获得。同时，由于其热光特性较差，与 Nd:YAG 晶体相比，可注入的泵浦功率有限，较少的泵浦功率就会带来较严重的热透镜效应，不利于获得较高功率激光输出。因此，在实际应用中，为了提高 Nd:YVO_4 激光器的输出功率，我们需要针对 Nd:YVO_4 晶体的相关特性，分析影响其热效应的各种因素，并采取相应的措施来改善晶体的热效应。

2.6.1 减轻 Nd:YVO_4 晶体的热效应

2.6.1.1 采用直接泵浦方式

在 Nd:YVO_4 晶体产生 1064 nm 激光的过程中，采用 888 nm 波长的泵浦光比 808 nm 波长的泵浦光量子亏损减小 7.5%，同时还具有无偏振吸收的特性，可以有效减轻晶体的热效应，有利于提高单频激光器的输出功率，并保持接近衍射极限的光束质量。图 2.6.1 是利用 Lascad 软件计算得到的 Nd:YVO_4 晶体在 808 nm 和 888 nm 波长半导体激光二极管泵浦下，单位长度晶体吸收的泵浦功率与晶体内的温度分布梯度。其中，808 nm 泵浦时，0.2at.%掺杂的 Nd:YVO_4 晶体吸收系数为 α_c=3.7；α_a=3.7；888 nm 泵浦时，0.7at.%、0.8at.%和 1.0at.%掺杂的 Nd:YVO_4 晶体，对应的吸收系数分别为 0.88、1.07 和 1.5。可以看出，当 888 nm 的半导体二极管作为泵浦源时，掺杂浓度为 1.0at.%的 Nd:YVO_4 晶体的端面吸收也只有 808 nm 泵浦，掺杂浓度为 0.2at.%时的 62%；当掺杂浓度降低到 0.8at.%和 0.7at.%时，端面吸收会进一步降低到 45%和 38%。同时，从图 2.6.1(b) 也可以看出，在 888 nm 泵浦时，晶体对泵浦光的吸收比 808 nm 泵浦时的吸收梯度明显降低，轴向热量分布更为均匀，有利于晶体散热。实验上可以用探针光法粗略测量增益晶体的热透镜焦距。表 2.6.1 列出了分别采用 808 nm 与 888 nm 的半导体二极管泵浦时，掺杂浓度分别为 0.2at.%和 0.8at.% Nd:YVO_4 晶体的热透镜焦距在不同吸收泵浦光功率时的实验测量值。可以看出，采用 808 nm 半导体二极管泵浦时，0.2at.%Nd:YVO_4 晶体在吸收泵浦光功率为 37.4 W 时，其热透镜焦距已经缩小到了 142 mm；而采用 888 nm 半导体二极管泵浦时，要想使掺杂浓度为 0.8at.%Nd:YVO_4 晶体的热透镜焦距也缩小到 140 mm 附近，其吸收的泵浦光功率可以达到 57 W；这表明，采用 888 nm 波长泵浦时，增益 Nd:YVO_4 晶体的热效应得到了极大的改善。换言之，在增益晶体产生相同的热透镜效应时，采用 888 nm 波长泵浦可以注入更多的泵浦功率，更有利于获得高功率的激光输出。

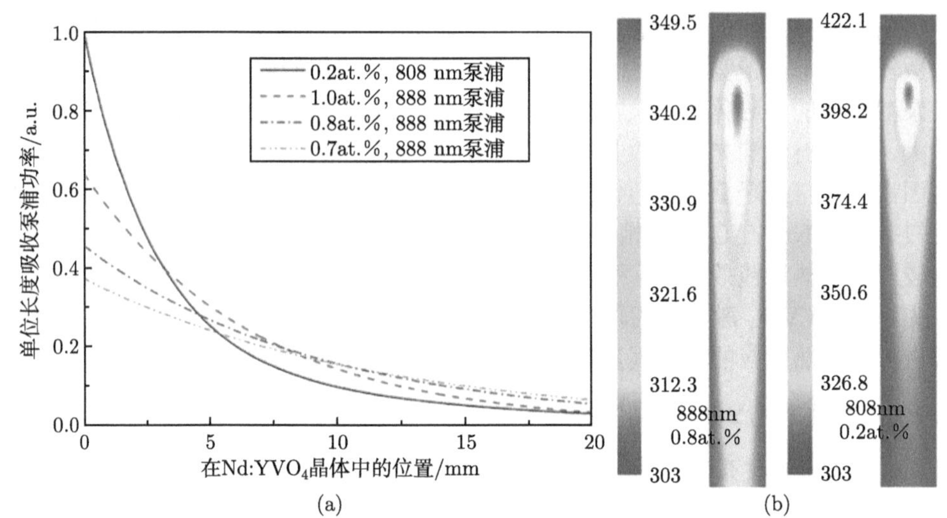

图 2.6.1　$Nd:YVO_4$ 晶体在 808 nm(38 W) 与 888 nm(70 W) 波长半导体激光二极管泵浦条件下，单位长度晶体吸收的泵浦功率变化趋势及晶体内温度分布梯度对比

表 2.6.1　808 nm 与 888 nm 泵浦方式热透镜焦距对比

N_d/at.%		0.2			0.8	
λ_p/nm		808			888	
P_{abs}/W	12.6	24.6	37.4	37.4	57	71.6
f/mm	324	180	142	216	141	123

其中，N_d 为掺杂浓度，λ_p 为泵浦波长，P_{abs} 为吸收的泵浦功率，f 为热透镜焦距。

2.6.1.2　优化 Nd^{3+} 掺杂浓度

在 808 nm 泵浦的条件下，可以降低 $Nd:YVO_4$ 晶体的掺杂浓度来减小晶体对泵浦光的吸收梯度，进而减轻晶体的热效应。然而，受晶体生长过程中掺杂条件与掺杂精度的限制，Nd^{3+} 掺杂浓度低于 0.2at.%时，很难保证掺杂的精度 (Nd^{3+} 掺杂精度为 ±0.05)，所以，无法通过继续降低晶体的掺杂浓度来减轻晶体的热效应。但是，在采用 888 nm 直接泵浦方式时，由上面的分析可知，$Nd:YVO_4$ 晶体对 888 nm 波长泵浦光的吸收系数较低，晶体掺杂浓度太低会导致晶体对泵浦光吸收效率下降。因此，在实际的激光系统中，使用 888 nm 作为泵浦源，需考虑增加晶体的掺杂浓度 N_d 来弥补这一缺点。

但是，N_d 过高会导致交叉弛豫、激发态吸收、能量传输上转换等物理过程加剧。在 1064 nm 激光产生过程中，激发态吸收效应较弱，可以不考虑。于是晶体热负荷 η_h 可表示为

$$\eta_h = \eta_q + \frac{\nu_l}{R\nu_p}\left(\frac{\Delta n}{\tau_{nr}} + \gamma \Delta n^2\right) \tag{2.6.1}$$

其中，R 为泵浦速率 ($R = P_{\text{abs}}/(h\nu_{\text{p}}V)$，$V$ 为泵浦区域的体积)，上转换速率 γ 与 ETU 效应有关，无辐射衰减寿命 τ_{nr} 与掺杂浓度有关，影响交叉弛豫效应的强弱。且 $\gamma \propto N_{\text{d}}^2$，$\tau_{nr}$ 随着 N_{d} 的增加而减小 [20]

$$\frac{1}{\tau_{nr}} = \frac{1}{\tau} - \frac{1}{\tau_{\text{sp}}} = \frac{1 + (N_{\text{d}}/N_{\text{d0}})}{100\ \mu\text{s}} - \frac{1}{\tau_{\text{sp}}} \tag{2.6.2}$$

其中，τ 为荧光寿命，τ_{sp} 为自发辐射寿命，N_{d0}=0.2at.%。在实验中，Δn 可近似为常数 (仅考虑 888 nm 直接泵浦的情况)。结合式 (2.6.1) 和 (2.6.2)，在 R 相同时，η_{h} 与 N_{d} 有如图 2.6.2 所示的关系。从图中我们可以看到，随着 N_{d} 的增加，交叉弛豫与能量传输上转换带来的热效应所占比重呈递增趋势，N_{d} 太大会导致交叉弛豫与能量传输上转换代替量子亏损而成为产热的主要来源。同时我们可以看到，当 N_{d}>0.9at.%时，888 nm 波长泵浦时热负荷的比重将超过 808 nm 波长泵浦时的量子亏损 (808 nm 泵浦条件下，晶体掺杂浓度为 0.2at.%，由于掺杂浓度较低，热效应的主要来源为量子亏损)。此时，选用 888 nm 波长泵浦的优势减弱。因此，在实际工作中，选用掺杂浓度较高，但小于 0.9at.%的 Nd:YVO_4 增益晶体，此时晶体的热负荷比 808 nm 泵浦时低，同时可以获得较高的泵浦光吸收效率，适合获得高功率激光输出。

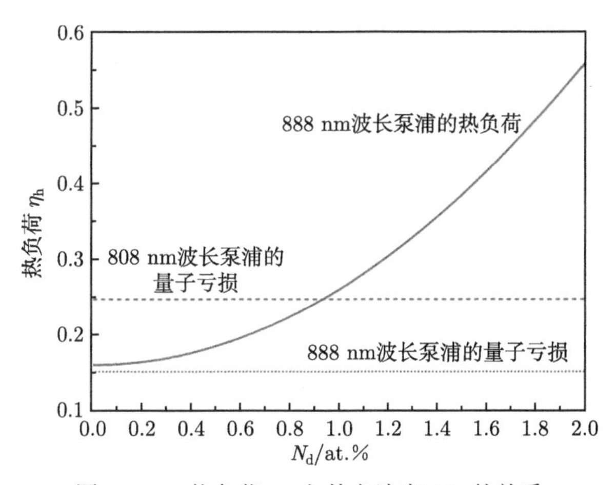

图 2.6.2 热负荷 η_{h} 与掺杂浓度 N_{d} 的关系

2.6.1.3 降低晶体边界温度

能量传输上转换与增益晶体的边界温度有关，边界温度越高，能量传输上转换效应越明显，热效应越严重。因此，在实际的全固态激光器中，我们也可以通过降低增益晶体的边界温度来减轻晶体的热效应 [35]，从而提高激光器的输出功率。利用 2.3 节介绍的通过测量增益晶体的屈光度计算得到上转换速率的方法，可直观反映能量传输上转换效应的大小。实验上可以采用光束质量分析仪测量激光器输出 1064 nm 激光的腰斑和发散角，然后，通过 $ABCD$ 光学传输矩阵的办法即可计算出特定温度与泵浦功率下，激光晶体的屈光度大小。当改变增益晶体的边界温度和泵浦功率时，即可获得不同温度与泵浦功率下屈光度的值，测量结果如图 2.6.3 所示。从图中可以看到，在确定的边界温度下，随着泵浦功率的增加，屈光度线性增大；在相同的泵浦功率下，随着温度的升高，屈光度逐渐增大。对测量的实验数据进行线性拟合，如图 2.6.3 直线所示，拟合结果代入表达式 (2.3.22) 中即可求得直线的斜率与截距，从而得到不同边界温度下，能量传输上转换参数 γ 的值，结果如图 2.6.4 和表 2.6.2 所示。从测量结果可以看出，随着晶体边界温

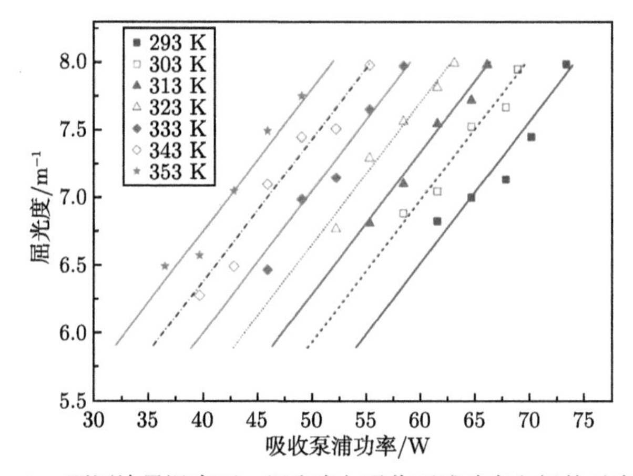

图 2.6.3　不同边界温度下，屈光度与吸收泵浦功率之间的对应关系

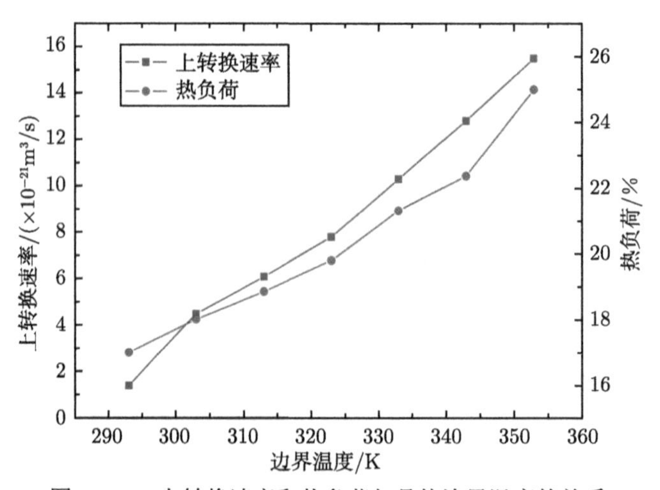

图 2.6.4　上转换速率和热负荷与晶体边界温度的关系

度的升高，上转换速率 γ 逐渐增大，即能量传输上转换效应加剧；相应晶体的热负荷增加，热效应加剧。因此，由以上分析可知，我们可以通过降低晶体的边界温度减小晶体的 ETU 效应，进而减轻晶体的热效应。

表 2.6.2 上转换速率 γ 和热负荷 η_h 与晶体边界温度 T 的对应关系计算结果

T/K	293	303	313	323	333	343	353
$\gamma/(\times10^{-21}\mathrm{m}^3/\mathrm{s})$	1.4	4.5	6.1	7.8	10.3	12.8	16.5
η_h/%	16.99	18.01	18.85	19.78	21.3	22.36	24.98

计算中使用的参数：$\mathrm{d}n/\mathrm{d}T = 3.0\times10^{-6}\mathrm{K}^{-1}$，$\Delta n = 0.5\times10^{24}$，$\omega_p = 533$ μm，$T_0 = 300$ K，$K = 5.23$。

2.6.2 Nd:YVO_4 晶体热透镜像散及其补偿

2.6.2.1 Nd:YVO_4 晶体热透镜像散的测量

为了研究 Nd:YVO_4 晶体的热透镜效应，我们采用如图 2.6.5 所示探针光测量热透镜焦距的方法，分别在 808 nm 和 888 nm 泵浦条件下，测量了晶体热透镜焦距的大小 [36]。一束 1064 nm 探针光 (probe laser) 通过透镜 L_1 准直为平行光，从晶体的一个端面注入。其中，半波片 HWP_1 和偏振分束棱镜 PBS 组合用来调节注入晶体中的探测光功率大小，半波片 HWP_2 用来调整注入晶体中探针光的偏振方向，测量不同偏振光注入情况下晶体的热透镜焦距大小。泵浦光从晶体的另一端注入，其腰斑半径为 533 μm。由 Nd:YVO_4 晶体输出的探测光通过透镜 L_2 注入到光束质量分析仪中，用来测量经过 L_2 后探针光腰斑的位置，L_2 的焦距为 f_2=175 mm，放置于距晶体前端面 (泵浦光注入面)175 mm 处。测量有泵浦光注入和无泵浦光注入情况下 Nd:YVO_4 晶体输出探针光腰斑的位

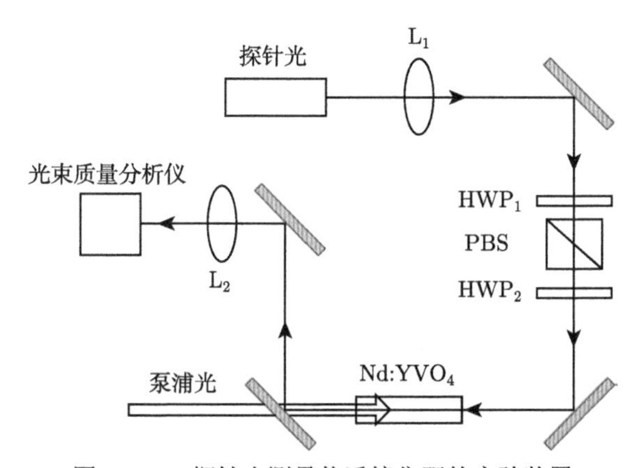

图 2.6.5 探针光测量热透镜焦距的实验装置

置，然后将两种情况腰斑位置距离之差 Δx 代入表达式 $f_{\rm e}=-2f^2/\Delta x$ 中，即可求得注入泵浦光时 Nd:YVO$_4$ 晶体等效热透镜焦距 $f_{\rm e}$ 的大小。

在 808 nm 泵浦光注入时，我们分别将探针光偏振方向调整为平行于 c 轴 (对应于激光产生过程的 π 偏振光) 和垂直于 c 轴 (对应于激光产生过程的 σ 偏振光) 两种情况，即可以分别测量得到 Nd:YVO$_4$ 晶体在不同泵浦功率下 π 偏振光和 σ 偏振光的热透镜焦距，结果如图 2.6.6 和图 2.6.7 所示。从图中我们可以看出，在相同的泵浦功率下，σ 偏振光的热透镜效应比 π 偏振光严重，因此，在高功率激光器中，σ 偏振光会首先进入激光器的工作稳区，在腔内优先起振。同时，从图 2.6.7 中我们可以看到 π 偏振光在平行于 c 轴和垂直于 c 轴方向上，热透镜焦距的差别较大，即存在较严重的热透镜像散。

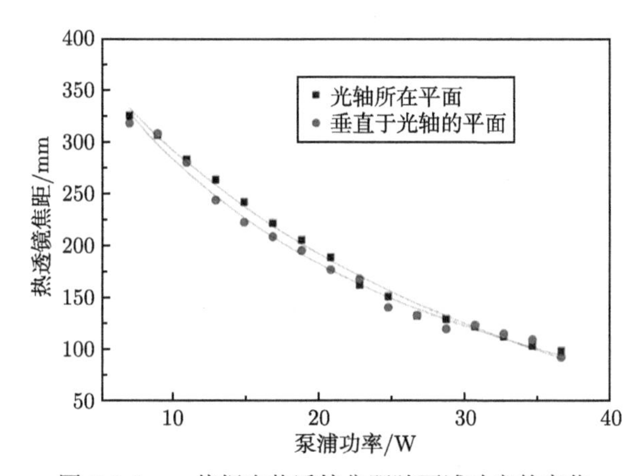

图 2.6.6　σ 偏振光热透镜焦距随泵浦功率的变化

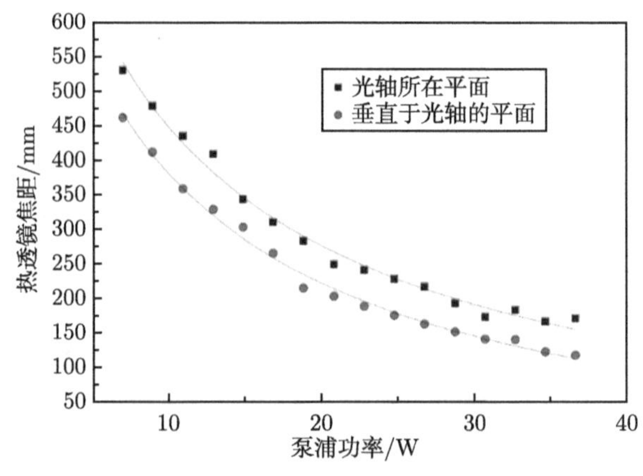

图 2.6.7　π 偏振光热透镜焦距随泵浦功率的变化

同理，在 888 nm 泵浦光注入的情况下，也可以观察到与 808 nm 泵浦光同样的现象，即 π 偏振光也存在明显的热透镜像散。图 2.6.8 所示为 888 nm 泵浦条件下，π 偏振光热透镜焦距与泵浦功率的关系。

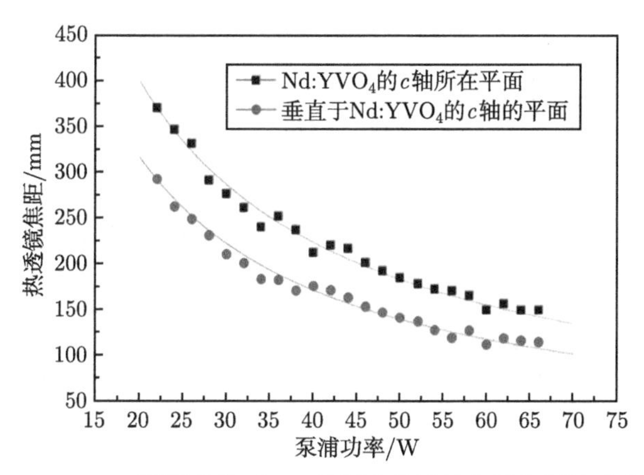

图 2.6.8 888 nm 泵浦条件下，π 偏振光热透镜焦距与泵浦功率的关系

2.6.2.2 $Nd:YVO_4$ 晶体热透镜像散的补偿

由上面的分析可知，在 808 nm 和 888 nm 激光泵浦下，$Nd:YVO_4$ 增益晶体产生的 π 偏振光均存在严重的像散，而热透镜像散会造成激光器工作稳区的分离，严重影响激光器的稳定性和光束质量，因此，我们需要采取相应的措施来补偿晶体的热效应。另一方面，对于由两个凸面镜和两个凹面镜组成的四镜环形谐振腔来说，由于激光谐振腔的四个腔镜均为离轴放置的球面镜，因此谐振腔本身也会带来额外的像散。

考虑增益晶体的热透镜和谐振腔像散时，激光谐振腔子午面和弧矢面 (图 2.6.9 为子午面和弧矢面示意图) 内的 $ABCD$ 矩阵可分别表示为

$$
\begin{aligned}
M_{\mathrm{t}} &= \begin{pmatrix} A_1 & B_1 \\ C_1 & D_1 \end{pmatrix} \\
&= \begin{pmatrix} 1 & l_{1\mathrm{th}} \\ 0 & 1 \end{pmatrix} \begin{pmatrix} 1 & 0 \\ -\dfrac{2}{\rho_1}\sec\varphi & 1 \end{pmatrix} \begin{pmatrix} 1 & l_{41} \\ 0 & 1 \end{pmatrix} \begin{pmatrix} 1 & 0 \\ -\dfrac{2}{\rho_2}\sec\varphi & 1 \end{pmatrix} \\
&\quad \cdot \begin{pmatrix} 1 & l_{34} \\ 0 & 1 \end{pmatrix} \begin{pmatrix} 1 & 0 \\ -\dfrac{2}{\rho_2}\sec\varphi & 1 \end{pmatrix} \begin{pmatrix} 1 & l_{23} \\ 0 & 1 \end{pmatrix} \begin{pmatrix} 1 & 0 \\ -\dfrac{2}{\rho_1}\sec\varphi & 1 \end{pmatrix}
\end{aligned}
$$

$$
\cdot \begin{pmatrix} 1 & l_{\text{th2}} \\ 0 & 1 \end{pmatrix} \begin{pmatrix} 1 & 0 \\ -\dfrac{1}{f_{\text{th}}} & 1 \end{pmatrix} \tag{2.6.3}
$$

$$
\begin{aligned}
M_{\text{s}} &= \begin{pmatrix} A_2 & B_2 \\ C_2 & D_2 \end{pmatrix} \\
&= \begin{pmatrix} 1 & l_{1\text{th}} \\ 0 & 1 \end{pmatrix} \begin{pmatrix} 1 & 0 \\ -\dfrac{2}{\rho_1}\cos\varphi & 1 \end{pmatrix} \begin{pmatrix} 1 & l_{41} \\ 0 & 1 \end{pmatrix} \begin{pmatrix} 1 & 0 \\ -\dfrac{2}{\rho_2}\cos\varphi & 1 \end{pmatrix} \\
&\quad \cdot \begin{pmatrix} 1 & l_{34} \\ 0 & 1 \end{pmatrix} \begin{pmatrix} 1 & 0 \\ -\dfrac{2}{\rho_2}\sec\varphi & 1 \end{pmatrix} \begin{pmatrix} 1 & l_{23} \\ 0 & 1 \end{pmatrix} \begin{pmatrix} 1 & 0 \\ -\dfrac{2}{\rho_1}\cos\varphi & 1 \end{pmatrix} \\
&\quad \cdot \begin{pmatrix} 1 & l_{\text{th2}} \\ 0 & 1 \end{pmatrix} \begin{pmatrix} 1 & 0 \\ -\dfrac{1}{f_{\text{th}}} & 1 \end{pmatrix}
\end{aligned} \tag{2.6.4}
$$

式中，M_{t} 为子午面内的传输矩阵，M_{s} 为弧矢面内的传输矩阵，ρ_1 和 ρ_2 分别为 $\text{M}_1(\text{M}_2)$ 和 $\text{M}_3(\text{M}_4)$ 的曲率半径，φ 为入射光与法线的夹角，$l_{1\text{th}}$ 为热透镜到 M_1 的距离，l_{th2} 为热透镜到 M_2 的距离，l_{23} 为 M_2 到 M_3 的距离，l_{34} 为 M_3 到 M_4 的距离，l_{41} 为 M_4 到 M_1 的距离。

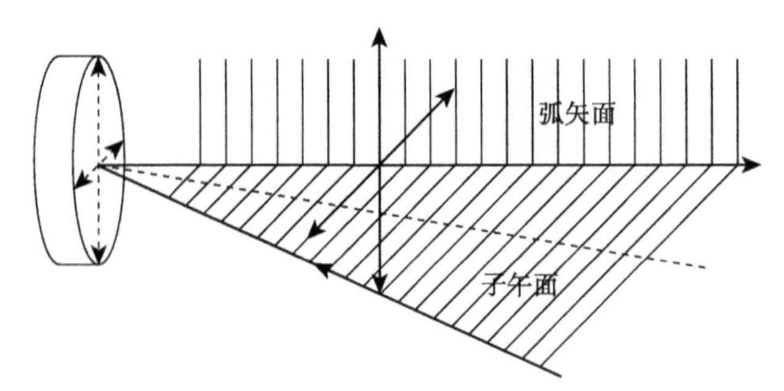

图 2.6.9　子午面和弧矢面示意图

激光晶体处的光斑半径可表示为

$$
\omega_{\text{t}} = \sqrt{\frac{2\lambda\,|B_1|}{\pi\sqrt{4-(A_1+D_1)^2}}}
$$

$$\omega_{\rm s}=\sqrt{\frac{2\lambda\left|B_2\right|}{\pi\sqrt{4-(A_2+D_2)^2}}} \tag{2.6.5}$$

式中，$\omega_{\rm t}$ 为子午面内基模的光斑半径，$\omega_{\rm s}$ 为弧矢面内基模的光斑半径。

由此可见，由于谐振腔像散的作用，增益晶体处子午面与弧矢面的光斑尺寸不一致。当同时考虑增益晶体的热透镜像散时，两种像散的叠加就可能出现两种情况：

(1) 热透镜像散与谐振腔像散叠加，导致像散更加严重，造成子午面与弧矢面的光斑尺寸差距更大，形成如图 2.6.10(a) 所示的椭圆光斑，不利于泵浦模与基模之间的模式匹配。

(2) 热透镜像散与谐振腔像散相互补偿，减弱了激光系统中的像散对激光器的影响，子午面与弧矢面处基模的光斑尺寸差距减小，从而有可能在增益晶体处获得圆形光斑，如图 2.6.10(b) 所示，有利于基模与泵浦模之间的模式匹配。

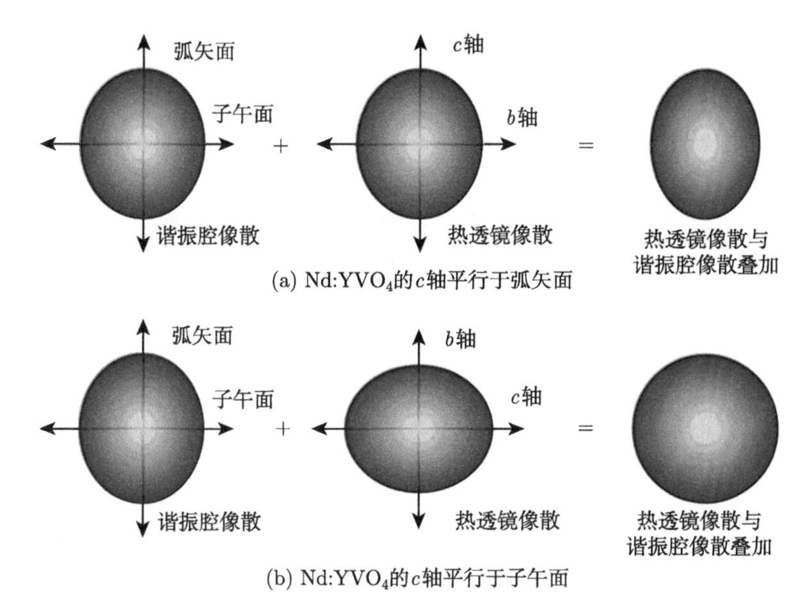

图 2.6.10 像散补偿前后 Nd:YVO_4 晶体处光斑形状

将晶体热透镜焦距测量结果代入到激光晶体处的光斑半径表达式 (2.6.5) 中，可以得到如图 2.6.11 和图 2.6.12 所示的光斑变化趋势。其中，图中虚线表示 Nd:YVO_4 晶体 c 轴平行于谐振腔弧矢面方向放置时，子午面与弧矢面内晶体处光斑半径随吸收的泵浦功率的变化趋势；实线表示 Nd:YVO_4 晶体 c 轴平行于谐振腔子午面方向放置时，子午面与弧矢面内晶体处光斑半径随吸收的泵浦功率的变化趋势。从图中我们可以看出，对于 808 nm 和 888 nm 两种波长泵浦情况下，当我们将晶体以 c 轴平行于子午面方向放置时，谐振腔的像散与晶体的热透镜像散之间实现了相互补偿。从图中明显可以看出，两种像散相互补偿后，激光器工作的稳区范围得到了扩展，激光器的阈值也相应降低；同时在激光晶体处子午面和弧矢面内的光斑半径趋于相同，可以获得较好的圆形基模光斑，如图 2.6.10(b) 所示，因此，基模与泵浦模之间可以实现较好的模式匹配。

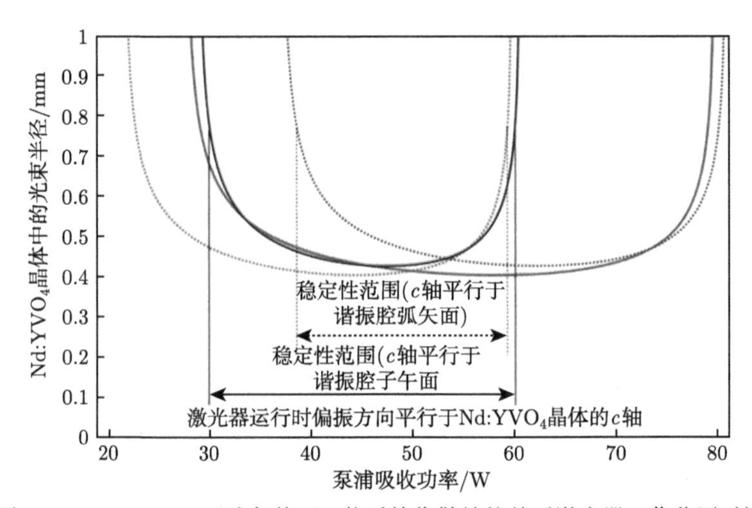

图 2.6.11　808 nm 泵浦条件下，热透镜像散补偿前后激光器工作稳区对比

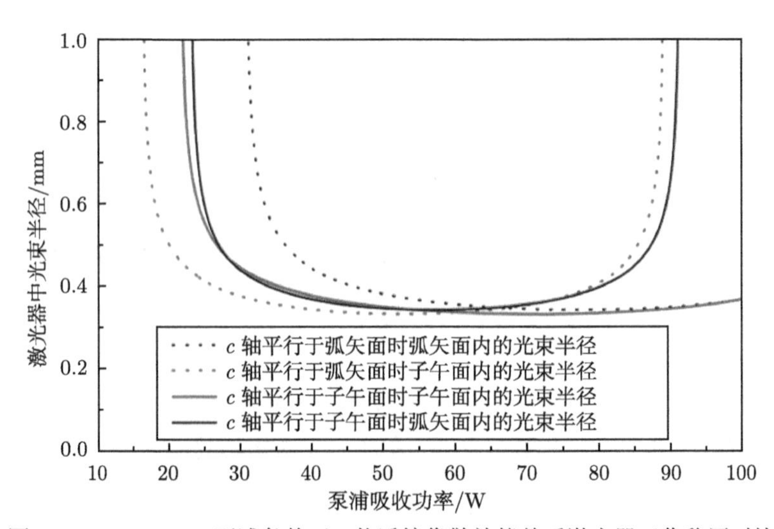

图 2.6.12　888 nm 泵浦条件下，热透镜像散补偿前后激光器工作稳区对比

2.6.2.3 实验装置及输出特性

像散自补偿四镜环形谐振腔如图 2.6.13 所示，其中，M_1 和 M_2 为凸面镜，曲率半径 ρ_1=1500 mm，M_3 和 M_4 为凹面镜，曲率半径 $\rho_2 = -100$ mm，腔长 L=676.7 mm。腔内插入的光学单向器由一块 TGG(terbium gallium garnet，铽镓石榴石) 旋光晶体和一片半波片构成，以实现基频光单向运转。为了获得最高的倍频转换效率，可将 LBO 晶体放置于 M_3 与 M_4 分臂的腰斑处，晶体尺寸为 3 mm×3 mm×18 mm，通过 I 类非临界相位匹配方式实现二次谐波输出，相位匹配温度为 149 ℃。泵浦源为光纤耦合输出的激光二极管，光纤芯径为 400 μm，数值孔径为 0.22，且 $\omega_{l0} \approx 400\ \mu\text{m} < \omega_\text{p} = 533\ \mu\text{m}$，可有效消除晶体的热致球形像差。泵浦光经过焦距分别为 30 mm 和 80 mm 的透镜进行整形，在 Nd:YVO_4 晶体内形成直径为 1.07 mm 的光斑。同时，为了保证泵浦光和基频光在 Nd:YVO_4 晶体内实现较好的模式匹配，提高晶体对泵浦光的吸收效率，Nd:YVO_4 晶体 Nd^{3+} 掺杂部分的长度均选为 20 mm，未掺杂的部分长度为 3 mm，可以有效消除晶体的端面热效应，其横截面积为 3 mm×3 mm，前端面平行于晶体的 c 轴，后端面切角与 c 轴夹角为 1.5°，这样可以有效增加 σ 偏振光的损耗，使谐振腔内振荡激光为 π 偏振光。同时，为了使 Nd:YVO_4 晶体与控温炉之间有较好的接触，改善晶体的散热效果，采用铟焊接技术将晶体与紫铜控温炉进行高温焊接。通过自制的高精度温度控制仪，对 Nd:YVO_4 晶体的温度精确控制。由输出耦合镜漏出的少许 1064 nm 红外光分为两束，一束注入 F-P 腔，监视激光器的单频运转情况；另外一束注入光束质量分析仪，用来测量输出激光的发散角和腰斑。

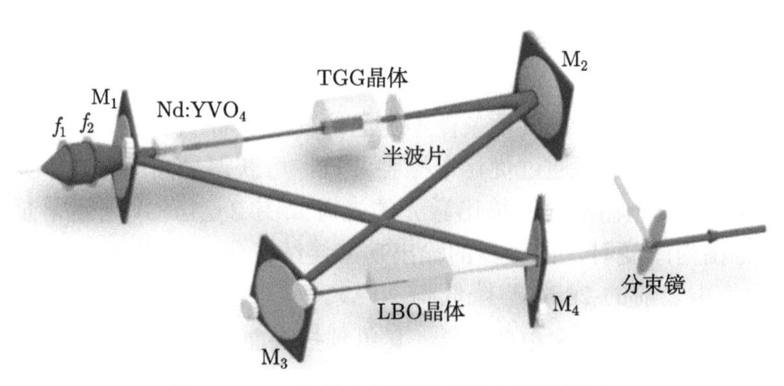

图 2.6.13 像散自补偿单频激光器装置图

1) 10 W 全固态单频连续波 532 nm 像散自补偿激光器

当选用最大输出功率为 50 W、输出波长为 808 nm 的激光二极管作为泵浦源，将掺杂浓度为 0.2at.%的 Nd:YVO_4 晶体以 c 轴平行于弧矢面方向放置，通过优化谐振腔参数，在泵浦光功率为 35 W 时，可获得最高输出功率为 9 W 的

532 nm 激光输出，但激光为多横模，输出光斑模式如图 2.6.14(a) 所示；降低泵浦功率至 34 W 附近时，输出绿光功率降低为 8.4 W，此时激光器运转于单横模状态。但是，单横模输出时泵浦功率可调节的范围较窄，只有泵浦功率在 34~35 W 范围内变化时，输出激光功率较稳定，超出这个范围激光器的输出功率会突然降低至 2 W 以下，并且激光器的输出功率很容易受环境温度的影响，出现功率突升突降的现象，如图 2.6.15 插图所示。这主要是因为在晶体以 c 轴平行于弧矢面方向放置的情况下，热透镜像散与谐振腔像散叠加，使得激光系统的像散更加严重，因而压窄了激光器工作的稳区范围，如图 2.6.11 虚线所示的交叉区域。由于子午面与弧矢面内激光工作稳区的严重分离，激光器只有工作于虚线交点附近才可获得稳定的激光输出，而其他位置均无法获得稳定的激光输出，因此，出现激光功率突升突降的现象。

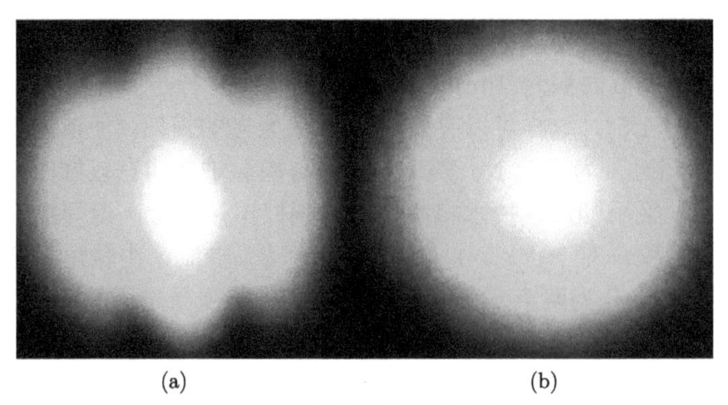

(a) (b)

图 2.6.14 像散补偿前后最大输出功率处光斑对比

为了克服以上问题，在其他条件不变的情况下，将 Nd:YVO_4 晶体以 c 轴平行于子午面的方向放置，通过优化谐振腔参数，可获得最高输出功率为 11.47 W 的单频 532 nm 激光输出，其输出激光的光斑如图 2.6.14(b) 所示，泵浦功率在 20~38 W 范围内改变时，激光器的输出功率连续变化，如图 2.6.15 中圆点所示，同时泵浦阈值由之前的 26.5 W 降低到 20 W。

经测试该激光器可稳定单频运转，其单频扫描曲线如图 2.6.16(a) 所示；光束质量 M^2<1.1，如图 2.6.16(b) 所示；3 小时功率稳定性为 ±0.3%，如图 2.6.17(a) 所示；400 ms 短期功率噪声为 ±0.06%，如图 2.6.17(b) 所示。这主要是因为，当晶体以 c 轴平行于子午面方向放置时，热透镜像散与谐振腔像散之间实现了相互补偿，从而激光器工作的稳区范围扩大，如图 2.6.12 实线所示，并且基模在子午面与弧矢面内光斑大小基本一致，因而有利于基模与泵浦模之间的模式匹配，获得连续稳定运转的高功率单频激光输出。

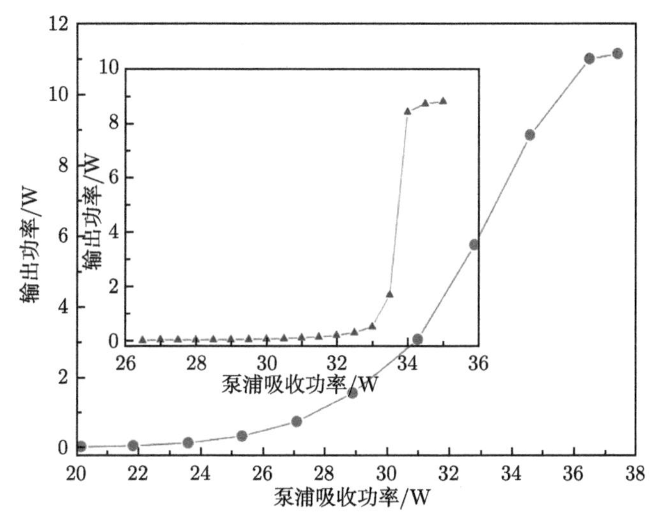

图 2.6.15 10 W 单频绿光激光器像散补偿前后输入输出曲线对比

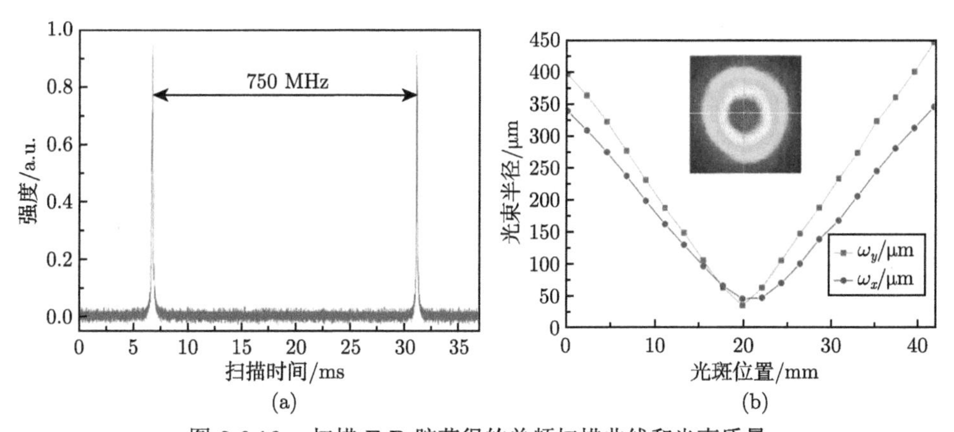

图 2.6.16 扫描 F-P 腔获得的单频扫描曲线和光束质量

由以上结果可知，通过将晶体以 c 轴平行于子午面方向放置，在没有额外光学元件插入谐振腔内的情况下，激光系统中的热透镜像散与谐振腔像散实现了很好的补偿，避免了额外内腔损耗的引入。像散自补偿后，激光器工作的稳区范围得到了扩展，有利于基模与泵浦模之间的模式匹配，提高了激光器的输出功率和光束质量，且光–光转换效率由之前的 25.7%提高为 30.6%，实验与理论分析结果一致。

2) 20 W 全固态单频连续波 532 nm 像散自补偿激光器

当选用最大输出功率 80 W，输出波长为 888 nm 的激光二极管作为泵浦源，并且采用上述像散自补偿方法分别泵浦掺杂浓度为 0.7at.%、0.8at.%和 1.0at.%的 $Nd:YVO_4$ 晶体后得到的激光输出特性如表 2.6.3 所示。其中，采用掺杂浓度

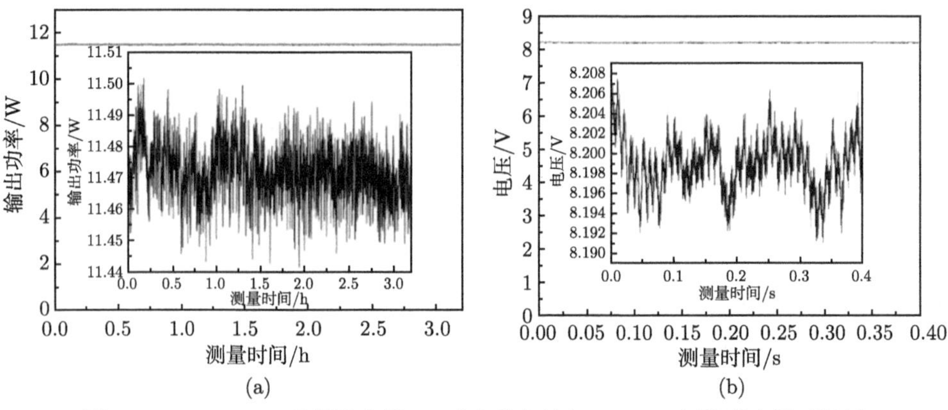

图 2.6.17　11.4 W 单频激光器 3h 功率稳定性与 400 ms 短期噪声测试结果

为 0.8at.%的 Nd:YVO_4 晶体实现了最高输出功率为 21.5 W 的单频 532 nm 激光输出，其光–光转换效率为 31.6%，为三种掺杂浓度下的最佳值。当采用掺杂浓度为 1.0at.%的 Nd:YVO_4 晶体时，虽然晶体对泵浦光的吸收效率为 95%，比 0.8at.%晶体的吸收效率 89%提高了 6%，但输出功率 (19.6 W) 和光–光转换效率 (26.6%) 较低，并且转换效率低于 808 nm 泵浦的情况。该结果与 2.6.1.2 节讨论的 Nd^{3+} 掺杂浓度对晶体热效应影响结论一致。因此，采用 888 nm 波长泵浦时，为了避免额外热效应的产生，获得较高的光–光转换效率和输出功率，Nd:YVO_4 晶体的掺杂浓度需 $<$0.9at.%。此外，当 N_d=0.7at.%时，晶体对 888 nm 泵浦光的吸收效率仅为 83%，因而光–光转换效率较低，受到晶体长度和 888 nm 激光二极管最大输出功率的限制，仅获得了 17 W 的单频激光输出，最大光–光转换效率仅为 26.3%。

表 2.6.3　不同掺杂浓度与泵浦波长下，Nd:YVO_4 晶体边界温度为 36 ℃ 时，内腔倍频单频 532 nm 激光器的实验结果

掺杂浓度 N_d/at.%	泵浦波长 λ_p/nm	吸收效率 η_a	吸收的泵浦功率 P_{abs}/W	倍频光功率 $P_{2\omega}$/W	光–光转换效率 $\eta_0 = P_{2\omega}/P_{abs}$
0.2	808	96%	37.4	11.47	30.6%
0.7	888	83%	64.6	17	26.3%
0.8	888	89%	68.1	21.5	31.6%
1.0	888	95%	73.7	19.6	26.6%

以上所述的实验中，Nd:YVO_4 晶体的边界温度均控制为 36 ℃。根据之前的分析可知，在确定的掺杂浓度条件下，晶体的边界温度会影响 ETU 效应的大小。因此，为了分析 ETU 与晶体边界温度的关系，在 Nd:YVO_4 晶体掺杂浓度为 0.8at.%时，图 2.6.18 和图 2.6.19 给出了将掺杂浓度为 0.8at.%的 Nd:YVO_4 晶体的边界温度由 353 K(80 ℃) 逐渐降低为 293 K(20 ℃) 时的激光输出特性。

可以看出，在我们所测量的温度范围内，降低晶体的边界温度可有效减轻晶体的热效应，提高激光器的输出功率和光–光转换效率，与 2.6.1.3 节给出的结论一致。当晶体的边界温度控制为 293 K 时，获得了最高输出功率为 25.3 W 的单频 532 nm 激光输出。经测试，在单频运转的情况下 (图 2.6.20(a))，其输出激光的光束质量 M^2<1.1(图 2.6.20(b))，8 h 长期功率稳定性低于 ±0.4% (图 2.6.21 中插图所示)，光–光转换效率为 32.2%，其输入–输出曲线如图 2.6.21 圆点所示。

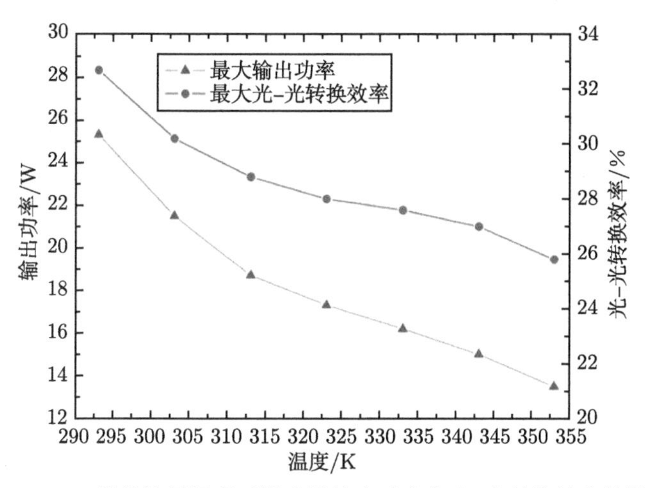

图 2.6.18　晶体边界温度对激光器输出功率和光–光转换效率的影响

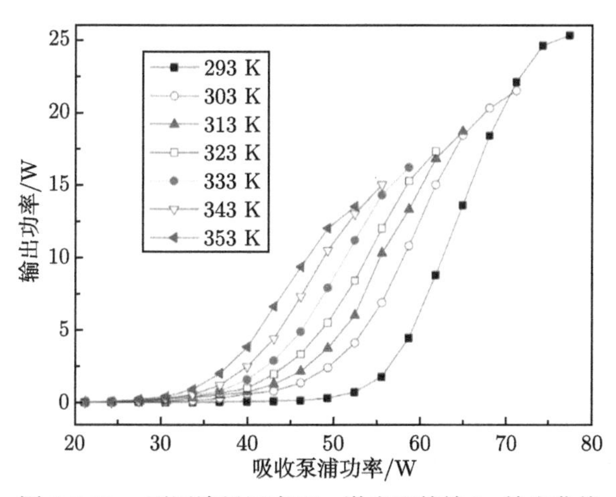

图 2.6.19　不同边界温度下，激光器的输入–输出曲线

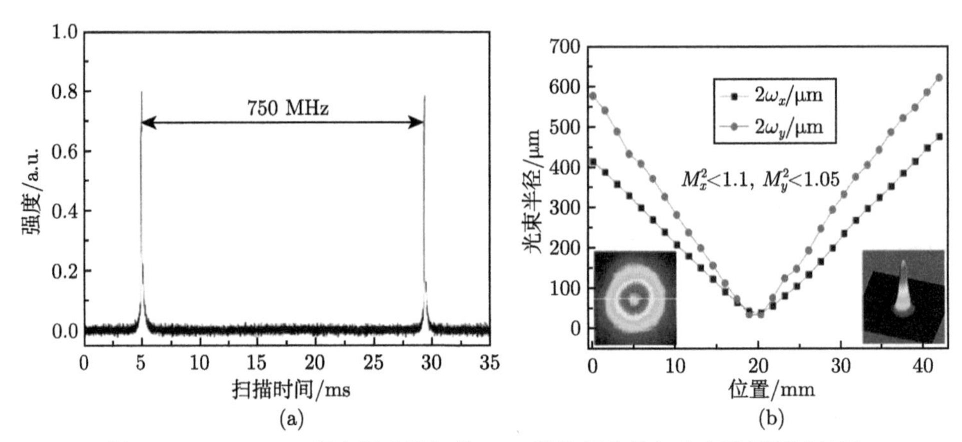

图 2.6.20　25.3 W 绿光激光器扫描 F-P 腔单频曲线与光束质量测试结果

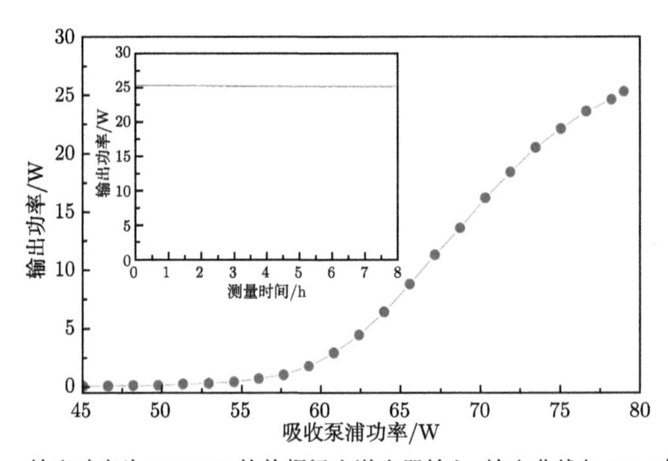

图 2.6.21　输出功率为 25.3 W 的单频绿光激光器输入–输出曲线与 8 h 功率稳定性

2.7　磁致旋光晶体的热效应及其补偿

2.7.1　磁致旋光晶体的热透镜效应

在全固态单频连续波激光器中，采用包含有光学单向器的环形谐振腔，通过消除空间烧孔效应最终使激光器稳定地单频运转。光学单向器包含有法拉第 (Faraday) 旋转器和半波片，而法拉第旋转器则由永磁体和置于其通光孔径内的磁光介质组成。很多光学玻璃可以用作磁光介质，如 Tb-10、Tb-12、Tb-15 等。但相对于其他的磁光介质，单晶铽镓石榴石 (terbium gallium garnet，TGG) 因在可见光到近红外波段具有较高的旋光率、良好的导热性、较低的透射损耗以及较高的抗激光损伤阈值等优点，从而成为制作法拉第旋转器和隔离器的最佳磁光材料。

TGG 晶体因其对腔内激光的吸收系数远小于增益晶体对泵浦光的吸收系数，所以其热透镜效应在中低功率的激光器可以忽略。但是，在高功率全固态单频连续波激光器中，腔内基频光的功率高达数百瓦甚至上千瓦，并且基模光束在 TGG 晶体中的腰斑又很小，约为 0.5 mm，即使 TGG 晶体对基频光的吸收系数较小，但产生的热效应同样是不可忽略的。TGG 晶体对腔内激光的吸收导致其横截面上出现不均匀的温度分布，从而产生三种对激光器工作状态有影响的物理效应：热致双折射，旋光率随温度变化导致的偏振旋转角度的不均匀以及热透镜效应。前两者会导致法拉第旋转角度的变化进而干扰激光器的单向运转，最终影响激光器的单频特性，而热透镜效应中包含球面部分和非球面部分：球面部分会对腔内光束产生聚焦作用进而影响光束特性，并使激光器的稳区变窄；非球面部分则会引入高阶模，不但会影响光束质量，降低倍频效率，而且会增加振荡光的衍射损耗导致激光器输出功率降低。

在单向运转的环形腔中，腔内激光从 TGG 晶体的轴心通过。晶体的热透镜焦距与腔内激光、晶体的热力学性质、几何结构以及外部条件有关。由于 TGG 晶体各向同性且轴对称，经过晶体的激光光束轴对称分布，晶体侧面温度保持不变，因此可忽略晶体的轴向热流和端面散热。TGG 晶体热透镜焦距可以表示为 [37]

$$f = \frac{\pi K_{\mathrm{T}} \omega_{\mathrm{T}}^2}{\eta P_{\mathrm{int}} \dfrac{\mathrm{d}n}{\mathrm{d}t}} \cdot \frac{1}{1 - \exp(-\alpha_{\mathrm{T}} l_{\mathrm{T}})} \tag{2.7.1}$$

式中，K_{T} 为 TGG 晶体的热传导系数；ω_{T} 为基频光束在 TGG 晶体中的平均束腰半径；η 为热转换系数，对单向器中的 TGG 晶体而言，吸收的激光辐射全部转化为热，因此 $\eta = 1$；P_{int} 为腔内激光功率；$\mathrm{d}n_{\mathrm{T}}/\mathrm{d}t$ 为 TGG 晶体的热光系数；α_{T} 为 TGG 晶体对腔内基频光的吸收系数；l_{T} 为 TGG 晶体的长度。

激光器腔内功率 P_{int} 可表示为腔内基频光功率密度 I 和增益晶体处实际光束截面积 A 的乘积：

$$P_{\mathrm{int}} = I \cdot A \tag{2.7.2}$$

为求得 TGG 晶体的热焦距，我们有必要计算腔内功率密度 I 和增益晶体处的光束截面积。

在内腔倍频的激光器中，激光振荡条件可表示为 [38]

$$g l_0 = T + L_{\mathrm{linear}} + E_{\mathrm{NC}} \tag{2.7.3}$$

式中，g 为单位长度增益晶体的增益系数，l_0 为增益晶体的长度，T 为输出耦合镜的透射率，L_{linear} 为激光器的线性损耗，E_{NC} 为非线性转化效率。

增益系数可表示为

$$g = \frac{g_0}{1 + I/I_0} \tag{2.7.4}$$

其中，$I_0 = h\nu/(\sigma\tau)$ 为饱和功率密度，式中 h 为普朗克常量，ν 为基频光的频率，σ 为增益晶体的受激发射截面，τ 为增益晶体的荧光寿命。

非线性转化效率 E_{NC} 可表示为

$$E_{\mathrm{NC}} = K_{\mathrm{NC}} \cdot I \tag{2.7.5}$$

K_{NC} 为非线性转化系数，在理想的相位匹配条件下表示为

$$K_{\mathrm{NC}} = \frac{8\pi^2 d_{\mathrm{eff}}^2 l_n^2}{\varepsilon_0 c \lambda^2 n^3} \cdot \left(\frac{\omega_{\mathrm{Nd:YVO_4}}}{\omega_{\mathrm{LBO}}}\right)^2 \tag{2.7.6}$$

式中，d_{eff} 为倍频晶体的有效非线性系数，l_n 为倍频晶体的长度，ε_0 为真空介电常量，c 为真空中的光速，λ 为基频光波长，n 为非线性晶体对腔内基频光的折射率，$\omega_{\mathrm{Nd:YVO4}}$ 和 ω_{LBO} 分别为增益晶体和倍频晶体中的基模腰斑半径。

联合公式 (2.7.3)~(2.7.6)，可以得到腔内光强为

$$I = \frac{-\left(\dfrac{L_{\mathrm{linear}}}{I_0} + K_{\mathrm{NC}}\right) + \sqrt{\left(\dfrac{L_{\mathrm{linear}}}{I_0} + K_{\mathrm{NC}}\right)^2 - 4\dfrac{K_{\mathrm{NC}}}{I_0}(L_{\mathrm{linear}} - g_0 l_0)}}{\dfrac{2K_{\mathrm{NC}}}{I_0}} \tag{2.7.7}$$

代入式 (2.7.1)，即得到 TGG 晶体的热透镜的计算公式：

$$f = \frac{K_{\mathrm{T}}}{\dfrac{\mathrm{d}n_{\mathrm{T}}}{\mathrm{d}t}\left(\dfrac{-\left(\dfrac{L_{\mathrm{linear}}}{I_0} + K_{\mathrm{NC}}\right) + \sqrt{\left(\dfrac{L_{\mathrm{linear}}}{I_0} + K_{\mathrm{NC}}\right)^2 - 4\dfrac{K_{\mathrm{NC}}}{I_0}(L_{\mathrm{linear}} - g_0 l_0)}}{\dfrac{2K_{\mathrm{NC}}}{I_0}}\right)} \cdot \frac{1}{1 - \exp(-\alpha_{\mathrm{T}} l_{\mathrm{T}})} \tag{2.7.8}$$

在实验中，TGG 晶体和激光器的相关参数如下：$K_c = 7.4\ \mathrm{W/(m\cdot K)}$，$\mathrm{d}n_{\mathrm{T}}/\mathrm{d}t = 20\times10^{-6}/\mathrm{K}$，$\alpha_{\mathrm{T}} = 0.001\ \mathrm{cm}^{-1}$，$l_{\mathrm{T}}=8\ \mathrm{mm}$，$L_{\mathrm{linear}} = 0.025$，$I_0 = 8.31\times10^6\ \mathrm{W/m^2}$，$K_{\mathrm{NC}}=1.04\times10^{-10}$，$g_0 l_0 = 0.087P_{\mathrm{p}}$，$\omega_{\mathrm{Nd:YVO_4}}=0.5\ \mathrm{mm}$。根据上述参数计算得到的 TGG 晶体的热透镜焦距随泵浦功率的变化曲线，如图 2.7.1 所示。从中可以看出，

在泵浦功率为 80 W 时，TGG 晶体热透镜焦距约为 387 mm，而此时 $Nd:YVO_4$ 晶体的热透镜焦距为 100~200 mm，说明这时 TGG 晶体的热透镜效应已经和增益晶体的热透镜效应在同一个量级，势必对激光器的工作状态产生影响。

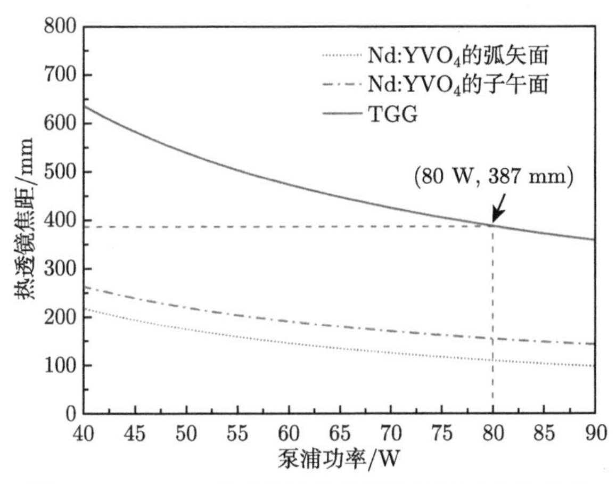

图 2.7.1 TGG 晶体热透镜焦距和泵浦功率的关系

利用 *ABCD* 矩阵分析了 TGG 晶体热透镜对激光器工作性能的影响。在不考虑 TGG 晶体热透镜效应的情况下，当腔镜 M_3 和 M_4 之间的距离 L_{34} 为 101 mm 时，激光器处于最佳工作状态，泵浦功率从 44 W 到 140 W，激光器都处于稳区范围内，并且在泵浦功率从 45 W 到 110 W，子午面和弧矢面内的基模腰斑在 $Nd:YVO_4$ 晶体处基本重合，泵浦光斑和基模光斑在子午面和弧矢面内均能较好匹配。当泵浦功率为 104 W 时，子午面和弧矢面的基模腰斑半径在 $Nd:YVO_4$ 晶体处相等，泵浦光斑和基模光斑能够实现最佳匹配，激光器处于最佳工作点 (optimal operation point，OOP)，如图 2.7.2(a) 所示。

当考虑 TGG 晶体的热透镜效应时，如果 L_{34} 仍为 101 mm，则激光器的稳区变为 32 ~ 112 W，当子午面和弧矢面内的基模腰斑半径在 $Nd:YVO_4$ 晶体处相等时，对应的泵浦功率仅为 70.6 W，如图 2.7.2(b) 所示。我们可以看出，TGG 晶体的热透镜效应不仅会使稳区变窄，而且会显著降低最佳工作点对应的泵浦功率，最终限制激光器的输出功率。在考虑 TGG 晶体热透镜效应的前提下，为了提高激光器的输出功率，必须提高激光器的最佳工作点对应的泵浦功率。图 2.7.2(c) 是 L_{34} 缩短为 97 mm 时的激光器的工作状态。从中可以看出，与 L_{34} 为 101 mm 时相比，最佳工作点对应的泵浦功率从 70.6 W 提升至 81 W，但与此同时，激光器的稳区由 32 ~112 W 变为 40 ~114 W，说明缩短腔长可以提高激光器的最佳工作点对应的泵浦功率进而提升输出功率，但也会使稳区在一定程度上变窄。

另外，通过计算也可以获得不同泵浦功率下，激光器的最佳腔长，如图 2.7.3

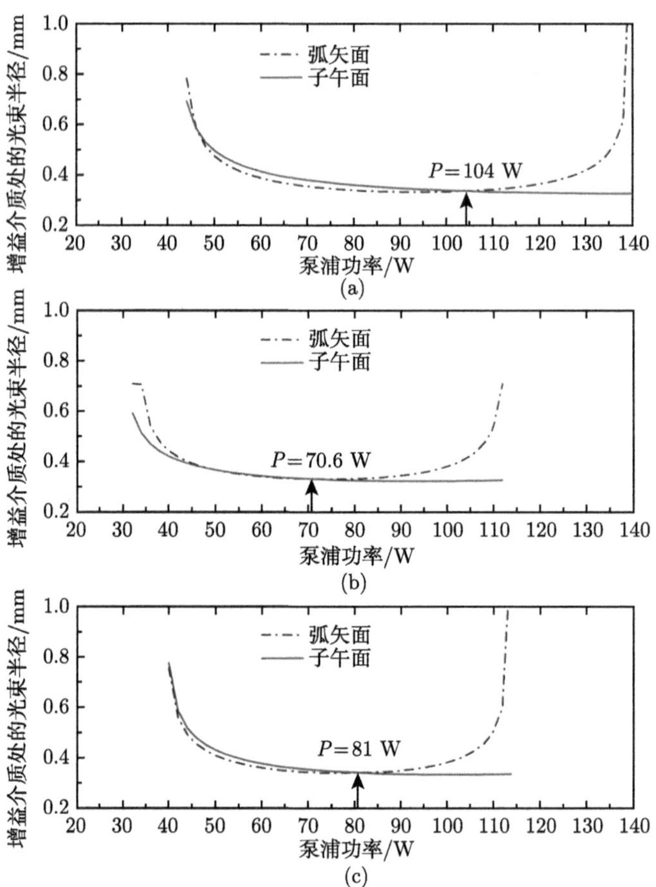

图 2.7.2　TGG 晶体的热透镜效应对激光器工作状态的影响：(a) $L_{34} = 101$ mm，不考虑 TGG 晶体的热透镜效应；(b) $L_{34} = 101$ mm，考虑 TGG 晶体的热透镜效应；(c) $L_{34} =$ 97 mm，考虑 TGG 晶体的热透镜效应

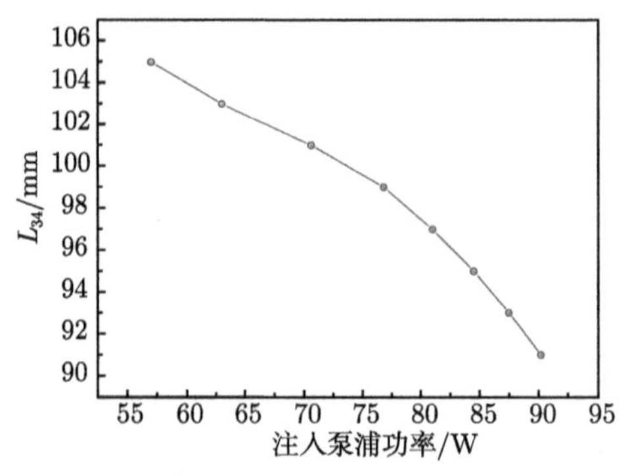

图 2.7.3　最大可注入泵浦功率与腔长的关系

所示，可见腔长越短，所允许的注入的泵浦功率越高，这可为采用类似腔型的高功率单频激光器的设计提供一定的理论指导。

2.7.2 磁致旋光晶体热效应的改善和补偿

2.7.2.1 短腔长高功率单频连续波激光器

单端泵浦高功率全固态内腔倍频单频连续波激光器如图 2.7.4 所示。谐振腔以及增益晶体和倍频晶体的参数均和 2.6 节中提到的一样。泵浦源采用的也是可以实现直接泵浦的中心波长 888 nm，光纤芯径 400 μm，数值孔径 0.22 的光纤耦合输出的激光二极管，只是最大输出功率可以达到 100 W。

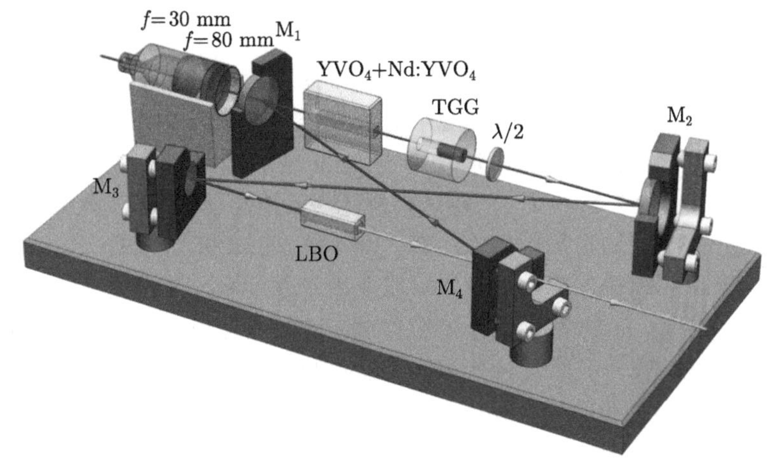

图 2.7.4 单端泵浦高功率全固态内腔倍频单频连续波激光器示意图

根据之前的分析可知，如果不考虑 TGG 晶体的热透镜效应，则当 L_{34}=101 mm 时激光器应能高效稳定地运转。因此，激光器首先在 L_{34} 为 101 mm 进行调试，此时，激光器进入稳区时的泵浦功率为 32 W，最佳工作点对应的泵浦功率为 61.9 W，绿光最大输出功率只有 13.8 W，如图 2.7.5(a) 所示。这和不考虑 TGG 晶体热透镜效应时的理论分析有很大的差距 (图 2.7.2(a) 所示，激光器进入稳区时的泵浦功率为 44 W，最佳工作点对应的泵浦功率为 104 W)。而图 2.7.5(a) 所示的实验结果和图 2.7.2(b) 所示的考虑 TGG 晶体热透镜效应时的理论计算结果基本一致 (图 2.7.5(b) 中，进入稳区时的泵浦功率为 32 W，最佳工作点对应的泵浦功率为 70.6 W)。由此可以证明 TGG 晶体的热透镜效应不仅存在，而且对激光器的高效稳定运转有很大影响——使稳区变窄，降低激光器最佳工作点对应的泵浦功率，最终限制激光器的输出功率。

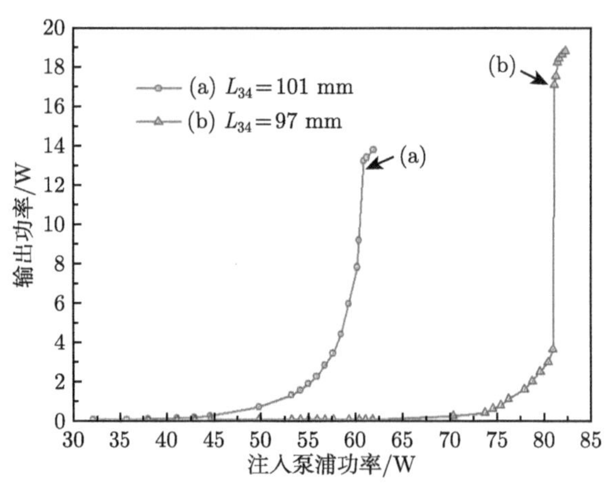

图 2.7.5 调整腔长前后，532 nm 激光的输出功率曲线

为提高激光器的输出功率，我们将 L_{34} 缩短为 97 mm 进行调试，得到输出功率和泵浦功率的关系曲线，如图 2.7.5(b) 所示。激光器进入稳区时的泵浦功率为 38 W，最佳工作点对应的泵浦功率为 82.9 W。此时，单频 532 nm 激光的最大输出功率为 18.7 W，光–光转化效率为 22.6%。从中可以看出，激光器在 L_{34} 为 97 mm 时的输出功率相比于 L_{34} 为 101 mm 时有显著提升。实验结果和图 2.7.2(c) 所示的理论计算结果对比可以发现，进入稳区时的泵浦功率基本相等，前者为 38 W，后者为 40 W；最佳工作点对应的泵浦功率实验结果为 82.9 W，理论计算结果为 81 W，证明理论计算和实验结果取得较好一致。由此可以进一步证明 TGG 晶体热透镜效应的存在，并且表明我们计算 TGG 晶体的热透镜效应的理论模型和实际情况比较吻合。

另外，我们根据激光器最佳工作点对应的泵浦功率，可以反推出在 82.9 W 的泵浦功率下，TGG 晶体的热透镜焦距约为 407 mm，比理论计算值 378 mm 略大，这是因为理论计算参数和实际参数存在细微的差距，但这也为我们提供了一种估算 TGG 晶体热透镜焦距的方法。在升降泵浦功率的过程中，可以观察到 TGG 晶体的热透镜效应给激光器带来的一种迟滞现象，也叫类双稳现象，同时伴随着输出功率的突升突降，如图 2.7.6 所示。

具体来说，当泵浦功率从 81.6 W 增加到 81.8 W 时，激光器的输出功率从 3.63 W 突升至 17.07 W；当泵浦功率从 79.3 W 降低至 79.1 W 时，激光器输出功率从 17.09 W 突降至 3.09 W。在我们的谐振腔中，TGG 晶体和增益晶体的距离约为 10 mm，远小于二者的热焦距，因此它们的热透镜叠加后的等效热焦距 f_{tot} 可以表示为

$$\frac{1}{f_{\text{tot}}}=\frac{1}{f_{\text{Nd:YVO}_4}}+\frac{1}{f_{\text{TGG}}} \tag{2.7.9}$$

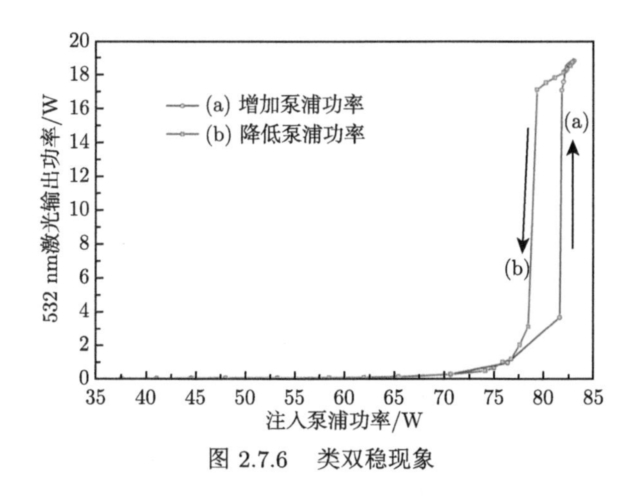

图 2.7.6 类双稳现象

当泵浦功率刚超过阈值时，激光器输出功率和腔内光强都很低，此时，TGG 晶体的热透镜效应很弱，f_{tot} 主要来自增益晶体的热透镜效应。随着泵浦功率的进一步增加，腔内光强越来越高，TGG 晶体的热透镜效应也越来越严重。在突变点附近，TGG 晶体和增益晶体热透镜效应的共同作用使得激光器迅速进入最佳工作状态，表现为输出功率的突然上升。而从最佳工作点刚开始降低泵浦功率时，虽然增益晶体的热透镜效应有所缓解，但腔内光强依然很高，TGG 晶体的热透镜效应足以维持激光器工作在最佳状态。随着泵浦功率的进一步降低，TGG 晶体的热透镜效应也在减弱。在突变点附近，TGG 晶体和增益晶体的热透镜效应的共同作用使得激光器迅速离开最佳工作状态，表现为输出功率的突然降低。类双稳现象进一步证明：TGG 晶体的热透镜效应源于 TGG 晶体对腔内基频光的吸收而不是对泵浦光的吸收，这和工作在 1064 nm 的 Nd:YVO_4 增益晶体的热效应的产生机理是不同的。

在单频 532 nm 激光的输出功率为 18.7 W 时，测试了激光器的长期功率稳定性，如图 2.7.7 所示，激光器在 5 h 内的功率波动低于 ±0.4%。通过扫描 F-P 干涉仪我们测试了激光器在绿光输出功率为 18.7 W 时的单频曲线，发现激光器可以稳定地单频运转。利用 Thorlabs M2SET-VIS 光束质量分析仪，测量了单频绿光的光束质量，X 方向和 Y 方向的光束质量因子 M^2 分别为 1.01 和 1.06。

另外，从公式 (2.7.1) 和 (2.7.2) 以及图 2.7.1 可以看出，要想减小磁致旋光晶体的热透镜效应及其对激光器输出特性的影响，必须降低激光器谐振腔内的基频光强度。为此，我们适当增大了输出耦合镜对基频光的透射率。图 2.7.8 显示了 TGG 晶体热透镜焦距随着输出耦合镜透射率的变化关系，可以看出，当激光器谐振腔的输出耦合镜更换为对基频光透射率为 2%，对倍频光高透射率的镜子时，TGG 晶体的热透镜焦距从 408 mm 增大到 458 mm。此时，我们获得了如

图 2.7.9 所示的输出功率曲线。可以看出，尽管单频连续波 532 nm 激光的输出功率有所下降，但是突变的激光输出特性已经被完全消除掉了，激光器获得了平滑的输出功率曲线。这在很大程度上有效保护了激光器，以及延长了激光器的使用寿命。

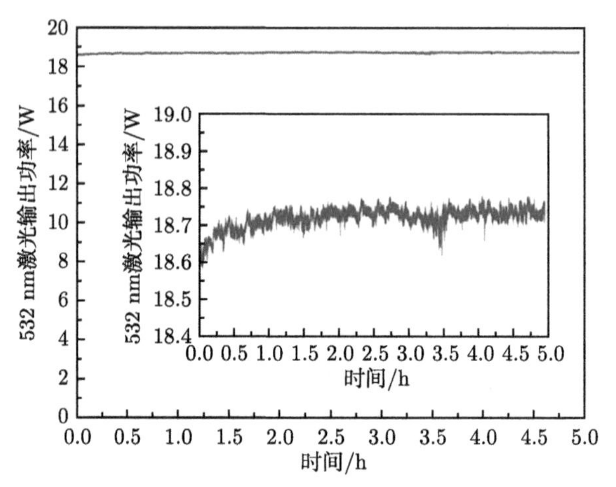

图 2.7.7　532nm 激光的长期功率稳定性

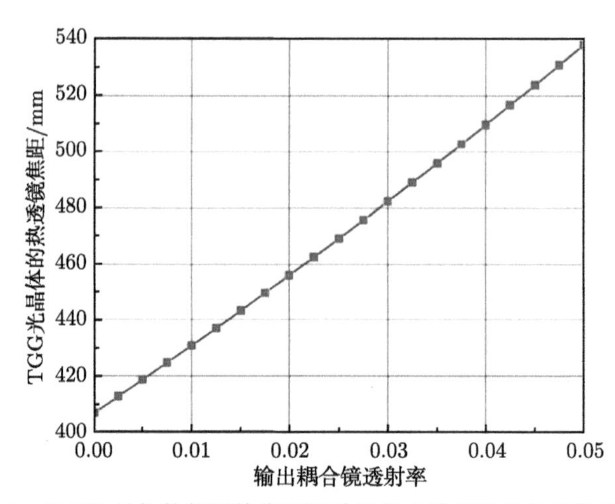

图 2.7.8　TGG 晶体的热透镜焦距随输出耦合镜透射率的变化关系曲线

2.7.2.2　主动动态补偿磁致旋光晶体的热透镜效应

为进一步提升激光器的输出功率，获得较为平缓的输出功率曲线，延长激光器的使用寿命，在谐振腔内插入具有负热光系数的 DKDP 晶体，利用其产生的负

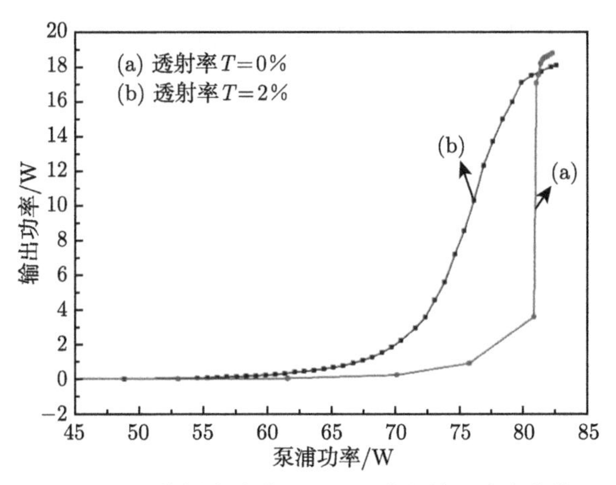

图 2.7.9 单频连续波 532 nm 激光输出功率曲线

热透镜效应实时动态补偿 TGG 晶体的正热透镜效应 [39]。DKDP 晶体是一种具有负热光系数的单轴晶体，可以同时保证极低的退偏和热致像散，因此比 FK51 玻璃更适于对 TGG 晶体的热透镜效应进行补偿。DKDP 晶体的热光系数 ($-4.4\times 10^{-5}\ \mathrm{K}^{-1}$) 以及对基频光的吸收系数 ($0.0050\ \mathrm{m}^{-1}$) 都比 KDP 晶体和 YLF 晶体的高，使得 DKDP 晶体适于被加工成厚度为几毫米的薄片，便于在激光器中安装和使用。

由于光弹效应的影响，DKDP 晶体的热透镜效应是各向异性的，而 TGG 晶体的热透镜效应是各向同性的，因此需要适当选择 DKDP 晶体的光轴和通光方向之间的夹角，以使 DKDP 晶体的热透镜效应尽可能地各向同性，从而有效补偿 TGG 晶体的热透镜效应。在实验中，将 DKDP 晶体的光轴和通光方向之间的夹角定为 30°。

DKDP 晶体具有负热光系数，产生的热透镜可等效为一个凹透镜，而 TGG 晶体具有正热光系数，产生的热透镜可等效为一个凸透镜，二者的热焦距分别为 f_{DKDP} 和 f_{TGG}。在本实验中，DKDP 晶体薄片紧靠 TGG 晶体安装固定，二者的间距约为 3 mm，远小于它们的热透镜焦距，因此两者的热透镜效应叠加后的有效热透镜焦距 f_{tot} 表示为

$$\frac{1}{f_{\mathrm{tot}}}=\frac{1}{f_{\mathrm{TGG}}}+\frac{1}{f_{\mathrm{DKDP}}} \tag{2.7.10}$$

DKDP 晶体和 TGG 晶体的热透镜效应均是通过对腔内基频光的吸收而产生的，因此会跟随腔内基频光功率的变化而同步变化。通过选择合适厚度的 DKDP 晶体薄片，可以使得 f_{DKDP} 和 f_{TGG} 大小相等但正负号相反，则有 $f\to\infty$，

也就是说 DKDP 晶体实现了对 TGG 晶体热透镜效应的完全补偿，如图 2.7.10 所示。

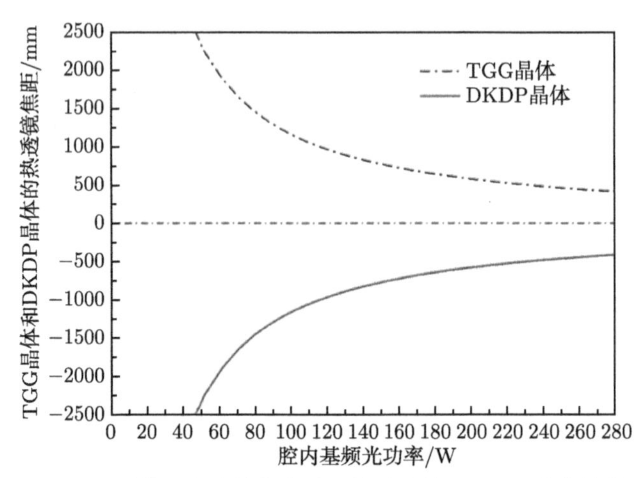

图 2.7.10 TGG 晶体和完全补偿其热透镜效应的 DKDP 晶体的热透镜焦距

此时 DKDP 晶体的负透镜的热焦距将精确跟随 TGG 晶体的正透镜的热焦距而同步变化，由此实现了对 TGG 晶体热透镜效应的自适应性的动态补偿，而且在这一过程中不需要对激光器光路进行任何调节。

利用 DKDP 晶体对 TGG 晶体的热透镜效应进行补偿，最关键的是确定 DKDP 补偿片的厚度。在实验中，DKDP 晶体补偿片紧靠 TGG 晶体放置并安装在黄铜夹具内，因为 DKDP 晶体的导热系数 (2 W/mK) 远大于空气的导热系数 (0.026 W/mK) 而又远小于黄铜夹具的导热系数 (120 W/mK)，因此我们认为 DKDP 薄片中主要是径向热流，所以 DKDP 晶体薄片应与棒状晶体的热透镜焦距表达式有类似的形式。但因为 DKDP 薄片的厚度小于其直径，所以还应考虑轴向热流，因此需要在其热透镜焦距的表达式中增加一个调节系数 A：

$$f_{\mathrm{DKDP}} = A \cdot \frac{\pi K_{\mathrm{DKDP}} \omega_{\mathrm{DKDP}}^2}{P_{\mathrm{int}} \frac{\mathrm{d}n_{\mathrm{DKDP}}}{\mathrm{d}t}} \cdot \frac{1}{1 - \exp[-\alpha_{\mathrm{DKDP}} \cdot L_{\mathrm{DKDP}}]} \tag{2.7.11}$$

式中，K_{DKDP} 为 DKDP 晶体的导热系数，ω_{DKDP} 为 DKDP 晶体中的基模腰斑半径，$\mathrm{d}n_{\mathrm{DKDP}}/\mathrm{d}t$ 为 DKDP 晶体的热光系数，α_{DKDP} 为 DKDP 晶体对腔内基频光的吸收系数，L_{DKDP} 晶体为 DKDP 晶体的厚度。

我们利用厚度为 0.8 mm、1.2 mm 和 1.6 mm 的 DKDP 薄片对 TGG 晶体的热透镜效应进行补偿，根据激光器的最佳工作点对应的泵浦功率的变化 (表 2.7.1)，我们拟合得到调节系数 A 的数值约为 4.2。

表 2.7.1 不同厚度的 DKDP 晶体薄片对 TGG 晶体热透镜效应的补偿结果

DKDP 晶体厚度/mm	最佳工作点对应的泵浦功率/W	激光器最大输出功率/W
0	71	14.7
0.8	83	20.7
1.2	90	25.2
1.6	95	30.2

根据式 (2.7.11) 和 TGG 晶体热透镜焦距的计算公式 (2.7.1)，我们计算得到：当 TGG 晶体的长度为 8 mm，对腔内基频光的吸收系数为 0.002 cm^{-1} 时 (根据不同腔长下，激光器的最佳工作点对应的泵浦功率的变化拟合得到)，厚度为 1.65 mm 的 DKDP 晶体薄片可以完全补偿 TGG 晶体的热透镜效应，所以我们用现有的 1.6 mm 的 DKDP 晶体薄片进行调试。

根据以上分析，我们在图 2.7.4 所示激光谐振腔装置图中插入厚度为 1.6 mm 的 DKDP 补偿片 [39]，将 DKDP 补偿片安装在黄铜夹具中，并紧靠 TGG 晶体放置。得到的补偿 TGG 晶体的热透镜效应前后，532 nm 激光的输出功率曲线如图 2.7.11 所示。可以看出补偿后，激光器最佳工作点对应的泵浦功率从 74 W 提升至 95 W，激光器输出功率可从 14.7 W 提升至 30.2 W，实验结果和理论计算比较吻合。由此我们获得了目前输出功率最高的全固态连续光内腔倍频单频 532 nm 激光器。从图 2.7.11 可以看出，对 TGG 晶体的热透镜效应进行动态补偿后，在增加和减少泵浦功率的过程中，激光器的输出功率的变化都比较平缓，而且增加和减少泵浦功率所得到的输出功率曲线基本重合，即完全消除了激光器之前存在的类双稳现象，因此可以在极大程度上缓解输出功率突变导致的腔内元件的

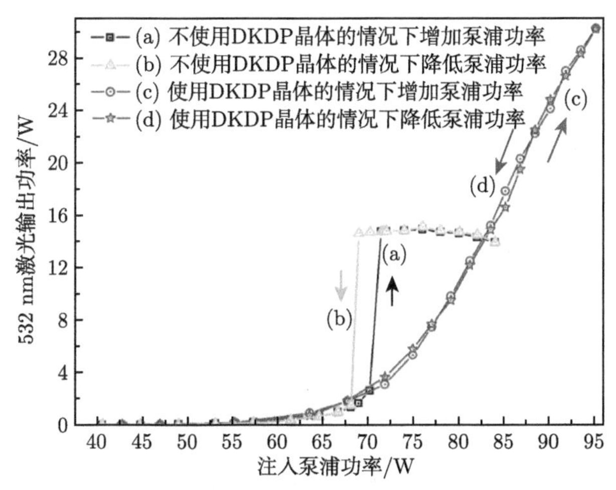

图 2.7.11 补偿 TGG 晶体热透镜效应前后的 532 nm 激光的输出功率曲线

热致应力突变，从而延长激光器的使用寿命。同时从图 2.7.11 中可以发现，对 TGG 晶体的热透镜效应进行补偿后，注入 95 W 的泵浦功率时激光器并未饱和，所以我们如果采用更高功率的泵浦源，激光器的输出功率将能有进一步提升。

在单频绿光激光的输出功率为 30.2 W 时，测试了激光器的长期功率稳定性，如图 2.7.12 所示，激光器在 3h 内的功率波动低于 ±0.4%。利用 Thorlabs M2SET-VIS 光束质量分析仪，测量了单频绿光的光束质量，x 方向和 y 方向的光束质量因子 M^2 值分别为 1.02 和 1.04。在对相关激光技术研究的基础上，我们开发出了如图 2.7.13 所示的系列全固态单频连续波激光器。这些激光器已经广泛应用于量子光学、原子物理、非接触精密测量、激光探伤等领域。

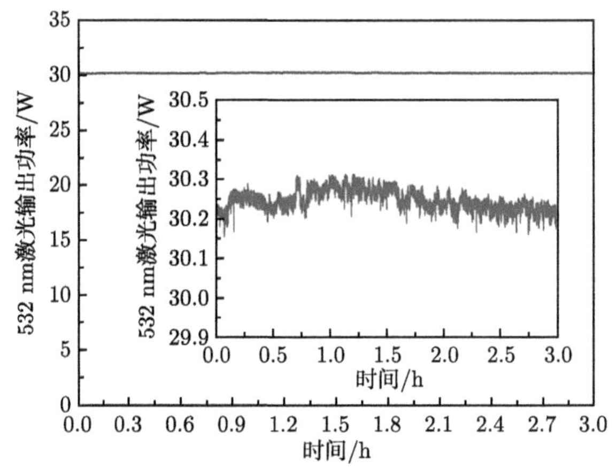

图 2.7.12　532 nm 激光的长期功率稳定性

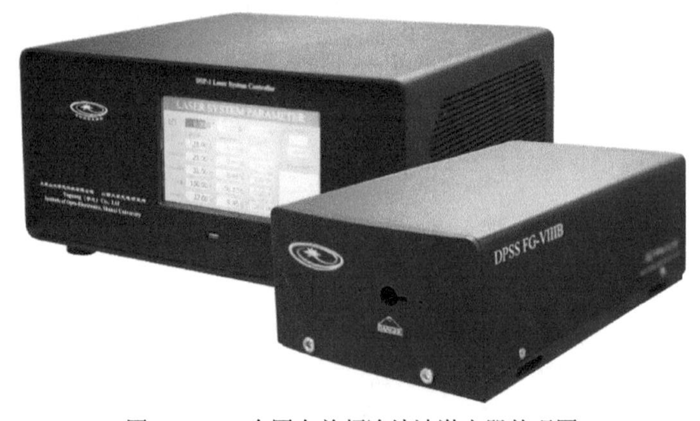

图 2.7.13　全固态单频连续波激光器外观图

参考文献

[1] Lupei V, Pavel N, Taira T. Highly efficient laser emission in concentrated Nd:YVO_4 components under direct pumping into the emitting level. Optics Communications, 2002, 201: 431-435

[2] Chen Y F, Liao C C, Lan Y P, Wang S C. Determination of the Auger upconversion rate in fiber-coupled diode end-pumped Nd:YAG and Nd:YVO_4 crystals. Applied Physics B, 2000, 70: 487-490

[3] Okida M, Itoh M, Yatagai T, Ogilvy H, Piper J, Omatsu T. Heat generation in Nd doped vanadate crystals with 1.34 μm laser action. Optics Express, 2005, 13(13): 4909-4915

[4] Yang H Q, Song J Q, Jin P X, Su J, Lu H D. Investigtion into the thermal effects of a Nd:YVO_4 crystal at 1342 nm using the stability-like output characteristics. Optics Communications, 2021, 481: 126543

[5] Délen X, Balembois F, Mussel O, Georges G P. Characteristics of laser operation at 1064 nm in Nd:YVO_4 under diode pumping at 808 nm and 914 nm. Journal of the Optical Society of America B, 2011, 28(1): 52-57

[6] Innocenzi M E, Yura H T, Fincher C L, Fields R A. Thermal modeling of continuous-wave end-pumped solid-state lasers. Applied Physics Letters, 1990, 56(19): 1831-1833

[7] Zelenogorskii V V, Khazanov E A. Influence of the photoelastic effect on the thermal lens in a YLF crystal. Quantum Electronics, 2010, 40(1): 40-44

[8] McDonagh L, Wallenstein R, Knappe R, Nebel A. High-efficiency 60 W TEM_{00} Nd:YVO_4 oscillator pumped at 888 nm. Optics Letters, 2006, 31(22): 3297-3299

[9] Mukhopadhyay P K, George J, Ranganathan K, Sharma S K, Nathan T P S. An alternative approach to determine the fractional heat load in solid state laser materials: application to diode-pumped Nd:YVO_4 laser. Optics & Laser Technology, 2002, 34: 253-258

[10] Clarkson W A. Thermal effects and their mitigation in end-pumped solid-state lasers. Journal of Physics D: Applied Physics, 2001, 34: 2381-2395

[11] Tom D, Martin R, Thomas G, Abdou A M. Investigations on ring-shaped pumping distributions for the generation of beams with radial polarization in an Yb:YAG thin-disk laser. Optics Express, 2015, 23(20): 26651-26659

[12] Kim D J, Noh S H, Ahn S M, Kim J W. Influence of a ring-shaped pump beam on temperature distribution and thermal lensing in end-pumped solid state lasers. Optics Express, 2017, 25(13): 14668-14675

[13] Lin D, Clarkson W A. End-pumped Nd:YVO_4 laser with reduced thermal lensing via the use of a ring-shaped pump beam. Optics Letters, 2017, 42(15): 2910-2913

[14] Sangla D, Castaing M, Balembois F, Georges P. Highly efficient Nd:YVO_4 laser by direct in-band diode pumping at 914 nm. Optics Letters, 2009, 34(14): 2159-2161

[15] Zhuo Z, Li T, Li X M, Yang H Z. Investigation of Nd:YVO_4/YVO_4 composite crystal and its laser performance pumped by a fiber coupled diode laser. Optics Communications, 2007, 274(1): 176-181

[16] 美国相干公司 2013-2014 产品目录. Coherent, 2014: 12

[17] Ostermeyer M, Menzel R. Single rod efficient Nd:YAG and Nd:YALO lasers with average output powers of 46 and 47 W in diffraction limited beams with M^2<1.2 and 100 W M^2<3.7. Optics Communications, 1999, 160(4): 251-254

[18] Vanherzeele H. Thermal lensing measurement and compensation in a continuous-wave mode-locked Nd:YLF laser. Optics Letters, 1988, 13(5): 369-371

[19] Vanherzeele H. Continuous wave dual rod Nd:YLF laser with dynamic lensing compensation. Applied Optics, 1989, 28(19): 4042-4044

[20] Sennaroglu A. Influence of neodymium concentration on the strength of thermal effects in continuous-wave diode-pumped Nd:YVO_4 lasers at 1064 nm. Optical and Quantum Electronics, 2000, 32(12): 1307-1317

[21] Peng X Y, Xu L, Asundi A. Power scaling of diode-pumped Nd:YVO_4 lasers. IEEE Journal of Quantum Electronics, 2002, 38(9): 1291-1299

[22] Ma Y Y, Li Y J, Feng J X, Zhang K S. Influence of energy-transfer upconversion and excited-state absorption on a high power Nd:YVO_4 laser at 1.34 μm. Optics Express, 2018, 26(9): 12106-12120

[23] Turri G, Jenssen H P, Cornacchia F, Tonelli M, Bass M. Temperature-dependent stimulated emission cross section in Nd^{3+}:YVO_4 crystals. Journal of the Optical Society of America B, 2009, 26(11): 2084-2088

[24] Hardman P J, Clarkson W A, Friel G J, Pollnau M, Hanna D C. Energy-transfer upconversion and thermal lensing in high-power end-pumped Nd:YLF laser crystals. IEEE Journal of Quantum Electronics, 1999, 35(4): 647-655

[25] Wang Y J, Yang W H, Zhou H J, Zheng Y H, Huo M R. Temperature dependence of the fractional thermal load of $NdYVO_4$ at 1064 nm lasing and its influence on laser performance. Optics Express, 2013, 21(15): 18068-18078

[26] Kendall T M J, Clarkson W A, Hardman P J, Hanna D C. High-power Nd:YLF master oscillator power amplifier with 15 W single-frequency output at 1053 nm. Technical Digest. Summaries of papers presented at the Conference on Lasers and Electro-Optics. Post-conference Technical Digest (IEEE Cat. No.01CH37170). IEEE, 2001.

[27] Elani P, Morshedi S. The double-end-pumped cubic Nd:YVO_4 laser: temperature distribution and thermal stress. Pramana Journal of Physics, 2010, 74(1): 67-74

[28] Liu Y F, Pan B L, Yang J, Wang Y J, Li M H. Thermal effects in high-power double diode-end-pumped Cs vapor lasers. IEEE Journal of Quantum Electronics, 2012, 48(4): 485-489

[29] Liu Y F, Pan B L, Yang J, Wang Y J, Li M H. Stable 12 W continuous-wave single-frequency Nd:YVO_4 green laser polarized and dual-end pumped at 880 nm. Optics Express, 2011, 19(7): 6777-6782

[30] Beach R J. High efficiency 2 micrometer laser utilizing wing-pumped Tm^{3+} and a laser diode array end-pumping architecture. United States Patent, 1997, 5689522

[31] McDonagh L, Wallenstein R. Low-noise 62 W CW intracavity-doubled TEM_{00} Nd:YVO_4

green laser pumped at 888 nm. Optics Letters, 2007, 32(7): 802-804

[32] Pavel N, Dascalu T, Vasile N, Lupei V. Efficient 1.34μm laser emission of Nd-doped vanadates under in-band pumping with diode lsers. Laser Physics Letters, 2009, 6(1): 38-43

[33] Wilhelm R, Maik F, Krachr D. Power scaling of end-pumped solid-state rod lasers by longitudinal dopant concentration gradients. IEEE Journal of Quantum Electronics, 2008, 44(3): 232-244

[34] Tidwell S C, Seamans J F, Bowers M S, Cousins A K. Scaling CW diode-end-pumped Nd:YAG lasers to high average powers. IEEE Journal of Quantum Electronics, 1992, 28(4): 997-1009

[35] Yin Q W, Lu H D, Su J, Peng K C. High power single-frequency and frequency-doubled laser with active compensation for the thermal lens effect of terbium gallium garnet crystal. Optics Letters, 2016, 41(9): 2033-2036

[36] Wang Y J, Zheng Y H, Shi Z, Peng K C. High-power single-frequency Nd:YVO4 green laser by self-compensation of astigmatisms. Laser Physics Letter, 2012, 9(7): 506-510

[37] Yin Q W, Lu H D, Su J, Peng K C. Investigation of the thermal lens effect of the TGG crystal in high-power frequency-doubled laser with single frequency operation. Optics Express, 2015, 23(4): 4981-4990

[38] Zheng Y H, Wang Y J, Peng K C. A high-power single-frequency 540nm laser obtained by intracavity doubling of an Nd:YAP Laser. Chinese Physics Letters, 2012, 29(4): 044208

[39] Snetkov I L, Yasuhara R, Starobor A V, Palashov O V. TGG ceramics based Faraday isolator with external compensation of thermally induced depolarization. Optics Express, 2014, 22(4): 4144-4151

第 3 章　高功率单频激光器的稳定性

全固态单频连续波激光器的稳定性是评价激光器性能的一个重要参数，直接决定着激光器在各领域中的应用情况。全固态单频连续波激光器的稳定性包括频率稳定性、功率稳定性和指向稳定性等。在实际使用中，外界温度的变化、机械振动、气流变化都会引起谐振腔结构的变化，进而引起激光器纵模的变化，导致激光器产生频率漂移和功率波动，甚至方向指向也会发生变化。尤其是在高功率单频连续波激光器中，激光器的增益加大、模式竞争和热效应加剧，多模和跳模现象严重，必须发展主动和被动控制技术提高激光器的频率稳定性、功率稳定性和方向指向稳定性。

3.1　单纵模操控技术

不同的激光增益介质具有不同的增益谱宽，有的增益介质还有多条增益谱线，所以在增益介质的增益谱范围内包含有多个谐振腔的纵模模式，其中满足振荡条件的模式均可以形成振荡，从而使激光器多纵模运转。第 1 章已经介绍了激光器单纵模的操控原理，即通过采取一定的技术手段，压窄激光器的增益谱宽或者增大谐振腔内纵模间隔，使激光器增益谱范围内仅包含有少数几个谐振腔的纵模模式满足振荡条件，然后基于激光器的增益饱和效应，几个模式之间由于增益不同会形成“模式竞争”机制，靠近增益中心的模式会优先起振，从而使激光器单纵模运转。

在实际设计激光器的过程中，除了第 1 章已经介绍的一些纵模选取方法外。还需要优化设计激光器谐振腔、选取和改善激光器的工作环境，以及开发有效的主动或被动控制技术来实现激光器长期稳定单纵模运转。

3.1.1　热不灵敏腔

环形谐振腔内的增益晶体在高功率泵浦条件下，总会存在一定的热透镜效应，进而对激光器的输出特性产生影响。因此，在设计激光器谐振腔的过程中，必须将增益晶体的热透镜效应对激光器的影响降低到最小。在分析增益晶体热透镜和谐振腔参数变化的同时，引入另一种计算谐振腔光线传输的方法：束腰处展开法。束腰处展开法是变换矩阵法的一个特例，即参考面选在分臂束腰处，利用高斯光束束腰处的等相面曲率半径趋向于正无穷及腔对称性质可简化运算并直接得出模参数的计算公式。

如图 3.1.1 所示的激光器环形谐振腔，其中 M_1、M_2、M_3 为平面镜，M_4 为曲率半径为 ρ_4 的凹面镜，其等效透镜焦距为 f_4，增益晶体放在谐振腔的腰斑处，腰斑与 M_1 的距离为 d，总腔长为 l，增益晶体的等效热透镜焦距为 f_{th}。这样，我们就可以从分臂上的束腰 (即热透镜的位置) 处展开，在不考虑像散的情况下，由此得到的环绕矩阵为

$$M=\begin{pmatrix} A & B \\ C & D \end{pmatrix}=\begin{pmatrix} 1-\dfrac{d}{f_4} & l-\dfrac{d(l-d)}{f_4} \\ -\dfrac{1}{f_{\text{th}}}-\dfrac{1}{f_4}\left(1-\dfrac{d}{f_{\text{th}}}\right) & \left(1-\dfrac{d}{f_{\text{th}}}\right)\left(1-\dfrac{l-d}{f_4}\right)-\dfrac{l-d}{f_{\text{th}}} \end{pmatrix} \tag{3.1.1}$$

谐振腔的稳定性条件为

$$|A+D|<2 \tag{3.1.2}$$

利用稳定环形腔内能够存在的光束应当满足环绕一周自再现条件，可以计算出晶体中心处的腰斑半径为

$$\omega^2=\frac{2\lambda B}{\pi\sqrt{4-(A+D)^2}} \tag{3.1.3}$$

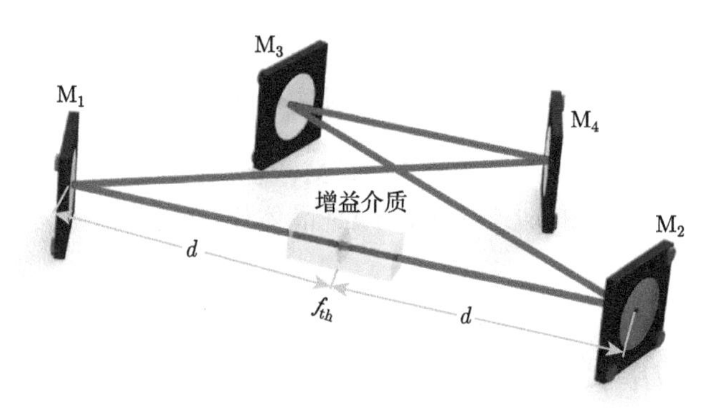

图 3.1.1 含有热透镜的环形谐振腔

要想使增益晶体处的腰斑大小不随增益晶体热透镜焦距的变化而变化，即满足

$$\frac{\mathrm{d}\omega}{\mathrm{d}f_{\text{th}}}=0 \tag{3.1.4}$$

将公式 (3.1.3) 代入公式 (3.1.4) 后，可以得到

$$\omega\frac{\mathrm{d}\omega}{\mathrm{d}f_{\text{th}}}=\frac{B^2\lambda}{\pi f_{\text{th}}^2}\frac{A+D}{[4-(A+D)^2]^{3/2}} \tag{3.1.5}$$

对于非零的 ω，则有

$$A+D=0 \tag{3.1.6}$$

该条件即为谐振腔的热不灵敏条件。在满足该条件的情况下，即使谐振腔长度因为外界环境变化稍有变化时，激光器也不会处于非稳区，而是能够保持长期稳定运转，因此把满足公式 (3.1.6) 的谐振腔称为热不灵敏腔 [1]。

在实际的激光器设计过程中，除了要保证满足上述提到的热不灵敏条件外，还需要优化增益晶体和倍频晶体处的腰斑大小来保证激光器的输出功率和转化效率以及激光器的稳定性。为此，我们仍然以第 2 章中介绍的由两凸面镜和两凹面镜组成的四镜环形谐振腔为例，如图 3.1.2 所示，进一步讨论凸面镜的曲率半径对激光器运转性能的影响 [2]。

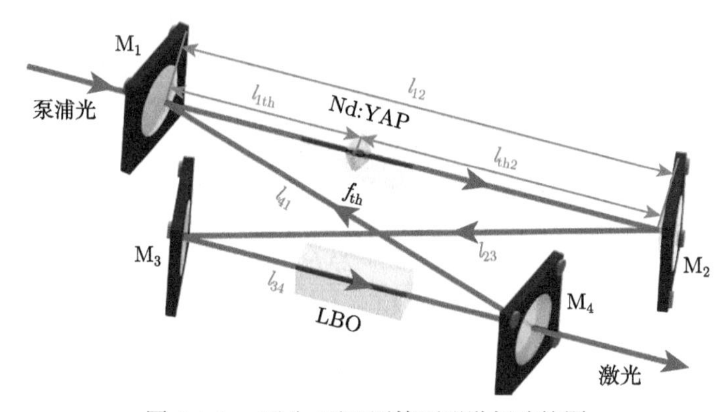

图 3.1.2　两凸–两凹四镜环形谐振腔简图

实验中 M_1 与 M_2 的曲率半径相同，M_3 与 M_4 的曲率半径相同。在考虑热透镜 $f_{\rm th}$ 的情况下，从图 3.1.2 中 Nd:YAP 晶体处开始算起，光学 $ABCD$ 传输矩阵可以表示为

$$\begin{aligned} M_1 &= \begin{pmatrix} A_1 & B_1 \\ C_1 & D_1 \end{pmatrix} \\ &= \begin{pmatrix} 1 & l_{1\rm th} \\ 0 & 1 \end{pmatrix} \begin{pmatrix} 1 & 0 \\ -\dfrac{2}{\rho_1} & 1 \end{pmatrix} \begin{pmatrix} 1 & l_{41} \\ 0 & 1 \end{pmatrix} \begin{pmatrix} 1 & 0 \\ -\dfrac{2}{\rho_2} & 1 \end{pmatrix} \begin{pmatrix} 1 & l_{34} \\ 0 & 1 \end{pmatrix} \\ &\quad \cdot \begin{pmatrix} 1 & 0 \\ -\dfrac{2}{\rho_2} & 1 \end{pmatrix} \begin{pmatrix} 1 & l_{23} \\ 0 & 1 \end{pmatrix} \begin{pmatrix} 1 & 0 \\ -\dfrac{2}{\rho_1} & 1 \end{pmatrix} \begin{pmatrix} 1 & l_{\rm th2} \\ 0 & 1 \end{pmatrix} \begin{pmatrix} 1 & 0 \\ -\dfrac{1}{f_{\rm th}} & 1 \end{pmatrix} \end{aligned} \tag{3.1.7}$$

以 M_4 为参考面，则光学 $ABCD$ 传输矩阵可表示为

$$
\begin{aligned}
M_2 &= \begin{pmatrix} A_2 & B_2 \\ C_2 & D_2 \end{pmatrix} \\
&= \begin{pmatrix} 1 & l_{34} \\ 0 & 1 \end{pmatrix} \begin{pmatrix} 1 & 0 \\ -\dfrac{2}{\rho_2} & 1 \end{pmatrix} \begin{pmatrix} 1 & l_{23} \\ 0 & 1 \end{pmatrix} \begin{pmatrix} 1 & 0 \\ -\dfrac{2}{\rho_1} & 1 \end{pmatrix} \begin{pmatrix} 1 & l_{\mathrm{th2}} \\ 0 & 1 \end{pmatrix} \\
&\quad \cdot \begin{pmatrix} 1 & 0 \\ -\dfrac{1}{f_{\mathrm{th}}} & 1 \end{pmatrix} \begin{pmatrix} 1 & l_{\mathrm{1th}} \\ 0 & 1 \end{pmatrix} \begin{pmatrix} 1 & 0 \\ -\dfrac{2}{\rho_1} & 1 \end{pmatrix} \begin{pmatrix} 1 & l_{41} \\ 0 & 1 \end{pmatrix} \begin{pmatrix} 1 & 0 \\ -\dfrac{2}{\rho_2} & 1 \end{pmatrix}
\end{aligned} \tag{3.1.8}
$$

其中，ρ_1 和 ρ_2 分别为 $M_1(M_2)$ 和 $M_3(M_4)$ 的曲率半径，l_{1th} 为增益晶体中心到 M_1 的距离，l_{th2} 为增益晶体中心到 M_2 的距离，$l_{12}=l_{\mathrm{1th}}+l_{\mathrm{th2}}$ 为 M_1 与 M_2 间的距离，l_{23} 为 M_2 到 M_3 的距离，l_{34} 为 M_3 到 M_4 的距离，l_{41} 为 M_4 到 M_1 的距离。

于是，增益晶体处光斑的半径可表示为

$$
\omega_1=\sqrt{2\lambda\left|B_1\right|/\left(\pi\sqrt{4-(A_1+D_1)^2}\right)} \tag{3.1.9}
$$

M_3 与 M_4 间的腰斑半径可表示为

$$
\omega_2=\sqrt{\lambda\sqrt{4-(A_2+D_2)^2}/\left(2\pi\left|C_2\right|\right)} \tag{3.1.10}
$$

假设除 l_{34} 长度外，其他分臂长度总和为 580 mm 且保持不变，f_{th}=150 mm(泵浦功率为 30 W 时的实验测量结果)，$\rho_2=-100$ mm。然后，分别取 ρ_1=1500 mm、3000 mm、∞ mm。将这些参数分别代入式 (3.1.9)、(3.1.10)，即可计算出增益晶体与倍频晶体处腰斑半径随着 l_{34} 长度的变化趋势，结果如图 3.1.3 和图 3.1.4 所示，图中 $R_{\mathrm{M1}}=R_{\mathrm{M2}}=\rho_1$，$R_{\mathrm{M3}}=R_{\mathrm{M4}}=\rho_2$。

从图 3.1.3 和图 3.1.4 中明显可以看出，当 l_{34}=100 mm 时，随着凸面镜曲率半径的减小，增益晶体处的光斑半径逐渐扩大，而 M_3 与 M_4 之间腰斑的半径则逐渐缩小。与 M_1 和 M_2 均为平面镜 ($R_{\mathrm{M1}}=R_{\mathrm{M2}}=\infty$) 的四镜环形谐振腔相比，在 l_{34}(<110 mm) 相同的情况下，两凸–两凹四镜环形谐振腔型可以有效扩大增益晶体处的基模光斑，从而增加了基模体积，有利于晶体散热；同时缩小了倍频晶体处的基模腰斑，有利于提高倍频晶体的转换效率。因此，采用两凸–两凹四镜环形谐振腔更容易获得较高功率的激光输出。然而，由图 3.1.3 和图 3.1.4 可知，继续缩小曲率半径，则激光器的稳区范围进一步缩小，输出激光稳定性变差。综合考虑腰斑尺寸和激光器的工作稳区范围，我们采用曲率半径为 1500 mm 的两个

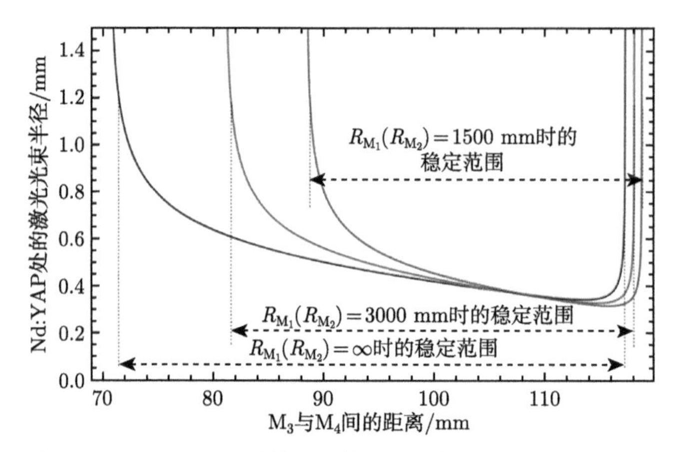

图 3.1.3　Nd:YAP 晶体处基模光斑半径随 l_{34} 长度的变化

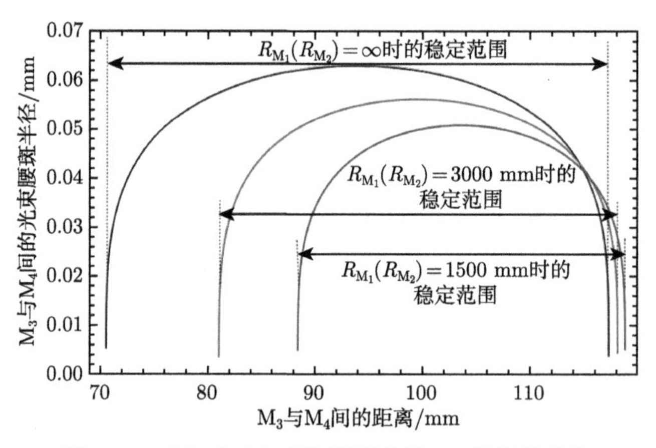

图 3.1.4　M_3 与 M_4 间腰斑半径随 l_{34} 长度的变化

凸面镜和曲率半径为 −100 mm 的两个凹面镜作为谐振腔腔镜。当增益晶体的热透镜焦距为 150 mm，两凹面镜间距 l_{34} 的值为 96 mm 时，谐振腔满足热不灵敏条件 $A+D=0$，此时的激光器最为稳定，当注入泵浦功率 30 W 时实现了最高输出功率为 4.5 W(540 nm) 和 1.5 W(1080 nm) 的单频激光输出 (图 3.1.5)。

激光器在最高输出功率处单频扫描曲线如图 3.1.6 所示，540 nm 输出激光光束质量 M_x^2 和 M_y^2 分别为 1.10 和 1.05(图 3.1.7)。进一步将输出耦合镜对 1080 nm 激光的透射率优化为 0.3%时，实现了 8 W/1.2 W 的 540 nm/1080 nm 双波长激光输出。基于以上热不灵敏腔的分析和设计，我们开发了稳定运转的全固态单频连续波 540 nm/1080 nm 双波长激光器产品，如图 3.1.8 所示。该激光器是产生双模压缩态和纠缠态的重要光源。

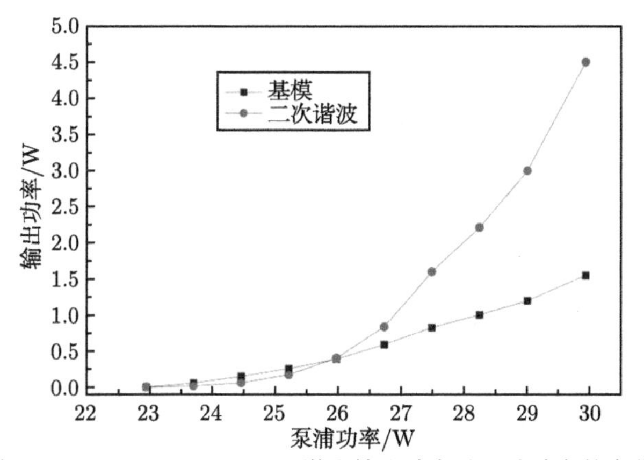

图 3.1.5 540 nm/1080 nm 激光输出功率随泵浦功率的变化

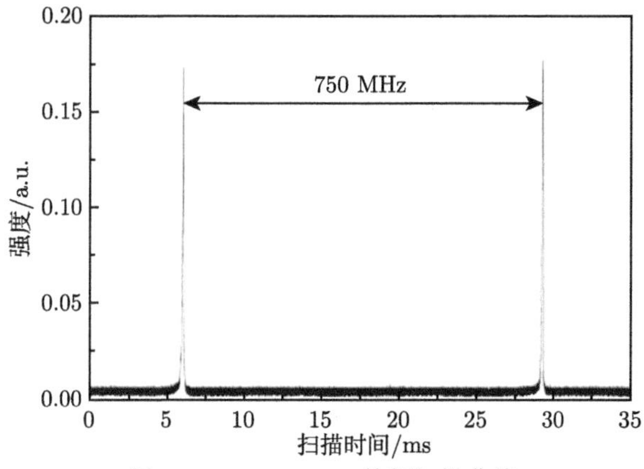

图 3.1.6 1080 nm 单频扫描曲线

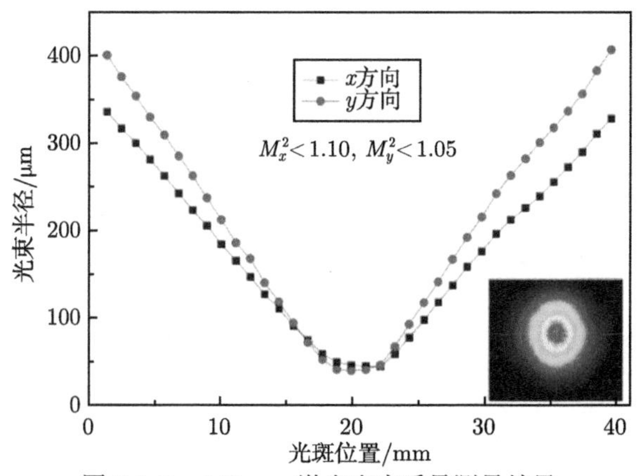

图 3.1.7 540 nm 激光光束质量测量结果

图 3.1.8 全固态单频连续波 540 nm/1080 nm 双波长激光器外观图

3.1.2 纵模选择技术

通过优化谐振腔、增益晶体以及泵浦源保证激光器满足热不灵敏条件并且高效转化的同时，还需要发展纵模选择技术实现环形谐振腔的稳定单纵模运转。由于一些激光增益介质的增益线宽非常宽 (如染料激光器或掺钛蓝宝石激光器等)，或者同时具有多条不同波长的增益谱线 (如 CO_2 或者 Ar 离子激光器等)，要想实现激光器的单纵模运转，需要采用第 1 章提到的通过插入标准具 [3] 的方法进行纵模选取，但是在稳定区域运转的环形谐振腔内，由于外界环境的扰动，激光器谐振腔总会有一定的变化，导致标准具的透射峰和谐振腔的共振频率不能很好重合，非常容易出现多模或者跳模现象。因此，为了保证激光器实现稳定单纵模运转，必须把标准具的透射峰精确锁定到激光器的共振频率上 [4]。插入增益介质和标准具的环形谐振腔如图 3.1.9 所示。

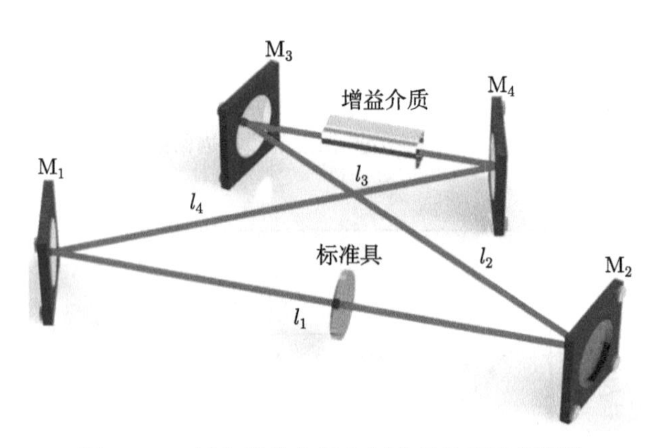

图 3.1.9 插入增益介质和标准具的环形谐振腔

当一束激光穿过标准具后，基于标准具的多光束干涉原理，透射率表示为 [5]

$$T = \frac{1}{1 + F^* \sin^2\left(\dfrac{\varphi}{2}\right)} \tag{3.1.11}$$

式中，F^* 为标准具的精细度系数，表示为

$$F^* = \frac{4R}{(1+R)^2} \tag{3.1.12}$$

其中，R 为标准具表面反射率。

$$\varphi = \frac{4\pi nd\cos\theta}{\lambda} \tag{3.1.13}$$

为参与多光束干涉的两相邻光束之间的相位差，n 为标准具的折射率，d 为标准具的厚度，θ 为光束在标准具内的折射角。

当 $\varphi = 2m\pi$(m 为整数) 时，标准具的透射率为 1。因此，将标准具插入谐振腔内，对应波长为

$$\lambda = \frac{2\pi nd\cos\theta}{m} \tag{3.1.14}$$

的激光损耗最小，在谐振腔内起振，其他波长的激光由于损耗增大而被抑制掉，从而达到选模的目的。通过调节式 (3.1.14) 中的参量，可以选出不同模式的激光在谐振腔内振荡。以常用的熔融石英标准具为例，当标准具厚度为 0.5 mm，折射率为 1.54，可以得到正入射时的反射率约为 4.5%，自由光谱区为 $\Delta\nu_F = c/(2nd)=$ 195 GHz，对应的波长范围是 $\Delta\lambda\approx$0.57 nm。在 1064 nm 附近标准具透射率与波长的关系如图 3.1.10 所示。

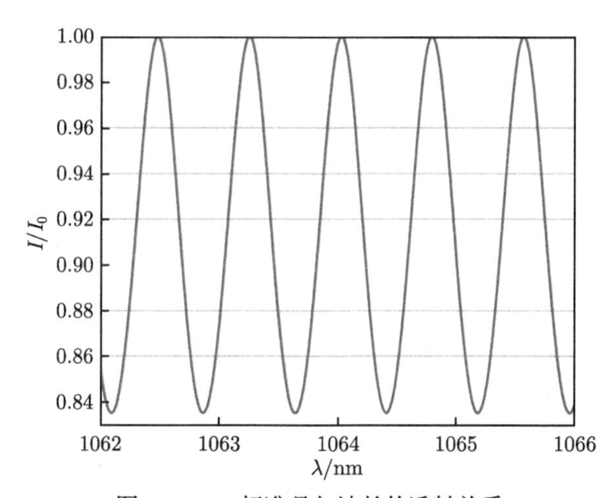

图 3.1.10 标准具与波长的透射关系

Nd:YVO_4 增益晶体的荧光谱线与标准具的透射曲线共同作用下的归一化增益曲线如图 3.1.11 所示。可以看出，在谐振腔内插入标准具后，标准具对增益介

质的增益谱线进行了调制。进一步将激光器谐振腔内增益谱的细节部分和谐振腔的腔模进行比较[6]，如图 3.1.12 所示。对于长度可以达到数百厘米的激光器谐振腔，即使加入标准具有效压窄激光器的增益谱的带宽，其腔模的间隔也远小于激光器增益谱的带宽。假如在行波腔中存在的是频率为 ν_m 的纵模，则该模必须满足下式：

$$\nu_m = q\frac{c}{l} \tag{3.1.15}$$

其中，q 为自然数，称为腔模级次，l 为谐振腔长度，c 为真空中的光速。

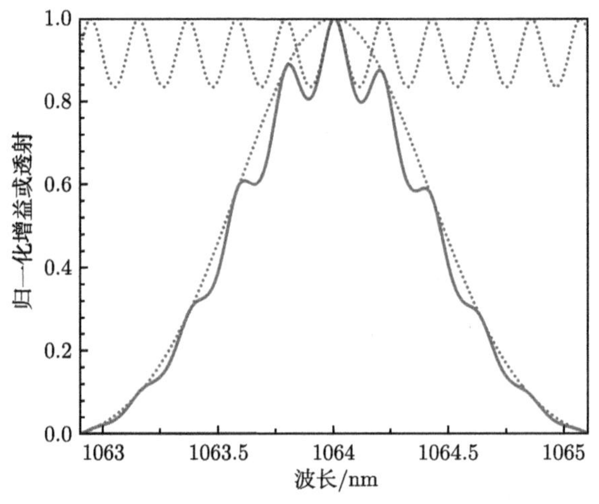

图 3.1.11 增益介质和标准具共同作用下的归一化增益曲线 (一)

蓝色虚线：标准具的透射曲线；红色虚线：增益晶体的增益谱线；红色实线：组合后的增益谱线

当激光器因为外界扰动等因素而引起变化时，激光器谐振腔的长度就会发生变化，根据公式 (3.1.15)，对应的纵模频率或者是腔模的级次发生变化。但是由于腔内元件的选模作用，随着谐振腔长度的变化，激光器输出激光的频率也只能在其中心波长附近的一个纵模间隔范围内连续变化。当谐振腔长度在超过一个激光器自由光谱区的范围变化时，激光器输出激光的频率就会跳回到原先的频率值处，而纵模序数就变化到 $q-1$ 或者 $q+1$，此时会发生多模或跳模现象。如果谐振腔长度在大于一个自由光谱区的范围内变化时，要想保持纵模序数不变，激光器能一直处于单纵模运转状态，仅是输出波长或频率发生连续变化，一种简单有效的方法是将标准具的透射峰与激光谐振腔的振荡模实时锁定在一起。这样的话，标准具的透射峰就会随着振荡模的移动而移动，从而始终选择同一序数的模式在谐振腔内振荡。

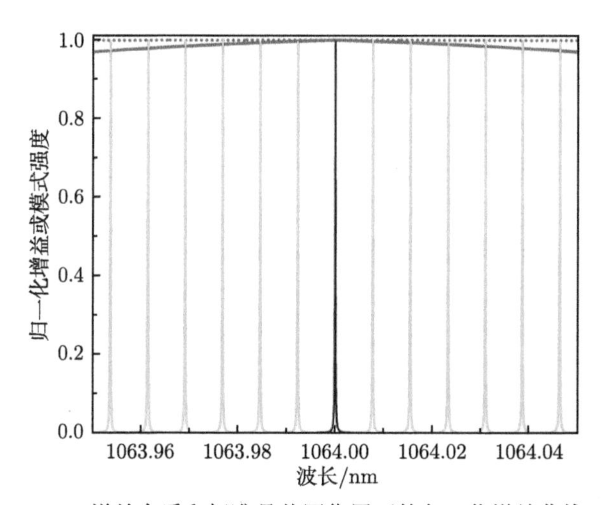

图 3.1.12 增益介质和标准具共同作用下的归一化增益曲线 (二)

红色虚线：增益晶体的增益谱线；红色实线：标准具调制后的增益谱线；绿色实线：满足谐振腔的纵模；黑色实线：起振的谐振腔纵模

3.2 频率稳定性

激光的特点之一是单色性好，即其线宽 $\Delta\nu$ 与频率 ν 的比值很小。自发辐射噪声引起的激光线宽极限本身是很小的，但是由于环境温度和大气变化、机械振动以及磁场辐射等各种不稳定因素的影响，实际激光频率的漂移远远大于线宽极限，因此在实际应用中，需要稳定激光的频率。激光器的频率稳定性改进方法分主动和被动两种，被动稳频法是指对激光器进行温度控制，采取隔音隔振等措施减小环境因素对频率的影响。主动稳频法则是通过给激光器输出光场选择一个稳定的频率参考，将光场频率与参考频率进行比较获取鉴频信号，通过电子伺服系统对激光器频率进行主动反馈控制，实时调整使之与参考频率一致。

3.2.1 频率稳定度

频率稳定度通常被用来描述频率的稳定性，它是指激光器在连续运转时，在一定的观测时间 τ 内频率的平均值 $\bar{\nu}$ 与该时间内频率的变化量 $\Delta\nu$ 之比，即

$$S_\nu(\tau)=\frac{\overline{\nu}}{\Delta\nu(\tau)} \tag{3.2.1}$$

显然，变化量 $\Delta\nu(\tau)$ 越小，则 S 越大，表示频率的稳定性越好。习惯上，有时把 S 的倒数作为稳定度的量度，即

$$S_\nu^{-1}(\tau)=\frac{\Delta\nu(\tau)}{\overline{\nu}} \tag{3.2.2}$$

频率或波长随时间的变化，既表现为短期抖动，又表现为长期漂移。因此对频率或波长的观测时间不同，其测量结果也不同。根据探测系统的响应 (分辨) 时间 τ_0 与测量仪器的观测取样时间 τ 之间的关系，频率稳定度可分为短期稳定度和长期稳定度，二者划分的基准是：当 $\tau \leqslant \tau_0$ 时，测得的频率稳定度称为短期稳定度；当 $\tau > \tau_0$ 时，测得的稳定度则属于长期稳定度。比较恰当的表示法是，在稳定度数值后面标明取样时间 τ 值，例如 $S_\nu(\tau)=10^{-10}(\tau=10\ \mathrm{s})$。

另一个描述激光器频率稳定程度的量是频率的复现性。对于作为频率或波长基准的激光器，不仅要求稳定度高，而且要求频率复现性的精度也高。激光器由于使用环境、使用的时间及使用方式等的不同，每次所稳定的频率值都有微小的差别，故测量的数值就不准确。把这种在不同地点、时间、环境下稳定频率的偏差量与它们的平均频率的比值称为频率复现性，表示为

$$R_\nu = \frac{\delta\nu(\tau)}{\overline{\nu}} \tag{3.2.3}$$

式中，$\bar{\nu}$ 为被测激光器的平均频率或同一台激光器的标准频率 (或原始工作频率)；$\delta\nu(\tau)$ 为频率的偏差量。由此可见，频率的稳定性和复现性是两个不同的概念。对一台稳频激光器，不仅要看其稳定度，而且还要看它的频率复现性。

从激光原理可知，激光振荡频率既受原子跃迁谱线频率 ν_m 的影响，又受光学谐振腔谐振频率 ν_c 的影响，若原子跃迁谱线的宽度为 $\Delta\nu_m$，谐振腔的谱线宽度为 $\Delta\nu_c$，则激光振荡频率可表示为

$$\nu = \frac{\nu_m\nu_c(\Delta\nu_m + \Delta\nu_c)}{\nu_m\Delta\nu_m + \nu_c\Delta\nu_c} \tag{3.2.4}$$

这是在小振幅时忽略了饱和效应的一次近似式。在近红外和可见光波段，其多普勒线宽 $\Delta\nu_m$ 一般不小于 $10^8 \sim 10^9$ Hz，而谐振腔 $\Delta\nu_c$ 的振荡线宽约为 $10^6 \sim 10^7$ Hz 量级，所以 $\Delta\nu_m \gg \Delta\nu_c$，则式 (3.2.4) 可简化为

$$\nu = \nu_c + (\nu_m - \nu_c)\frac{\Delta\nu_c}{\Delta\nu_m} \tag{3.2.5}$$

上式说明：激光器的振荡频率是由原子跃迁谱线频率及谐振腔的谐振频率共同决定的，二者的变化均会引起激光频率的不稳定；谱线对振荡频率的影响由式 (3.2.5) 中的第二项以频率牵引效应表示出来，牵引效应的比例系数为 $\Delta\nu_c/\Delta\nu_m$，在一般情况下，频率牵引效应很小，而谐振腔的谐振频率对环境影响很敏感，故激光频率的稳定性主要取决于谐振腔谐振频率的稳定性。

在不考虑原子跃迁谱线频率微小变化的情况下，激光振荡频率主要由谐振腔的谐振频率决定，即有

$$\nu = q\frac{c}{2nL} \tag{3.2.6}$$

式中，L 为腔长；c 为光速；n 为腔内介质的折射率；q 为纵模的序数。从式中可以看出，若腔长或腔内的折射率 n 发生变化，则激光振荡频率也将变化：

$$\Delta\nu = -qc\left(\frac{\Delta L}{2nL^2} + \frac{\Delta n}{2n^2 L}\right) = -\nu\left(\frac{\Delta L}{L} + \frac{\Delta n}{n}\right) \tag{3.2.7}$$

即

$$\left|\frac{\Delta\nu}{\nu}\right| = \left|\frac{\Delta L}{L}\right| + \left|\frac{\Delta n}{n}\right| \tag{3.2.8}$$

故激光频率的稳定问题可以归结为如何设法保持腔长和折射率稳定的问题。因此，最直接的稳频办法就是恒温、防震、密封隔声、稳定电源等。实验证明，采用恒温、防震装置之后，激光器的长期频率稳定度可达到 10^{-7} 量级。但要提高到 10^{-8} 量级以上，单靠这种被动式稳频方法就很难达到了，必须采用伺服控制系统对激光器进行自动控制稳频，即主动稳频的方法。

3.2.2 主动稳频技术

稳频技术的实质就是保持光学谐振腔光程长度的稳定性。主动稳频技术就是选取一个稳定的参考频率标准，当外界影响使激光频率偏离此特定的频率标准时，能有效鉴别出来，进而通过控制系统自动调节光程，将激光器频率恢复到原先的标准频率上来。主动稳频中参考频率标准的选取可以分为两类：一类是利用原子谱线中心频率作为鉴别器；另一类是利用外参考频率作为标准。获取鉴频信号的方法有 Zeeman 效应 [7]、Lamb 凹陷 [8]、饱和吸收谱 [9] 和调制转移光谱 [10] 等，而选择的频率参考主要有原子或分子跃迁谱线和 F-P 腔。原子或分子跃迁谱线的优势是能够提供绝对的频率参考，将激光器锁定在跃迁谱线上可以获得很好的长期频率稳定性，但由于原子或分子的跃迁谱线通常只有一些特定的频率，且存在很多展宽效应，短期频率稳定性效果不佳。相比较而言，高精细度的 F-P 腔作为激光的频率参考，对激光波长无限制，基于光学腔的稳频技术在过滤光场噪声的同时能够兼顾激光的频率稳定性，使用更加灵活方便。

3.2.2.1 Pound-Drever-Hall 稳频技术

1) 原理分析

基于光学腔的 Pound-Drever-Hall(PDH) 稳频技术是提高现有激光器频率稳定性的一项关键技术 [11-13]，同时也是干涉型引力波探测系统中的重要技术支撑，其优势是鉴频性能好且信噪比高，可以有效压窄激光线宽，提高光场的相干性。PDH 稳频技术也叫做相位调制光外差稳频技术，技术原理如图 3.2.1 所示。单频激光器输出的激光光束经整形透镜和光学隔离器后，由电光调制器加载相位调制信号后注入参考 F-P 腔中。半波片和偏振分束棱镜用以调整入射到 F-P 腔中的激光功率。由 F-P 腔反射回的光束经 1/4 波片和偏振分束棱镜后，注入光电探测器进行探测。将探测到的信号与经过相移的调制信号进行混频，利用低通滤波器滤掉高频信号后得到了误差信号，然后让误差信号通过伺服系统反馈给激光器中的执行元件，从而将激光器稳定地锁定在参考 F-P 腔上。

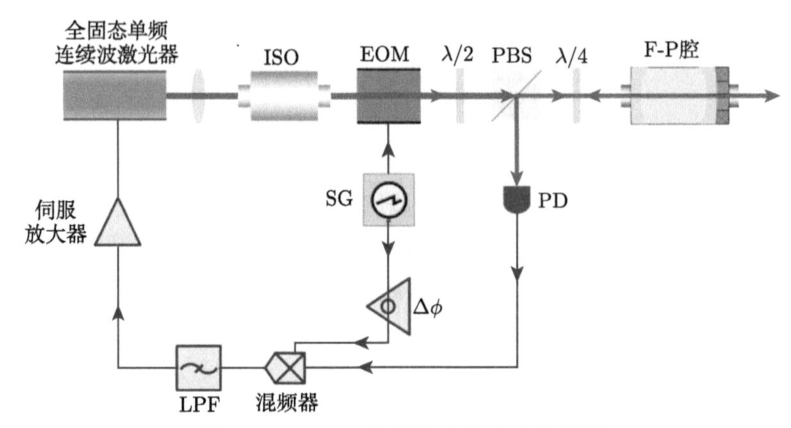

图 3.2.1　PDH 稳频技术的实验装置图

ISO：光学隔离器；EOM：电光调制器；λ/2：1/2 波片；λ/4：1/4 波片；PBS：偏振分光棱镜；PD：光电探测器；LPF：低通滤波器；SG：信号发生器；Δφ：移相器

首先激光器的输出光场表示为

$$E_{\mathrm{inc}} = E_0 \mathrm{e}^{\mathrm{i}\omega t} \tag{3.2.9}$$

经过电光调制器加载相位调制后，光场为

$$E_{\mathrm{EOM}} = E_0 \mathrm{e}^{\mathrm{i}(\omega t + \beta \sin \Omega t)} \tag{3.2.10}$$

其中，E_0 和 ω 分别表示入射光场的振幅和频率，β 和 Ω 分别表示所加载的调制信号的调制深度和频率。将经过调制的光场表达式利用贝塞尔 (Bessel) 展开，忽略高阶项，可得

$$E_{\mathrm{EOM}} \approx E_0 \left[J_0(\beta)\mathrm{e}^{\mathrm{i}\omega t} + J_1(\beta)\mathrm{e}^{\mathrm{i}(\omega+\Omega)t} - J_1(\beta)\mathrm{e}^{\mathrm{i}(\omega-\Omega)t} \right] \tag{3.2.11}$$

可以看出，此时入射到 F-P 腔的光场有三种频率，载波频率 ω 和两个边带频率 $\omega \pm \Omega$。设入射光场的总强度为 $I_0 = |E_0|^2$，则载波和边带的光场强度分别表示为

$$\begin{aligned} I_{\mathrm{c}} &= J_0^2(\beta) I_0 \\ I_{\mathrm{s}} &= J_1^2(\beta) I_0 \end{aligned} \tag{3.2.12}$$

根据 Bessel 函数的性质可知，当调制深度β<1 时，几乎所有能量都集中在载波和一阶边带，$I_c+2I_s \approx I_0$。

经过调制的光场入射到 F-P 腔中，即三种频率的光场被多次反射后进行叠加，基于多光束干涉原理，此时反射光场可表示为

$$E_{\text{ref}} = E_0 \left[F(\omega)J_0(\beta)\mathrm{e}^{\mathrm{i}\omega t} + F(\omega+\Omega)J_1(\beta)\mathrm{e}^{\mathrm{i}(\omega+\Omega)t} - F(\omega-\Omega)J_1(\beta)\mathrm{e}^{\mathrm{i}(\omega-\Omega)t}\right] \tag{3.2.13}$$

其中，$F(\omega)$ 为 F-P 腔的反射系数：

$$F(\omega) = \frac{E_{\text{ref}}}{E_{\text{inc}}} = \frac{r(\mathrm{e}^{\mathrm{i}\omega/\Delta\nu_{\text{FSR}}}-1)}{1-r^2\mathrm{e}^{\mathrm{i}\omega/\Delta\nu_{\text{FSR}}}} \tag{3.2.14}$$

其中，r 表示腔镜的反射系数，$\Delta\nu_{\text{FSR}}$ 为 F-P 腔的自由光谱区 (FSR)。则光电探测器探测得到的光强为

$$\begin{aligned} I_{\text{ref}} &= |E_{\text{ref}}|^2 \\ &= I_c|F(\omega)|^2 + I_s\left[|F(\omega+\Omega)|^2 + |F(\omega-\Omega)|^2\right] \\ &\quad + 2\sqrt{I_cI_s}\{\text{Re}[F(\omega)F^*(\omega+\Omega) - F^*(\omega)F(\omega-\Omega)]\cos\Omega t \\ &\quad + \text{Im}[F(\omega)F^*(\omega+\Omega) - F^*(\omega)F(\omega-\Omega)]\sin\Omega t\} + \{2\Omega \text{ terms}\} \end{aligned} \tag{3.2.15}$$

上式中包含三种不同的频率，前两项表示直流部分，为探测器探测到的平均光强，第三项表示载波与一阶边带的拍频项，最后一项 2Ω 部分表示两个边带的拍频项。将此信号与经过相移的调制信号 $S = A\cos(\Omega t + \Delta\phi)$ 混频 (即两信号相乘) 后经过低通滤波器，滤掉高频成分，只留下直流部分，此时可得到 PDH 稳频技术的误差信号，表示为

$$\begin{aligned} \varepsilon = &G\sqrt{I_cI_s}\{\text{Re}[F(\omega)F^*(\omega+\Omega) - F^*(\omega)F(\omega-\Omega)]\cos\Delta\phi \\ &- \text{Im}[F(\omega)F^*(\omega+\Omega) - F^*(\omega)F(\omega-\Omega)]\sin\Delta\phi\} \end{aligned} \tag{3.2.16}$$

其中，G 表示探测器及混频器的总增益。可以看出，误差信号包括两项，$\cos\Delta\phi$ 项 (吸收项) 和 $\sin\Delta\phi$ 项 (色散项)，接下来按调制信号的大小分情况进行讨论。

当调制信号 $\Omega \ll \delta\nu$($\delta\nu$ 为 F-P 腔的线宽) 时，将 F-P 腔的反射系数进行泰勒展开，忽略高阶项后代入公式 (3.2.16) 进行计算，在慢调制情况下，此时误差信号中的色散项为 0，只有吸收项，此时将解调相移 $\Delta\phi$ 设为 0，可得到误差信号为

$$\varepsilon_{\text{abs}} = G\sqrt{I_cI_s}\text{Re}[F(\omega)F^*(\omega+\Omega) - F^*(\omega)F(\omega-\Omega)]$$

$$\approx G\sqrt{I_{\rm c}I_{\rm s}}\frac{{\rm d}\left|F\left(\omega\right)\right|^{2}}{{\rm d}\omega}\varOmega \tag{3.2.17}$$

误差信号正比于反射光光强对频率的导数，图 3.2.2 给出了慢调制情况下 F-P 腔的反射峰与其对应的归一化后的误差信号。实际应用中慢调制 PDH 稳频技术是通过锁相放大器实现的，其优点是不需要在光场上加载调制信号，只需给 F-P 腔扫描腔镜的压电陶瓷加载一低频调制信号 (为 kHz 量级) 即可。

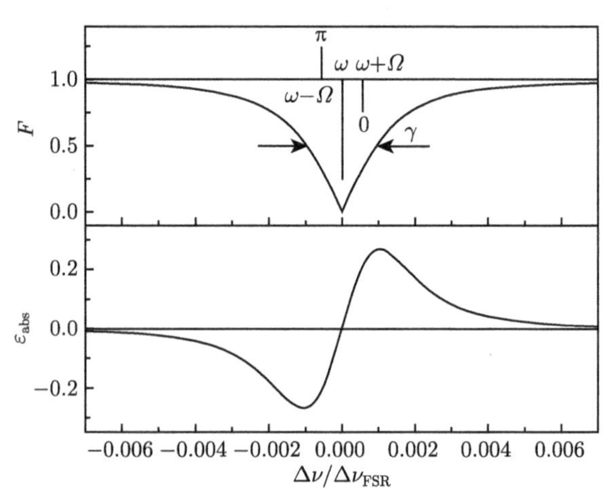

图 3.2.2 慢调制时 F-P 腔的反射峰与其对应的归一化后的误差信号

当调制信号 $\varOmega \gg \delta\nu$ 时，若光场频率处于 F-P 腔谐振频率附近，入射光场中的两个边带将会被全部反射，此时 $F(\omega\pm\varOmega)\approx 1$，则公式 (3.2.17) 吸收项为 0，只剩色散项。此时将解调相移设为 90°，可得误差信号为

$$\begin{aligned}\varepsilon_{\rm dis} &= -G\sqrt{I_{\rm c}I_{\rm s}}{\rm Im}\left[F\left(\omega\right)F^{*}\left(\omega+\varOmega\right)-F^{*}\left(\omega\right)F\left(\omega-\varOmega\right)\right]\\ &\approx -2G\sqrt{I_{\rm c}I_{\rm s}}{\rm Im}\left[F\left(\omega\right)\right]\end{aligned} \tag{3.2.18}$$

图 3.2.3 给出了快调制情况下 F-P 腔的反射峰与其对应的归一化后的误差信号。在谐振频率附近，误差信号随光场频率为线性变化，且近似为直线。

2) 具体实例

图 3.2.4 是利用超稳 F-P 腔使激光器频率稳定的实验装置 [14]。全固态单频连续波可调谐双波长 Nd:YAP/LBO 激光器，能够同时输出 4.18 W 的 540 nm 绿光和 2.39 W 的 1080 nm 红外光，单频 540 nm 激光的连续调谐范围可以达到 146.7 GHz。输出激光经由一个镀有 540 nm 高反，1080 nm 高透的二色镜后分开。单频 540 nm 激光经由绿光模式清洁器后用于后续制备压缩态光场的实验研究。单频 1080 nm 激光作为后续光学参量振荡腔的种子光以及后续测量的本底

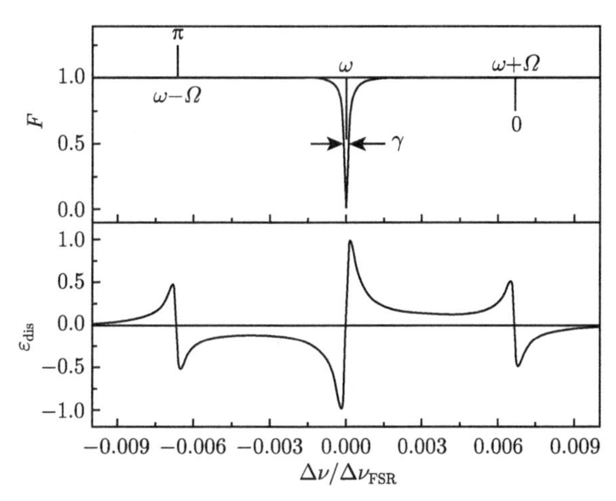

图 3.2.3　快调制时 F-P 腔的反射峰与其对应的归一化后的误差信号

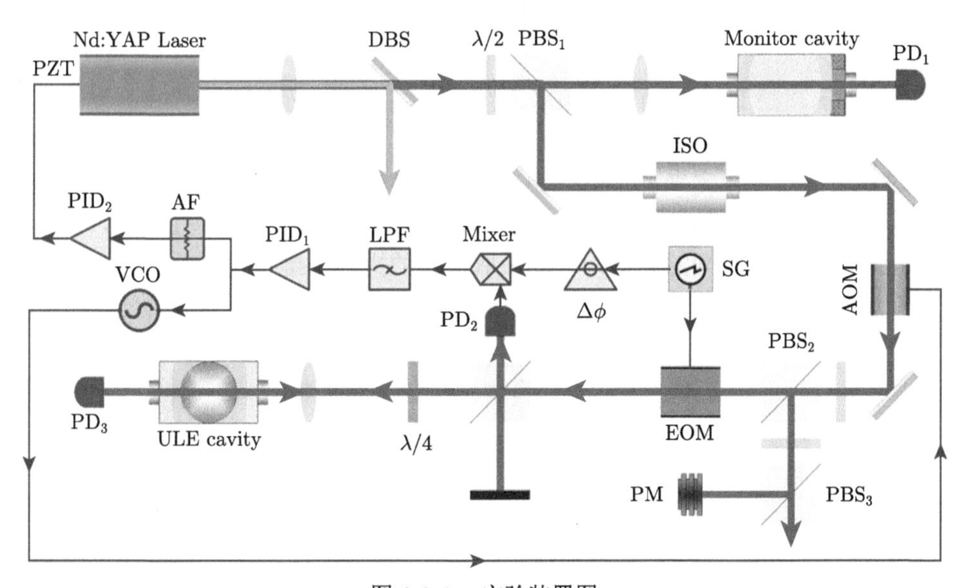

图 3.2.4　实验装置图

Nd:YAP Laser：内腔倍频可调谐双波长输出激光器；DBS：二色分光镜；PZT：压电陶瓷；PM：功率计；AOM：声光调制器；$\mathrm{PID}_{1,2}$：比例积分微分控制器；AF：衰减器；VCO：压控振荡器；Monitor cavity：监视腔；$\mathrm{PD}_{1,2,3}$：探测器；LPF：低通滤波器；Mixer：混频器；ULE cavity：超稳腔；$\mathrm{PBS}_{1,2,3}$：分光棱镜；SG：信号发生器；ISO：光学隔离器；EOM：电光调制器

光，首先通过波片棱镜组合分成两部分：一部分注入一个自由光谱区为 750 MHz 的低精细度 F-P 腔来监视激光器的单频特性；剩余部分依次穿过光学隔离器和声光调制器，经过声光调制器的一级衍射光场通过单模保偏光纤耦合到超稳 F-P

腔系统中。光纤的输出激光经由电光调制器加载相位调制信号后注入超稳 F-P 腔内，利用 1/4 波片和棱镜组合取超稳 F-P 腔的反射光场进行探测。将探测器探测得到的信号经过级联 PDH 稳频伺服系统后反馈给激光器，从而将激光器锁定至超稳 F-P 腔的谐振频率上，实现对激光器的优化。

实验中所采用的参考腔是由 AT Films 公司生产的超稳高精度 F-P 腔，其热膨胀系数在温度 26~36 °C 时低于 $1\times10^{-8}\ \mathrm{K}^{-1}$。图 3.2.5 所示为实验所选用的超稳 F-P 腔的外形图及腔体实物图，其腔长为 50 mm 的平凹腔。根据理论计算可得其自由光谱区为 3 GHz，精细度为 50000，线宽为 60 kHz。这种腔体设计对振动和方位均不敏感。在激光稳频技术中，其最终的不稳定性来源于热噪声引起的谐振腔腔长的波动。不考虑锁定伺服系统所引入的噪声，最终输出光场的频率稳定性正比于参考腔腔长 l 的稳定性：

$$\frac{\Delta f}{f}=\frac{\Delta l}{l} \tag{3.2.19}$$

其中，f 表示超稳 F-P 腔的谐振频率，Δf 和 Δl 分别表示光场的频率抖动和 F-P 腔的腔长抖动。由于锁定后，激光的频率随着 F-P 腔的谐振频率变化，腔长的稳定性对于实现频率稳定来说至关重要。影响 F-P 腔腔长稳定性的热噪声主要来源于几个方面：F-P 腔的温度稳定性，腔镜和腔体的制作材料，所处环境，内部分子热运动等。针对不同的因素，可以采取不同的措施来维持腔长的稳定。

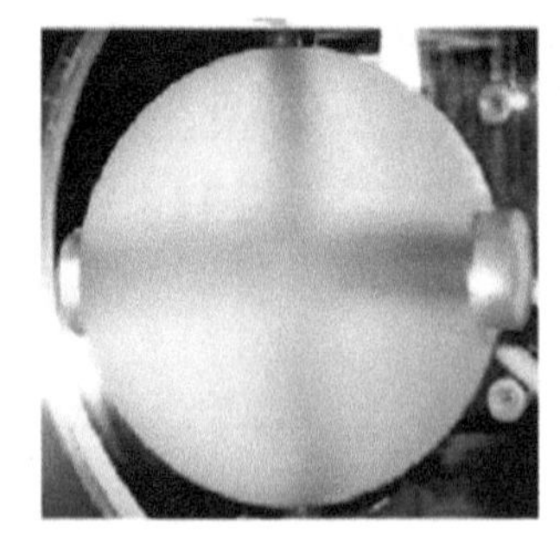

图 3.2.5　参考腔 (超稳 F-P 腔) 的外形图及腔体实物图

首先，该超稳 F-P 腔选用了超低膨胀系数 (ULE) 玻璃制作 F-P 腔的腔镜及腔体。ULE 玻璃是一种新型的材料，由于其热膨胀系数 (CTE) 极低 ($<3\times10^{-8}\ \mathrm{K}^{-1}$)，尤其在室温附近 CTE=0，称为零膨胀温度点。实验中将超稳 F-P 腔控温在零膨胀温度点处，腔长受环境温度的影响会非常小。为了降低环境温度对腔长的影响，整个腔体被置于真空室内，真空室内的真空度可以保持在 10^{-8} mbar。此时腔内的热传导会被抑制，温度稳定性可以达到 5 mK/°C。为了防止声

音通过空气耦合，将整个真空系统置于具有两层隔声隔振材料的箱体内，而且整个实验均在气动隔振平台上进行。此外，实验中增大入射光场的光斑大小也有助于降低 F-P 腔热噪声。

其次，需要抑制 EOM 的剩余振幅调制 (RAM) 对稳频效果的影响。在 PDH 稳频技术实验中，利用 EOM 对光场加载相位调制时会产生 RAM，具体表现为调制出现的一阶边带振幅不对称，这种不对称性会引起 PDH 误差信号的零点漂移，而且零点漂移会随着实验条件和环境随机变化严重影响锁定精度。产生 RAM 的主要原因是 EOM 内部的电光晶体垂直于光场传输方向的两个表面形成干涉效应。为此，我们自行研制了带锲角 MgO:$LiNbO_3$ 晶体的 EOM，由于晶体天然的双折射效应，通过晶体的锲角面后 o(ordinary) 光和 e(extraordinary) 光能够实现空间上的分离，进而降低 RAM，实现误差信号零点的稳定。

实验中通过对 PDH 稳频技术进行改进，成功将激光器的输出光场锁定至超稳 F-P 腔的振荡模。由于超稳 F-P 腔的精细度很高，而激光器中使用的 PZT 的响应带宽窄，其作为 PDH 稳频技术的反馈执行器件无法响应，因此需要添加响应带宽较宽的反馈执行器件。常用的快反馈通道有两种：一种是激光器内置 EOM 或者直接反馈到激光器的驱动电流上；另外一种是在激光器外部添加快反馈器件，如 AOM 来实现。

在标准 PDH 稳频技术的基础上添加 AOM 作为快反馈执行器件，结合激光器谐振腔内的压电陶瓷，提高了响应带宽和系统的锁定精度。为了保证两个反馈回路高效工作且互不干扰，我们设计了如图 3.2.6 所示的电子伺服系统，其具体的工作原理如下：信号发生器产生的 16.4 MHz 的高频信号分成两部分，一部分通过功率放大器加载到 EOM 上，另一部分则经过相移后与探测器 PD_2 的交流信号进行混频，通过低通滤波器过滤高频信号后获得误差信号，再经过比例积分微分控制器 (PID_1) 后分成两部分，一部分加载到 AOM 的驱动源 VCO 上，利用 AOM 实现高频响应，另一部分经由一自制衰减滤波器后加载到 PID_2 上，输出信号反馈给激光器内部的 PZT。

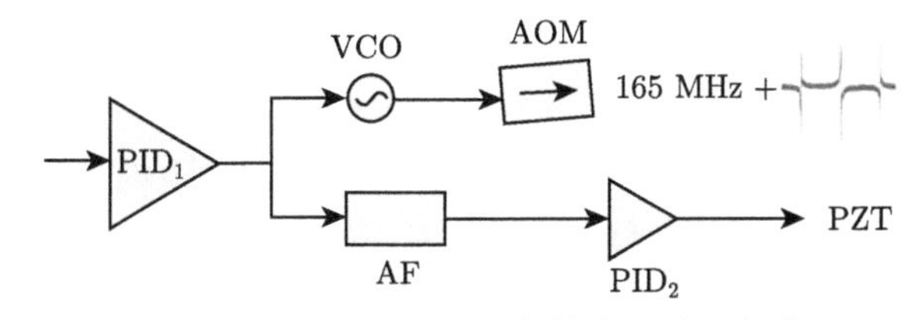

图 3.2.6　标准 PDH 稳频技术的改进部分

实验中 AOM 的射频驱动是由 Mini-Circuits 公司生产的一款调制带宽为 75 MHz 的压控振荡器 (VCO，ZX95-200A-S+) 经过功率放大器 (Mini-Circuits，

ZHL-1-2W+) 提供。将 PID_1 设置一偏置电压，将输出的误差信号与偏置电压叠加，通过 VCO 反馈到 AOM 频率端，实现 AOM 中心频率与误差信号的叠加，使光频率快速响应。伺服回路中使用了两种不同类型的 PID，分别用在快反馈伺服回路和慢反馈伺服回路。其中，PID_1(Vescent D2-125) 的带宽 >10 MHz，PID_2(SIM960) 的带宽约为 100 kHz，自制的衰减滤波器为 2.5 kHz 的低通，衰减系数为 12.5 dB。这两个回路不是同时进行的，而是有严格的时间顺序的，这可以提高锁定系统的长期稳定性。

最终利用 PZT 与 AOM 的结合，有效提高了锁定系统的响应带宽及光学频率锁定的稳定性，实现了超稳 F-P 腔的精细锁定。其中 2.5 kHz 及以下的大范围频率慢速漂移由 PZT 进行纠正，2.5 kHz 以上的频率漂移由 AOM 进行快速纠正。在实验过程中对激光器输出光场的单频运转进行了实时监测，并用示波器记录了光场的长期频率稳定性，如图 3.2.7 所示。

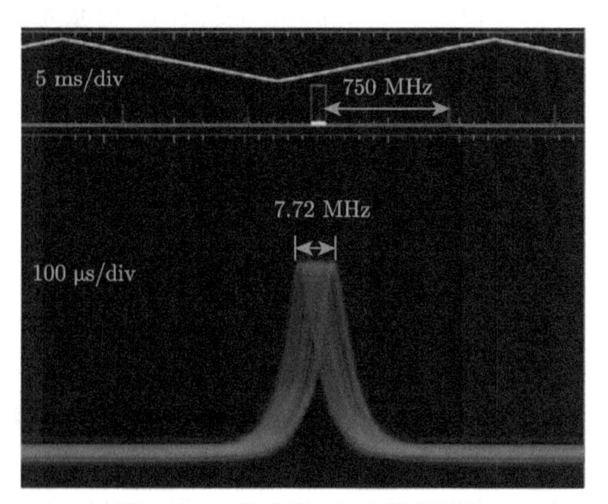

图 3.2.7　激光器 4h 内频率漂移

上半部分为监视腔的自由光谱区为 750 MHz(水平标度为 5 ms)，下半部分为激光器的频率漂移 (水平标度为 100 μs)。通过比较上下部分的水平宽度，可以计算得出激光器 4 h 内的频率漂移。可以看出，通过将激光器锁定至高精细度 F-P 腔上，其频率漂移在 4 h 内只有 7.72 MHz，大大提高了激光器的长期频率稳定性。

整个实验系统可以连续工作 4 h 以上，长期功率稳定性通过功率计进行监测，如图 3.2.8 所示。其中，图 3.2.8(a) 为 4 h 内功率的均方根 (root-mean-square, RMS) 波动低于 0.41%，功率稳定性低于 4 h 内 ±0.92%。与功率稳定性相对应的在平均时间为 0.125~2000 s 内的艾伦方差，如图 3.2.8(b) 所示，在积分时间为 128 s 时达到最低值 1.35×10^{-3}。

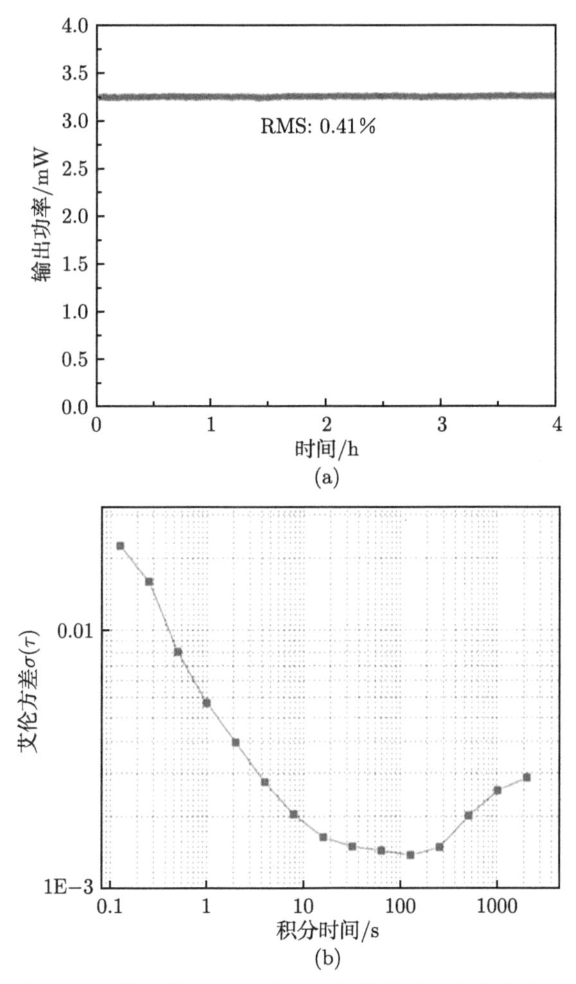

图 3.2.8 激光器 4 h 内功率稳定性及对应的艾伦方差

3.2.2.2 基于锁相放大器的鉴相稳频技术

1) 基本原理

基于锁相放大器的鉴相稳频技术 [15,16]，利用光学谐振腔上的压电陶瓷对激光进行一个小的频率调制 (调制频率 kHz 量级)，利用光学谐振腔的透射特性和锁相放大器的微分解调功能获取误差信号，然后通过反馈控制系统调谐激光频率，将激光频率锁定在光学谐振腔的共振频率上，其典型的结构示意图如图 3.2.9 所示。

激光器的锁腔电路以锁相放大器为核心，锁相放大器可以看作是一个输入量的相位差、增益等都可以精密调节的数字化乘法器，也可以看作是一个极窄带滤波器。锁相放大器 LA 内部的信号源从 OSC 端口输出十几千赫兹的正弦波信号，

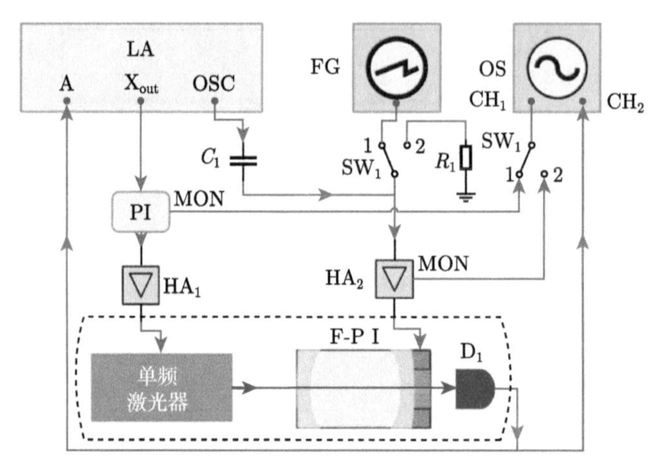

图 3.2.9　Lock-in 鉴相稳频结构示意图

经过高压放大器 HA_2 放大和叠加直流偏置后变成一个峰峰值约几伏特的脉动直流，作为调制信号，加到参考腔 F-P 干涉仪的压电陶瓷上，使腔长周期性地抖动。激光器输出的光经过参考腔后带有了腔的失谐信息，被光电二极管 D_1 探测，送入锁相放大器信号输入端 A，这个信号和锁相放大器内部信号源的正弦波相乘，经过一系列滤波后，得到误差信号从 X_{OUT} 端输出。误差信号经过比例积分电路 PI，高压放大器 HA_1，推动激光器腔镜上的压电陶瓷，从而改变激光器的输出频率，使之与参考腔的谐振频率一致。为了观察鉴频曲线，调整锁腔系统的参数，还需要加入锯齿波信号源 FG 和示波器 OS。两个单刀双掷开关用于切换观察状态和锁腔状态的电路连接，锁定状态时开关 SW_1 拨至位置 2，SW_2 拨至位置 1。电容 C_1 的阻值 4.7 μF，用于防止信号源产生的锯齿波窜入锁相放大器。电阻 R_1 的阻值和函数发生器的输出电阻相同，都是 50 Ω，因为在观察状态时，锁相放大器输出的正弦信号在高压放大器的输入电阻和信号源的输出电阻上分压，当切换到锁腔状态时，信号源断开，由于没有分压元件，输入高压放大器的正弦信号会突然增大，需要重新调节高压放大器的增益或者锁相放大器的输出振幅，所以需要加入 R_1 在锁腔状态下替代信号源的输出电阻。这套锁腔系统因为受到压电陶瓷响应速度和锁相放大器带宽的限制，调制频率只能达到几十千赫兹，容易受到激光器弛豫噪声的影响。图 3.2.9 中虚线框中为光路部分。

Lock-in 鉴相稳频和 PDH 稳频技术，也可以统称为鉴相稳频，这两种方法均是对激光进行调制，通过鉴相方式得到误差信号，并反馈到伺服控制系统中，从而实现激光稳频。Lock-in 鉴相稳频在技术上相对于 PDH 稳频技术要简单，成本也较低，也常用于量子光学实验中锁定激光频率、锁定两光束之间的相对相位等。两种稳频方法的不同之处在于，调制频率不同，抗扰动能力不同；另外，Lock-in 鉴相稳频的调制频率通常在光学腔的线宽内，利用光学谐振腔的透射特性进行稳频，而 PDH 稳频的调制频率通常在光学腔的线宽外，往往利用光学谐振腔的反射谱特性进行稳频。

2) 具体实例

以全固态单频连续波可调谐钛宝石激光器稳频进行讨论 [17]。为此，在钛宝石激光器谐振腔之外加入了由共焦 F-P 腔、锁相环路、PI 电路所组成的稳频系统。为了使共焦 F-P 腔更加稳定，减少其自身的频率漂移，在设计制作过程中共焦 F-P 腔的腔体采用膨胀系数极低的殷钢管制成，同时使用精密控温系统对其控温。将共焦 F-P 腔的一个腔镜固定在 PZT 上，当激光输出的一小部分注入到此参考腔中时，其透射的信号经探测器探测转化为电信号，然后通过锁相环路结合电子伺服系统 (PI 电路) 适时地跟踪激光器频率与参考 F-P 腔频率之间的误差信号，并将误差信号转变为执行信号反馈给激光器的执行元件，使激光器稳定地锁定在 F-P 腔的共振频率上。图 3.2.10 是鉴频曲线，峰峰值间频率宽度为 ±3.75 MHz。

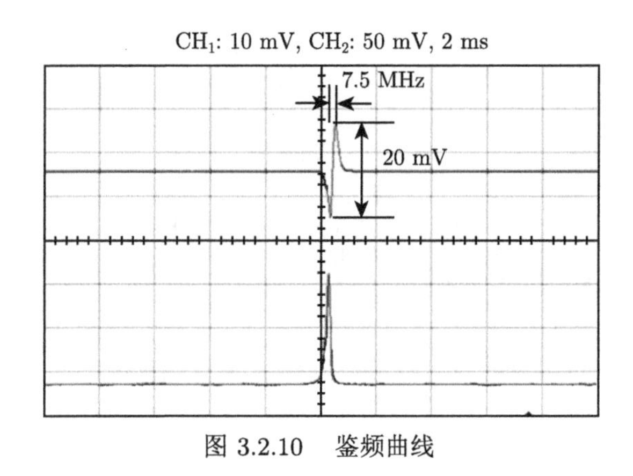

图 3.2.10 鉴频曲线

图 3.2.11 是自由运转状态下记录到的 F-P 腔的透射强度起伏，透射强度最大起伏相应于鉴频曲线峰峰值之间的频率宽度，由此可知，1 mV 起伏对应于 375 kHz 的频率起伏。图 3.2.12 是激光器锁定后透射强度最大起伏所对应的频率宽度，从结果中可以知道，激光器锁定后的频率起伏约为 ±188 kHz。激光器在自由运转和锁定情况下的频率漂移，如图 3.2.13、图 3.2.14 所示，可以看到，自由运转情况下，10 s 内激光器的频率稳定性优于 ±3.75 MHz，而在激光器被锁定以后，10 s 内激光器的频率稳定性优于 ±188 kHz。最后，我们还测试了激光器被锁定后的长期频率稳定性，如图 3.2.15 所示，可以知道在 15 min 内，激光器的频率稳定性优于 ±3.28 MHz。

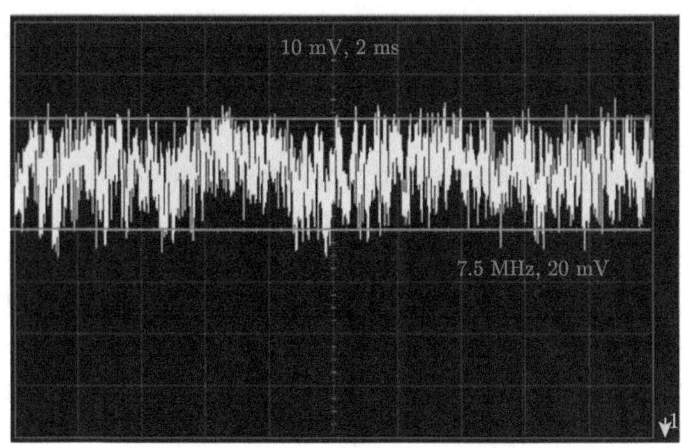

图 3.2.11　自由运转时激光器的强度噪声

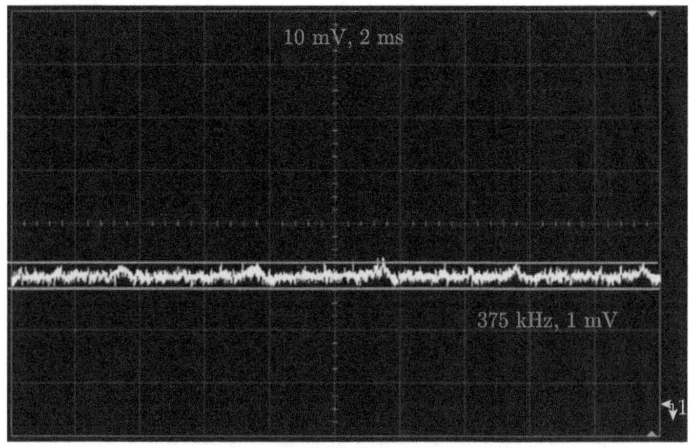

图 3.2.12　激光器锁定后的强度波动

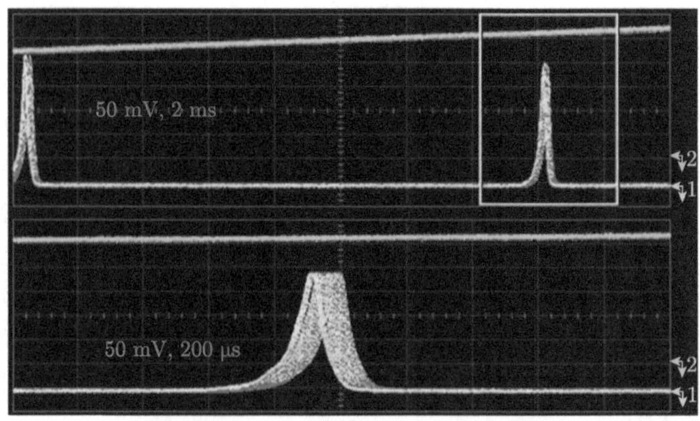

图 3.2.13　自由运转 10 s 的频率漂移

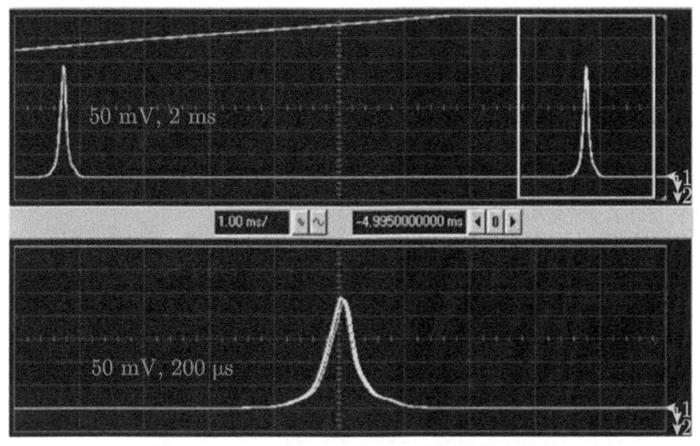

图 3.2.14 锁定后 10 s 的频率漂移

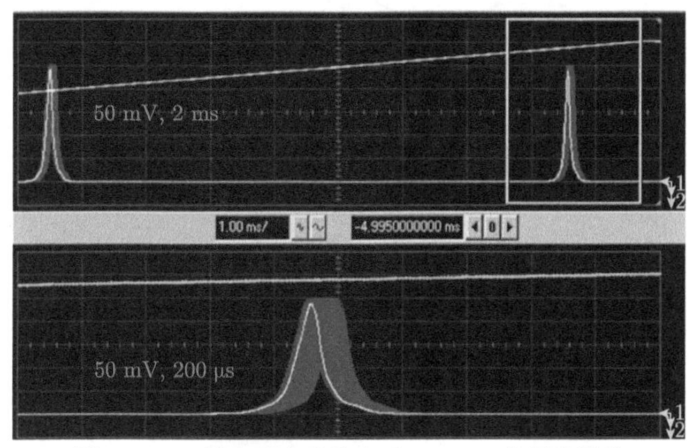

图 3.2.15 锁定到参考腔上后 15 min 的频率漂移

3.2.2.3 Hansch-Couillaud 稳频技术

Hansch-Couillaud(H-C) 稳频技术是通过探测参考 F-P 腔反射光场的偏振谱来实现激光器稳频的，因此，其区别于前两种技术的最大特点是需要在参考 F-P 腔内放置偏振片 [18]。随着科学研究的深入，H-C 稳频技术则更多地用于外腔倍频激光器或者腔增强拉曼激光器 [19] 以及原子吸收光谱等的锁定中。图 3.2.16 就是利用 H-C 稳频技术实现外腔倍频激光输出的实验装置图 [20]。一束线偏振光通过$\lambda/2$ 波片和耦合透镜 f 后入射到包含有双折射晶体的环形谐振腔内，然后对入射腔镜的反射光偏振态进行检测。通过调节$\lambda/2$ 波片使入射光的偏振方向与晶体的寻常光 (o 光) 和非寻常光 (e 光) 方向存在一定夹角，如图 3.2.17 所示，激光的偏振方向与晶体的 o 光方向成 θ 角。光束的传播方向一般不与晶体的光轴重合。由于双折射效应，入射光在晶体中会分解为 o 光和 e 光两部分，它们对应的晶体折射率分别为 n_{o} 和 n_{e}，由于折射率不同，光在晶体中会发生走离，即 o 光和 e

光的传播方向及路径不再一致，因此，如果将具有走离效应的晶体放置在环形腔内，就只有一个偏振方向的光与腔共振，即当 o 光或 e 光中一束光与环形腔共振时，另一束光就会由于不与腔共振而直接反射出腔外，且从环形腔反射的光一部分来自入射腔镜直接反射的 o 光和 e 光，另一部分来自与环形腔共振的光在腔内多次往返时由入射腔镜透射出的光。

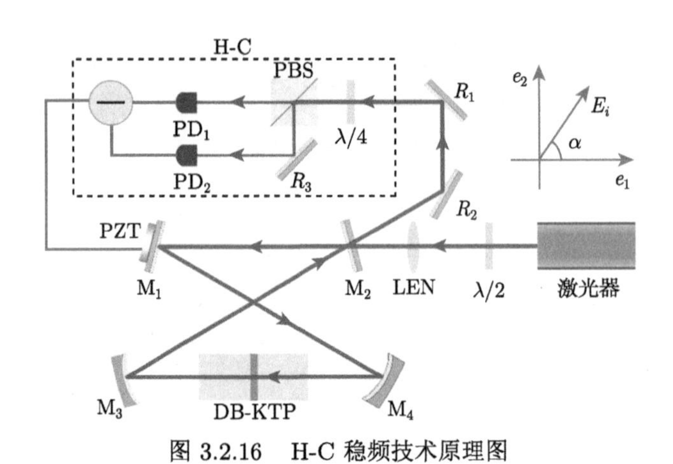

图 3.2.16　H-C 稳频技术原理图

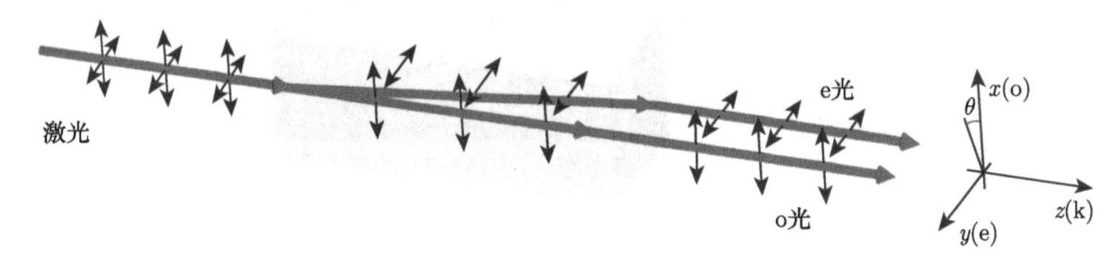

图 3.2.17　激光在晶体中的传输示意图

为了便于描述，以 o 光与环形腔共振为例进行说明。这时环形腔的反射光就由直接反射的 o 光和 e 光及在腔内形成驻波的 o 光的透射光组成。

对于 x 方向 (即 o 光方向) 的反射光场可以计算得到

$$
\begin{aligned}
E_x^{\mathrm{r}} &= E_x^{\mathrm{i}}\left\{\sqrt{R_{\mathrm{i}}} - \frac{T_{\mathrm{i}} R \exp(\mathrm{i}\delta)}{1 - R\sqrt{R_{\mathrm{i}}}\exp(\mathrm{i}\delta)}\right\} \\
&= E_x^{\mathrm{i}}\left\{\sqrt{R_{\mathrm{i}}} - T_{\mathrm{i}} R \frac{\cos\delta + \mathrm{i}\sin\delta - R\sqrt{R_{\mathrm{i}}}}{\left(1 - R\sqrt{R_{\mathrm{i}}}\right)^2 + 4R\sqrt{R_{\mathrm{i}}}\left(\sin\dfrac{\delta}{2}\right)}\right\}
\end{aligned}
\tag{3.2.20}
$$

y 方向 (即 e 光方向) 由于腔内 e 光的高损耗而只存在由入射腔镜直接反射的光，因此，可以表示为

$$E_y^{\mathrm{r}} = E_y^{\mathrm{i}} \sqrt{R_{\mathrm{i}}} \tag{3.2.21}$$

式中，$E_x^{\mathrm{i}} = E^{\mathrm{i}} \cos\theta$，$E_y^{\mathrm{i}} = E^{\mathrm{i}} \sin\theta$ 分别表示入射光场在 x 和 y 方向上的分量；R_{i} 和 T_{i} 分别表示入射腔镜的反射率和透射率 (内外表面一致)；R 是往返一次的振幅比率，表示激光在腔内总的行程损耗，它包括除入射腔镜外环形腔其他腔镜的透射损耗、腔内晶体对光的反射和吸收及其他的损耗；δ 是 o 光在环形腔内每行进一周所产生的相移，它由光在腔内行进一周的光程决定。由环形腔入射腔镜反射的两垂直偏振光由于存在一定的相位差而合成新的偏振态。当 x 方向偏振的光 (o 光) 在腔内共振时 (δ=2$m\pi$)，即两部分反射光的相位差为 0，如果入射光是线偏振光，则合成后的反射光仍然是线偏振光。若当 x 方向偏振的光 (o 光) 在腔内不共振即左偏或者右偏时，两部分反射光会合成左旋或右旋偏椭圆偏振光，符合 H-C 稳频技术的基本要求，因此通过对反射光的偏振态检测就可获得激光频率与环形腔失谐的误差信号。

偏振检测系统由$\lambda/4$ 波片、偏振分束器以及两个光电探测器组成，其中$\lambda/4$ 波片的快轴方向与非线性晶体的 o 光方向夹角为 45°，偏振分束器的两个特征轴方向分别与非线性晶体的 o 光和 e 光方向相同。利用琼斯矩阵计算可以得到偏振分束器两偏振方向的出射光场为

$$\begin{aligned}
\begin{bmatrix} E_a \\ E_b \end{bmatrix} &= J_{\mathrm{ROT}}(-\pi/4)\, J_{\mathrm{QWP}} J_{\mathrm{ROT}}(\pi/4) \begin{bmatrix} E_x^{\mathrm{r}} \\ E_y^{\mathrm{r}} \end{bmatrix} \\
&= \frac{1}{2} \begin{bmatrix} 1 & -1 \\ 1 & 1 \end{bmatrix} \begin{bmatrix} 1 & 0 \\ 0 & \mathrm{i} \end{bmatrix} \begin{bmatrix} 1 & 1 \\ -1 & 1 \end{bmatrix} \begin{bmatrix} E_x^{\mathrm{r}} \\ E_y^{\mathrm{r}} \end{bmatrix} \\
&= \frac{1}{2} \begin{bmatrix} E_x^{\mathrm{r}} + E_y^{\mathrm{r}} - \mathrm{i}\left(-E_x^{\mathrm{r}} + E_y^{\mathrm{r}}\right) \\ E_x^{\mathrm{r}} + E_y^{\mathrm{r}} + \mathrm{i}\left(-E_x^{\mathrm{r}} + E_y^{\mathrm{r}}\right) \end{bmatrix}
\end{aligned} \tag{3.2.22}$$

式中，$J_{\mathrm{ROT}}(\theta)$、J_{QWP} 分别为光轴旋转 θ 和$\lambda/4$ 波片的琼斯矩阵；E_a、E_b 分别表示偏振分束器两个偏振方向上的光场，用两个探测器去探测这两部分光，再经过减法器后得到两部分光的光强差：

$$\begin{aligned}
I_a - I_b &= |E_a|^2 - |E_b|^2 \\
&= \frac{1}{4}\left[E_x^{\mathrm{r}} + E_y^{\mathrm{r}} - \mathrm{i}\left(-E_x^{\mathrm{r}} + E_y^{\mathrm{r}}\right)\right] \cdot \left[E_x^{\mathrm{r}*} + E_y^{\mathrm{r}*} + \mathrm{i}\left(-E_x^{\mathrm{r}*} + E_y^{\mathrm{r}*}\right)\right] \\
&\quad - \frac{1}{4}\left[E_x^{\mathrm{r}} + E_y^{\mathrm{r}} + \mathrm{i}\left(-E_x^{\mathrm{r}} + E_y^{\mathrm{r}}\right)\right] \cdot \left[E_x^{\mathrm{r}*} + E_y^{\mathrm{r}*} - \mathrm{i}\left(-E_x^{\mathrm{r}*} + E_y^{\mathrm{r}*}\right)\right] \\
&= \mathrm{i}\left(E_x^{\mathrm{r}} E_y^{\mathrm{r}*} - E_x^{\mathrm{r}*} E_y^{\mathrm{r}}\right)
\end{aligned} \tag{3.2.23}$$

令入射光场 $E^{\mathrm{i}}=1$，则 $E_x^{\mathrm{i}}=\cos\theta$，$E_y^{\mathrm{i}}=\sin\theta$，将 E_x^{r} 和 E_y^{r} 的表达式代入式 (3.2.23) 得

$$I_a-I_b=2\cos\theta\sin\theta\times\frac{T_{\mathrm{i}}R\sqrt{R_{\mathrm{i}}}\sin\delta}{\left(1-R\sqrt{R_{\mathrm{i}}}\right)^2+4R\sqrt{R_{\mathrm{i}}}\left(\sin\dfrac{\delta}{2}\right)^2}\tag{3.2.24}$$

这就是 H-C 频率锁定的误差信号，且该信号正比于腔对激光的色散函数。由式 (3.2.24) 可以看出，当入射光的偏振方向与晶体的 o 光方向成 45° 角时，得到的信号最大。但当频率锁定到某一偏振模式 o 光或 e 光偏振态时，只有一半的能量进入腔内，这不适合于要求高的激光–腔耦合情况，因此通常设置 θ 为一个较小的角度。为了分析 θ 角不同时对误差信号的影响，取式 (3.2.24) 中 T_{i}=0.07，$R=R_{\mathrm{i}}$=0.93，计算得到 θ 分别取 π/36、π/9、π/4、5π/12 时的误差信号，如图 3.2.18 所示。在图中所示的每一个周期内，误差信号的零点处代表了 o 光与环

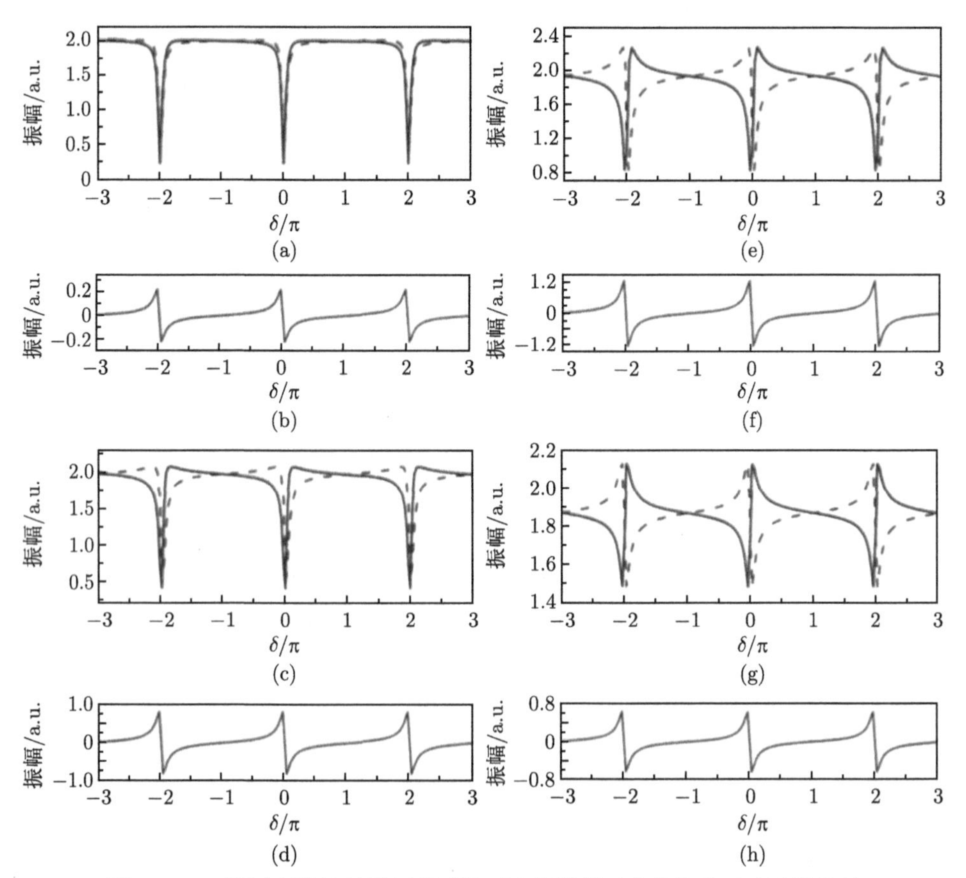

图 3.2.18　通过理论计算模拟得到的两个探测器对应的信号以及误差信号

(a)，(b)：$\theta=\pi/36$；(c)，(d)：$\theta=\pi/9$；(e)，(f)：$\theta=\pi/4$；(g)，(h)：$\theta=5\pi/12$

形腔共振。图中 (a)，(c) 和 (e)，(g) 为两个探测器对应信号的模拟结果，实线表示垂直偏振光强，虚线表示水平偏振光强，可见当 θ 角不同时，其形状发生了明显的变化。不同 θ 角时对应的误差信号如图 3.2.18(b)，(d) 和 (f)，(h) 所示，可以看出误差信号的线型没有发生变化，仅仅是幅度改变了，说明入射偏振光的角度几乎不影响误差信号的线型。

对于 e 光共振的情况也可得到类似于图 3.2.18 的信号。

3.3 功率稳定性

功率稳定性也是评价激光器的一个重要指标，直接决定着激光器在各领域的应用效果。而影响激光器的功率稳定性的因素很多，包括泵浦源的稳定性、环境的变化、晶体材料的性质、谐振腔的稳定性等。激光器的功率稳定性通常用功率的不稳定度来表征，一般分为 RMS 功率稳定性和峰峰值功率稳定性。其中，RMS 稳定性是指测试时间内所有采样功率值的均方根与功率平均值的比值，描述的是输出功率偏离功率平均值的分散程度。而峰峰值功率稳定性是指输出功率的最大值和最小值之差与功率平均值的比值，表征的是一定时间内的输出功率的变化范围。本节重点介绍一种采用楔形 Nd:YVO_4 晶体提高激光器稳定性的技术和方法。

3.3.1 端面平行的 Nd:YVO_4 晶体

Nd:YVO_4 晶体是单轴双折射晶体，其中 c 轴为光轴 ($n_c = n_e$=2.1652@1064 nm)，另外两个方向的折射率相同 ($n_a = n_b = n_o$=1.9753@1064 nm)，因此，对 Nd:YVO_4 晶体采用不同的方式切割会表现出不同的性质。Nd:YVO_4 晶体作为全固态激光器工作物质时，其切割方式主要有 a 轴切割、c 轴切割和离轴切割。图 3.3.1 给出了不同晶体切割方式的示意图，其中 θ 表示入射光线与光轴的夹角，φ 表示入射光线与 a 轴的夹角。

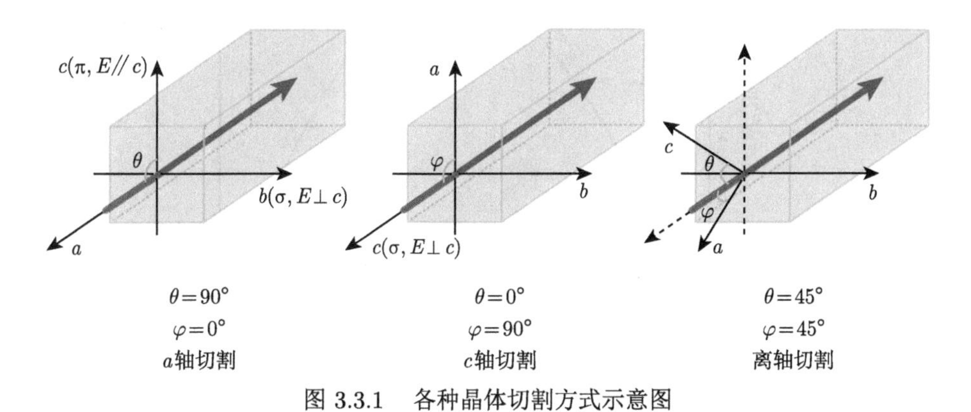

图 3.3.1 各种晶体切割方式示意图

$Nd:YVO_4$ 晶体的受激发射截面各向异性 (25×10^{-19} cm@1064 nm，π 偏振，$E//c$ 轴；7×10^{-19} cm@1064 nm，σ 偏振，$E\perp c$ 轴)。对于 c 轴切割的晶体，由于 a、b 轴完全等价，只要线偏振光垂直晶面入射，电场方向始终垂直于晶体的光轴，晶体不表现出双折射效应，此时的受激发射截面为 7×10^{-19} cm@1064 nm。由于 c 轴切割晶体的受激发射截面较小，因此以 c 轴切割的晶体研制的激光器，其阈值要远大于以 a 轴切割的晶体研制的激光器，而且在相同条件下 c 轴切割的晶体研制的激光器的斜效率也要比 a 轴切割的晶体研制的激光器小。由于 c 轴切割的晶体不表现出双折射效应，受激发射输出的激光不是线偏振光，因此 c 轴切割的晶体很少在连续激光器中使用。对于 a 轴切割的晶体，平行于光轴的受激发射截面是 25×10^{-19} cm@1064 nm，垂直于光轴的受激发射截面是 7×10^{-19} cm@1064 nm，由于增益竞争，激光输出沿着特殊的 π 方向呈线性偏振 (平行于光轴)。偏振输出有一个优点，即可以避免多余的热致双折射。但是，当激光谐振腔内有对偏振选择损耗的元件时，可能会改变各个偏振模的净增益特性。

对于离轴切割的 $Nd:YVO_4$ 晶体，晶体垂直激光腔轴线放置时，c 轴与激光腔轴线成 θ 角，o 光沿激光腔轴线传播，e 光偏离轴线。相互分离的 o 光和 e 光之间形成夹角ρ，此夹角同 θ 的关系可以表示为

$$\rho = \arctan\left[\frac{(n_{\mathrm{o}}^2 - n_{\mathrm{e}}^2)\tan\theta}{n_{\mathrm{e}}^2 + n_{\mathrm{o}}^2\tan^2\theta}\right] \tag{3.3.1}$$

用公式 (3.3.1) 我们可以得到相互分离的 o 光和 e 光构成夹角ρ 与 θ 角之间的关系如图 3.3.2 所示。从图 3.3.2 可以知道，随着入射光束与光轴的夹角 θ 的增大，o 光和 e 光的夹角ρ 也增大；当入射光束与光轴呈 θ=47° 时，相互分离的 o 光

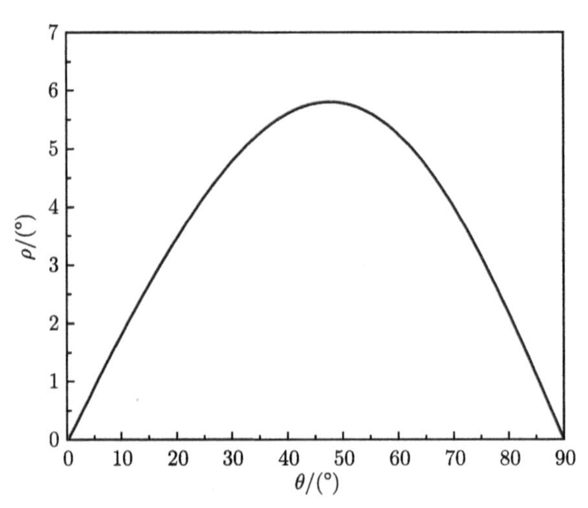

图 3.3.2　走离角 ρ 随入射光束与光轴的夹角 θ 的变化关系

和 e 光有最大夹角ρ=5.8°；当入射光束与光轴的夹角 θ 继续增大时，ρ 的值不再增加，而是随 θ 的增大而减小。由于两束光在空间上有所分离，所以在激光器中，o 光和 e 光有不同的传播路径，因此确定的谐振腔对它们有不同的几何偏折损耗，通过调节谐振腔就可能选择不同偏振的模式起振。

当 $Nd:YVO_4$ 晶体的切割方向与 c 轴 (光轴) 的夹角介于 0°~90° 时，$Nd:YVO_4$ 晶体在激光器内就起到两个作用：

(1) 作为双折射晶体，使振荡光分为 o 光和 e 光，产生在空间上的走离；

(2) 作为有选偏功能的增益介质，其发射截面理论上讲应该介于 $7\times10^{-19}\sim25\times10^{-19}\text{cm}^2$ 之间，或者激光输出模式应该在 π 偏振与 σ 偏振模式之间有跃变性的选择。

但是，从上面的分析可知，离轴切割有两个缺点：

(1) 离轴切割可能使 $Nd:YVO_4$ 晶体的受激发射发生在 σ 偏振方向，影响激光器的效率；

(2) 离轴切割时，o 光和 e 光的夹角ρ 的最大值是 5.8°，需要 o 光和 e 光有更大的分离角度时，离轴切割方式就不能满足需要。

前述的 $Nd:YVO_4$ 晶体的两个端面均相互平行。对于 a 轴切割晶体，平行于光轴方向的受激发射截面是垂直于光轴方向的受激发射截面的 4 倍。如果设计的激光器需以 π 偏振激光运转，则无需在谐振腔中插入起偏元件，仅靠增益竞争即可实现 π 偏振激光运转；但如果设计的激光器需以 σ 偏振激光运转，则需在谐振腔中插入起偏元件，通过损耗抑制 π 偏振激光振荡，从而实现 σ 方向偏振激光运转。利用上述原理，当激光器 π 偏振激光振荡、基频光单频运转时，无需在谐振腔中插入起偏器，激光器可长期单频稳定运转。但在用 I 类相位匹配的非线性晶体作为倍频晶体的高功率内腔倍频激光器中，由于存在大的倍频非线性转换损耗，而且非线性转化对基频光的损耗具有偏振选择性。对于满足相位匹配的偏振方向的光，转化效率最高，损耗较大；与相位匹配方向垂直的偏振方向的光，转化效率为零，损耗最小；偏振方向在这两个方向之间的光，转化效率介于零和最高之间，而且随着基频光的偏振方向远离相位匹配方向，倍频转化效率越小，对基频光的损耗也相应减小。

图 3.3.3 是简化的内腔倍频激光器模型，它表示一般情况下 $Nd:YVO_4$ 晶体和倍频晶体的相位匹配方向。由于 $Nd:YVO_4$ 晶体在 π 偏振方向的受激发射截面最大，为了获得较高的转化效率，一般选取 π 偏振方向为倍频晶体的相位匹配方向。这样倍频晶体对 π 偏振方向的基频光有大的非线性损耗，而对 σ 偏振方向的光没有损耗。这样 σ 偏振激光的净增益将可能大于 π 偏振激光的净增益，σ 偏振激光将可能起振，于是激光器的运转状态发生变化。在用环形腔选模的激光器中，单向器起作用的前提条件是基频光是线偏振光而且偏振方向固定。而由前面所述

非线性损耗引起的激光器偏振方向改变也会影响激光器的单向状态，进而影响激光器的单频工作状态。另外，非线性损耗可能会使激光晶体在各个方向的净增益大小相当，不能通过增益竞争得到偏振度很好的线偏振光，结果也会影响激光器的单向状态。

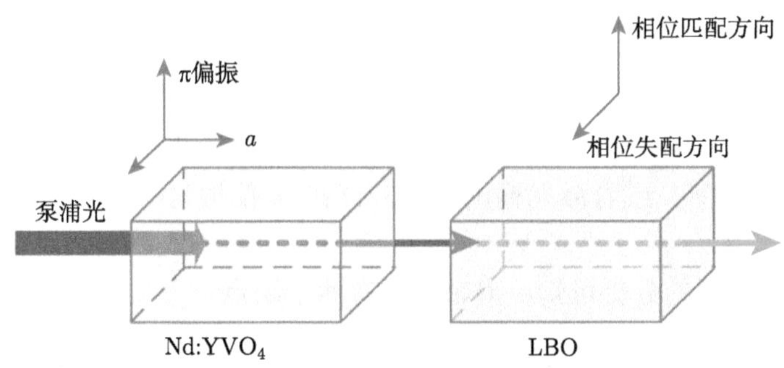

图 3.3.3　简化的内腔倍频激光器模型，一般情况下，$Nd:YVO_4$ 晶体和倍频晶体的相位匹配方向

3.3.2　楔形 $Nd:YVO_4$ 晶体

3.3.2.1　切割方式

为了避免由于非线性损耗引入的激光器偏振方向和单向状态的改变，我们设计了如图 3.3.4 所示的楔子状 $Nd:YVO_4$ 晶体 [21]。

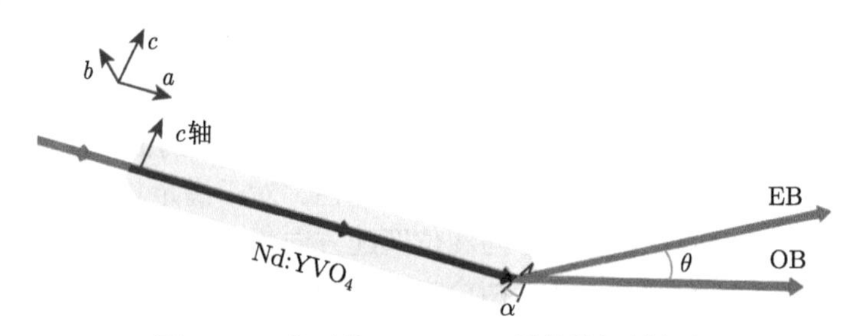

图 3.3.4　楔子状 $Nd:YVO_4$ 晶体的切割方案

$Nd:YVO_4$ 晶体的前端面平行于晶体的光轴，后端面与晶体的光轴成 α 度角。这样，$Nd:YVO_4$ 晶体在作为增益介质的同时，也起到了谐振腔内光束分束器的作用，当光的偏振方向平行于光轴时，光线从晶体后表面入射到空气中时，会沿图 3.3.4 中的 EB 方向传播；当光的偏振方向垂直于光轴时，光线从晶体后表面入射到空气中时，会沿上图 3.3.4 中的 OB 方向传播；对于波长为 1064 nm 的光来说，$Nd:YVO_4$ 晶体对寻常光线和非常光线的折射率分别为 1.9573 和 2.1652，当光线从晶体入射到空气时，寻常光线和非常光线的传播方向都偏离原来的传播方

向，两个偏振分量传播方向的夹角 θ 由晶体后端面与光轴所成的角度 α 决定。α 越大，θ 越大，这就克服了前述离轴切割晶体分离角有一个最大值的缺点，以满足任意的分束要求。

两个偏振分量传播方向的夹角 θ 与晶体后端面与光轴所成的角度 α 之间满足的关系如图 3.3.5 所示，α 越大，θ 越大，当 α 超过某个值时，θ 值急剧增大，在实际激光器中，我们根据谐振腔、非线性损耗和泵浦功率等参数来决定 α 的大小。使谐振腔选择其中的一个偏振分量在腔内振荡，即当谐振腔对其中一个分量准直时，另一个分量由于几何偏折损耗不能在腔内振荡，反之亦然。由于 $Nd:YVO_4$ 晶体在平行于光轴方向的受激发射截面最大，因此我们选用 e 光在谐振腔内振荡。这样，当受激发射光的偏振方向平行于光轴时，光线不会因楔角而引入损耗；当受激发射光的偏振方向垂直于光轴时，楔角会对光线引入损耗，损耗的大小由激光谐振腔的参数决定。这样由于增益竞争，受激发射光的偏振方向就会被限制在平行于光轴的方向。激光器的偏振状态和单向状态就不会随泵浦功率、晶体温度和谐振腔状态的改变而改变，从而获得稳定高效的单频激光输出。

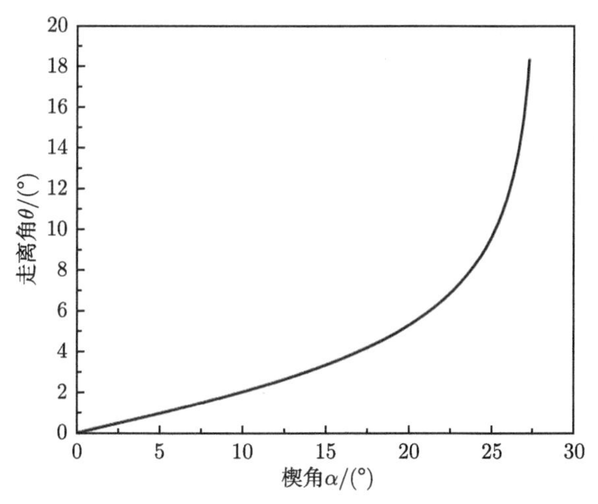

图 3.3.5 走离角 θ 随楔角 α 的变化关系曲线

α 角太小，不能引入足够的几何偏折损耗，不能有效选取 π 偏振模振荡；α 角太大，又会造成晶体的镀膜、激光器的设计方面的麻烦，因此定量地选择 α 角的大小是设计激光器的重要一步。我们从激光振荡的条件出发，利用 π 偏振模和 σ 偏振模各自的增益损耗关系，得到了 π 偏振模和σ 偏振模各自的净增益表达式。根据前面的分析，由于 $Nd:YVO_4$ 晶体在平行于光轴方向 (π 偏振) 的受激发射截面最大，因此我们调整谐振腔使它对 π 偏振方向的光闭合。这时谐振腔对 π 偏振方向的光没有几何偏折损耗，对 σ 偏振方向的光有几何偏折损耗；为了获得最佳倍频，我们放置 LBO 晶体使它和 π 偏振方向的光满足相位匹配，这时 σ 偏振方向的光没有非线性损耗；理论上，π 偏振方向的光的非线性损耗就是内腔倍频激光器的最佳倍频转化效率，最佳倍频转化效率系数可以表示为 $K=2L/S_0$。

3.3.2.2 工作原理

根据激光腔内模的起振条件 (模式竞争原理，净增益较大的模在腔内优先起振)，我们列出腔内不同偏振模的净增益表达式。根据上述分析，要使 π 偏振模在腔内稳定振荡，π 偏振模和 σ 偏振模的增益和损耗需满足下面的关系 [22]：

$$G_{\pi}=\frac{2g_{\pi}l}{1+\dfrac{2S}{S_0}}-L-KS=0 \tag{3.3.2}$$

$$G_{\sigma}=\frac{2g_{\sigma}l}{1+\dfrac{2S}{S_0}}-L-D(\alpha)\frac{2g_{\mathrm{o}}l}{1+\dfrac{2S}{S_0}}<0 \tag{3.3.3}$$

式中，G_{π} 和 G_{σ} 分别为 π 偏振模和 σ 偏振模的净增益；g_{π} 和 g_{σ} 分别为 π 偏振模和 σ 偏振模的小信号增益；S_0 是 $Nd{:}YVO_4$ 晶体的饱和功率密度；S 是腔内功率密度；L 是线性损耗，不包括非线性损耗和几何偏折损耗；K 是非线性转化系数，最佳值为 $2L/S_0$；$D(\alpha)$ 表示几何偏折损耗系数，它是和楔角 α 有关的量，我们从 α 的大小可以得到 θ 的大小，从 θ、谐振腔长度和光束参数就能建立起 $D(\alpha)$ 和 α 的关系。因为 π 平行于偏振方向的受激发射截面为 σ 平行于偏振方向受激发射截面的 4 倍，因此 π 偏振方向的小信号增益 g_{π} 也为 σ 偏振方向小信号增益 g_{σ} 的 4 倍。

我们用 Findlay 和 Clay 提出来的方法测量了激光器的如下参数 (L=4.72%, $g_{\mathrm{e}}l=0.1553P_{\mathrm{in}}$，$g_{\sigma}l=0.0388P_{\mathrm{in}}$)，并用 $ABCD$ 矩阵法计算了激光器内腔模参数的值 (ω_0=300 μm)。将上述参数代入方程 (3.3.2) 和 (3.3.3)，得到要获得稳定的 π 偏振模振荡，α 与泵浦功率 P_{in} 需要满足的关系，图 3.3.6 是临界条件。即对于确定的泵浦功率 P_{in}，当楔角 α 的值大于曲线所示的值时，σ 平行于偏振方向的光能被完全抑制，从而得到稳定的 π 偏振方向的光振荡。当楔角 α 的值小于曲线所示的值时，它引入的夹角 θ 太小，不足以抑制 σ 偏振方向的光。随着泵浦功率的增加，非线性过程会导致 π 偏振方向的光有更大的损耗，为了有效抑制 σ 平行于偏振方向的光振荡，需增大楔角 α 的值。

对于所用的 30 W 泵浦源来说，从图 3.3.6 可以得到满足条件的最小楔角 α 的值为 1.1°。根据前面的分析，我们设计了一个楔子状复合 $Nd{:}YVO_4$ 晶体作为增益介质，楔角 α 的大小为 1.5°，大于满足条件的最小楔角 α 的值。用此设计可以有效抑制σ 偏振方向的光在谐振腔内振荡，获得稳定的 π 偏振激光输出。激光器有稳定的偏振方向，因此单向状态保持稳定，从而保证高稳定的激光输出。

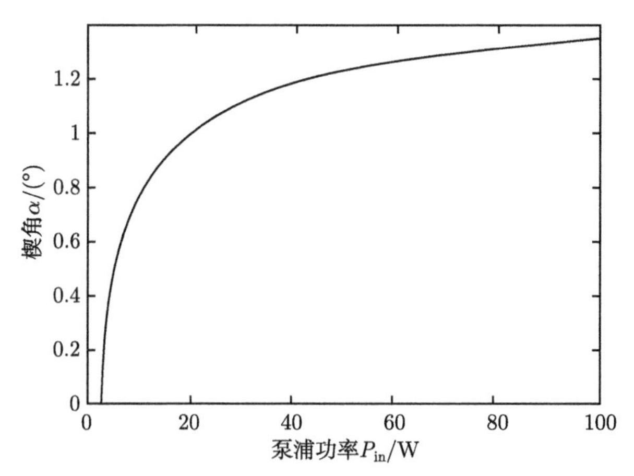

图 3.3.6 满足条件的最小楔角与泵浦功率的关系曲线

3.3.2.3 实验装置和结果

用前述的楔子状 $Nd:YVO_4$ 晶体作为增益介质，我们设计了如图 3.3.7 所示的四镜环形谐振腔，$Nd:YVO_4$ 晶体的尺寸为 3 mm×3 mm×15 mm，由长度为 5 mm 的无掺杂棒和长度为 10 mm 掺杂棒键合而成，掺杂部分的掺杂浓度为 0.3%；倍频晶体选用 I 类非临界相位匹配的 LBO 晶体，晶体的尺寸为 3 mm×3 mm×18 mm；光学单向器由法拉第旋转器和半波片组成，用来迫使激光器单向运转；标准具作为光学滤波器用来压窄增益介质的受激发射带宽；泵浦源的最大输出功率为 30 W，用两个透镜组成的整形–聚焦系统耦合到 $Nd:YVO_4$ 晶体的内部，泵浦光在 $Nd:YVO_4$ 晶体上的最小光斑直径为 680 μm，基频光在 $Nd:YVO_4$ 晶体位置的光斑直径为 600 μm，这种设计是为了满足高功率激光器的模匹配条件。

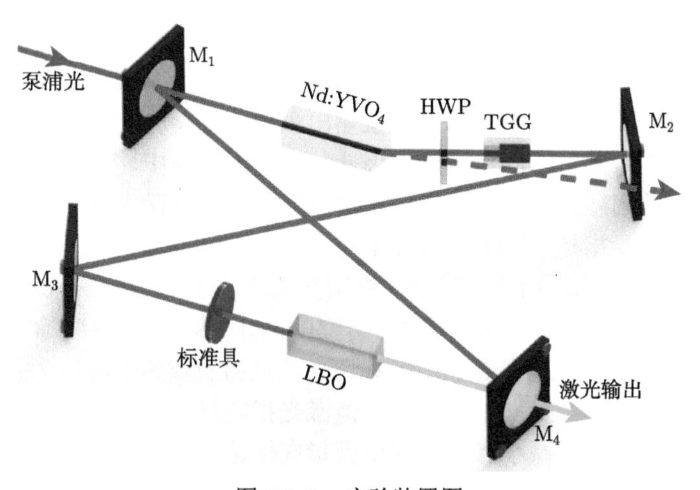

图 3.3.7 实验装置图

当泵浦功率为 30 W 时，获得 6.5 W 稳定的单纵模绿光输出，输出光的光束质量因子小于 1.2，不考虑泵浦光传输损耗的情况下，对应的激光器的光–光转化效率为 21.7%。激光器 3 h 的功率稳定性优于 ±0.3%(图 3.3.8)，用格兰棱镜作为偏振测量器件，测量得到输出光束的偏振度大于 500:1。输出的倍频光被送入功率计测量激光器的功率，基频光被耦合入扫描的 F-P 干涉仪用来检测激光器的纵模特性，发现激光器可以稳定单频运转。

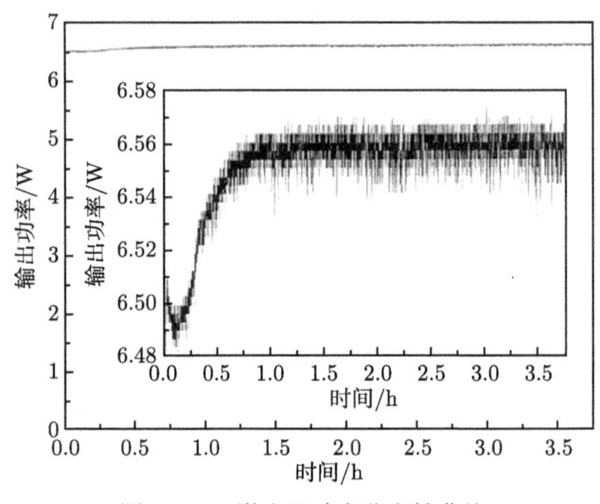

图 3.3.8　激光器功率稳定性曲线

3.4　指向稳定性

3.4.1　基本概念

为了表征激光的指向性 [23]，人们提出了指向角及其偏移量的概念，并定义激光谐振腔的中心轴线为光轴；远场光斑中心在某一时刻偏离激光器光轴的角度定义为该时刻的指向角，并以此来衡量输出激光的方向稳定性。指向角偏移量能够合理衡量激光输出方向的稳定性。因此，在实际操作中，指向角的偏移量是设计者应当关心的问题，而且激光指向稳定性已经被国际激光器厂商视为评定激光器品质的一个重要指标，例如 Continuum 公司的 Powerlite™ procession II 9000 激光器在温度变化 $\Delta T<3$ °C 时的光束指向偏移小于 30 μrad；Quantel 公司的 Brilliant 系列激光器的光束指向偏移小于 50 μrad。为满足应用，有些高级光源的远场打靶指向精确度可达到 0.2 μrad 以下。从上面的叙述中可知为了确保激光的应用，应该尽量减小其指向不稳定度，但激光指向抖动是不可避免的，所以应对其进行精确的测量，以减小激光应用中因指向性造成的误差，这对于激光的实际应用是很有意义的。

目前，绝大多数厂家所生产的激光器都会对其输出光束指向抖动做一个数量上的说明，对于激光指向抖动的说明应包含：

(1) 所给出的指向抖动数量值是相对于哪个基准轴的，在一定时间内可能的角度范围；

(2) 要说明给出的指向抖动数量值是绝对值还是统计值；

(3) 测量过程中周围环境的温度，系统建立热平衡所需要的时间，以及在测量过程中系统的输出能量是相对稳定的还是不断变化的；

(4) 要对测量方法进行说明，激光是直接入射到探测器，还是经过了光学系统，因为光学系统会改变光束的指向抖动值。

产生激光指向偏移的原因有：

(1) 机械振动和温度变化对光学器件方位会产生影响，从而使谐振腔内的激光模式及其输出方向受到影响。例如车载装置就会由于固定装置的振动造成晶体和输出镜面的微小幅度的偏移，这会造成激光方向发生微小波动。需要说明的是，并不是谐振腔的腔镜发生一定的倾斜就一定会引起输出光束同等程度的偏斜，反而可能导致激光指向抖动与平行于光轴方向的光束线偏移结合到一起。由于激光还可能经过很复杂的光学系统，系统中有反射镜、分束镜、透镜和棱镜等器件，这些器件稳定与否直接影响到激光的指向，而这些器件的稳定性与固定这些器件的机械结构体有很大关系。

(2) 激光指向抖动还可以单独由热效应引起，尤其是晶体的热透镜效应。晶体热透镜效应除了可以使光束会聚之外，还会引起光束的偏斜，这在当激光晶体受到不均匀泵浦及激光晶体的轴向方向与谐振腔的光轴方向没能很好重合时尤为显著。

因此改善激光器的指向稳定性主要从以下几方面入手：

(1) 尽量减小激光器及其元器件固定装置的机械振动。

(2) 减小激光器的热效应，例如固体激光器应该尽可能改善其冷却装置。半导体泵浦激光器则应优化其热沉的设计，同时要将激光器中的热源像激光二极管、电子回路等与光学器件隔离开。

(3) 应提高激光器的调节精度，这样同时还可改善激光器的其他指标，如光束质量。

3.4.2 测量原理

如图 3.4.1 所示，激光指向角的定义为，激光在靶面上相对于光轴的距离与激光输出镜到靶面距离之比。其中 d 为激光打在靶面位置相对于光轴的偏差，L 为激光输出口到靶面的距离。

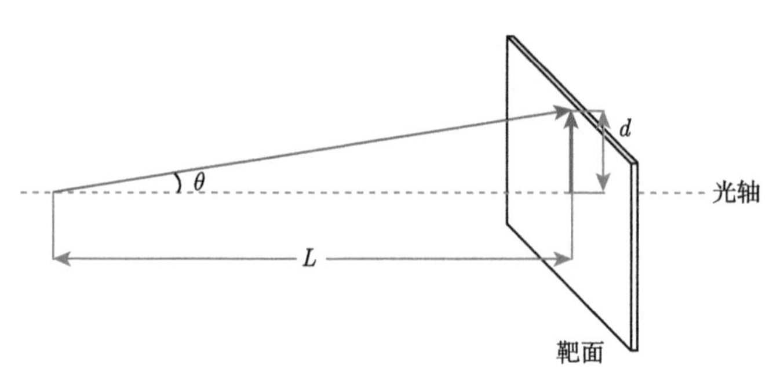

图 3.4.1　激光指向抖动示意图

由于激光指向抖动每个时刻都不一样，具有随机性，因此，对一台给定的激光系统，需应用统计的方法来确定激光光束的指向抖动。

在实际测量时，要确定激光的指向角的大小，首先应确定激光在靶面上的入射位置偏离光轴的距离，由于光束指向抖动很快，为了能够及时、准确地确定光斑的位置，通常选择用 CCD 来监测光斑的位置。由于指向抖动具有随机性，所以对于激光偏离光轴的位移可以读取多个激光的位置坐标，计算出偏离位移的标准偏差来代表激光在靶面上的入射位置偏离光轴的距离，再用该值除以激光器到靶面的距离即可得出激光指向抖动的大小，其步骤如下。

(1) 由光束功率 (能量) 密度分布函数的一阶矩来定义光斑中心：

$$x=\frac{\iint xI(x,y,z)\mathrm{d}x\mathrm{d}y}{\iint I(x,y,z)\mathrm{d}x\mathrm{d}y} \tag{3.4.1}$$

$$y=\frac{\iint yI(x,y,z)\mathrm{d}x\mathrm{d}y}{\iint I(x,y,z)\mathrm{d}x\mathrm{d}y} \tag{3.4.2}$$

其中，(x,y) 为光斑中心坐标，$I(x,y,z)$ 为光斑的能量分布函数。

(2) 指向角的偏移量：在 $t_1\sim t_2$ 时间段内，每隔一定时间测量一次光斑中心位置，设第 n 次测量得到的光斑中心位置为 (x_n,y_n)，测量 N 个点坐标，取算术平均值得到的坐标值即认为是光轴坐标为 (x_0,y_0)

$$\begin{aligned}x_0&=\sum_{n=1}^{N}x_n/N\\y_0&=\sum_{n=1}^{N}y_n/N\end{aligned} \tag{3.4.3}$$

(3) 计算出光斑中心偏离光轴的标准偏差为

$$\Delta=\sum_{n=1}^{N}\sqrt{\frac{(x_n-x_0)^2+(y_n-y_0)^2}{N-1}} \tag{3.4.4}$$

(4) 若激光器到靶面位置的距离为 L，指向角的偏移量可以表示为

$$\theta=\frac{\Delta}{L} \tag{3.4.5}$$

综上，测量激光远场指向性的变化实际上就是测量激光光斑中心的偏移量。

激光指向抖动的测量系统示意图如图 3.4.2，其中采用透镜会聚后进入 CCD 的原因：防止进行远场测量时激光发散不能全部进入 CCD。在测量过程中，由于激光器的输出光的能量较高，要充分衰减能量，尽量使 CCD 以最大灰度反映出光强的分布，这样既可以保障测量精度又可以防止 CCD 元件发生饱和或者损坏。

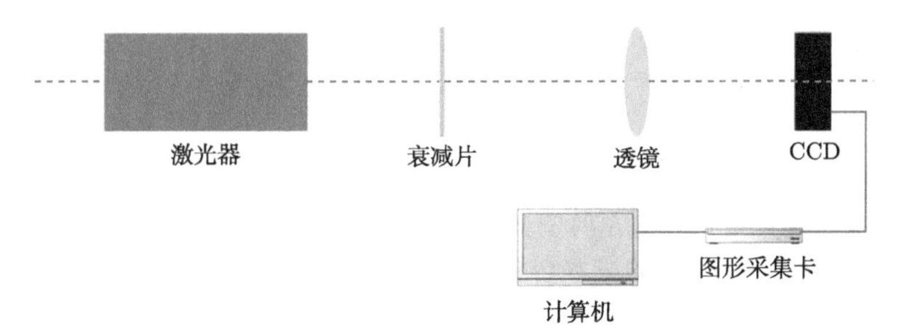

图 3.4.2 激光指向抖动的测量系统示意图

具体的测量过程为：

(1) 确定光轴。等时间间隔测量光斑中心位置 $(x_1，y_1)$，$(x_2，y_2)$，$(x_3，y_3)$，$\cdots$，$(x_n，y_n)$，$\cdots$，$(x_N，y_N)$，找出光斑中心分布的最可能的几点，简单地取它们的算数平均值，作为测量所得的光轴的横、纵坐标。

(2) 计算出所测各点相对于光轴位置的标准偏差，再除以透镜的焦距即可得到激光的指向角。

光束经过透镜后会聚焦，如果入射光束没有发生光束指向偏移，如图 3.4.3 所示，焦点应该位于光轴上；若入射光束的指向发生改变，假设其指向偏移量为 θ，焦点位置相对于光轴会有一个大小为 d 的位移。如图 3.4.4 所示，入射光经过透镜后，除经过光心的分量传播方向不会发生改变外，其他分量都会被聚焦到焦点处，当入射光的指向偏移量为 θ，经过透镜光心的部分会沿直线传播到焦点位置，此时焦点相对于光轴的位移为 d，因此由图 3.4.4 易知，$\theta=d/f$。

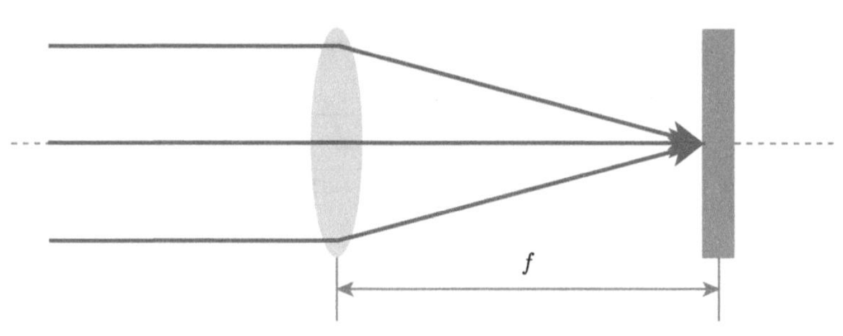

图 3.4.3　激光不发生指向偏移时聚焦效果

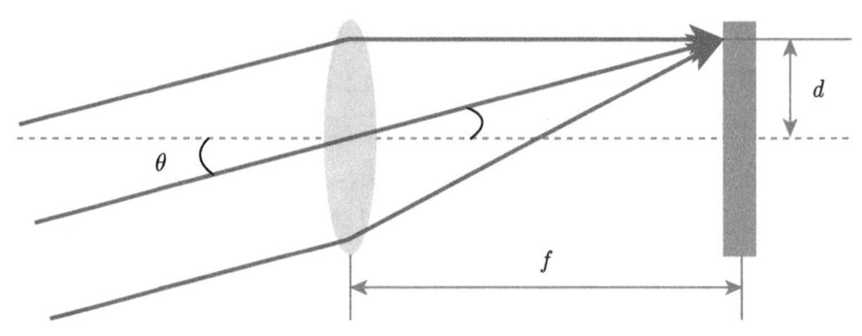

图 3.4.4　激光发生指向偏移时聚焦效果

对于透镜焦距的选择，因为 $\theta=d/f$，所以如果透镜的焦距太短，入射光的光束指向偏移量是一定的，就意味着焦点相对于光轴的位移 d 很小，这样就要求测量系统的精度很高，测量的成本会提高；如果透镜的焦距长，因为激光的发散角 θ 是定值，设激光的光斑直径为 D，则 $\theta=D/f$，就会导致激光光斑的直径 D 很大，可能会超过 CCD 面阵的尺寸。出于测量精度、尺寸匹配以及成本因素考虑，一般将透镜的焦距选为 1 m。

要说明的一点是，利用该方法只能测量激光指向抖动，即传输角度的改变值，如果激光发生平行于光轴的漂移，激光经过透镜后其焦点并不会发生相对于光轴的位移，只不过在焦点处的激光传播方向发生改变而已。

参 考 文 献

[1] Peng K C, Wu L A, Kimble H J. Frequency-stabilized Nd:YAG laser with high output power. Applied Optics, 1985, 24(7)：938-940

[2] Wang Y J, Zheng Y H, Xie C D, Peng C. High-power low-noise Nd:YAP/LBO laser with dual wavelength outputs. IEEE J. Quantum Electronics, 2011, 47(7)：1006-1013

[3] Zheng Y H, Lu H D, Li F Q, Zhang K S, Peng K C. Four watt long-term stable intracavity frequency-doubling Nd:YVO_4 laser of single-frequency operation pumped by a fiber-coupled laser diode. Applied Optics, 2007, 46(22)：5336-5339

[4] Radnatarov D, Kobtsev S, Khripunov S, Lunin V. 240-GHz continuously frequency-tuneable Nd:YVO_4/LBO laser with two intra-cavity locked etalons. Optics Express, 2015, 23(21)：27322-27327

[5] 蓝信钜. 激光技术. 北京. 科学出版社, 2003

[6] Murdoch K M, Clubley D A, Snadden M J. A mode-hop-free tunable single-longitudinal-mode Nd:YVO_4 laser with 25 W of power at 1064 nm. Proc. of SPIE, 2009, 7193: 71930

[7] Corwin K L, Lu Z T, Hand C F, Epstein R J, Wieman C E. Frequency-stabilized diode laser with the Zeeman shift in an atomic vapor. Applied Optics, 1998, 37(15): 3295-3298

[8] Shieh C Y, Chou C C, Chen C C, Huang T M, Chern J D, Yen T C, Shy J T. Optogalvanic Lamb-dip frequency stabilization of a sequence-band CO_2 laser using external RF discharge and heterodyne frequency measurements of sequence-band transitions. Optics Commun., 1992, 88：47-53

[9] MacAdam K B, Steinbach A, Wieman C. A narrow band tunable diode laser system with grating feedback, and a saturated absorption spectrometer for Cs and Rb. American Journal of Physics, 1992, 60(12)：1098-1111

[10] 左爱斌, 李文博, 彭月祥, 曹建平, 臧二军. 调制转移光谱稳频的研究. 中国激光, 2005, 32(2)：164-166

[11] Drever R W P, Hall J L, Kowalski F V, Hough J, Ford G M, Munley A J, Ward H. Laser phase and frequency stabilization using an optical resonator. Appl. Phys. B: Photo-Physics and Laser Chemistry, 1983, 31：97-105

[12] Hough J, Hils D, Rayman M D, Ma L S, Hollberg L, Hall J L. Dye-laser frequency stabilization using optical resonators. Appl. Phys. B: Photo-Physics and Laser Chemistry, 1984, 33：179-185

[13] Black E D. An introduction to Pound-Drever-Hall laser frequency stabilization. Am. J. Phys., 2001, 69(1)：79-87

[14] Yu J, Qin Y, Yan Z H, Lu H D, Jia X J. Improvement of the intensity noise and frequency stabilization of Nd:YAP laser with an ultra-low expansion Fabry-Perot cavity. Optics Express, 2019, 27(3)：3247-3254

[15] 延英, 罗玉, 潘庆, 彭堃墀. 瓦级连续双波长输出 Nd:YAP/KTP 稳频激光器. 中国激光, 2004, 31(5)：513-517

[16] 常冬霞, 刘侠, 王宇, 葛青, 贾晓军, 彭堃墀. 连续波 Nd:YVO_4/LBO 稳频倍频红光全固态激光器. 中国激光, 2008, 35(3)：323-327

[17] 卢华东, 苏静, 李凤琴, 王文哲, 陈友桂, 彭堃墀. 紧凑稳定的可调谐钛宝石激光器. 中国激光, 2010, 37(5)：1166-1171

[18] Hansch T W, Couillaud B. Laser frequency stabilization by polarization spectroscopy of a reflecting reference cavity. Optics Commun., 1980, 35(3)：441-444

[19] 曹雪辰, 魏娇, 靳丕铦, 苏静, 卢华东. 腔共振增强瓦级单频 1240 nm 拉曼激光器. 中国激光, 2021, 48(5)：0501011

[20] 李志新, 张永智, 闫晓娟, 王乐, 胡志裕, 马维光, 张雷, 尹王保, 贾锁堂. 基于非线性晶体及 Hansch-Couillaud 技术的激光–环形腔频率锁定技术研究. 光学学报, 2011, 31(7):

0714004

[21] Zheng Y H, Li F Q, Wang Y J, Zhang K S, Peng K C. High-stability single-frequency green laser with a wedge Nd:YVO_4 as a polarizing beam splitter. Optics Commun., 2010, 283：309-312

[22] Zheng Y H, Zhou H J, Wang Y J, Wu Z Q. Suppressing the preferential σ-polarization oscillation in high power Nd:YVO_4 laser with wedge laser crystal. Chin. Phys. B, 2013, 22(8)：084207

[23] Borah D K, Voelz D G. Estimation of laser beam pointing parameters in the presence of atmospheric turbulence. Applied Optics, 2007, 46(23)：6010-6018

第 4 章　强度噪声的分析与抑制

与其他激光器相比，单频激光器不仅具有线宽窄、相干长度长等优点，而且具有较低的强度噪声特性，因此广泛用于高灵敏度的干涉仪、高精细光谱、光通信、非经典光场的产生等领域。理想单频激光器的强度噪声在原理上可以接近散粒噪声基准 (shot noise limit，SNL)，又称为标准量子极限 (standard quantum limit，SQL) 或量子噪声极限 (quantum noise limit，QNL)。然而在真实的激光器中，由于外部因素的干扰、泵浦光的噪声引入以及激光产生时自发辐射过程的影响，激光器输出激光的强度起伏在低频段远大于标准量子噪声极限。这些噪声的存在严重制约着激光器的应用潜力。例如，在利用非线性过程产生压缩态和纠缠态等非经典光场时，激光器的强度噪声直接影响着产生压缩源的压缩度和纠缠源的纠缠度；在引力波以及超声速的风洞非接触测量等高精度探测应用中，激光器的强度噪声会和被探测的信号混合转化为噪声，从而影响了探测的精度和灵敏度。因此，对激光器强度噪声的深入研究以及探索抑制激光器噪声的方法一直是激光技术研究领域的重要方向之一。本章主要介绍单频激光器的噪声来源及分布、激光器强度噪声的测量方法以及相应的强度噪声抑制技术和方法。

4.1　全固态单频连续波激光器的强度噪声特性

4.1.1　基频输出激光器强度噪声的理论模型

激光器要想稳定运转，必须具备三个条件：泵浦源、激光介质和谐振腔。当这三者相互作用时，各种噪声源就会随着它们之间的相互作用过程而一同耦合到激光器中，使得激光器输出激光的强度噪声起伏在低频段远大于标准量子噪声极限。传递函数理论 [1] 可以直接给出各种噪声源对激光器强度噪声的影响，从而方便地研究各种噪声源对激光器强度噪声的影响。基本的途径是求解具有与各种外部量子力学热库耦合的激活原子和光学谐振腔模的量子朗之万方程，直接给出各种噪声源对激光器强度噪声的影响。外部热库产生耗散将噪声引入激光系统，在稳态解附近对量子朗之万方程作线性化处理，就能得到激光输出的强度噪声谱。强度噪声谱用各种量子与经典噪声源到输出激光强度噪声之间的传递函数形式给出。

考虑全固态单频连续波激光器，用如图 4.1.1 所示的模型来描述。它包括三部分：泵浦速率为 Γ 的泵浦源；具有 N 个用三能级系统描述的激活原子的激光介质；激光谐振腔的腔模 a，其期望值为 α。激活原子的基态、下能级及上能级的粒子数算符分别用σ_1、σ_2 及σ_3 表示，它们的期望值分别为 J_1、J_2 和 J_3。激光跃迁发生在上下能级之间，跃迁速率依赖于粒子数反转 J_3-J_2、腔内平均光子数以及描述激光跃迁与激光腔模之间耦合的受激辐射速率 G。受激辐射速率正比于原子跃迁的受激辐射截面 [2]

$$G=\frac{\sigma_{\mathrm{s}}\rho cl}{nL} \tag{4.1.1}$$

其中，σ_{s} 为受激辐射截面，ρ 为 Nd 离子密度，c 为光速，n 为增益介质的折射率，l 为增益介质的长度，L 为激光谐振腔长。上能级的自发辐射速率为γ_t，下能级的自发辐射速率为γ，总的腔衰减速率$\kappa=(\kappa_m+\kappa_l)$，$\kappa_m$ 由输出镜耦合损耗引起，κ_l 由内腔损耗引起。

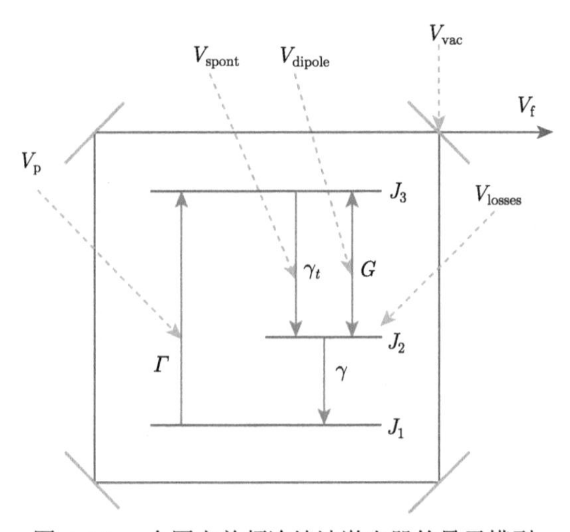

图 4.1.1　全固态单频连续波激光器的量子模型

γ_t、γ 为自发辐射速率，Γ 为泵浦速率，G 为受激辐射速率，V_{f} 为激光器的输出场，V_{vac} 为来自输出耦合镜的真空噪声，V_{p} 为泵浦光的强度噪声，V_{spont} 为自发辐射噪声，V_{dipole} 为偶极起伏噪声，V_{losses} 为内腔损耗引入的噪声

利用激光器腔镜的边界条件，经傅里叶变换，可以得到受各种噪声源影响的激光器输出激光的强度噪声谱 [3]：

$$\begin{aligned}V_{\mathrm{f}}=&\left[1+\frac{4\kappa_m^2\left(\omega^2+\gamma_l^2\right)-8\kappa_m\kappa G\alpha^2\gamma_l}{\left(\omega_{\mathrm{r}}^2-\omega^2\right)^2+\omega^2\gamma_l^2}\right]V_{\mathrm{vac}}+\left[\frac{2\kappa_m G^2\alpha^2\Gamma}{\left(\omega_{\mathrm{r}}^2-\omega^2\right)^2+\omega^2\gamma_l^2}\right]V_{\mathrm{p}}\\&+\left[\frac{2\kappa_m G^2\alpha^2\gamma_t J_3}{\left(\omega_{\mathrm{r}}^2-\omega^2\right)^2+\omega^2\gamma_l^2}\right]V_{\mathrm{spont}}+\left\{\frac{2\kappa_m G J_3\left[\left(\gamma_t+\Gamma\right)^2+\omega^2\right]}{\left(\omega_{\mathrm{r}}^2-\omega^2\right)^2+\omega^2\gamma_l^2}\right\}V_{\mathrm{dipole}}\end{aligned}$$

$$+\left[\frac{4\kappa_m\kappa_l\left(\omega^2+\gamma_l^2\right)}{\left(\omega_{\rm r}^2-\omega^2\right)^2+\omega^2\gamma_l^2}\right]V_{\rm losses} \tag{4.1.2}$$

其中，注入噪声包括输出耦合镜引入的真空噪声 $V_{\rm vac}$、泵浦光的强度噪声 $V_{\rm p}$、自发辐射噪声 $V_{\rm spont}$、偶极起伏噪声 $V_{\rm dipole}$ 以及内腔损耗引入的噪声 $V_{\rm losses}$。在此分析过程中，由于激光下能级的衰减非常迅速，由此衰减引起的自发辐射噪声已经忽略不计。

式 (4.1.2) 中，α^2 表示每个原子所对应的内腔光子数：

$$\alpha^2=(\mathit{\Gamma}-\gamma_t J_3)/(2\kappa) \tag{4.1.3}$$

J_3 表示上能级粒子数分布概率：

$$J_3=2\kappa/G \tag{4.1.4}$$

泵浦速率 $\mathit{\Gamma}$ 为

$$\mathit{\Gamma}=\frac{P_{\rm in}\eta_{\rm t}\eta_{\rm a}\eta_{\rm q}}{hv_{\rm p}N} \tag{4.1.5}$$

其中，$P_{\rm in}$ 为激光二极管的泵浦功率，$\eta_{\rm t}$ 为泵浦光传输效率 (进入增益介质中的泵浦光功率与激光二极管输出的泵浦光功率之比)，$\eta_{\rm a}$ 为增益介质的吸收效率，$\eta_{\rm q}$ 为量子效率，它表示一个泵浦光子平均激发的受激粒子数，N 为增益介质中所利用的 Nd 离子数，$hv_{\rm p}$ 为泵浦光子能量。

$\omega_{\rm r}$ 为弛豫振荡 (RRO) 的频率，表示为

$$\omega_{\rm r}=\sqrt{2kG\alpha^2} \tag{4.1.6}$$

γ_l 为弛豫振荡的衰减速率，表示为

$$\gamma_l=G\alpha^2+\gamma_t+\mathit{\Gamma} \tag{4.1.7}$$

由式 (4.1.2) 可以计算激光器强度噪声谱。下面以全固态单频连续波钛宝石激光器为例介绍各种噪声源对激光器强度噪声的影响。全固态单频连续波钛宝石激光器的参数如表 4.1.1 所示，模拟强度噪声特性的参数如表 4.1.2 所示。图中激光强度噪声用量子噪声极限归一化，它用对数坐标 $10\lg V_{\rm f}$ 表示，横坐标用 $\lg(\omega/(2\pi))$ 表示。因此 0 dB 表示量子噪声极限 ($V_{\rm f}$=1)。

图 4.1.2 为在假定泵浦源强度噪声处于量子噪声极限水平 ($V_{\rm p}$=1 即 0 dB) 下，利用方程 (4.1.2) 及激光器的参数计算的全固态单频连续波激光器的强度噪声谱曲线。

表 4.1.1　全固态单频连续波钛宝石激光器参数

名称	符号	单位	参数
晶体长度	l	mm	20
腔长	L	mm	556
腔模平均腰斑半径	ω_0	μm	42
晶体折射率	n	—	1.76
受激发射截面 @780 nm	σ_s	cm^2	3.8×10^{-19}
吸收截面 @532 nm	σ	cm^2	4.9×10^{-20}
透射率	T	—	2.6%
内腔损耗	L_{cav}	—	1.9%
寄生吸收损耗	L_{xtl}	—	0.33%
掺杂浓度	c	—	0.05wt.%
吸收系数	α_p	cm^{-1}	0.81
品质因数	FOM	—	500
晶体密度	ρ	g/cm^3	3.98
原子质量 (Ti_2O_3)	N	g/mol	144
荧光寿命	τ	μs	3.2
上能级自发辐射速率	γ_t	s^{-1}	312500
下能级自发辐射速率	γ	s^{-1}	10^{-12}

表 4.1.2　模拟强度噪声特性的参数

名称	符号	单位	数据
泵浦吸收功率	P_{abs}	W	8
受激辐射速率	G	s^{-1}	3.87284×10^9
泵浦速率	$\varGamma$	s^{-1}	10909.4
输出耦合镜衰减速率	κ_m	s^{-1}	1.67099×10^7
内腔损耗衰减速率	$\kappa_{l'}$	s^{-1}	1.19965×10^7
总的腔衰减速率	κ	s^{-1}	2.87064×10^7
基态平均粒子数	J_1	—	0.985176
下能级平均粒子数	J_2	—	1.07476×10^{-8}
上能级平均粒子数	J_3	—	0.0148245
内腔平均粒子数	α^2	—	0.000106509
弛豫振荡频率	ω_r	MHz	4.86646

从图 4.1.2 中可以清楚地看到各种噪声源对激光器强度噪声的贡献：

(1) 各种噪声源均激发弛豫振荡，但是引起弛豫振荡的主要因素为由输出耦合镜引入的真空噪声，偶极起伏噪声以及内腔损耗所引起的噪声，泵浦源的强度噪声对弛豫振荡的影响较小。

(2) 在远大于弛豫振荡频率的高频段，只有真空起伏对激光器的强度噪声有贡献。而且由于真空起伏的存在，激光器的强度噪声逐渐逼近量子噪声极限，而其他四种噪声源对激光器强度噪声的贡献则很小。

(3) 在弛豫振荡频率与高频极限之间，对激光器强度噪声起主要作用的是真空噪声，偶极起伏和内腔损耗，在此范围内，自发辐射噪声和泵浦源强度噪声的

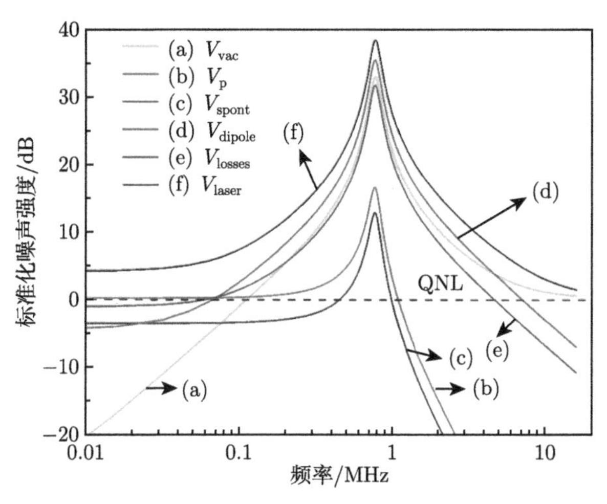

图 4.1.2 激光器的强度噪声谱 (各种噪声源的贡献)

(a) 表示由输出耦合镜注入的真空噪声的贡献；(b) 表示泵浦源强度噪声的贡献；(c) 表示自发辐射噪声的贡献；(d) 表示偶极起伏噪声的贡献；(e) 表示由内腔损耗引入的噪声的贡献；(f) 表示全固态激光器输出激光的强度噪声谱

影响很小。

(4) 在 100 kHz 与弛豫振荡频率之间的频率范围，激光器的强度噪声仍然是由真空起伏噪声、偶极起伏噪声和内腔损耗引入的噪声起主要作用。

(5) 而在低于 100 kHz 的低频段，激光器的强度噪声才由泵浦源的强度噪声支配 [4]。

同时，我们也注意到，在整个频率段，自发辐射噪声对激光器强度噪声的贡献很小，一般可以忽略。

图 4.1.3 给出的是泵浦源的强度噪声不同时，钛宝石激光器的强度噪声谱。从图中可以发现，当泵浦源输出激光的强度噪声从 V_p=1(即 0 dB)，到 V_p=10(即 10 dB)，到 V_p=100(即 20 dB)，到 V_p=1000(即 30 dB)，到 V_p=10000(即 40 dB) 时，泵浦源的强度噪声也在相应地发生变化，但主要是低频段的强度噪声在发生变化，而且，变化的幅度和泵浦源强度噪声变化的幅度基本相当，也就是说，泵浦源的强度噪声主要对激光器的低频段的强度噪声有影响，而且激光器低频段的强度噪声随着泵浦源强度噪声的增大而增大，但基本上处于泵浦噪声水平。

图 4.1.4 给出了不同泵浦速率下，归一化的激光器强度噪声谱曲线，从图中可以看出，随着泵浦源泵浦速率的增大，钛宝石激光器的弛豫振荡频率将向高频方向移动，同时，弛豫振荡的幅度降低。

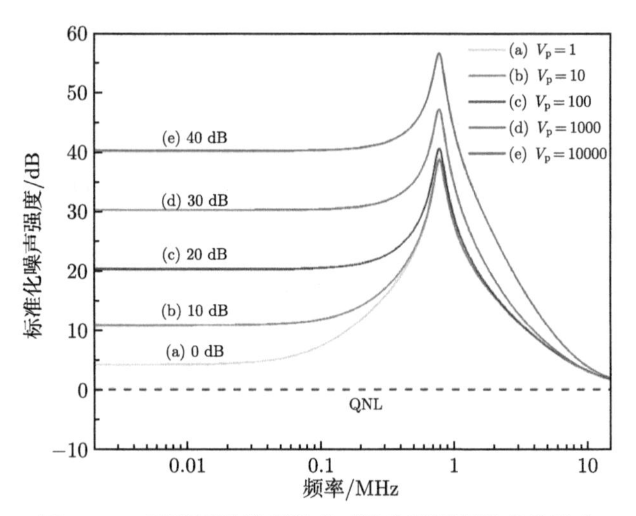

图 4.1.3　泵浦源的强度噪声对激光器强度噪声的影响

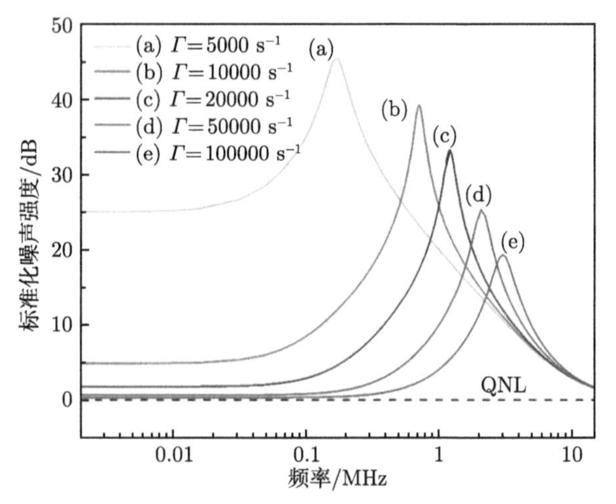

图 4.1.4　不同泵浦速率下，归一化的激光器强度噪声谱曲线

4.1.2　内腔倍频激光器强度噪声的理论模型

在基频光共振的谐振腔内插入非线性晶体进行倍频时 (图 4.1.5)，倍频晶体引起的非线性频率变换过程同样会引入额外的真空噪声。我们考虑全固态激光器典型运转条件下 (泵浦功率高于阈值几倍到几十倍) 二次谐波输出的噪声特性，采用激发下能级衰减速率很大近似，$\gamma_s \gg \gamma_t$，Γ，Ga_0^2，内腔倍频激光器强度噪声 [5] 可以表示为

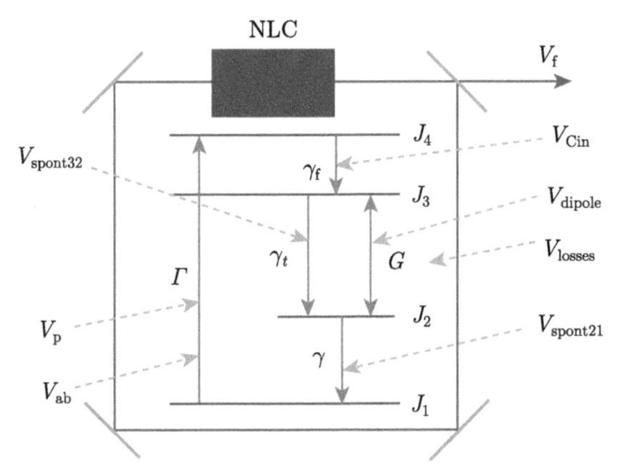

图 4.1.5 全固态单频连续波内腔倍频激光器的量子模型

$\gamma_{\rm f}$、γ_t 和γ 为自发辐射速率，Γ 为泵浦速率，G 为受激辐射系数，$V_{\rm f}$ 为二次谐波输出噪声谱，$V_{\rm Cin}$ 为二次谐波输入噪声谱，$V_{\rm p}$ 为泵浦噪声，$V_{\rm ab}$ 表示由泵浦不完全吸收引入的噪声，$V_{\rm spont32}$ 和 $V_{\rm spont21}$ 为自发辐射噪声，$V_{\rm dipole}$ 为偶极起伏噪声，$V_{\rm losses}$ 为腔内损耗引入的噪声

$$\begin{aligned}V_{\rm out}(\omega) = &(\{[2\tilde{\mu}a_0^2(Ga_0^2+\tilde{\Gamma}+\gamma_t)+\omega^2-2Ga_0^2(\tilde{\mu}a_0^2+k_l)]^2\\&+\omega^2(2\tilde{\mu}a_0^2-Ga_0^2-\tilde{\Gamma}-\gamma_t)^2\}\\&+\{4\tilde{\mu}a_0^2\Gamma J_1G^2a_0^2[1+\eta(V_{\rm pump}-1)]\}+(4\tilde{\mu}a_0^2\gamma_tJ_3G^2a_0^2)\\&+\{4\tilde{\mu}a_0^2G(J_3+J_2)[(\gamma_t+\tilde{\Gamma})^2+\omega^2]\}\\&+\{8\tilde{\mu}a_0^2k_l[(Ga_0^2+\tilde{\Gamma}+\gamma_t)^2+\omega^2]\})/[(\omega_{\rm r}^2-\omega^2)^2+\omega^2\gamma_L^2]\end{aligned}\tag{4.1.8}$$

其中，$\omega_{\rm r}$ 表示弛豫振荡频率：

$$\omega_{\rm r}=\left[2\tilde{\mu}a_0^2(Ga_0^2+\tilde{\Gamma}+\gamma_t)+2Ga_0^2(\tilde{\mu}a_0^2+k_l)\right]^{\frac{1}{2}}\tag{4.1.9}$$

γ_L 表示弛豫振荡衰减速率：

$$\gamma_L=2\tilde{\mu}a_0^2+Ga_0^2+\tilde{\Gamma}+\gamma_t\tag{4.1.10}$$

从式 (4.1.8) 看出，它是一个类似于二阶简谐阻尼谐振子的数学表达式，当 $\omega_{\rm r}>\gamma_L$ 时，二阶简谐谐振子是弱阻尼的，一个振荡将产生即称为弛豫振荡，当 $\omega_{\rm r}<\gamma_L$ 时，二阶简谐谐振子是过阻尼的，弛豫振荡将被极大地抑制。

对于内腔倍频激光器，通常运转在$\gamma_s\gg\gamma_t$，Γ，$G\alpha_0^2$ 条件下，二次谐波输出噪声谱如图 4.1.6 所示，纵轴为 $10\lg V_{\rm out}$，横轴为 $\omega/(2\pi)$，因此纵轴为 0 dB 时表示噪声为散粒噪声 ($V_{\rm out}=1$)。

图 4.1.6(a) 表示非线性转换率较大使弛豫振荡被抑制时的二次谐波输出噪声谱，图 4.1.6(b) 表示非线性转换率较小呈现弛豫振荡时的二次谐波输出噪声谱，图中给出不同噪声源 (曲线 b~f) 对二次谐波噪声 (曲线 a) 的贡献。

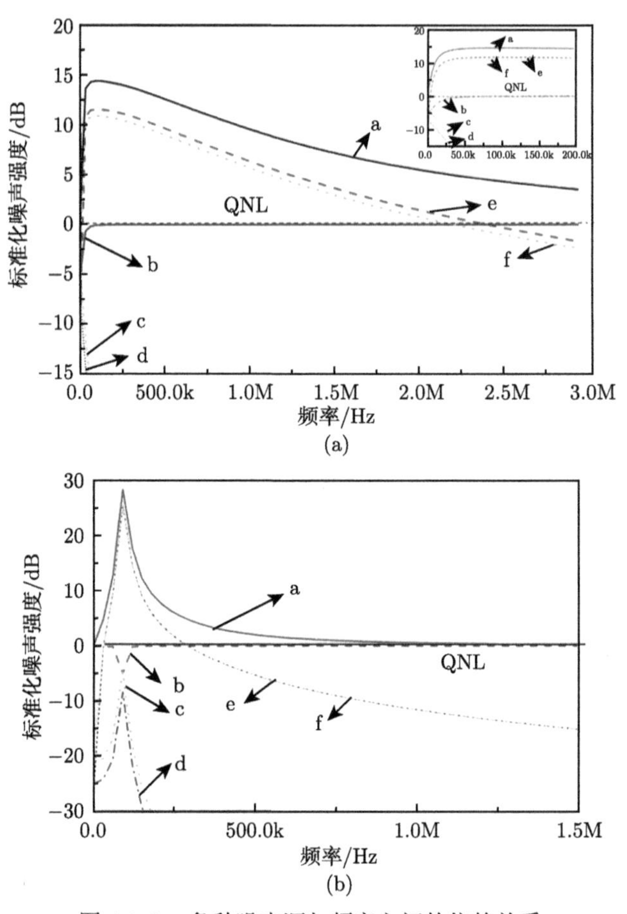

图 4.1.6　各种噪声源与频率之间的依赖关系

(a) 过阻尼振荡 ($\omega_r<\gamma_r$)，$\tilde{\mu}=2\times10^{13}\ \mathrm{s}^{-1}$；(b) 欠阻尼振荡 ($\omega_r>\gamma_r$)，$\tilde{\mu}=2\times10^{11}\ \mathrm{s}^{-1}$。图中 a 表示所有噪声源对二次谐波输出噪声谱的贡献，b 表示二次谐波输入场噪声 V_{Cin} 的贡献，c 表示泵浦噪声 V_{p} 的贡献，d 表示自发辐射噪声 V_{spont32} 的贡献，e 表示偶极起伏 V_{dipole} 噪声的贡献，f 表示损耗 V_{losses} 对输出场噪声的贡献

在频率远高于弛豫振荡峰 (ω_r) 的强度噪声逐渐接近而达到散粒噪声，这主要来源于二次谐波输入的真空噪声，在弛豫振荡峰 (ω_r) 附近，噪声主要来源于偶极噪声和内腔损耗引入的噪声，频率低于弛豫振荡峰 (ω_r) 的噪声主要由泵浦噪声影响，如图 4.1.7 所示。

非线性耦合强度$\tilde{\mu}$ 可以通过调节光学非线性晶体的匹配温度或匹配角来改变。基波内腔光子数 a_0^2 与非线性耦合强度 $\tilde{\mu}$ 的关系如图 4.1.8 所示，由此可给出弛豫振荡频率 ω_r 和衰减速率γ_L 随非线性耦合强度 $\tilde{\mu}$ 变化的关系如图 4.1.9 所示。

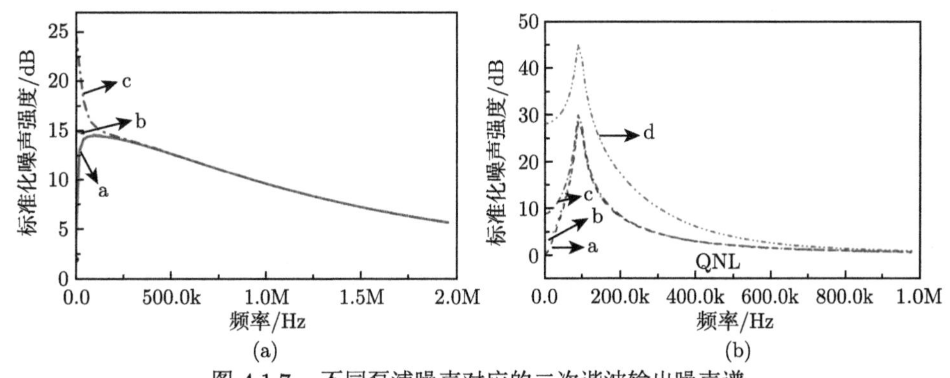

图 4.1.7 不同泵浦噪声对应的二次谐波输出噪声谱

(a) 过阻尼振荡 ($\omega_r < \gamma_L$)，$\tilde{\mu}=2\times10^{13}\ s^{-1}$，(b) 欠阻尼振荡 ($\omega_r > \gamma_L$)，$\tilde{\mu}=2\times10^{11}\ s^{-1}$。图中 a 表示 $V_p=1$，b 表示 $V_p=20$ dB，c 表示 $V_p=30$ dB，d 表示 $V_p=50$ dB

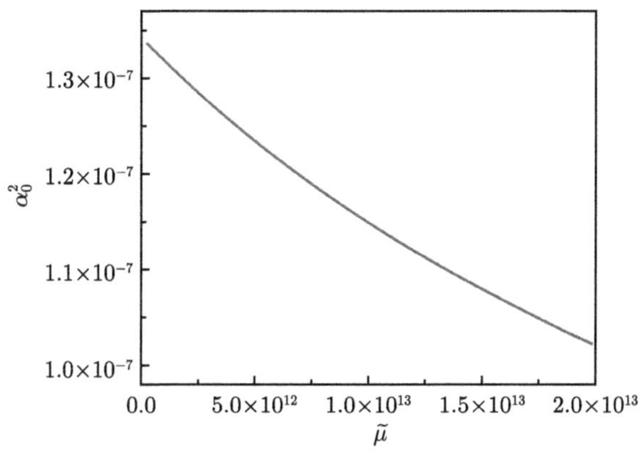

图 4.1.8 激光腔模中单个原子对应腔内基频光的光子数随非线性耦合强度 $\tilde{\mu}$ 的变化

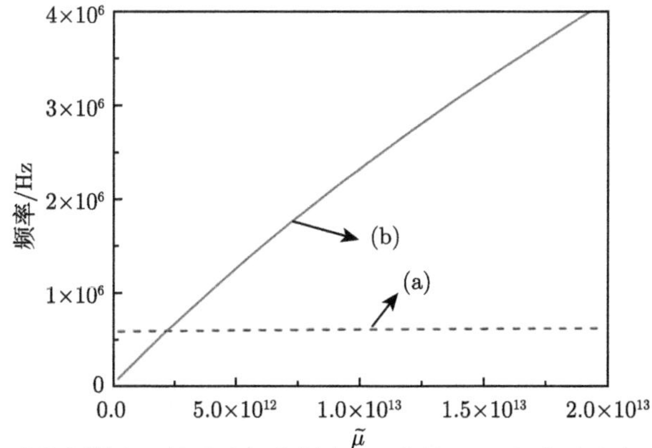

图 4.1.9 内腔倍频激光器的弛豫振荡频率 ω_r(曲线 (a)) 与衰减速率 γ_L(曲线 (b)) 随非线性耦合强度 $\tilde{\mu}$ 的变化

当非线性耦合强度 $\tilde{\mu}$ 较小时，$\omega_{\mathrm{r}}>\gamma_L$，二次谐波噪声呈现弛豫振荡；当非线性耦合强度 $\tilde{\mu}$ 较大时，$\omega_{\mathrm{r}}<\gamma_L$，弛豫振荡被抑制。图 4.1.10 给出了不同非线性耦合强度 $\tilde{\mu}$ 对应的二次谐波噪声谱，可以看出，非线性耦合强度大到一定程度时，弛豫振荡可以被完全抑制。

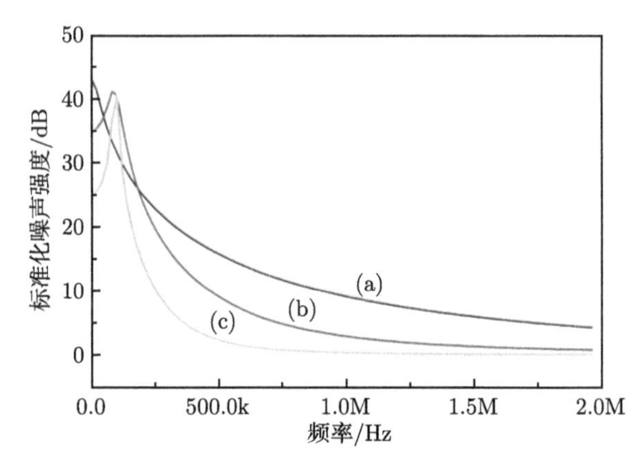

图 4.1.10　二次谐波强度噪声谱线随非线性耦合强度 $\tilde{\mu}$ 的变化，其中 $V_{\mathrm{p}}=50$ dB。(a) $\tilde{\mu}=10^{13}$，(b) $\tilde{\mu}=10^{12}$，(c) $\tilde{\mu}=10^{11}$

4.2　强度噪声的测量方法

4.2.1　白噪声校准测量法

白噪声校准测量法是激光器强度噪声测量最简单和直接的方法。白光源或 LED 是稳定的散粒噪声光源，因此可以用白光源或 LED 对探测器进行校准 [6]，进而获得量子噪声极限。具体测量方法如图 4.2.1 所示。

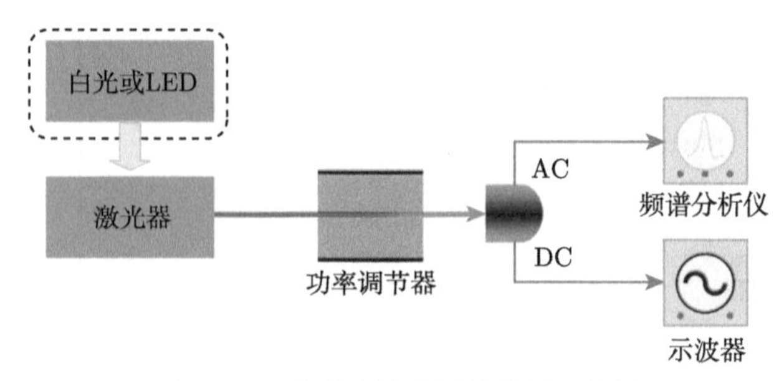

图 4.2.1　白噪声校准测量装置示意图

首先在没有任何光注入到探测之前，记录探测系统的电子学噪声。然后利用白光 (实验上采用投影仪的卤素灯泡) 或者 LED(中心波长 890 nm) 照射探测器，在一定光电流下记录噪声功率谱线；为了减小电子学噪声对噪声测量过程的影响，该噪声功率谱线必须高于电子学噪声 10 dB 以上，同时通过示波器记录产生的光电流信号。最后，将白光源撤掉，将被测量激光入射到探测器中，通过功率调节器调整被测量激光的功率以产生与白光相同的光电流，在此情况下，用频谱分析仪记录另一条噪声功率谱线，此谱线即为被测激光器的强度噪声。图 4.2.2 就是典型的用白噪声校准测量法得到的单频连续波 Nd:YVO$_4$、Nd:YAG 和 Nd:YAP 激光器的强度噪声谱线。

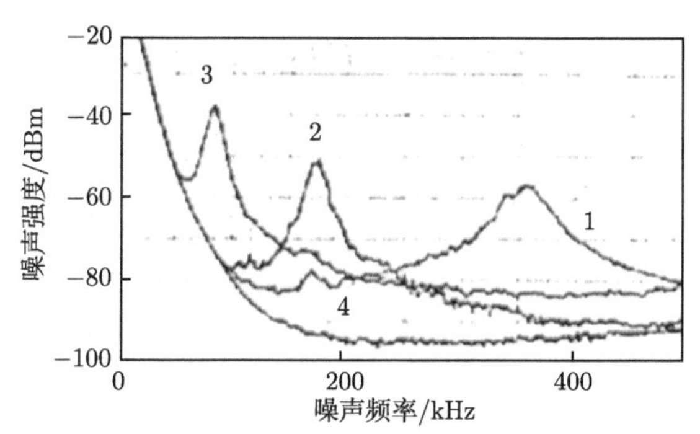

图 4.2.2 用白噪声校准测量法得到的单频连续波 Nd:YVO$_4$、Nd:YAG 和 Nd:YAP 激光器的强度噪声谱线

1：单频 Nd:YVO$_4$ 激光器；2：单频 Nd:YAG 激光器；3：单频 Nd:YAP 激光器；4：量子噪声极限 QNL

4.2.2 自零拍噪声测量法

4.2.2.1 平衡零拍噪声测量

平衡零拍噪声测量法 [7] 是最常见的噪声测量方法之一，其装置如图 4.2.3 所示，被测信号光与本地光在 50/50 的分束器上耦合，然后通过探测器探测光噪声，其中，本地光的光强应远大于信号光的光强 ($\alpha_{\mathrm{LO}} \gg \alpha_{\mathrm{S}}$)，本地光的作用：① 通过改变本地光与信号光之间的相对相位，使信号光的态在相空间旋转，即将其相位噪声转变为振幅噪声；② 对信号场的噪声强度进行放大。

假设输入的信号光为 α_{S}，本地光为 α_{LO}，经过分束器 (BS) 后的输出光为 a_3，a_4，则探测器的光电流为

$$
\begin{aligned}
i_3(t) =& g_D\hat{a}_3^+(t)\hat{a}_3(t) = \frac{g_D}{2}(\alpha_{\mathrm{S}}(t)^2 + \alpha_{\mathrm{LO}}(t)^2 + 2\cos\theta\alpha_{\mathrm{S}}(t)\alpha_{\mathrm{LO}}(t) \\
&+ \alpha_{\mathrm{S}}(t)(\delta X_{\mathrm{S}}(t) + \delta X_{\mathrm{LO}}^{-\theta}(t)) + \alpha_{\mathrm{LO}}(t)(\delta X_{\mathrm{LO}}(t) + \delta X_{\mathrm{S}}^{\theta}(t))) \qquad (4.2.1)
\end{aligned}
$$

$$
\begin{aligned}
i_4(t) =& g_D\hat{a}_4^+(t)\hat{a}_4(t) = \frac{g_D}{2}(\alpha_{\mathrm{S}}(t)^2 + \alpha_{\mathrm{LO}}(t)^2 - 2\cos\theta\alpha_{\mathrm{S}}(t)\alpha_{\mathrm{LO}}(t) \\
&+ \alpha_{\mathrm{S}}(t)(\delta X_{\mathrm{S}}(t) - \delta X_{\mathrm{LO}}^{-\theta}(t)) + \alpha_{\mathrm{LO}}(t)(\delta X_{\mathrm{LO}}(t) - \delta X_{\mathrm{S}}^{\theta}(t))) \qquad (4.2.2)
\end{aligned}
$$

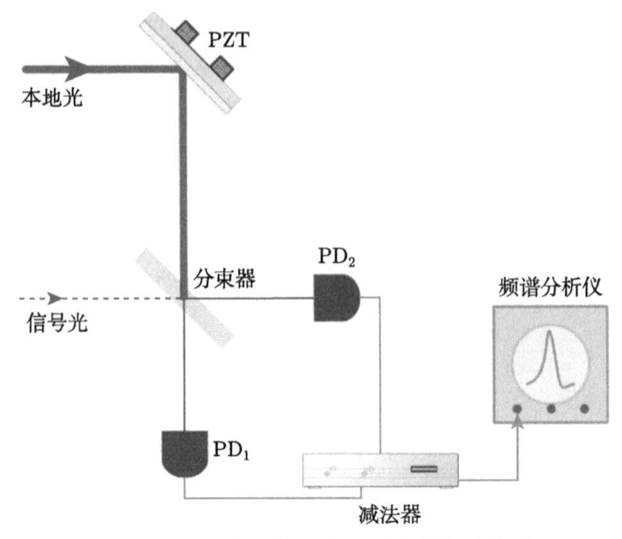

图 4.2.3　平衡零拍噪声测量法的实验装置

其中，θ 为信号光与本地光之间的相对相位，根据上式，两探测器光电流的和与差为

$$i_{\text{sum}}(t) = i_3(t) + i_4(t) = g_D(\alpha_{\text{S}}(t)^2 + \alpha_{\text{LO}}(t)^2 + \alpha_{\text{LO}}(t)\delta X_{\text{LO}}(t)) \tag{4.2.3}$$

$$i_{\text{diff}}(t) = i_3(t) - i_4(t) = g_D(2\cos\theta\alpha_{\text{S}}(t)\alpha_{\text{LO}}(t) + \alpha_{\text{LO}}(t)\delta X_{\text{S}}^{\theta}(t)) \tag{4.2.4}$$

式中，考虑到本地光的光强远大于信号光的光强 ($\alpha_{\text{LO}} \gg \alpha_{\text{S}}$)，所以略去了不包含 α_{LO} 的项。求上式的起伏，并进行傅里叶变换，在频域中，光电流起伏可写为

$$\begin{aligned}\Delta^2 i_{\text{sum}}(\omega) &= g_D^2\alpha_{\text{LO}}(t)^2\delta X_{\text{LO}}(\omega)\\ \Delta^2 i_{\text{diff}}(\omega) &= g_D^2\alpha_{\text{LO}}(t)^2\delta X_{\text{S}}^{\theta}(\omega)\end{aligned} \tag{4.2.5}$$

特殊情况，当信号光为真空场，则 $\delta X_{\text{S}}^{\theta}(\omega)=1$，那么，

$$\Delta^2 i_{\text{diff,SNL}}(\omega) = g_D^2\alpha_{\text{LO}}(t)^2 \tag{4.2.6}$$

对于一般信号场的噪声，则有

$$\delta X_{\text{S}}^{\theta}(\omega) = \frac{\Delta^2 i_{\text{diff}}(\omega)}{\Delta^2 i_{\text{diff,SNL}}(\omega)} \tag{4.2.7}$$

实验上的具体操作为：当挡住信号光，只让本地光进入探测器时，两探测器的电流信号差为 SNL，而放开信号光时探测器的电流信号差为 $\Delta^2 i_{\text{diff}}(\omega)$，两次测量结果的比值即为信号场的噪声。$\delta X_{\text{S}}^{\theta}(\omega)$ 表示随着本地光与信号光之间的相对相位的变化，可探测到信号光的不同的正交分量的噪声，当 $\theta = 0$ 时，为正交振幅噪声，当 $\theta = \pi/2$ 时，为正交相位噪声。

4.2.2.2 自零拍噪声测量

当平衡零拍探测系统中，没有信号光注入，只有本地光入射到探测器中时，只要分别对两个探测器的电信号分别进行相加和相减，就可以得到激光器的强度噪声，这时，上述的平衡零拍探测系统就简化为自零拍探测系统了。

不管是平衡零拍探测系统还是自零拍探测系统，首先必须具备两个对称的探测放大器，否则将会给实验带来影响。所选取探测器中的光电二极管在所探测光源的波段需要有较高的响应，进而尽可能地提高探测器的量子效率。此外，需要使用共模抑制比 (CMRR) 较高的平衡零拍探测器，进而实现精确地标定激光器的量子噪声极限。其次，加法器和减法器必须工作良好。图 4.2.4 显示的是实验所用加减法器 (+/−)[Mini-Circuits 公司：PSC-2-1(+)，PSCJ-2-1(−)] 的工作情况。图 4.2.4 中 (a)(b) 分别是加法器和减法器的输出。可以看出，在 1~50 MHz 的范围内共模抑制比在 50 dB 以上。减法器可以很好地减掉经典噪声。

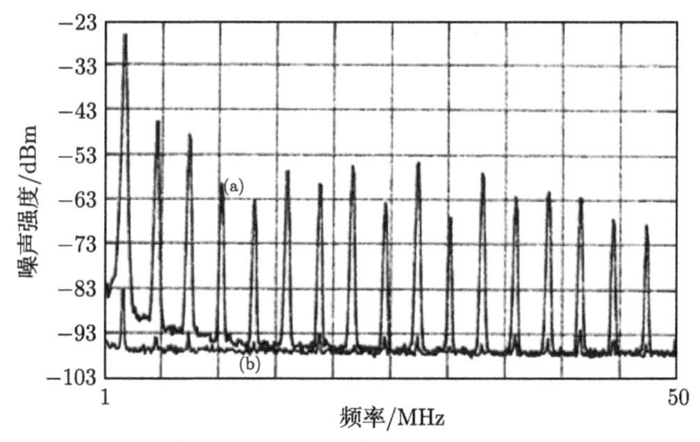

图 4.2.4 减法器的共模抑制比

在加法器和减法器的输入端输入相同的信号，其中 (a) 为通过加法器以后的结果，(b) 为减法器相减的结果。频谱分析仪的分辨率带宽为 100 kHz，视频带宽为 3 kHz，谱仪自身本底噪声为 −98 dBm，共模抑制比为 50 dB 以上

频谱分析仪通过自身进行校准。有一个简单的方法检验系统是否正常工作。在探测器调平衡以后，通过减法器在一定功率下得到一条谱线，然后挡掉一臂入射光，此时噪声功率减小一半，因此功率谱线在所测频率范围内均下降一半。对散粒噪声水平的入射光，加法器和减法器得到同样的结果。

实际测量中，首先要精确地校准激光器的量子噪声极限。图 4.2.5 是两种自零拍探测装置示意图。在单独采用两套电路板的平衡零拍测量装置 (a) 中，需要确保经 50/50 分束器后的两路光注入到对应的探测器中转化成的电信号时，经探测器 DC 端输出到示波器上所引起电压的变化幅度相同。相比于平衡零拍测量装置 (a)，平衡零拍测量装置 (b) 中两光电二极管共用同一套电路板使其具有较高的共模抑制比。在实际的测量过程中，对于平衡零拍测量装置 (b)，我们可以通过更换探测中量子效率较低的探测器，使标定的量子噪声极限更加精确。此外，需要避免由测量技术引入的噪声，例如要处理好各条探测线路避免 BNC (bayonet nut connector) 线路之间相互干扰引入的噪声。为此，我们需要观测激光器在未注入激光时，经探测线路反映到频谱仪上的噪声谱线是否是光滑而无凸刺。同时，我们需要调节由 HWP 和 PBS 组成的光束控制组来确定注入探测器中的激光是否饱和，确保激光器噪声的测量是在未饱和状态下进行的。另外，为了将激光源的噪声与测量装置的噪声区别开来，注入到探测器中的激光功率需高于测量装置的噪声 10 dB。

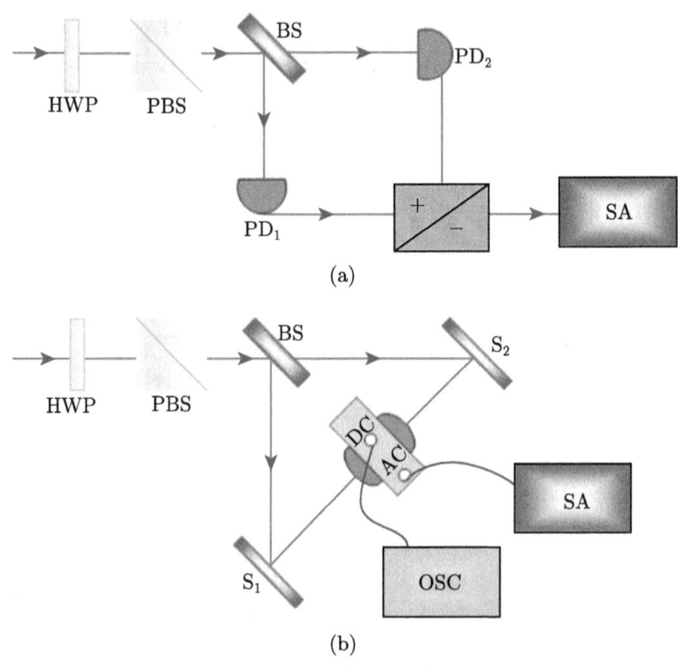

图 4.2.5　自零拍探测装置示意图 (a) 和 (b)

经光电探测器的探测信号由比例积分放大器进行放大,然后放大的光电流经加/减法 (+/−) 器进行合束。其中，加、减的光电流分别代表强度噪声和对应的量子噪声极限。加 (减) 的光电流噪声谱线经频谱分析仪 (SA) 进行分析，进而得到激光器的强度噪声谱线。其中，SA 的分辨率带宽 (resolution band width, RBW) 和视频带宽 (video band width, VBW) 需要根据测量过程的具体要求进行优化选择。

为了真实反映激光器的强度噪声，我们需要将探测功率的强度噪声归一化到激光器总的功率上，归一化公式为

$$V_{\mathrm{obs}} = 1 + \chi\left(V_n - 1\right) \tag{4.2.8}$$

其中，V_{obs} 和 V_n 代表观察到的和归一化的强度噪声谱；χ 为归一化因子，定义为实验中探测到的强度噪声所对应的激光功率与激光器总的输出功率的比值。

4.3 影响强度噪声的因素

4.3.1 泵浦源

4.1 节已经介绍过，泵浦源的强度噪声主要影响单频激光器低频段的强度噪声。在此基础上，我们进一步分析泵浦源的纵模结构对激光器强度噪声的影响。为此，我们通过比较两种结构和运转方式均不同的绿光激光器作为泵浦源时，钛宝石激光器的强度噪声特性 [8]，研究了泵浦源的纵模结构对激光器强度噪声的影响。所采用的两个泵浦源，一个是采用三镜折叠腔结构的单横模多纵模绿光激光器，另一个是采用四镜环形腔的单纵模绿光激光器，二者的泵浦功率均为 8 W。

测量全固态连续单频可调谐钛宝石激光器强度噪声的实验装置如图 4.3.1 所示。

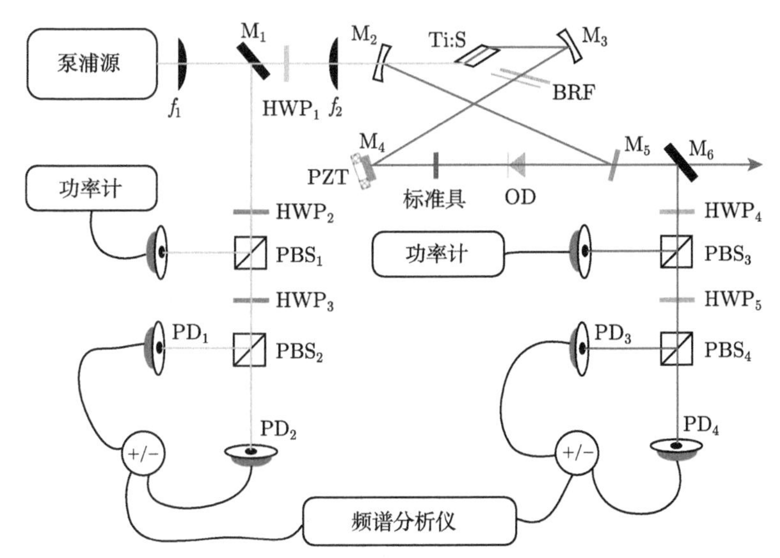

图 4.3.1 测量全固态连续单频可调谐钛宝石激光器强度噪声的实验装置图

f_1，f_2：平凸镜；$\mathrm{HWP}_{1\sim3}$：半波片 @532 nm；$\mathrm{HWP}_{4,5}$：半波片 @780 nm；$\mathrm{PBS}_{1,2}$：偏振分束棱镜 @532 nm；$\mathrm{PBS}_{3,4}$：偏振分束棱镜 @780 nm；$\mathrm{PD}_{1\sim4}$：探测器；Ti:S：钛宝石晶体；BRF：双折射滤波片；OD：光学单向器；PZT：压电陶瓷

泵浦光由反射镜 M_1 反射出一小部分光进行噪声测量。第一个半波片 (HWP_2) 和偏振分束棱镜 1(PBS_1) 用来调节注入探测器的功率大小，第二个半波片 (HWP_3) 和偏振分束棱镜 2(PBS_2) 以及 PD_1、PD_2 组成自零拍探测系统对泵浦源的强度噪

声进行测量。泵浦源输出的激光经 f_1 准直，f_2 聚焦后注入到钛宝石激光器谐振腔中对钛宝石晶体进行泵浦。半波片 (HWP_1) 用以调整泵浦光的偏振方向来满足钛宝石晶体的偏振吸收需求。全固态连续单频可调谐钛宝石激光器谐振腔采用四镜环形谐振腔结构，腔内插入的调谐元件 (BRF)、单向器 (OD)、标准具 (Etalon) 等元件使得激光器在可调谐波段内单向运转。钛宝石激光器输出激光的强度噪声由 PD_3 和 PD_4 进行测量。其中第一个半波片 (HWP_4) 和偏振分束棱镜 3(PBS_3) 用来调节注入探测器的功率大小，第二个半波片 (HWP_5) 和偏振分束棱镜 4(PBS_4) 以及 PD_3、PD_4 组成自零拍探测系统对激光器强度噪声进行测量。PIN 光探测器采用 S3399 型，对 780 nm 波长的光量子效率为 58%，对 532 nm 波长的光量子效率为 30%，光接受直径为 3 mm，为防止周围环境的干扰，整个探测系统封装在金属盒内。探测器输出的电信号进行加减后由频谱分析仪进行记录，相减为 QNL，相加为激光器的强度噪声。整个测量过程中，RBW=30 kHz，VBW=30 Hz。

首先通过扫描 F-P 腔干涉仪得到两个泵浦源的纵模结构曲线，如图 4.3.2 所示。从图中可以看出，单频绿光激光器 (a) 能稳定地单纵模运转，这是因为单频绿光激光器以行波方式运行，能很好地消除空间烧孔效应，克服了由基频多纵模耦合产生的“绿光噪声”问题。而单横模多纵模绿光激光器 (b) 不能实现单纵模运转，这是因为单横模绿光激光器以驻波方式运转，基频光为多纵模振荡，这些纵模通过倍频晶体的和频作用发生耦合，加之腔内存在纵模间的交叉饱和效应，二者共同作用，导致“绿光噪声”问题。同时，在监测单横模绿光激光器的纵模结构时，可以观察到明显的跳模现象，而在单频绿光激光器中，纵模结构很稳定。

图 4.3.3 是钛宝石激光器在两种激光器泵浦下的输出功率曲线，其中泵浦功率均为 8 W，钛宝石激光器输出耦合镜的透射率为 3.1%。可以看出，钛宝石激光器的最大输出功率分别为 2 W(图 4.3.3(a)，单频泵浦) 和 700 mW(图 4.3.3(b)，单横模多纵模泵浦)。二者的阈值泵浦功率分别为 2.1 W(单频泵浦) 和 5.6 W(单横模多纵模泵浦)。二者泵浦效率相差甚大，这是由于单频绿光激光器输出激光的光束质量因子 (<1.1) 优于单横模多纵模绿光激光器 (<1.5)，从而单频泵浦光在增益介质钛宝石晶体中的光斑以及光束发散角均要小于单横模多纵模激光，而泵浦光的腰斑大小直接决定着泵浦阈值以及激光器输出功率的大小。

图 4.3.4 和图 4.3.5 给出了钛宝石激光器与相应泵浦源的强度噪声比较，其中，(a) 为相应泵浦源的强度噪声，(b) 为钛宝石激光器的强度噪声。

在实验中，泵浦源单频绿光激光器和单横模多纵模绿光激光器的输出波长均为 532 nm，输出功率均为 8 W。在这种泵浦条件下，钛宝石激光器在波长为 780 nm 时的输出功率分别为 2 W(SLM) 和 700 mW(MLM)。在测量激光器强度噪声时，通过调节注入探测器激光的能量，从直流输出端监视光电流，将交流输出相加减后由频谱分析仪进行记录。图中的激光器强度噪声用量子噪声极限 (QNL)

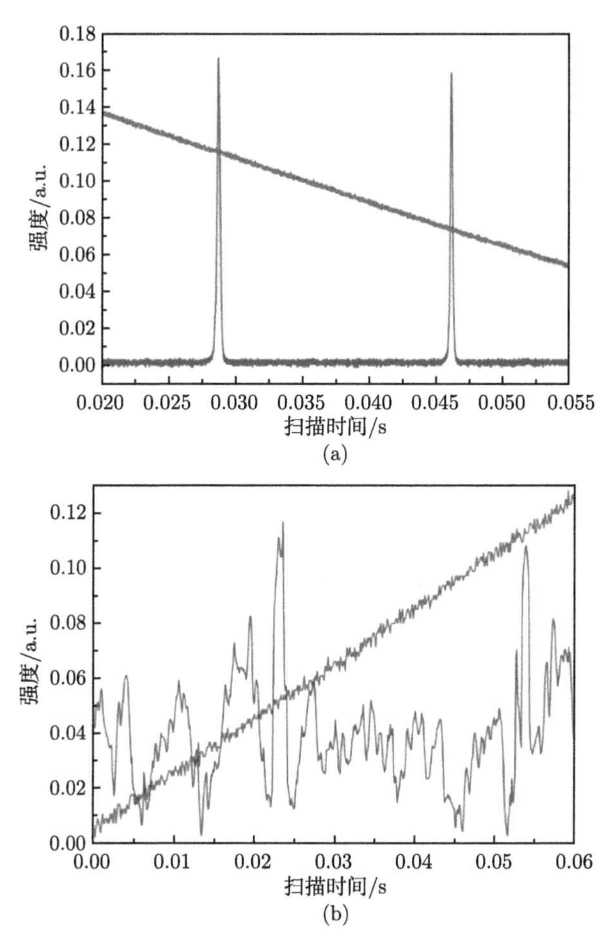

图 4.3.2 泵浦源的纵模结构曲线。(a) 单频绿光激光器；(b) 单横模多纵模绿光激光器

归一化，它用对数坐标 $10\lg V_{\mathrm{f}}$ 表示，横坐标 $\lg(\omega/(2\pi))$。因此，0 dB 表示量子噪声基准 ($V_{\mathrm{f}}=1$)。从图中可以看出，在单频绿光激光器和单横模多纵模绿光激光器作为泵浦源时，钛宝石激光器的弛豫振荡频率分别为 850 kHz 和 725 kHz，弛豫振荡的幅度分别为 19 dB 和 24 dB。而且在单频绿光激光器作为泵浦源时，在低频段，即 0.1~0.6 MHz(接近 RRO)，钛宝石激光器的强度噪声基本上处于泵浦源单频绿光激光器的强度噪声水平，在高于 0.6 MHz 以后，则钛宝石激光器的强度噪声水平高于泵浦源的强度噪声。在单横模多纵模绿光激光器作为钛宝石激光器的泵浦源时，钛宝石激光器的强度噪声水平处于泵浦源噪声水平的频段为 100~175 kHz，而在高于 175 kHz 以后的频段，钛宝石激光器的强度噪声远高于泵浦源的强度噪声。也就是说，泵浦源的强度噪声只对钛宝石激光器低频段的强度噪声起作用，而在高频段，尤其是高于弛豫振荡频率的高频段，泵浦源的强度噪声对

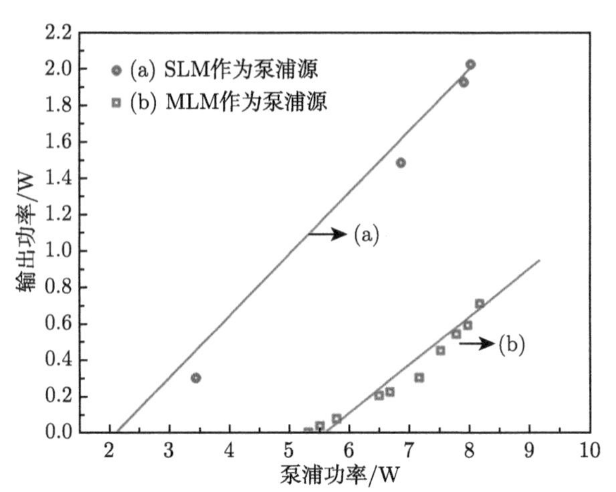

图 4.3.3　钛宝石激光器的输出功率随泵浦功率的变化关系。(a) 单纵模绿光激光器 (SLM)；(b) 单横模多纵模绿光激光器 (MLM)

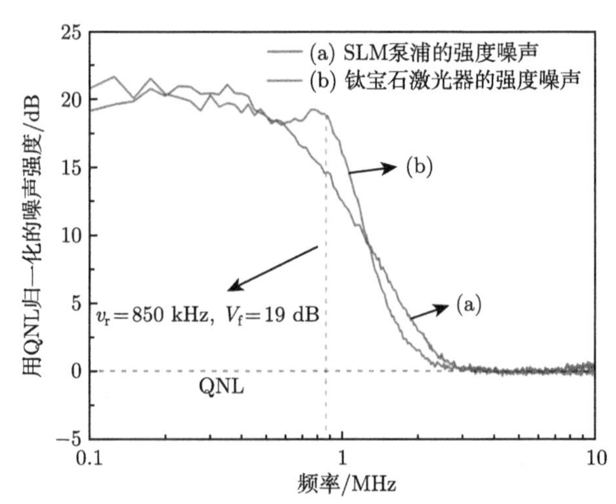

图 4.3.4　钛宝石激光器与单纵模绿光激光器强度噪声的比较。(a) 单纵模绿光激光器；(b) 钛宝石激光器

激光器强度噪声的影响很小。此外，钛宝石激光器在单频绿光激光器泵浦下，输出激光的强度噪声在 2.5 MHz 就达到了 QNL，而在单横模多纵模绿光激光器泵浦下，输出激光的强度噪声在 7 MHz 才达到 QNL。而且由于在低于 0.1 MHz 的低频段，探测器的增益较低，量子噪声基准小于或等于电子学噪声，当激光器高于量子噪声基准时其强度噪声的测量出现了误差。因此我们在噪声测量中，选取的频段为 0.1~10 MHz。图 4.3.6 给出的是钛宝石激光器强度噪声的理论曲线，并和实验结果进行了比较。

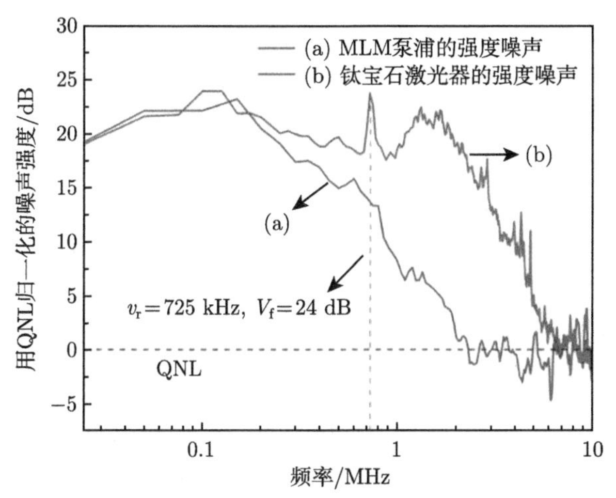

图 4.3.5 钛宝石激光器与单横模多纵模绿光激光器强度噪声的比较。(a) 单横模多纵模绿光激光器；(b) 钛宝石激光器

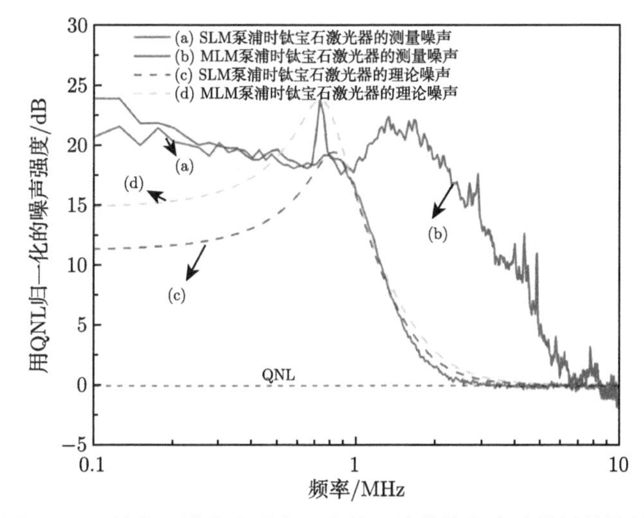

图 4.3.6 钛宝石激光器强度噪声的理论曲线与实验结果的比较

从图 4.3.6 中可以看出，在单频绿光激光器作为钛宝石激光器的泵浦源时，理论曲线和实验结果在弛豫振荡频率处及以上符合较好。而单横模多纵模绿光激光器作为钛宝石激光器的泵浦源时，理论曲线和实验结果相差较大，而且实验结果要远高于理论曲线。也就是说，在单横模多纵模的绿光激光器中存在的跳模现象严重影响了其作为泵浦源的钛宝石激光器的强度噪声。该图中，在低于 RRO 频率的低频段中，理论曲线和实验结果相差也很大，其原因主要是钛宝石激光器的泵浦源和普通固体激光器的泵浦源不一样，普通固体激光器的泵浦源的强度噪声

可以用一个单一的数值来表示，而钛宝石激光器泵浦源的强度噪声不能用单一的数值来表示，其具有明显的分布特点，如果把泵浦源的分布特性考虑到理论分析中，理论分析将更能接近于实验结果。

通过上面的分析，我们可以知道，泵浦源对钛宝石激光器的强度噪声有直接的影响，尤其是在低频段，钛宝石激光器的强度噪声基本上由泵浦源的强度噪声引起。除此之外，泵浦源的泵浦速率、激光器工作的波长等因素对激光器强度噪声也有影响。

同时，通过改变泵浦源的泵浦功率，进一步研究了泵浦速率对钛宝石激光器强度噪声的影响。图 4.3.7 即为不同泵浦功率下，钛宝石激光器的强度噪声特性。

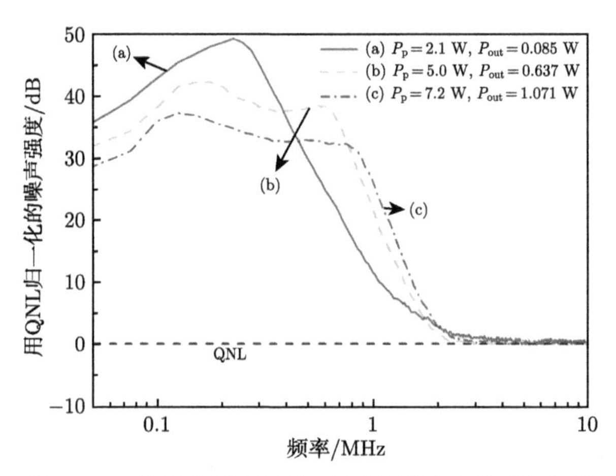

图 4.3.7　不同泵浦速率下，钛宝石激光器的强度噪声

此时，钛宝石激光器的输出波长为 780 nm，泵浦源提供的泵浦功率分别为 2.1 W、5.0 W 和 7.2 W，输出功率分别为 85 mW、637 mW 和 1.071 W。在这三种情况下，弛豫振荡频率分别为 225 kHz、550 kHz 和 750 kHz，而弛豫振荡的幅度分别为 49.3 dB、38.6 dB 和 32.4 dB。也就是说，随着泵浦功率即泵浦速率的增大，弛豫振荡的频率向高频方向移动，而弛豫振荡的幅度减小，这与之前的理论分析是一致的。

另外，我们还可以研究输出波长不同时，钛宝石激光器的强度噪声特性。图 4.3.8 给出了弛豫振荡频率随输出波长的变化关系，插图是在相应波长下的输出功率。从图中可以看出，当激光器的输出波长不同时，由于增益介质钛宝石晶体在不同波段时具有不同的受激发射截面，从而使得激光器在不同波段具有不同的增益，最后导致输出功率发生变化，进而使得弛豫振荡的频率也在移动。当增益介质钛宝石晶体工作在受激发射截面较大的波段时，钛宝石晶体的增益较大，激光器的输出功率较高，因此弛豫振荡的频率也较高，而当激光介质工作在受激发射截面较小的波段时，钛宝石晶体的增益较小，激光器的输出功率也较低，弛豫振荡的频率也相应较低。

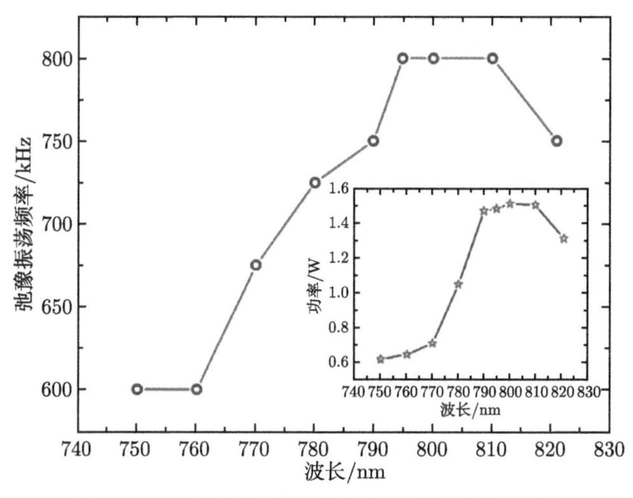

图 4.3.8 弛豫振荡频率随输出波长的变化关系

4.3.2 泵浦方式

在第 2 章中已经知道，采用直接泵浦方式代替传统的间接泵浦方式可以大幅度提高全固态单频连续波 1064 nm 激光器的输出功率。这是因为与传统的间接泵浦方式相比，直接泵浦方式中，888 nm 激光泵浦 Nd:YVO_4 晶体时，能级跃迁可以认为是一个准三能级系统，Nd^{3+} 直接由基态 $^4I_{9/2}$ 中 Z_1 子能级激发到 $^4I_{3/2}$ 激光能级，该过程中较小的斯塔克能级跃迁能够减弱由量子亏损产生的废热。而且在直接泵浦方式中，Nd:YVO_4 晶体的 a 轴和 c 轴对 888 nm 泵浦光具有无偏振依赖特性，两轴较为接近的偏振吸收系数能够避免 808 nm 泵浦时严重的热像散现象。尽管 Nd:YVO_4 晶体对 888 nm 泵浦光的吸收系数较低，但是通过适当地增加增益晶体的掺杂浓度和长度可以对该缺陷进行有效补偿，而且有助于匀化增益晶体不同位置处产生的热，进一步减缓增益晶体的热效应。本节的主要内容将分析泵浦方式对激光器强度噪声的影响 [11]。

图 4.3.9 为实验装置示意图。图中输入耦合镜 M_1 为凹凸镜 (R=1500 mm)，凹面镀有 808&888 nm 高透膜 ($T_{888\ nm}$ > 99.5%)，凸面镀有 1064 nm 高反膜 ($R_{1064\ nm}$>99.7%)。反射镜 M_2 为曲率半径 1500 mm 的平凸镜，凸面镀有 1064 nm 高反膜 ($R_{1064\ nm}$>99.7%)。M_3 和 M_4 为曲率半径 100 mm 的平凹镜，反射镜 M_3 镀有 1064 nm 高反膜 ($R_{1064\ nm}$>99.7%)，输出耦合镜 M_4 镀有 $T_{1064\ nm}$=20%透射膜及 $T_{532\ nm}$>95%的高透膜。间接泵浦和直接泵浦方案中，所用的泵浦源分别为 808 nm 和 888 nm 光纤耦合的激光二极管，对应的最大输

出功率分别为 51 W 和 80 W。光纤耦合激光二极管的输出激光经耦合成像系统聚焦于 $Nd:YVO_4$ 晶体中心处的光斑尺寸为 1020 μm 左右。两种泵浦方案中增益介质均为 a 轴切割的 $YVO_4/Nd:YVO_4$ 复合晶体 (S1:$R_{1064\ nm;888\ nm}<0.25\%$; S2:$R_{1064\ nm}<0.25\%$)，间接泵浦方案中增益介质 $Nd:YVO_4$ 的尺寸为 3 mm×3 mm×(3+15) mm，包括 3 mm 未掺杂部分以及 15 mm Nd^{3+} 掺杂浓度为 0.2at.% 的掺杂部分；直接泵浦方案中增益介质 $Nd:YVO_4$ 的尺寸为 3 mm×3 mm×(3+20) mm，包括 3 mm 未掺杂部分以及 20 mm Nd^{3+} 掺杂浓度为 0.8at.%的掺杂部分。$Nd:YVO_4$ 晶体的后端面均有 1.5° 的楔角用于增大σ 偏振光的几何损耗，使π 偏振光在腔内起振。

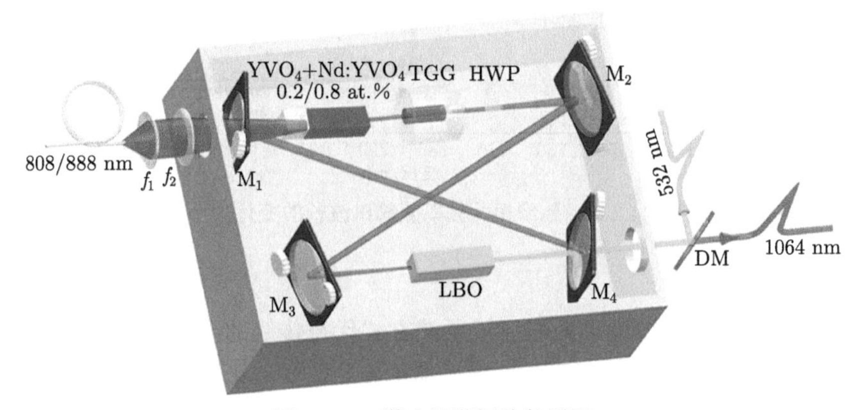

图 4.3.9　激光器谐振腔装置图

在非线性晶体 LBO 的温度处于室温 (25 °C) 的条件下，808 nm 间接泵浦 (traditional pump scheme，TPS) 和 888 nm 直接泵浦 (direct pump scheme, DPS)1064 nm 激光器的输出功率随吸收泵浦功率的变化曲线对应于图 4.3.10 的红色曲线 (a) 和黑色曲线 (b)。

TPS 和 DPS 激光器的阈值、最大输出功率、光–光转换效率分别为 (31.40±0.31) W 和 (30.60±0.31) W，(21.11±0.21) W 和 (32.00±0.32) W，42.2%和 45.0%。因此，相比于 TPS 激光器，DPS 激光器在光–光转换效率和输出功率提升方面有明显的优势。图 4.3.10 的曲线 (a) 和 (b) 中，TPS 和 DPS 激光器在吸收泵浦功率低于 (40.00±0.40) W 的斜效率明显较低。这是因为一方面，激光器此刻在稳区边缘工作，导致激光晶体处泵浦光与腔模的模式匹配较差；另一方面，在低泵浦电流的条件下激光二极管的发射波长与增益晶体的吸收波长之间存在差异，导致泵浦光的吸收效率较低。一旦激光器吸收的泵浦功率高于 (40.00±0.40) W，TPS 激光器较为严重的热效应不仅使激光器快速进入工作稳区实现最佳的模式匹配，而且也会使激光器快速跳出工作稳区。最终，TPS 激光器的输出功率

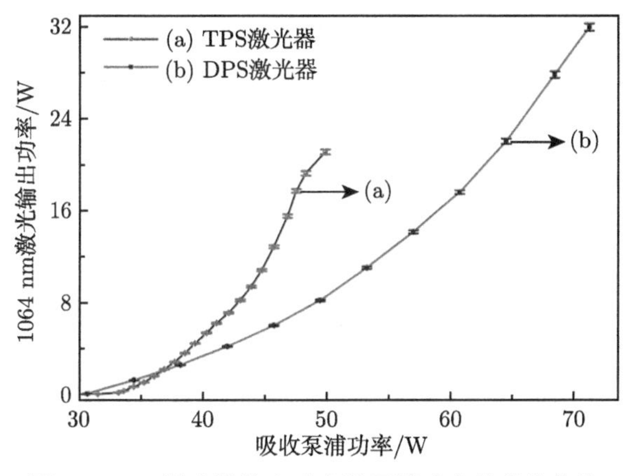

图 4.3.10 激光器输出功率随泵浦功率的变化曲线

限制在 (21.10±0.21) W。与 TPS 激光器相比，DPS 激光器相对较小的热透镜效应，延迟了激光器进入工作稳区达到最佳模式匹配的时刻。因此，DPS 激光器的斜效率相对较低。然而，DPS 激光器较低的热透镜效应使激光器可以注入较高的泵浦功率，从而实现高功率激光输出。注入的泵浦功率为 (80.00±0.80) W，DPS 激光器的输出功率达到 (32.00±0.32) W。TPS 和 DPS 激光器中增益晶体的热沉分别为 η_{ht}=25%和 η_{hd}=17%，对应增益晶体的热透镜焦距分别计算为 122.4 mm 和 126.3 mm，对应谐振腔中增益晶体中心的激光束腰半径分别为 370 μm 和 340 μm。TPS 和 DPS 激光器泵浦光与激光模式尺寸比分别为 1.37 和 1.50，均满足模式匹配条件，说明采用两种泵浦方案的激光器此刻处于相同的运转状态。

随后，采用平衡零拍探测装置对 TPS 和 DPS 激光器的强度噪声 (1 mW) 进行测量。图 4.3.11 中红色曲线 (a) 和黑色曲线 (b) 分别对应于 TPS 和 DPS 激光器相对于散粒噪声基准的噪声谱。

为了便于比较，我们将 DPS 激光器的强度噪声归一化到 TPS 激光器的强度噪声谱上。TPS 和 DPS 激光器的弛豫振荡频率、弛豫振荡幅值、达到散粒噪声基准的截止频率分别为 606 kHz 和 809 kHz，20.0 dB/Hz 和 30.5 dB/Hz，2.6 MHz 和 4.2 MHz。根据实验结果我们可以得出 DPS 激光器在提升激光器输出功率的同时也增大了激光器的强度噪声。通过比较 TPS 和 DPS 激光器的相关参数 (表 4.3.1)，我们进一步分析了造成 TPS 和 DPS 激光器强度噪声不同的根本原因。连续波单频激光器弛豫振荡噪声的数量级主要由真空起伏、偶极起伏以及激光器的损耗决定；激光器弛豫振荡频率以下噪声主要受泵浦噪声和自发辐射噪声的影响；激光器弛豫振荡频率以上的强度噪声则主要决定于由输出耦合镜透射率引入的真空起伏噪声。相比于 TPS 激光器 (V_{p}=(7.6±0.19) dB)，DPS 激光器可

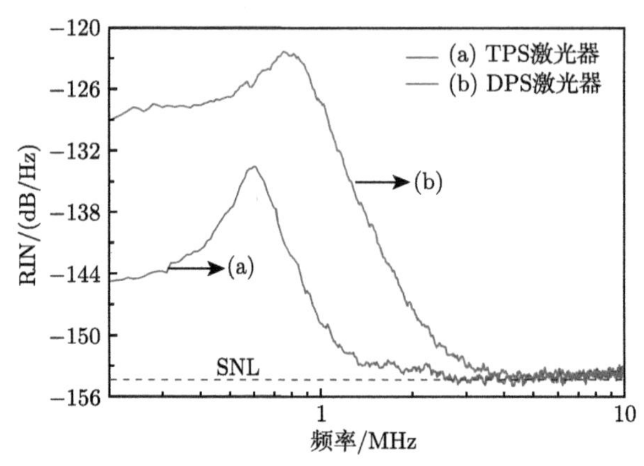

图 4.3.11　TPS 和 DPS 激光器相对于散粒噪声基准的噪声谱 (无非线性损耗)

注入的高泵浦功率对应较高的泵浦噪声 (V_p=(12.8±0.17) dB)，导致了激光器在弛豫振荡频率以下具有较高的强度噪声。由于 TPS 和 DPS 激光器使用同一套腔型结构，二者有相同的腔损耗以及相同的由输出镜耦合镜引入的真空起伏噪声。通过比较分析可以得出，造成 DPS 激光器较高的弛豫振荡噪声可主要归因于激光器强烈的偶极起伏噪声。激光器的偶极起伏噪声来源于激光器增益晶体中原子与腔模之间的耦合作用，受增益晶体中原子数量的影响。

表 4.3.1　TPS 和 DPS 激光器的相关参数

激光器参数	间接泵浦 (TPS)	直接泵浦 (DPS)
V_p/dB	7.6±0.19	12.8±0.17
κ/s^{-1}	(8.33±0.13)×10^7	(8.33±0.13)×10^7
N/atoms	(3.09±0.44)×10^{17}	(1.65±0.06)×10^{18}
G/s^{-1}	(3.28±0.47)×10^{10}	(1.75±0.06)×10^{11}
ω_f/kHz	615±2	807±2
$\gamma_\mathrm{f}/\mathrm{s}^{-1}$	(102±5)×10^3	(168±5)×10^3

由表 4.3.1 可以看出，DPS 激光器增益介质具有较高的掺杂浓度和较长的长度导致增益晶体具有较多的原子数，约为 TPS 激光器的 2 倍。此外，激光器的受激辐射速率也会增强激光器增益晶体中原子与腔模之间的偶极耦合强度。从表 4.3.1 我们可以看出，DPS 激光器的受激辐射速率约为 TPS 激光器的 5.3 倍。

通过将表 4.3.1 的数据代入连续波单频激光器的强度噪声谱函数 (4.1.2) 中，可以得到 TPS 和 DPS 激光器的理论拟合强度噪声谱线，如图 4.3.12 所示。图中 TPS 激光器的弛豫振荡峰的振幅和频率分别高于散粒噪声基准 (39.3±0.2) dB/Hz 和 (615±2) kHz，明显低于 DPS 激光器对应的数值 (43.9±0.2) dB/Hz 和 (807±2) kHz。DPS 激光器较强的偶极起伏导致了激光器较高的弛豫振荡噪声，延迟了激光器达到散粒噪声基准的频率。DPS 激光器达到散粒噪声基准的频率为 (4.5±0.1) MHz，高于 TPS 激光器对应的数值 (2.7±0.1) MHz。基于以上实验结果我们可以看出理论拟合曲线与实验结果的趋势一致。

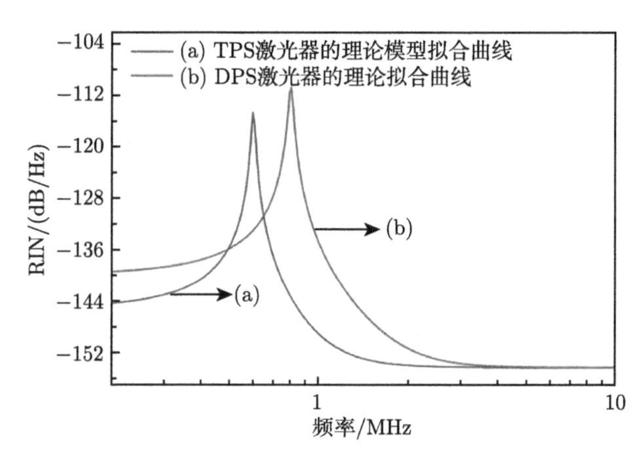

图 4.3.12　TPS、DPS 激光器强度噪声谱理论拟合曲线

通过进一步将非线性晶体的温度调谐到最佳相位匹配温度的条件下，在谐振腔内引入非线性损耗。此时，TPS 和 DPS 激光器在 1064 nm 和 532 nm 波段的输出功率曲线如图 4.3.13(a) 和 (b) 所示，对应激光器的相对强度噪声谱如图 4.3.14 所示。

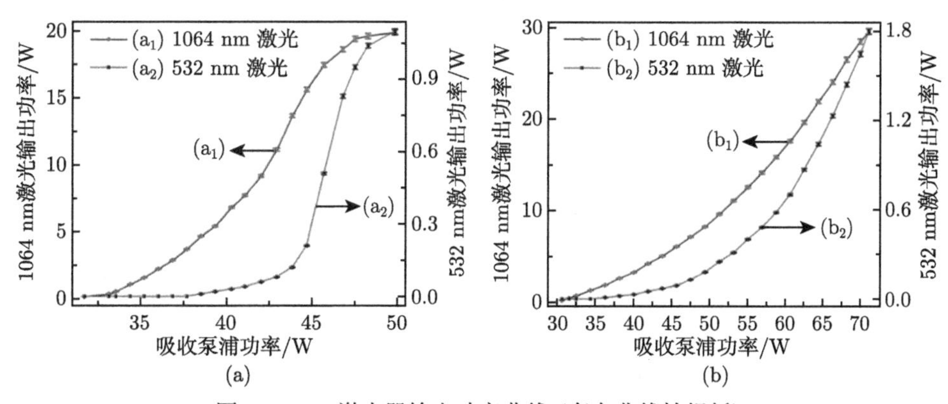

图 4.3.13　激光器输出功率曲线 (存在非线性损耗)

(a) 和 (b) 分别为 TPS 和 DPS 激光器的输出功率曲线。(a_1) 和 (a_2) 对应于 TPS 激光器在 1064 nm 和 532 nm 波段的输出功率。(b_1) 和 (b_2) 对应于 DPS 激光器在 1064 nm 和 532 nm 波段的输出功率

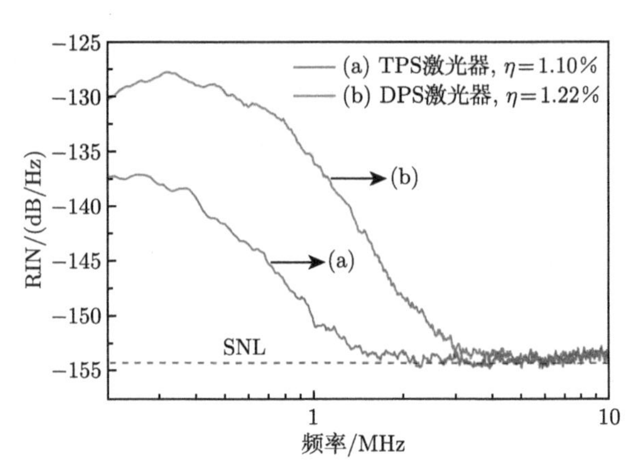

图 4.3.14　激光器相对强度噪声谱 (存在非线性损耗)

从图 4.3.14 可以看出，在谐振腔内引入足够的非线性损耗可以有效抑制 TPS 激光器和 DPS 激光器弛豫振荡频率处的强度噪声，而对激光器达到散粒噪声基准的频率并没有影响。

4.3.3　受激辐射速率

由公式 (4.1.1) 可知，激光器受激辐射速率 G 与受激发射截面σ_{s}、增益介质掺杂长度 l 以及晶体中原子密度ρ 成正比，与谐振腔的长度 L、增益介质的折射率 n 成反比。通过将激光器受激辐射速率 G 代入到公式 (4.1.2) 中，可以得到单频激光器的强度噪声谱随受激辐射速率 G 的变化关系，如图 4.3.15 所示。

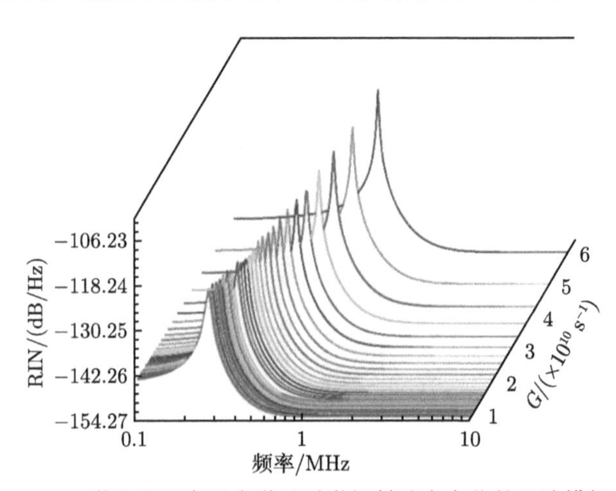

图 4.3.15　激光器强度噪声谱随受激辐射速率变化的理论模拟曲线

理论模拟过程中，V_{p} 高于散粒噪声基准 7 dB 对应于实验中 808 nm 波段激光二极管的输出功率为 45 W。从图 4.3.15 中可以看出，当激光器的受激辐射速

率 G 从 $5.90\times10^{10}\ \text{s}^{-1}$ 减小到 $0.80\times10^{10}\ \text{s}^{-1}$(对应于激光器腔长从 250 mm 拉长到 1850 mm)，激光器的弛豫振荡频率从 680 kHz 降低到 274 kHz，弛豫振荡幅值从高于散粒噪声基准 43.49 dB/Hz 降低到 34.49 dB/Hz。同时激光器达到散粒噪声基准的截止频率逐渐减小。激光器弛豫振荡频率与幅值的降低可以归因于激光器逐渐减小的受激辐射速率减弱了腔内增益介质中反转粒子数与谐振腔内光子的相互耦合作用强度。在实际操作中，可以通过变化谐振腔的腔长 L 或者选择受激发射截面相对较小的激光介质去操控激光器的受激辐射速率 G，进而改善激光器的强度噪声特性。

4.3.3.1 谐振腔长度

图 4.3.16 表示的就是激光器强度噪声谱达到散粒噪声基准的截止频率与谐振腔长度之间的依赖关系。当谐振腔的腔长从 250 mm 增加到 1000 mm 时，激光器达到散粒噪声基准的截止频率从 3.46 MHz 降低到 1.30 MHz。需要注意的是当谐振腔长度 L>1000 mm 时，继续增加谐振腔的腔长 L 对激光器达到散粒噪声基准的截止频率变化不大，意味着对激光器强度噪声的抑制效果不再明显。

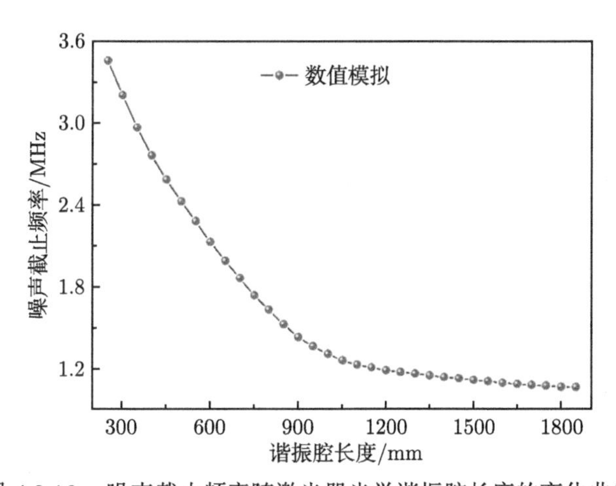

图 4.3.16 噪声截止频率随激光器光学谐振腔长度的变化曲线

图 4.3.16 表明，增加谐振腔的腔长，可以降低由输出耦合镜引起的腔衰减速率 $2\kappa_m$，导致由输出耦合镜引入的真空起伏噪声减弱，进而有效抑制激光器高频段的强度噪声。增加谐振腔的腔长 L 同时会导致谐振腔内光子单次往返的寿命 $\tau_c=1/(2\kappa)$ 增加，进而通过增加激光谐振腔的 Q ($Q=2\pi\nu\tau_c$) 参数，增强谐振腔对非激光模式的过滤能力，增强噪声抑制效果。

根据以上分析，谐振腔的腔长应设计为 $L\geqslant 1000$ mm 来获得低噪声激光器。然而，在谐振腔的实际设计中需要同时兼顾泵浦光与腔模在增益晶体处的模式匹配、增益晶体的热效应对激光器工作稳区以及光–光转换效率的影响，以获得高功率激光输出。我们在设计了腔长为 1050 mm 的光学谐振腔的基础上，首先利用 $ABCD$ 矩阵分析激光器的工作稳区随注入泵浦功率的变化，如图 4.3.17(a) 所示。图 4.3.17(a) 中激光器可注入的最大泵浦功率被限制在 35 W，对应的增益晶体中心腔模的腰斑半径为 770 μm，对应的泵浦与腔模的腰斑半径比为 0.68。该激光器由于泵浦功率的限制、增益晶体严重的热效应以及腔模在增益晶体处的衍射损耗，难以实现高功率激光输出。基于我们前期高功率激光器的设计经验，谐振腔的腔长在 400~500 mm 时能够很好满足高功率激光器的设计要求，对应激光器的工作稳区与泵浦功率的变化关系如图 4.3.17(b) 所示。图 4.3.17(b) 中增益晶体处腔模的腰斑半径为 380 μm，泵浦与腔模的腰斑半径比 1.39 满足高效模式匹配的条件。腔长为 1050 mm 的光学谐振腔要实现高功率激光输出，首先需要实现对激光器的工作稳区进行主动操控。通过在谐振腔内引入特定的成像系统可以解决该问题。

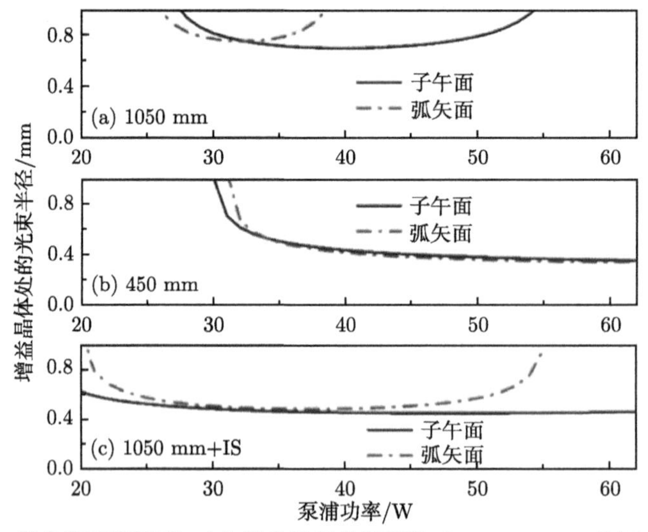

图 4.3.17　激光器工作稳区。(a) 激光器光学谐振腔 L=1050 mm，(b)L=450 mm，(c)L=1050 mm 加入特定像传输系统

图 4.3.18 为激光器的腔内装置图，激光器由腔镜 M_1~M_4、增益介质 Nd:YVO_4、光学隔离器、非线性晶体 LBO、光纤耦合 808 nm 激光二极管泵浦源组成，其中泵浦源的最大输出功率为 45 W。泵浦光经耦合系统聚焦到增益晶体中心处的束腰半径为 530 μm。激光器的输出激光经二色分束镜分为 1064/532 nm 两部分，通过扫描自由光谱区为 375 MHz、精细度为 180 的 F-P 腔监测 1064 nm 激光器的纵模结构。实验中，我们所使用的成像系统由三个聚焦长度 f=100 mm

的透镜 f_3、f_4、f_5 组成，即图 4.3.18 中 IS 部分。经理论模拟我们发现，当增益晶体的主平面与 f_3、f_3 与 f_4、f_4 与 f_5 之间的距离为 100 mm、100 mm、120 mm 时，L=1050 mm 激光器的工作稳区处于泵浦功率为 45 W 附近。此时谐振腔模在增益晶体中心的束腰半径为 500 μm，对应于泵浦与腔模在增益晶体处的束腰半径比为 1.07，满足高效模式匹配条件。此外，我们在谐振腔中引入了 I 类非临界相位温度相位匹配的 LBO 晶体，利用引入非线性损耗减弱次模竞争能力来抑制非激光模式起振。实验中，增益晶体与非线性晶体在谐振腔中 500 μm 与 70 μm 腔模束腰位置。

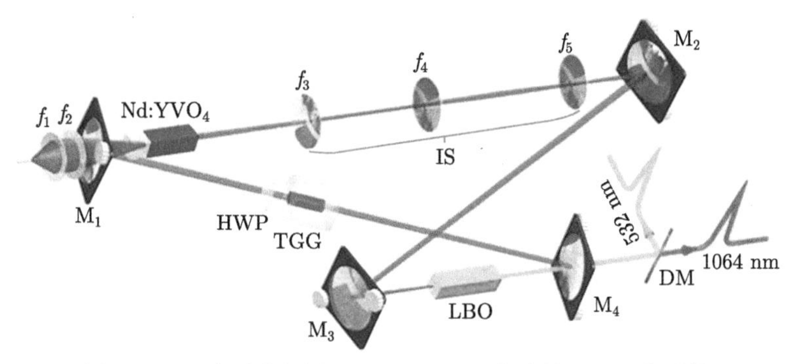

图 4.3.18 实验装置图，L=1050 mm 包含特定的成像系统

在 LBO 的温度为常温 (25 °C) 时，激光器 L_1=450 mm 以及插有成像系统的激光器 L_2=1050 mm 的输出功率随泵浦功率的变化如图 4.3.19(a) 中蓝色和红色曲线所示。在泵浦功率为 45 W 时，L_1=450 mm 和 L_2=1050 mm 激光器的阈值分别为 32.6 W 和 32.1 W，最大激光输出功率分别为 16.4 W 和 17.1 W。利用基于自外差法 25 km 延时光纤测量得到的激光器谐振腔长 L_1=450 mm、L_2=1050 mm 线宽数据及对应的高斯线性函数拟合结果如图 4.3.19(b) 所示，对应激光器的线宽分别为 213 kHz 和 71 kHz。

采用自零拍探测装置测量了单频激光器的强度噪声 (1 mW)，测量结果如图 4.3.20 所示。

测试过程中频谱仪的分辨率带宽和显示带宽分别设置为 30 kHz 和 30 Hz。从测量结果可以看出，在结合采用成像系统 IS 将谐振腔的腔长从 L_1=450 mm 变化到 L_2=1050 mm 时，激光器的弛豫振荡频率由 537 kHz 减小到 320 kHz，弛豫振荡幅值由高于散粒噪声基准 30.56 dB/Hz 减小到 17.36 dB/Hz，激光器到达散粒噪声基准的截止频率由 2.6 MHz 减小到 1.0 MHz。实验结果与理论预期吻合。实验结果表明，通过延长谐振腔的腔长并结合在谐振腔内引入特定的成像系统可以在宽频段范围内有效降低高功率激光器的强度噪声。

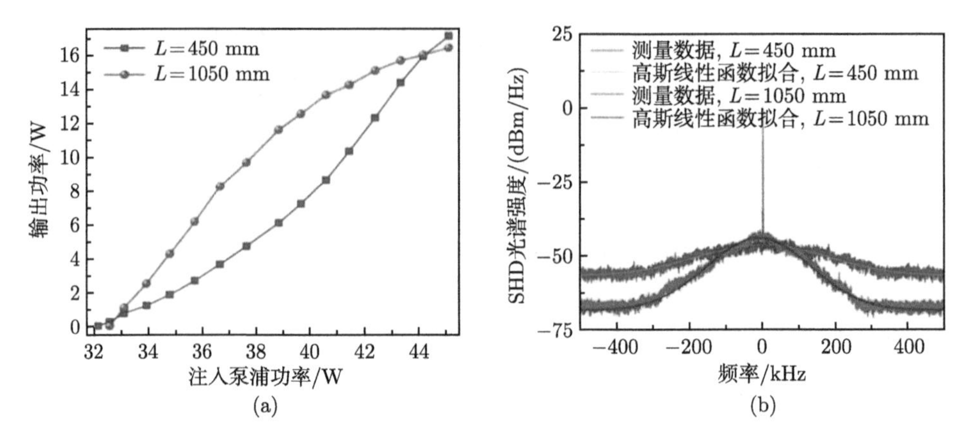

图 4.3.19　(a) 激光器输入–输出功率曲线，蓝色曲线对应腔长 L_1=450 mm，红色曲线对应腔长 L_2=1050 mm 包含特定的成像系统；(b) 利用基于自外差法 25 km 延时光纤测量得到的激光器谐振腔长 L_1=450 mm 以及 L_2=1050 mm 线宽数据以及对应的高斯线性函数拟合结果

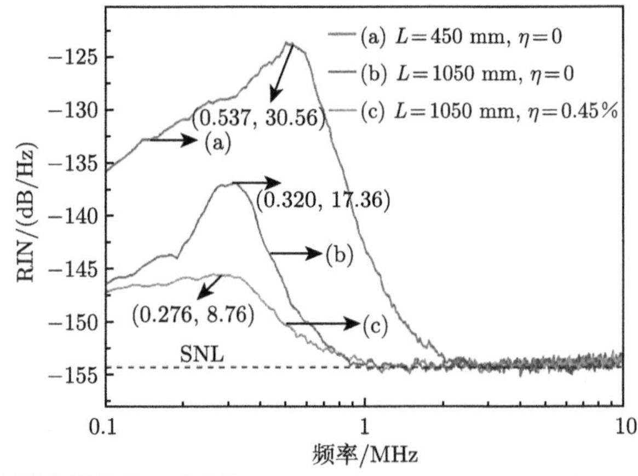

图 4.3.20　单频激光器的强度噪声谱。(a) L=450 mm，η=0；(b) L=1050 mm，η=0；(c) L=1050 mm，η=0.45%

通过将 L_2=1050 mm 激光器中的非线性晶体 LBO 温度调谐到最佳相位匹配温度 (149 °C)，进而在谐振腔内引入η=0.45%的非线性损耗，从而将 L_2=1050 mm 激光器的弛豫振荡频率由 320 kHz 减小到 276 kHz，激光器的弛豫振荡幅值由高于散粒噪声基准 17.36 dB/Hz 减小到 8.60 dB/Hz，如图 4.3.20 曲线 (c) 所示。该实验结果表明通过操控激光器的受激辐射速率以及结合在谐振腔中引入非线性损耗，可以有效抑制激光器的强度噪声。图 4.3.21(a) 表明激光器处于稳定的单频运转状态，在输出功率为 16.1 W 时对应激光器 6h 峰峰值波动性为 ±0.40%。图 4.3.21 中 (b) 为激光器的光束质量 M^2 因子测量结果，输出激光在 x 和 y 方向光束质量 M^2 因子为 1.08 和 1.07。

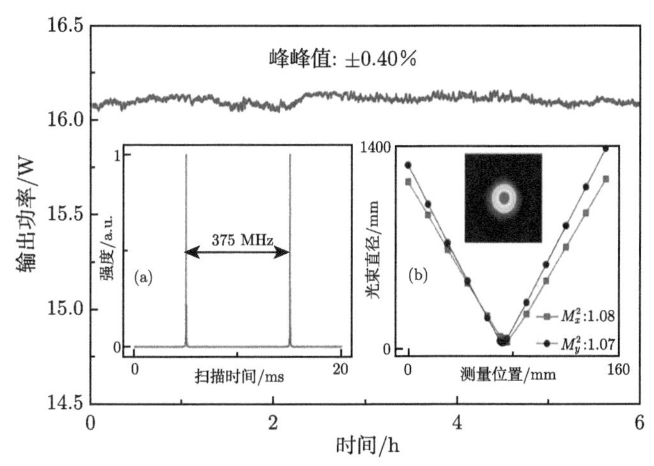

图 4.3.21 L=1050 mm，η=0.45%时激光器长期功率稳定性

(a) 单频运转特性；(b) 光束质量 M^2 因子

4.3.3.2 受激发射截面

图 4.3.22 是利用表 4.3.2 所示的参数模拟得到的激光器强度噪声谱达到散粒噪声基准的截止频率随激光增益晶体受激发射截面变化的理论模拟曲线。可以看出，在同一个激光系统中，当泵浦速率、增益晶体长度及谐振腔长度一定的情况下，激光器达到量子噪声极限的截止频率随受激发射截面的增加而增加。当受激发射截面从 $1\times10^{-19}\text{cm}^2$ 变化到 $29\times10^{-19}\text{cm}^2$ 时，激光器强度噪声到达散粒噪声基准的截止频率从 1.52 MHz 增加为 4 MHz。该现象从激光器微观层面可以解释为：受激发射截面越小，增益介质内的反转粒子数与腔内振荡的光子数之间的耦合作用越弱，因此会减弱光场中噪声源的耦合强度，进而达到降低强度噪声的目的。

表 4.3.2 激光器系统参数

参量	λ_p/nm	V_p/dB	ρ/at.%	n	l/mm	L/mm	P_p/W
数值	808	43.04	1	1.92	6	283.84	13.78

实验上，通过比较激光晶体分别为 Nd:YAP 晶体和 Nd:CYA 晶体时，单频连续波 1080 nm 激光器的强度噪声特性，研究了受激发射截面对激光器强度噪声的影响。表 4.3.3 和表 4.3.4 分别列出了 Nd:YAP 晶体和 Nd:CYA 晶体的特性参数。从表中可以看出，在 1080 nm 附近，Nd:CYA 晶体的受激发射截面大约是 Nd:YAP 晶体的 1/3。

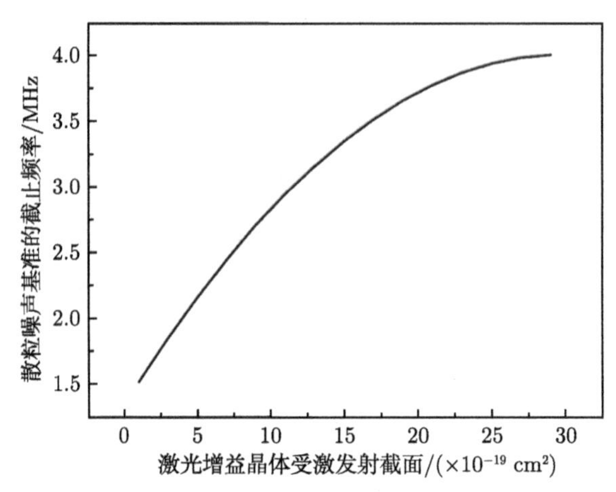

图 4.3.22　激光器强度噪声谱达到散粒噪声基准的截止频率随激光增益晶体受激发射截面变化的理论模拟曲线

表 4.3.3　常温下 Nd:YAP 晶体的物理、化学性能

参数	属性
对称性	正交晶系 (斜方晶系)
空间群	$D_{2\mathrm{h}}^{16}-P_{\mathrm{bnm}}$
有效透射波长/μm	0.29～5.9
密度/(kg/cm^3)	5.35
Nd 掺杂浓度/(at.%)	1.95×1020
热导率/(W/(m·K))	11
热膨胀系数/(×10^{-6}/°C)	a 轴：4.2；b 轴：11.7；c 轴：5.1
热光系数 (×10^{-6}/K)	a 轴：9.7；c 轴：14.5
受激发射截面/(×10^{-20}cm^2)	1064.5 nm：17(a 轴)；1079.5 nm：46(c 轴)；1317.5 nm：0.5(a 轴)；1342.6 nm：22(c 轴)

表 4.3.4　常温下 Nd:CYA 晶体的物理、化学性能

参数	属性
各向异性	单轴晶体
折射率	n_{o}=1.886；n_{e}=1.909
密度/(kg/cm^3)	4.64
热光系数/(×10^{-6}/K)	a 轴：−7.8；c 轴：−8.7
综合光程热系数/(×10^{-6}/K) ($W=\mathrm{d}n/\mathrm{d}T+(n-1)\alpha$)	1.2($E\perp c$)
热导率/(W/(m·K))	a 轴：3.7；c 轴：3.3
热扩散系数/(×10^{-6}K^{-1})	α_a=10.2；α_c=15.5
体积热膨胀系数/(×10^{-5}K^{-1})	3.59
受激发射截面/(×10^{-20}cm^2)	1.04

全固态单频连续波 1080 nm 激光器的实验装置图如图 4.3.23 所示，激光器的泵浦源为光纤耦合的激光二极管，光纤的内径和数值孔径分别为 400 μm 和 0.22，

泵浦源波长对应于增益晶体的吸收峰。

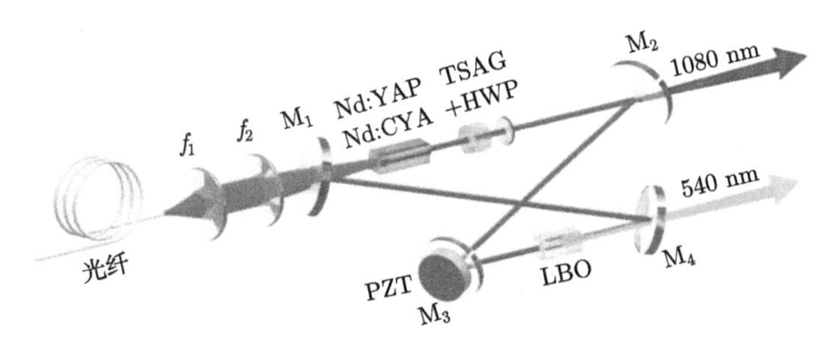

图 4.3.23 全固态单频连续波 1080 nm 激光器的实验装置图

光纤耦合输出的泵浦光经过由正透镜 $f_1(f_1=30\text{ mm})$ 和 $f_2(f_2=50\text{ mm})$ 组成的耦合透镜组，将整形后的泵浦光聚焦于增益晶体内。激光器腔型采用四镜环形腔结构，其中 M_1 为平面输入耦合镜，镜片镀膜为泵浦光高透膜 ($T>95\%$) 和 1080 nm 高反膜 ($R>99.5\%$)。M_2 为平面输出耦合透镜，镀有 1080 nm 振荡激光部分透射膜，透射参数为 $T_{1080}=4\%$。腔镜 M_3 和 M_4 为曲率半径 50 mm 的平凹镜片，均镀有 1080 nm 高反膜 ($R>99.5\%$)。另外，为保证产生的倍频激光高效输出，腔镜 M_4 还镀有 540 nm 高透膜 ($T>95\%$)。为进一步验证激光增益晶体受激发射截面对强度噪声谱的影响，本研究在相同的腔型中分别插入具有不同受激发射截面的 Nd:CYA($Nd:CaYAlO_4$) 晶体和 Nd:YAP($Nd:YAlO_3$) 晶体。磁致旋光晶体 TSAG(terbium scandium aluminium garnet) 和真零级半波片 (half-wave plate，HWP) 组成光学单向器，用以保证腔内振荡激光的稳定单向运行。为进一步保证输出 1080 nm 激光为稳定的单纵模运转，本研究进一步在腔镜 M_3 和 M_4 之间的焦点处插入 I 类非临界相位匹配晶体 LBO(lithium triborate)。通过利用倍频晶体的非线性作用，腔内振荡模的非线性损耗为非振荡模的一半，从而可有效地抑制多模现象和跳模现象的产生。其中 LBO 倍频晶体的尺寸为 3 mm×3 mm×15 mm，倍频晶体的温度为 136.9 °C，对应为倍频 1080 nm 激光的最佳匹配温度。

为了消除其他因素的影响，更加直观地对比出激光增益晶体受激发射截面对输出激光强度噪声的影响，在实验过程中，始终保持激光器腔型及腔镜参数相同，且谐振腔腔长为 283.84 mm。当增益介质为 Nd:YAP 晶体时，对应采用的泵浦源为波长 803 nm 的光纤耦合激光二极管 (Dilas，Co.，Ltd)。Nd:YAP 晶体为 b 轴切割的圆柱状形，晶体直径和长度分别为 3 mm 和 15 mm，晶体中掺杂的 Nd^{3+} 的掺杂浓度为 0.4at.%。晶体的前后端面均镀有 803 nm 减反膜和 1080 nm 减反膜。晶体的第二个面设计有 1.5° 楔角，凭借 Nd:YAP 晶体的双折射效应，楔形的增益晶体可作为偏振分束器增大产生的偏振激光的几何损耗，从而纯化腔内振荡激光的偏振度。实验中，为实现对增益晶体温度的精准控制以及输出激光功率的稳定性，Nd:YAP 晶体使用铟箔包裹在紫铜炉中，通过控温精度为 0.01 °C 的控温仪进行控温。晶体的 c 轴放置于谐振腔的弧矢面方向以产生垂直偏振的 1080 nm 激光。当腔内增益介质更换为 Nd:CYA 晶体时，激光器的泵浦源更换为对应 Nd:CYA 晶体吸收峰的 808 nm 光纤耦合输出激光二极管。为保证两种激光器受激发射速率相对大小只与晶体受激发射截面变化有关，实验中设计 Nd:CYA 增益晶体的掺杂浓度及尺寸分别为 1at.%和 3 mm×3 mm×6 mm。为适应 Nd:YAP 激光系统中倍频晶体的相位匹配对振荡激光的需求并获得高效的倍频激光输出，插入的 Nd:YAP 晶体的 c 轴摆放在谐振腔的子午面方向。

实验中，当增益介质为 Nd:YAP 晶体时，激光器的输出耦合镜对 1080 nm 激光的透射率为 T_{1080}=4%。图 4.3.24 为 Nd:YAP 激光器输出功率随泵浦功率的变化趋势图。从图中可以看出，该激光器的阈值功率为 9.18 W。当泵浦功率为 15.16 W 时，输出的最大 1080 nm 激光功率为 1.97 W，此时对应的最大倍频激光输出功率为 182.75 mW，光–光转换可达到 32.95%。

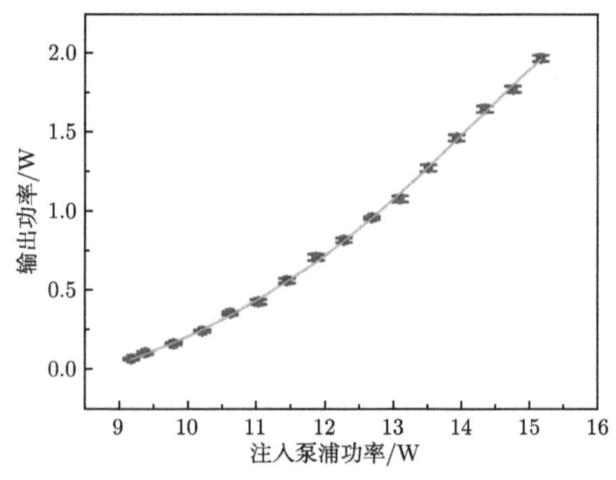

图 4.3.24 Nd:YAP 激光器输出功率随泵浦功率的变化趋势图

当谐振腔中的增益晶体更换为 Nd:CYA 晶体后，同样可以得到 Nd:CYA 激光器输出激光性能。如图 4.3.25 所示为 Nd:CYA 激光器的输出功率随泵浦功率的变化趋势图，从图中可以看出 Nd:CYA 激光器的阈值为 10.53 W。当泵浦光功率为 13.78 W 时，1080 nm 激光器的最大输出功率可达 1.12 W。此时对应的 540 nm 激光功率为 53.50 mW，光–光转化效率可达 34.46%。

在此基础上，利用自零拍探测系统对两种激光器的强度噪声进行测量。在噪声测量过程中，首先保证搭建的强度噪声测量装置的两臂具有相同的光程，且两个聚焦透镜到光电管之间的距离也相同，进而在光电管中具有相同的聚焦光斑大

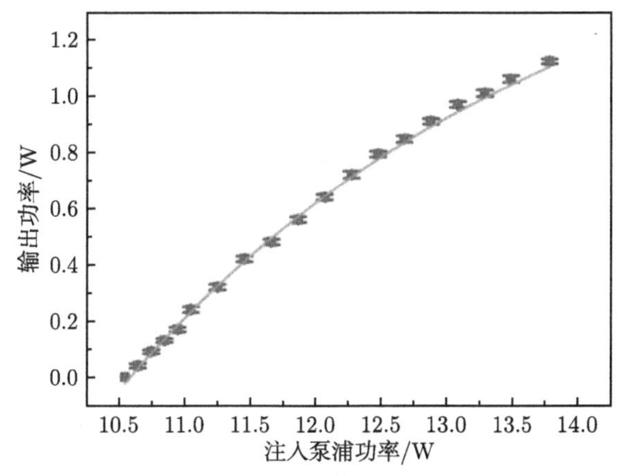

图 4.3.25 Nd:CYA 激光器输出功率随泵浦功率的变化趋势图

小。然后通过精调功率调节装置，使得两臂的直流输出在示波器上具有相同的相对电压变化。将探测器的交流信号接入频谱仪，挡住一臂，另一臂的光打入平衡零拍探测器，产生的 AC 信号在频谱仪上测量的噪声功率谱为 $10\lg P_1$，平衡零拍探测器两臂注光在频谱仪上测得的噪声功率谱为 $10\lg P_2$。其中 $10\lg P_1$ 即为由比例积分放大器处理后对应的 1 mW 激光器强度噪声谱，$10\lg P_2$ 为 2 mW 待测激光散粒噪声基准。所以待测激光功率为 1 mW 时相对散粒噪声基准的强度噪声谱表示为：$V_{\mathrm{f}}=10\lg P_1-(10\lg P_2-10\lg 2)=10\lg P_1-10\lg P_2+3\mathrm{dB}$。

图 4.3.26 为测量得到的 1 mW 时 Nd:YAP 激光器和 Nd:CYA 激光器的强度噪声谱。

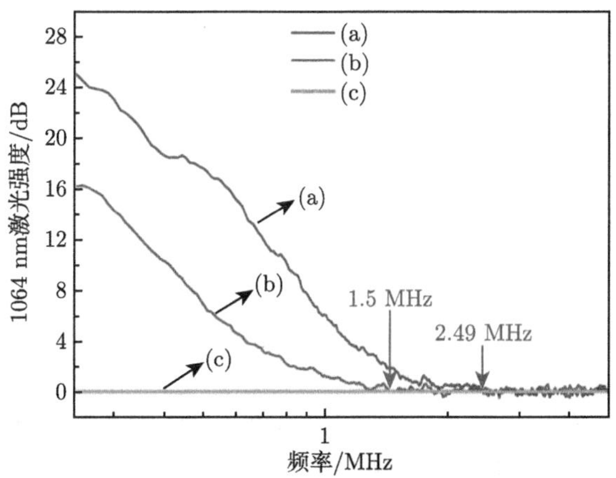

图 4.3.26 两种激光器归一化强度噪声谱。(a) Nd:YAP 激光器的强度噪声谱；(b) Nd:CYA 激光器的强度噪声谱；(c) 散粒噪声极限

由于两种激光器的输出功率并不相同，为了科学严谨地比较受激发射截面大小对截止频率的影响，本研究进一步将 Nd:YAP 激光器的强度噪声归一化到 Nd:CYA 激光器强度噪声，如此一来，强度噪声谱更具有可比性。在测量过程中，RBW 和 VBW 分别设置为 30 kHz 和 30 Hz。根据图 4.3.26，曲线 (a) 对应 Nd:YAP 激光器的强度噪声谱，曲线 (b) 对应 Nd:CYA 激光器的强度噪声谱，曲线 (c) 为散粒噪声极限。从图中可以直观地看出 Nd:YAP 激光的强度噪声频率在 2.49 MHz 处到达散粒噪声极限，而具有更小受激发射截面的 Nd:CYA 激光的强度噪声频率在 1.50 MHz 处已经到达散粒噪声极限。同时可以看出，激光器强度噪声谱中的弛豫振荡峰均被抑制，这种现象得益于倍频晶体 LBO 引入的非线性效应。以上现象从实验数据上直观地证明了通过操控激光器中增益晶体的受激发射截面大小，可以实现对激光器强度噪声的操控。相对 Nd:YAP 激光器，选用具有更小受激发射截面的 Nd:CYA 晶体作为激光增益晶体，可以获得具有更低强度噪声的 1080 nm 激光。虽然 Nd:CYA 激光器由于增益晶体受激发射截面相对较小而使得激光器输出功率较低，但是这一现象完全可以通过进一步优化增益晶体参数及激光器腔型得到提升。

进一步将上述的 Nd:YAP 激光器参数和 Nd:CYA 激光器参数代入强度噪声谱公式中，得到了两种激光系统中到达散粒噪声基准的截止频率随激光增益晶体受激发射截面变化的趋势，如图 4.3.27 所示。

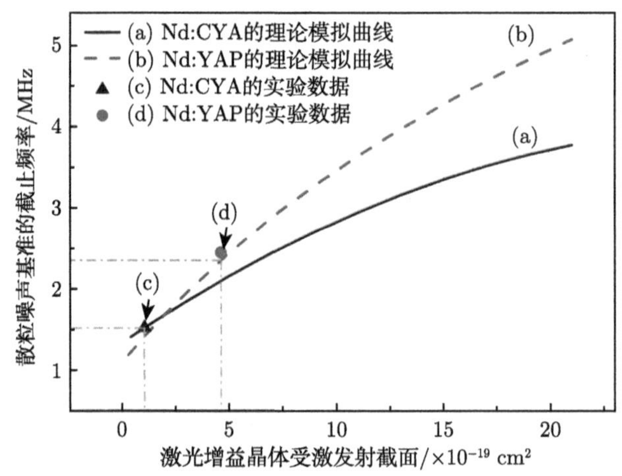

图 4.3.27 激光器强度噪声谱达到散粒噪声基准的截止频率随激光增益晶体受激发射截面变化的理论模拟曲线

(a)Nd:CYA 激光系统下截止频率随受激发射截面的变化趋势；(b)Nd:YAP 激光系统下截止频率随受激发射截面的变化趋势；(c) 对应 Nd:CYA 激光器的截止频率；(d) 对应 Nd:YAP 激光器的截止频率

图 4.3.27 中曲线 (a) 和曲线 (b) 分别表示 Nd:CYA 激光系统和 Nd:YAP 激

光系统中强度噪声的截止频率随受激发射截面变化的曲线，点 (c) 和 (d) 分别表示增益晶体为 Nd:CYA 和 Nd:YAP 时，激光强度噪声到达散粒噪声极限的截止频率值。对于 Nd:YAP 激光器，Nd:YAP 晶体的长度和掺杂浓度分别为 15 mm 和 0.4at.%。803 nm 泵浦源输出功率为 15.16 W 时，对应的泵浦光强度噪声为 38.32 dB。对于 Nd:CYA 激光器，Nd:CYA 晶体的长度和掺杂浓度分别为 6 mm 和 1at.%。对应 808 nm 泵浦源输出功率为 13.78 W 时，泵浦源的强度噪声为 43.04 dB。对于上述两个激光系统，泵浦源的强度噪声并不相同。根据研究表明，泵浦强度噪声会对低于弛豫振荡峰的激光强度噪声谱产生较大的影响，但是并不会在弛豫振荡峰附近和高于弛豫振荡峰的强度噪声谱产生太大的影响。因此上述泵浦源噪声引入的些许的差异并不影响激光增益晶体受激发射截面对激光强度噪声频率到达散粒噪声基准的截止频率的大小。Nd:YAP 晶体的受激发射截面大小为 $4.6\times10^{-19}\text{cm}^2$，约为 Nd:CYA 晶体的受激发射截面 $1.04\times10^{-19}\text{cm}^2$ 的 4 倍。模拟得到的 Nd:YAP 激光器和 Nd:CYA 激光器的强度噪声谱到达散粒噪声的截止频率分别为 2.37 MHz 和 1.53 MHz。该数值模拟结果与实际的激光器测量结果基本接近，进一步地论证了通过选用具有小受激发射截面的激光增益介质可以有效地抑制输出激光的强度噪声。

4.4 强度噪声的抑制

4.4.1 电流负反馈抑制单频激光器的强度噪声

4.4.1.1 基本原理

光电负反馈抑制激光器强度噪声是把反馈电信号直接耦合到 LD 驱动电流上，通过调制泵浦源来抑制噪声。为此首先从理论上研究激光器的泵浦噪声传递函数，在此基础上设计反馈电路使激光器的强度噪声获得最大抑制 [13-15]。

内腔倍频和基波输出两种类型激光器的泵浦噪声传递函数分别为

$$F_{\text{SHG}}(\omega)=\frac{\sqrt{4\mu a_0^2 \varGamma J_1 G^2 a_0^2}}{(\omega_{\text{r}}^2-\omega^2)+\mathrm{i}\omega\gamma_L} \tag{4.4.1}$$

和

$$F_{\text{fundamental}}(\omega)=\frac{\sqrt{2k_m \varGamma J_1 G^2 a_0^2}}{(\omega_{\text{r}}'^2-\omega^2)+\mathrm{i}\omega\gamma_L'} \tag{4.4.2}$$

一般情况下，激发下能级衰减速率较快，而基态没有被很大抽空，因此由激光速率方程得到能级 $|1\rangle$、$|2\rangle$ 和 $|3\rangle$ 的布居概率为

$$J_1\approx 1-\frac{2(\tilde{\mu}a_0^2+k_l)}{G}\approx 1$$

$$J_2 \approx 0$$

$$J_3 = \frac{2(\tilde{\mu} a_0^2 + k_l)}{G} \tag{4.4.3}$$

内腔光子数为

$$a_0^2 = \frac{\Gamma}{2k} - \frac{\gamma_t}{G} \tag{4.4.4}$$

泵浦速率为

$$\Gamma = \frac{P_{\mathrm{in}} \eta_{\mathrm{p}}}{\hbar \omega_{\mathrm{p}} N} \tag{4.4.5}$$

其中，P_{in} 为 LD 的泵浦功率，η_{p} 为泵浦效率，N 为激发原子数。泵浦阈值功率 P_{th} 为

$$P_{\mathrm{th}} = \frac{A_{\mathrm{e}} I_{\mathrm{sat}}}{\eta_{\mathrm{p}}} \frac{2(\tilde{\mu} a_0^2 + k_m) L}{c} \tag{4.4.6}$$

其中，A_{e} 表示基波在激光增益介质中的有效模面积，L 为增益介质长度，I_{sat} 为饱和光功率：

$$I_{\mathrm{sat}} = \frac{\hbar \omega_0 \gamma_t}{\varepsilon_{\mathrm{s}}} \tag{4.4.7}$$

把式 (4.4.6) 和 $G=\varepsilon_{\mathrm{s}} \rho c$ 代入式 (4.4.5)，泵浦速率为

$$\Gamma = \frac{2(\tilde{\mu} a_0^2 + k_m) \gamma_t}{G} r \tag{4.4.8}$$

其中，r 为归一化泵浦因子：

$$r = \frac{P_{\mathrm{in}}}{P_{\mathrm{th}}} \tag{4.4.9}$$

并且内腔光子数变为

$$G a_0^2 = \gamma_t (r-1) \tag{4.4.10}$$

由式 (4.4.8) 和式 (4.4.10) 可把两种激光器泵浦传递函数简化为

$$F_{\mathrm{SHG}}(\omega) = \frac{\sqrt{8 \mu a_0^2 (k_l + \mu a_0^2) \gamma_t^2 r (r-1)}}{(\omega_{\mathrm{r}}^2 - \omega^2) + \mathrm{i} \omega \gamma_L} \tag{4.4.11}$$

和

$$F_{\mathrm{fundamental}}(\omega) = \frac{\sqrt{4 k k_m \gamma_t^2 r (r-1)}}{(\omega_{\mathrm{r}}'^2 - \omega^2) + \mathrm{i} \omega \gamma_L'} \tag{4.4.12}$$

其中，弛豫振荡频率分别为

$$\omega_{\rm r} = \sqrt{2\tilde{\mu}a_0^2\gamma_t r + 2(\tilde{\mu}a_0^2 + k_l)\gamma_t(r-1)}$$

$$\omega_{\rm r}' = \sqrt{2k\gamma_t(r-1)} \tag{4.4.13}$$

弛豫振荡衰减速率分别为

$$\gamma_L = 2\mu a_0^2 + \gamma_t r$$

$$\gamma_L' = \gamma_t r \tag{4.4.14}$$

由以上参数和式 (4.4.12) 给出基波输出激光器泵浦噪声传递函数的振幅和相位响应曲线，如图 4.4.1(a) 所示，由于基波输出激光器通常弛豫振荡频率 $\omega_{\rm r}'>\gamma_L'$，它的泵浦噪声传递函数是一个弱阻尼谐振子，呈现弛豫振荡，在弛豫振荡峰处有一个 π 相位跃变。内腔倍频激光器泵浦噪声传递函数的振幅和相位响应曲线，如图 4.4.1(b) 所示，由于内腔倍频激光器中包含了非线性过程，$\omega_{\rm r}>\gamma_L$，泵浦噪声传递函数是一个过阻尼谐振子，弛豫振荡被抑制，相位在弛豫振荡峰处呈渐变关系。

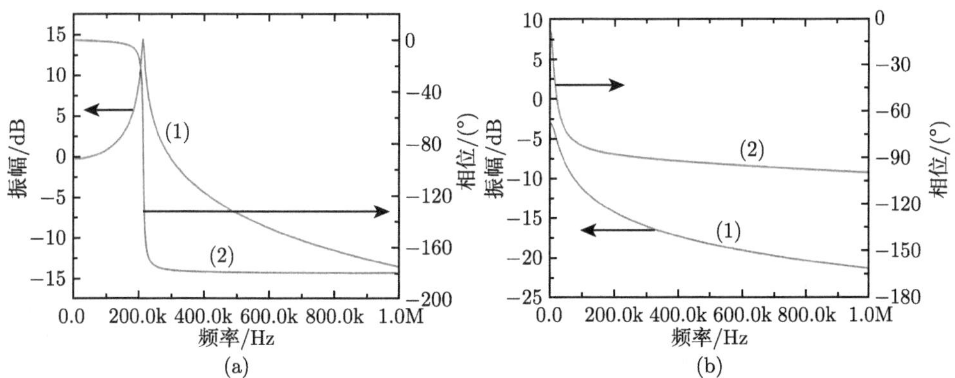

图 4.4.1 单频基频光激光器 (a) 和单频内腔倍频激光器 (b) 的泵浦噪声传输函数的振幅和相位的变化曲线

因此在设计负反馈环路时要考虑调制泵浦源引入的简谐阻尼谐振子。从自动控制负反馈稳定性理论可知，利用奈奎斯特 (Nyquist) 图很容易分析反馈回路的稳定性。一个反馈回路的噪声压缩因子为

$$S(\omega) = \frac{1}{1+G(\omega)} \tag{4.4.15}$$

其中，$G(\omega)$ 为复开环增益。奈奎斯特图是开环增益 $G(\omega)$ 在复平面中随频率变化的曲线，噪声压缩因子 $S(\omega)$ 对应于开环增益曲线到点 (−1，0)(此点称为非稳点)

的距离，只要开环增益曲线不包围点 (−1，0)，那么负反馈闭环回路是稳定的，如图 4.4.2(a) 所示，也就是说一个稳定的负反馈闭环回路的条件是要求开环增益的相位达到 $-180°$ 时开环增益的幅度小于 1。如果开环增益曲线包围点 (−1，0)，那么负反馈回路是不稳定的且会产生自激振荡，如图 4.4.2(b) 所示。此外开环增益曲线落在以点 (−1，0) 为圆心、1 为半径的圆内的所有频率，它的噪声将被放大。因此，从图 4.4.2 泵浦传递函数的奈奎斯特图可以看出，在反馈回路中需要我们引入一相位超前滤波电路来改善反馈控制环的性能，既能使激光噪声获得较大的压缩，又能防止反馈回路产生自激振荡。

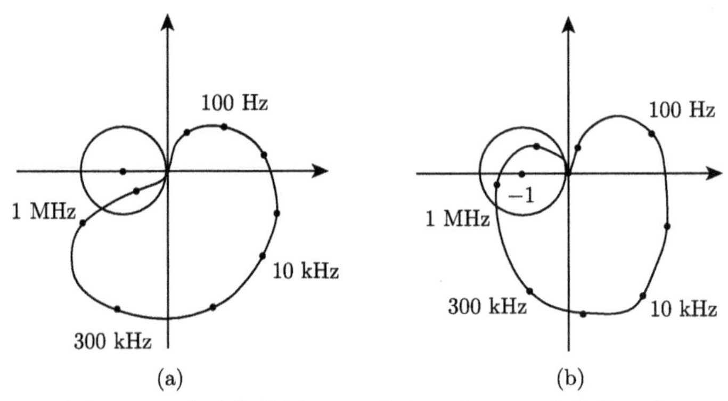

图 4.4.2　奈奎斯特图。(a) 稳定回路，(b) 非稳定环路

4.4.1.2　具体实例

电流负反馈抑制单频激光器强度噪声的实验装置如图 4.4.3 所示。输入耦合镜 M_1 的输入面镀有 808 nm 减反膜，另一面镀有 1064 nm 高反膜、808 nm 减反膜，曲面镜 M_4 镀有 1064 nm 高反膜，曲面镜 M_3 镀有 1064 nm 和 532 nm 双高反膜，TGG 晶体和半波片作为光学单向器，迫使基波在腔内单向运转。对于单频 Nd:YVO_4 激光器，输出耦合镜 M_2 对 1064 nm 的反射率为 96%, 1064 nm 基波输出功率最大为 350 mW。对于内腔倍频 Nd:YVO_4+KTP 激光器，输出耦合镜 M_2 换为镀有 1064 nm 高反膜、532 nm 高透膜的平面镜，532 nm 二次谐波输出功率最大为 150 mW。反馈装置分为控制和监视激光噪声两部分，光探测器 D_1 监视激光器噪声 (out-of-loop)，探测到的光电流送入频谱分析仪 (型号 HP8890L)。光探测器 D_2 控制激光器噪声 (in-loop)，被探测到的光电流耦合到 LD 的驱动电流中。当探测 1064 nm 基波噪声时，D_1 和 D_2 采用 Epitax 300 InGaAs 光电二极管，当探测 532 nm 二次谐波噪声时，采用 FND100(EG&G) 硅光电二极管。D_1 后面为一级互阻抗运算放大，把光电流信号变为电压信号，它的带宽为 0~5 MHz，D_2 是型号为 Analog Modules 713 A 的光探测器，该探测器后面为两极同相放大，

具有宽的增益带宽 10 kHz~100 MHz 和大的动态范围。在测量完强度噪声后，可用白光光源照射探测器，在相同的 DC 光电流下获得散粒噪声基准。在实验装置中我们把光电反馈信号直接耦合到 LD 上以减小时间延迟。光电反馈信号耦合到 LD 上的驱动电路如图 4.4.4 所示，它由一电流缓冲器 (Burr-Brown BUF634，高速缓冲，最大 250 mA 输出) 后接一并联 4.7 nF 的 50 Ω 的电阻，再接两个并联 2 μF 的大电容组成，这样可以使电反馈信号的交流部分耦合到 LD 上而不影响 LD 的直流驱动电流，从而不影响 LD 的输出功率。由于 LD 驱动电源为高阻恒流源，它的内阻远大于 LD 的电阻，因此电反馈信号大部分都耦合到 LD 上。该实验装置中使用的 LD 驱动电源为负电压供电，LD 的正极接地，于是我们把驱动电路的正极接 LD 的负极，负极接 LD 的正极，这样电反馈信号在此被反相。使用网络分析仪 (HP 4395 A) 测量从 A 点到 B 点的传输函数，该测量包括从电反馈驱动电路、LD、激光器输出到 D_2 光探测器，增益和相位的变化主要来源于激光器泵浦传递函数，与图 4.4.1 一致。

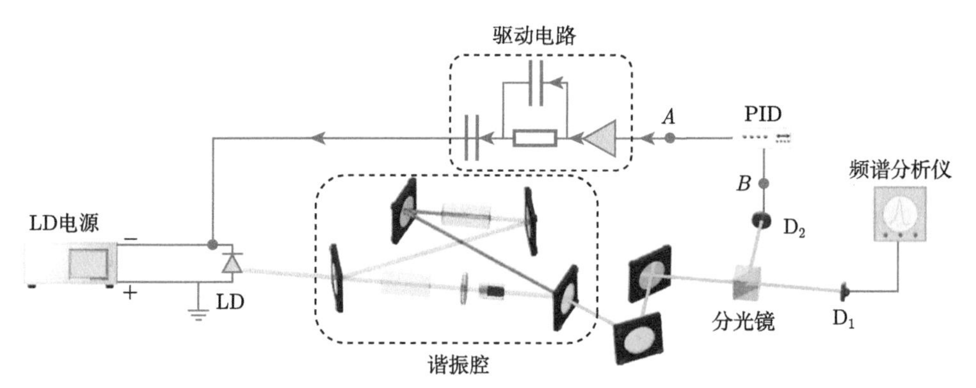

图 4.4.3 电流负反馈抑制单频激光器强度噪声的实验装置

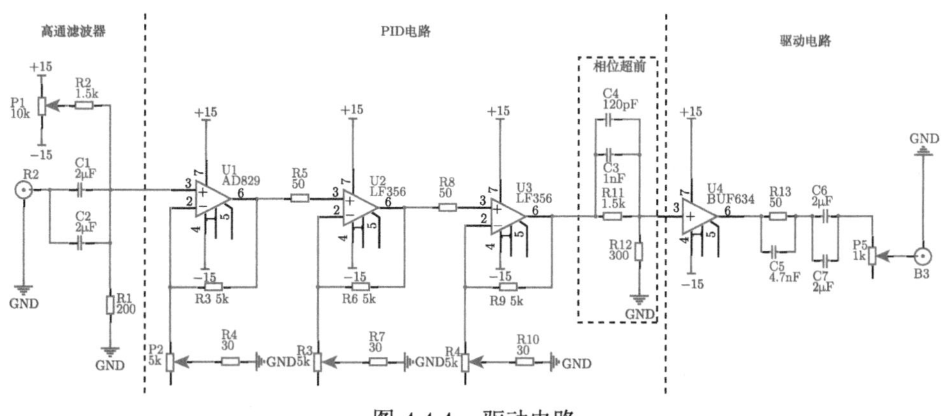

图 4.4.4 驱动电路

比例积分微分 (proportional-integrating-differentiator，PID) 控制电路，如图 4.4.4 所示，它被置于 D_2 光探测器和电反馈驱动电路之间，以改善整个反馈网络的性能。PID 电路使用了三级同相运算放大，为反馈回路提供足够大的增益，并且加入滤波电路以形成相位超前来改善反馈控制环的性能，既能使激光噪声获得较大的压缩，又能防止反馈回路产生自激振荡。对于单频 Nd:YVO_4 激光器在 300 kHz 获得 400 最大相位超前。

图 4.4.3 A 点到 A 点的开环增益 G 在 220 kHz 处有最大增益 25 dB，因此强度噪声降低因子 S 约为 25 dB，在 200 Hz 和 280 kHz 处有两个增益为 1 的点，且相位分别为 200 和 1400。从 D_1 光探测器测得自由运转和加入电反馈的单频 Nd:YVO_4 激光强度噪声，如图 4.4.5(a) 所示。通过光电负反馈在低于弛豫振荡频率区域和在 300 kHz 弛豫振荡峰处分别使输出光噪声降低 5 dB 和 25 dB。虽然在 400 kHz 附近的开环增益接近 -1 而使噪声略被放大，但是整个反馈回路是稳定的，而且获得较为平滑的输出噪声谱。如果 PID 电路去掉相位超前部分，可以观察到在弛豫振荡峰处和它的高次谐波都将发生自激振荡。对于内腔倍频 Nd:YVO_4+KTP 激光器，300 kHz 获得 340 最大相位超前，该反馈环路比单频 Nd:YVO_4 激光器更稳定，因为它包含一个过阻尼谐振子。开环增益在 100 kHz 处有最大增益 8 dB，在 200 Hz 和 200 kHz 处有两个增益为 1 的点，且相位分别为 200 和 1000。测得自由运转和加入电反馈的内腔倍频 Nd:YVO_4+KTP 激光强度噪声，如图 4.4.5(b) 所示，在低频段强度噪声降低 7 dB。

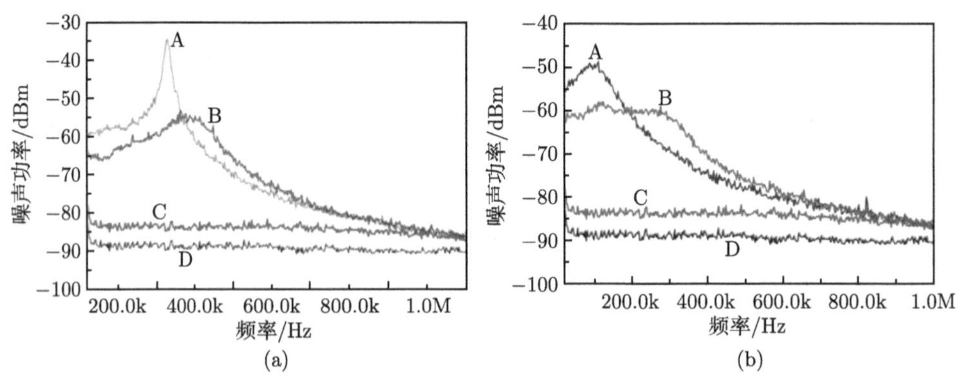

图 4.4.5　(a) 单频 Nd:YVO_4 激光器的强度噪声谱；(b)Nd:YVO_4/KTP 绿光激光器的强度噪声谱

图中 A 表示自由运转激光器的噪声谱；B 表示光电反馈后的强度噪声谱；C 表示等效泊松光电流的电子噪声和量子噪声叠加噪声谱；D 表示探测系统的电子学噪声。两台激光器噪声测量过程中所用的光功率均为 1 mA

总之，通过分析单频 Nd:YVO_4 和内腔倍频 Nd:YVO_4+KTP 两种激光器的泵浦噪声传递函数，设计了一套光电反馈电路，着重考虑了反馈回路的增益和相位特性，使系统能够稳定运转。通过光电负反馈电路使两种激光器低频段的强度噪声得到大幅度降低，为设计低噪声单频激光器提供了有用的技术参考。

4.4.2 利用光电反馈抑制激光器低频段的强度噪声

4.4.2.1 基本原理

利用振幅调制器进行光电负反馈抑制全固态连续单频激光器的强度噪声[16-18]时，输入光场的湮灭算符可表示为

$$\hat{A}_{\text{in}}(t) = \bar{A}_{\text{in}} + \delta\hat{A}_{\text{in}}(t) \tag{4.4.16}$$

式中，$\hat{A}_{\text{in}}(t)$ 为光场的湮灭算符，$\bar{A}_{\text{in}}$ 为光场的平均值，$\delta\hat{A}_{\text{in}}(t)$ 为光场的噪声起伏项。经过由半波片 (HWP_1) 和偏振分束棱镜 (PBS_1) 组成的偏振分束器后，输出光场的湮灭算符可以表示为

$$\bar{A}_1(t) = \sqrt{1-R_1}\hat{A}_{\text{in}}(t) + \sqrt{R_1}\delta\hat{\nu}_1(t) \tag{4.4.17}$$

其中，$\hat{\nu}_1(t)$ 为分束器引入的真空噪声。该光场再经过振幅调制器后的输出光场可表示为

$$\hat{A}_{\text{out}}(t) = \sqrt{\varepsilon}\left[\hat{A}_1(t) + \delta\hat{r}(t)\right] + \sqrt{1-\varepsilon}\delta\hat{\nu}_2(t) \tag{4.4.18}$$

$\hat{\nu}_2(t)$ 为振幅调制器引入的真空噪声，$\delta\hat{r}(t)$ 为反馈回路所引入的噪声起伏项，ε 为振幅调制器以及反馈回路总的量子效率。

将式 (4.4.16)、式 (4.4.17) 代入式 (4.4.18) 中，有

$$\hat{A}_{\text{out}}(t)=\sqrt{\varepsilon}\left[\sqrt{1-R_1}\bar{A}_{\text{in}}+\sqrt{1-R_1}\delta\hat{A}_{\text{in}}(t) + \sqrt{R_1}\delta\hat{\nu}_1(t) + \delta\hat{r}(t)\right]+\sqrt{1-\varepsilon}\delta\hat{\nu}_2(t) \tag{4.4.19}$$

其中，

$$\begin{aligned}\delta\hat{r}(t) = &\int_{-\infty}^{\infty}\kappa(\tau)\sqrt{R_1\eta}\times\bar{A}_{\text{in}}\\ &\times\left[\sqrt{R_1\eta}\delta X_{A_{\text{in}}}(t-\tau) - \sqrt{(1-R_1)\,\eta}\delta\hat{X}_{\nu_1}(t-\tau) + \sqrt{R_1}\delta\hat{X}_{\nu_2}(t-\tau)\right]\mathrm{d}\tau\end{aligned} \tag{4.4.20}$$

式中，$\kappa(\tau)$ 为反馈回路的响应函数，$\delta X_{\hat{A}_{\text{in}}}=\delta\hat{A}_{\text{in}}+\delta\hat{A}_{\text{in}}^{+}$，$\delta X_{\hat{\nu}_i}=\delta\hat{A}_{\nu_i}+\delta\hat{A}_{\nu i}^{+}$ 为光场的正交振幅起伏。根据公式，输出场的正交振幅噪声起伏为

$$\delta\hat{X}_{\text{out}}(t) = \delta\hat{A}_{\text{out}}(t) + \delta\hat{A}_{\text{out}}^{+}(t)$$

$$= \sqrt{\varepsilon}\left[\sqrt{1-R_1}\delta\hat{X}_{A_{\text{in}}}(t) + \sqrt{R_1}\delta\hat{X}_{\nu_1}(t) + \delta\hat{X}_r(t)\right] + \sqrt{1-\varepsilon}\delta\hat{X}_{\nu_3}(t) \tag{4.4.21}$$

其中，

$$\begin{aligned}\delta\hat{X}_r(t) &= \delta\hat{r}(t) + \delta\hat{r}^+(t)\\ &= \int_{-\infty}^{\infty} G(\tau)\left[\sqrt{R_1}\eta\delta\hat{X}_{A_{\text{in}}}(t-\tau)\right.\\ &\quad \left.-\sqrt{(1-R_1)\eta}\delta\hat{X}_{\nu_1}(t-\tau) + \sqrt{R_1}\delta\hat{X}_{\nu_2}(t-\tau)\right]\mathrm{d}\tau\end{aligned}$$

$$G(\tau) = \kappa(\tau)\sqrt{R_1\eta} \times \bar{A}_{\text{in}}$$

进行傅里叶变换可得

$$\begin{aligned}\delta\hat{X}_{\text{out}}(\omega) = \sqrt{\varepsilon}\Big\{&\sqrt{1-R_1}\delta\hat{X}_{A_{\text{in}}}(\omega) + \sqrt{R_1}\delta\hat{X}_{\nu_1}(\omega) + G(\omega)\Big[\sqrt{R_1\eta}\delta\hat{X}_{A_{\text{in}}}(\omega)\\ &- \sqrt{(1-R_1)\,\eta}\delta\hat{X}_{\nu_1}(\omega) + \sqrt{R_1}\delta\hat{X}_{\nu_2}(\omega)\Big]\Big\} + \sqrt{1-\varepsilon}\delta\hat{X}_{\nu_3}(\omega)\end{aligned}$$

其中，$G(\omega)$ 为反馈增益：

$$G(\omega) = \kappa(\tau)\sqrt{R_1\eta} \times \bar{A}_{\text{in}}$$

输出场的强度噪声谱为

$$\begin{aligned}V_{\text{out}}(\omega) =& \left\langle\left|\delta\hat{X}_{\text{out}}\right|^2\right\rangle\\ =& \varepsilon\left|\sqrt{1-R_1} + G(\omega)\sqrt{R_1\eta}\right|^2 V_{\text{in}}(\omega)\\ &+ \varepsilon\left|\sqrt{R_1} - G(\omega)\sqrt{(1-R_1)\eta}\right|^2 V_1 + \varepsilon\left|G(\omega)\sqrt{R_1}\right|^2 V_2 + (1-\varepsilon)V_3\end{aligned} \tag{4.4.22}$$

其中，V_1，V_2，V_3 为真空噪声，$V_1 = V_2 = V_3 = 1$；V_{in} 为输入光的强度噪声。

公式 (4.4.22) 给出了输出噪声随注入噪声以及反馈增益之间的关系，如图 4.4.6 所示。从式 (4.4.22) 中可以看出，当反馈增益取合适值时，激光器的强度噪声经振幅调制器反馈以后，输出噪声可以得到有效抑制。而当注入噪声不同时，获得最低噪声输出的最佳增益是不同的。

4.4.2.2　具体实例

该方法可降低全固态单频可调谐钛宝石激光器的强度噪声 [19]，实验装置如图 4.4.7 所示。泵浦源采用的是经 LD 泵浦 Nd:YVO_4、LBO 腔内倍频、输出功率

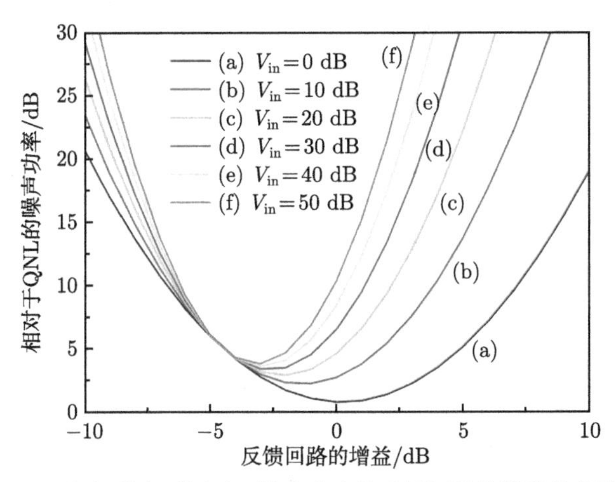

图 4.4.6 注入噪声不同时，输出噪声随反馈回路的增益的变化曲线

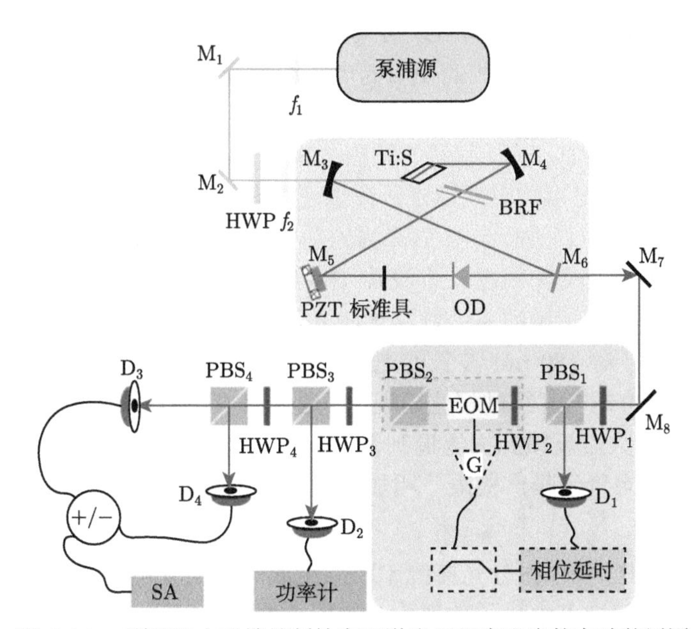

图 4.4.7 利用光电反馈抑制钛宝石激光器强度噪声的实验装置图

达 8 W 的单频绿光激光器。泵浦源输出的激光首先经由 f_1 准直成平行光，经由两导光镜 M_1 和 M_2 传输，然后再经 f_2 聚焦后注入到激光谐振腔中。通过调节谐振腔前面插入的 532 nm 半波片来调整泵浦光的偏振方向使得增益介质 $Ti:Al_2O_3$ 能够充分吸收泵浦光的能量。增益介质钛宝石晶体的尺寸为 $\Phi 4\times 20\ mm^3$，晶体对 532 nm 波长的吸收系数为 1.0 cm^{-1}，FOM 值大于 275，两端面均布儒斯特角 (60.4°) 切割，c 轴垂直于晶体中的通光方向，以使 π 偏振泵浦光和振荡光几

乎无损耗地透射，同时自动抑制σ 偏振。连续单频钛宝石激光器谐振腔采用四镜环形谐振腔结构，在谐振腔设计过程中，充分考虑了像散，腔内损耗等因素，使激光器的效率最高。其中 M_5 镀有对 780 nm 高反膜，并与压电陶瓷 (PZT) 相连，当给压电陶瓷加电压时，M_5 便发生移动，从而改变腔长，进而改变激光器的谐振频率；M_6 为输出镜，在 780 nm 处透射率为 3.14%。在谐振腔内插入的双折射滤波片对激光器的波长可以进行粗调，插入的标准具一方面对激光器的波长进行细调，另一方面具有选模的作用。此外，插入的光学单向器可以在所调谐的波长范围内均能使激光器实现单向行波运行。最后，在泵浦功率为 8 W 时，激光器的最大输出功率达 2 W(792 nm)，1 h 功率波动优于 ±0.5%。激光器锁定到参考 F-P 干涉仪上后，10 s 内其频率稳定性优于 ±184 kHz，15 min 内频率稳定性优于 ±3.3 MHz。

钛宝石激光器输出的激光经过两个导光镜 M_7、M_8 后，注入到由半波片 HWP_1 和偏振棱镜 PBS_1 组成的反射率 R_1 可调的偏振分束器中；输出的激光又经过电光调制器 (EOM)，此实验中，我们使用的电光调制器 (EOM) 为振幅调制器 (AM)，其型号为 4102M，是一种宽带 (500～900 nm) 响应的振幅调制器，振幅调制器和前面的半波片 HWP_2 以及后面的偏振分束棱镜 PBS_2 一起构成振幅调制；其中，半波片 HWP_2 可以决定反馈是正反馈还是负反馈。半波片 HWP_3 和偏振分束棱镜 PBS_3 用以控制进行自零拍探测的功率，其余激光注入功率计的探头 D_2 以记录功率的大小及变化情况。半波片 HWP_4 和偏振分束棱镜 PBS_4 以及探测器 D_3、D_4 组成自零拍探测系统以测量激光器的强度噪声。探测器 D_1、D_3、D_4 的型号为 S3399，对 780 nm 波长的光量子效率为 58%，后面为一级低噪声放大。探测器 D_1 输出的光电流经过相位延迟，低通滤波 (BLP-1.9+) 后，由功率放大器 (ZFL-500LN) 放大后反馈到振幅调制器上，构成反馈控制回路。探测器 D_3、D_4 输出的信号相减为量子噪声极限，相加为激光器的强度噪声；信号相加减后由频谱仪进行记录。

半波片 HWP_1 和偏振分光棱镜 PBS_1 组成的偏振分束器的反射率为 R_1，损耗可忽略，其反射光束由量子效率为η 的探测器 D_1 探测，该探测器和功率放大器一起构成反馈回路。

利用式 (4.4.22) 可以给出最低噪声输出时的最佳增益：

$$G(\omega)=-\frac{(V_{\text{in}}(\omega)-1)\sqrt{(1-R_1)R_1\eta}}{(V_{\text{in}}(\omega)-1)R_1\eta+R_1+\eta} \tag{4.4.23}$$

其中，反馈增益的负号表示负反馈。从式 (4.4.23) 中可以看出，在注入噪声不同的情况下，最佳增益决定于偏振分束器反射率。将式 (4.4.23) 代入式 (4.4.22) 中，可以得到最佳增益下，抑制后的强度噪声表达式：

$$V_{\rm out}^{\rm opt}(\omega)=1+\frac{\varepsilon(V_{\rm in}(\omega)-1)(R_1+\eta)(1-R_1)}{R_1\eta(V_{\rm in}(\omega)-1)+R_1+\eta} \tag{4.4.24}$$

可以看出，输出噪声最佳的抑制效果与注入噪声以及偏振分束器的反射率是紧密相关的。

实验中，我们可以通过旋转半波片 (HWP_1) 来控制偏振分束器的反射率，本实验中，采用的反射率为 2%。通过调节振幅调制器前面的半波片来选择是正反馈还是负反馈。通过调节反馈回路中的延时、带通滤波器和增益放大，可以获得最好的噪声抑制效果。实验结果如图 4.4.8 所示，其中，图 4.4.8(a) 为反馈回路的注入噪声，即激光器本身的强度噪声，图 4.4.8(b) 为反馈回路工作时的强度噪声，插图为二者相减的结果。可以看出，在 0.75~1.3 MHz 的频率段，强度噪声得到了有效抑制，在 1.125 MHz 处，强度噪声由原先的 8.7 dB 降到了抑制后的 1.4 dB，噪声抑制达到了 7.3 dB，使输出激光的强度噪声接近了量子噪声极限 (QNL)。而在噪声抑制点两端，激光器的强度噪声有所升高，这是因为在这些频率段，反馈回路对激光器的强度噪声没有作用，相反，反馈回路所引入的噪声附加在了激光器输出激光的强度噪声上，从而使得激光器的强度噪声有所升高。

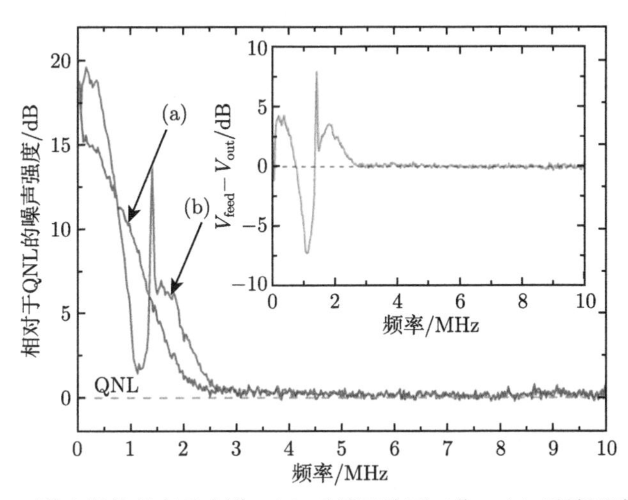

图 4.4.8 激光器的强度噪声谱。(a) 反馈回路不工作，(b) 反馈回路起作用

在进行噪声抑制的实验过程中，我们通过振幅调制器前面的衰减器来改变反馈回路的增益，发现在得到噪声抑制后，增大或减小增益，强度噪声都会增大，也就是说，当注入噪声一定时，只有反馈回路的增益最佳，激光器的强度噪声才能得到最大抑制，这与之前的理论分析是一致的。由于反馈系统的带宽限制，而且

系统对不同频率噪声的相位延时不同，可以通过调节合适的延时，滤波带宽和反馈增益，在一定带宽内实现不同频率点的噪声抑制。

4.4.3　模式清洁器抑制激光器的强度噪声

4.4.3.1　基本原理

模式清洁器结构如图 4.4.9 所示，其为三镜环形腔结构，包括两个平面镜和一个平凹镜 [20]。两个平面镜 (分别为输入耦合镜和输出耦合镜) 的放置角度为 43.2°，输入耦合镜外表面镀入射光的减反膜 (又称增透膜)，输出耦合镜的表面镀部分减反膜 T=0.03%。平凹镜的放置角度为 0°，其内表面为超高反膜 R>99.95%。模式清洁器环形一周的腔长约为 50 cm。腔镜通过螺丝和橡胶圈固定于腔上，其中橡胶圈的作用为防止外界的环境对腔内部造成污染，因为模式清洁器为高精细度腔，外部灰尘的进入会增大腔的内腔损耗，从而严重影响腔的透射率。对于腔的材料，腔的主体部分为殷钢，这是因为殷钢的热膨胀系数较小，这保证了模式清洁器的腔长对于温度不敏感，避免了腔的温漂效应而保证腔可以长时间地锁定。腔的内腔体与外腔体之间填充隔音隔热材料，这样可以避免声音带来的振动和具有更好的温度特性。模式清洁器腔与支架之间加入隔振元件 (但隔振的材料应适当) 来避免环境带来的机械振动。

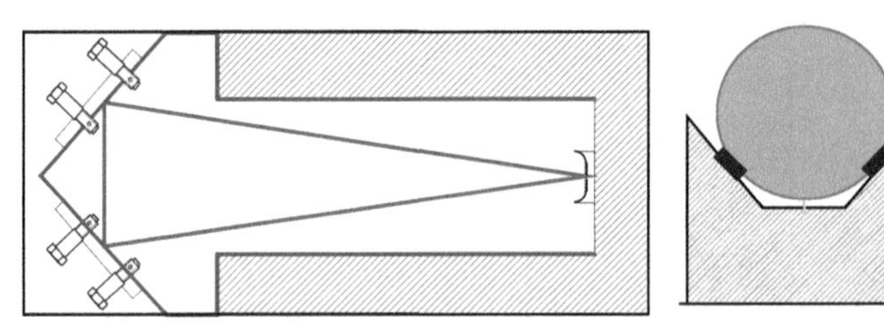

图 4.4.9　模式清洁器结构图

一个由三镜环形腔构成的模式清洁器如图 4.4.10 所示，其运动方程可写为

$$\dot{a} = -ka + \sqrt{2k_{m1}}A_{\text{in}} + \sqrt{2k_{m2}}A_{\text{aux}} + \sqrt{2k_l}A_l \tag{4.4.25}$$

其中，$\dot{a}$ 为谐振腔腔模的湮灭算符；A_{in} 为输入光场的算符；A_{aux} 表示由输出耦合镜引入的真空场算符；A_l 表示由内腔损耗而引入的真空场算符；A_{rev} 表示由腔外系统反馈的场算符；k_{m1}、k_{m2} 分别表示由于输入耦合镜和输出耦合镜引起的衰减速率，$k = k_{m1} + k_{m2} + k_l$ 为总的衰减速率。

引入起伏算符 $\delta a = a + \alpha$，式 (4.4.25) 在稳态解附近作线性微扰处理，得到正交振幅分量起伏

$$\delta\dot{X}_a = -k\delta X_a + \sqrt{2k_{m1}}\delta X_{A_{\text{in}}} + \sqrt{2k_{m2}}\delta X_{A_{\text{aux}}} + \sqrt{2k_l}\delta X_{A_l} \tag{4.4.26}$$

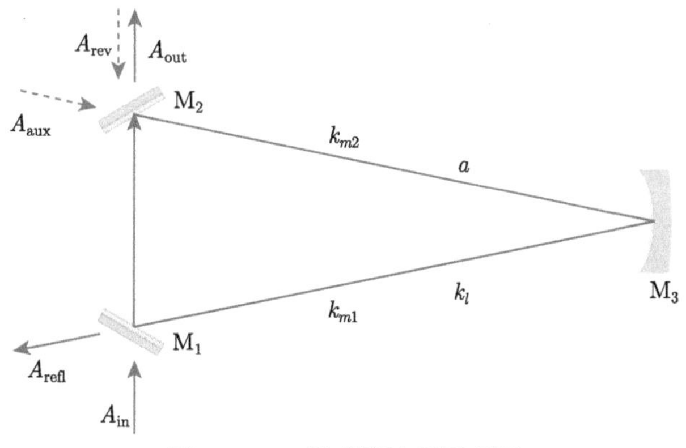

图 4.4.10 模式清洁器原理图

其中，$\dot{X}_a = a + a^+$ 是腔内光场的振幅算符。式 (4.3.26) 经傅里叶变换为

$$\delta X(\omega)_a = \frac{\sqrt{2k_{m1}}\delta X(\omega)_{A_{\text{in}}} + \sqrt{2k_{m2}}\delta X(\omega)_{A_{\text{aux}}} + \sqrt{2k_l}\delta X(\omega)_{A_l}}{k - \text{i}\omega} \tag{4.4.27}$$

根据 M$_1$、M$_2$ 镜面上输入输出场之间的关系可得透射及反射场的边界条件为

$$\delta X(\omega)_{A_{\text{out}}} = \sqrt{2k_{m2}}\delta X(\omega)_a - \delta X(\omega)_{A_{\text{aux}}} \tag{4.4.28}$$

$$\delta X(\omega)_{A_{\text{ref}}} = \sqrt{2k_{m1}}\delta X(\omega)_a - \delta X(\omega)_{A_{\text{in}}} \tag{4.4.29}$$

将式 (4.4.28)、式 (4.4.29) 代入式 (4.4.27) 分别得到模式清洁器透射场及反射场的振幅起伏

$$\delta X(\omega)_{A_{\text{out}}} = \frac{2\sqrt{k_{m1}k_{m2}}\delta X(\omega)_{A_{\text{in}}} + (2k_{m2} - k + \text{i}\omega)\delta X(\omega)_{A_{\text{aux}}} + 2\sqrt{k_{m2}k_l}\delta X(\omega)_{A_l}}{k - \text{i}\omega} \tag{4.4.30}$$

$$\delta X(\omega)_{A_{\text{refl}}} = \frac{(2k_{m1} - k + \text{i}\omega)\delta X(\omega)_{A_{\text{in}}} + 2\sqrt{k_{m1}k_{m2}}\delta X(\omega)_{A_{\text{aux}}} + 2\sqrt{k_{m1}k_l}\delta X(\omega)_{A_l}}{k - \text{i}\omega} \tag{4.4.31}$$

根据公式 $V = \langle \delta^2 X(\omega) \rangle - \langle \delta X(\omega) \rangle^2$ 就可以得到模式清洁器透射场及反射场的强度噪声谱。注意到 V_L=1，即由内腔损耗引入的噪声相当于真空噪声

$$\begin{aligned} V_{\text{out}} &= \frac{4k_{m2}k_{m1}V_{\text{in}} + \left[(2k_{m2} - k)^2 + \omega^2\right]V_{\text{aux}} + 4k_{m2}k_l}{k^2 + \omega^2} \\ V_{\text{refl}} &= \frac{\left[(2k_{m1} - k)^2 + \omega^2\right]V_{\text{in}} + 4k_{m1}k_{m2}V_{\text{aux}} + 4k_{m1}k_l}{k^2 + \omega^2} \end{aligned} \tag{4.4.32}$$

若选用相同的腔镜 M$_1$、M$_2$，即 $k_{m1} = k_{m2}$，那么在理想情况下 $k = k_{m1} + k_{m2}$，则由上式可知，当 $\omega \to 0$ 时，$V_{\text{out}}(0) \to V_{\text{in}}$；$V_{\text{refl}}(0) \to V_{\text{aux}}$。表示在低频处模式清

洁器输出场的噪声主要表现为输入光场的噪声，输入耦合镜反射场的噪声则主要表现为输出耦合镜引入的真空场噪声。

当 $\omega\rightarrow\infty$ 时，恰好相反，$V_{\text{out}}(\infty)\rightarrow V_{\text{aux}}$；$V_{\text{refl}}(\infty)\rightarrow V_{\text{in}}$。表示在高频处模式清洁器输出光场的噪声主要表现为真空场的噪声，而输入耦合镜反射场的噪声主要表现为输入光场的噪声。因此，可以说无源腔对于透射场而言相当于一个低通滤波器，对于反射场而言相当于一个高通滤波器。我们可以利用其透射场通低频、阻高频的特性来改善激光器输出激光的强度噪声特性。

4.4.3.2 具体实例

为了有效地降低激光器的强度噪声，模式清洁器腔的线宽应尽可能地窄。获得窄线宽的方法有两种：一是增加腔长；二是提高腔的精细度。使用长腔显然会导致腔的机械稳定性变差，给锁腔带来困难，而腔精细度过高又必然减小透射效率，因此在设计模式清洁器腔时，应兼顾窄线宽与透射效率两方面的要求 [21]。我们首先根据现有元件的内腔损耗和所需达到的最低透射效率选定输入输出耦合镜的透射率，然后再根据所要求的腔线宽确定腔的长度。

模式清洁器的透射效率 $\eta=4T_1T_2/(T_1+T_2+A/2)^2$，$A$ 为内腔损耗功率，包括镜面散射及由凹面镜不完全反射带来的损耗。在我们的实验条件下，可利用 1.06 μm 的高反镜 M_1、M_2，散射损耗为 0.1%，凹面镜 M_3 的反射率大于 99.5%。估计内腔损耗最小为 0.6%，此时要获得大于 70%的透射率，应选用反射率为 98%的输入输出耦合镜。腔镜参数选定后再确定腔长，要获得低于 1 MHz 的腔线宽，一个 2.25 m 的长腔足以满足要求。

图 4.4.11 所示为测量激光强度噪声谱的实验装置图。当泵浦功率为 3.4 W 时，输出功率为 500 mW 的单频红外激光，其偏振方向为 s 偏振光。f 为匹配透镜，使激光器与模式清洁器的高斯光束相匹配。模式清洁器为三镜环形腔结构，M_1 为输入耦合镜，M_2 为输出耦合镜。它们均为 45° 入射，对 s 光反射率为 98% 的平面镜。M_3 为反射率 99%，曲率为 1.5 m 的凹面镜。采用边带稳频方法将模式清洁器锁定在激光频率上。当模式清洁器腔前功率为 400 mW 时，锁定后透过功率为 280 mW，效率达 70%，功率波动小于 1%。模式清洁器前后激光的强度噪声采用平衡零拍法进行探测。波片和棱镜用来调节进入光探测器的功率使之平衡。在实验中，探测器接收到的光功率均为 12 mW。探测器 PIN 采用 ETX300 型光电探测器，对 1.064 μm 波长的光量子效率为 90%。光接收面半径为 300 μm，并加一级低噪声放大，与光电二极管一同封装在金属盒内。放大后的光电流注入频谱分析仪 (型号 HP8890L) 进行噪声谱分析。由于探测器在低频段有很大增益，当频谱仪分辨率足够高时，无法观察到很宽频段的噪声曲线，所以在实验中只对其中某些频率进行了测量。

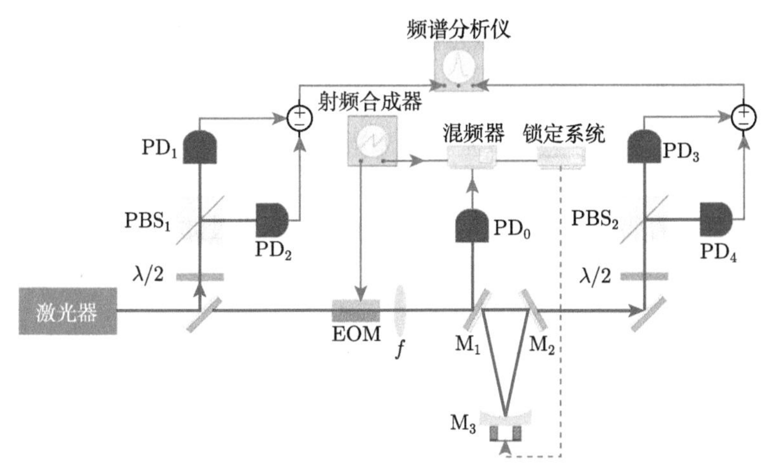

图 4.4.11 测量激光强度噪声谱的实验装置图

PD：光探测器；PBS：偏振分束器；EOM：电光调制器

图 4.4.12(a)、(b) 分别为模式清洁器前、后激光的强度噪声谱的理论与实验曲线。图中可以看到激光器输出激光在低频段噪声很大，噪声尾延续到 30 MHz 才接近散粒噪声基准。通过模式清洁器后激光的强度噪声明显得到了降低，且在 7 MHz 处达到散粒噪声基准。可以看出理论曲线与实验结果基本符合。

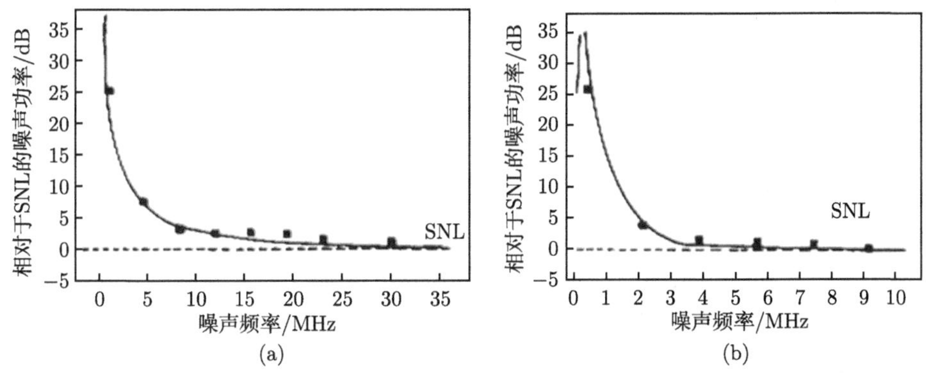

图 4.4.12 模式清洁器前 (a)、后 (b) 激光的强度谱曲线。实线为理论曲线，虚线为实验测定值，SNL 表示散粒噪声基准

利用由三镜环形腔构成的模式清洁器过滤高频噪声的特性使单频 Nd:YVO$_4$ 激光器输出激光的强度噪声得到了降低。实验测得过滤后激光的强度噪声在 7 MHz 附近达到了散粒噪声基准，腔的透过效率达到 70%。量子光学计算表明，通过非线性光学效应可产生的压缩态光场在低频段压缩度较高，因此降低泵浦源的低频噪声对非经典光场的产生与应用都十分重要。

4.4.4 串联式模式清洁器抑制激光器的强度噪声

4.4.4.1 基本原理

上述分析了利用单个模式清洁器过滤激光器的噪声，实际在非经典光场的产生过程中，为了尽可能地降低激光源噪声，以便提高压缩源光场压缩度以及纠缠源光场纠缠度，需要使多个模式清洁器串接在一起来过滤激光器噪声。

已经知道，经过第一个模式清洁器后，激光器的噪声可近似写为

$$V_{\text{out}}(\nu)=1+\frac{V_{\text{in}}(\nu)-1}{1+\left(\dfrac{\nu}{\delta\nu}\right)^2} \tag{4.4.33}$$

其中，$\nu=2\pi\omega$ 表示光的边带频率，$\delta\nu$ 表示模式清洁器 MC_1 的腔带宽，$V_{\text{in}}(\nu)$ 表示激光器的初始噪声。

那么经过 N 个串联的模式清洁器后，输出光的噪声谱为

$$V_{\text{out}}(\nu)=1+\frac{V_{\text{in}}(\nu)-1}{\prod\limits_{1}^{N}\left(1+\left(\dfrac{\nu}{\delta\nu_i}\right)^2\right)} \tag{4.4.34}$$

其中，$\nu=2\pi\omega$ 表示光的边带频率，$\delta\nu_i$ 分别表示第 i 个模式清洁器的腔带宽，$V_{\text{in}}(\nu)$ 表示激光器的初始噪声。

4.4.4.2 具体实例

实验装置如图 4.4.13 所示，利用边带稳频 (PDH) 的方法，将激光器锁定到模式清洁器 MC_1 上，以达到稳定激光器频率和降低激光噪声的目的，从 MC_1 输出的光再经过下一个模式清洁器 MC_2，使激光的噪声得到进一步降低 [22]。最后的输出光被送到自零拍探测系统，测量结果送入频谱仪中获得激光的噪声谱。实验装置中，声光调制器 (AOM) 作用是弥补 MC_1 的 PZT 响应带宽的不足，使激光器稳定良好地锁定到高精细度的模式清洁器 MC_1 上。

如图 4.4.13 所示，将调制信号通过电光调制器 (EOM) 调制到激光上，探测器探测从腔反射出的信号，将信号的交流部分与本地调制信号进行混频，滤波后，即得到了锁腔的误差信号，将误差信号通过 PID 反馈到激光器的 PZT 上，来将激光器的频率锁定到模式清洁器上。实验中我们所用的锁腔的调制频率为 28 MHz，PID 的带宽为 30 kHz，模式清洁器的精细度为 1000，腔带宽为 800 kHz，我们所用的激光器有内置的 PZT，用于激光器的锁定。但由于模式清洁器的线宽较小，增加了锁腔的难度，锁定激光器后，经过模式清洁器的激光监视直流信号有 10 kHz 左右的波动。表明锁定后激光的功率在波动，这严重影响了稳频的效果。

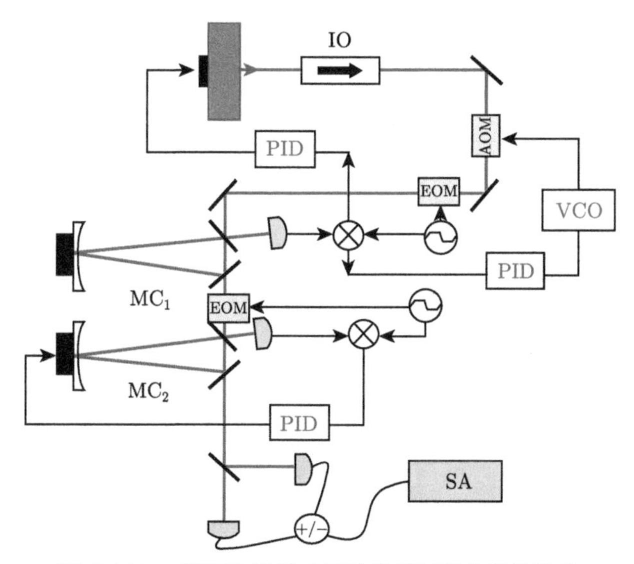

图 4.4.13 利用串联模式清洁器抑制激光器的噪声

AOM：声光调制器；EOM：电光调制器；MC_1&MC_2：模式清洁器；VCO：压控振荡器；SA：频谱分析仪

分析信号有 10 kHz 左右的波动的原因，可能有：PID 的带宽不够、PID 的积分时间不对、PZT 的响应带宽不够。经测量 PID 的带宽为 30 kHz，并且通过改变 PID 的积分时间发现 10 kHz 的波动仍然存在，表明有 10 kHz 左右的波动很可能是由于 PZT 的响应带宽不够引起的。由于所使用的激光器为商业激光器，不能更换 PZT，所以在实验中加入 AOM，将锁腔的误差信号通过一个滤波器，将 10 kHz 以上的高频部分反馈到 AOM 上，将 10 kHz 以下的低频部分反馈到激光器 PZT 上。锁腔效果如图 4.4.14 所示，(a) 表示未加 AOM 时，锁定激光器后激光监视直流信号。(b) 表示加入 AOM 后，锁定激光器后激光监视直流信号。结果表明加入 AOM 后，监视信号中 10 kHz 左右的波动被极大地抑制，使激光器稳定良好地锁定到高精细度的模式清洁器上，达到了良好的稳频效果。

从原理上可以解释为：由于模式清洁器的精细度较高，腔带宽较窄，所以对系统的要求也较高，特别是，系统的响应带宽。因为对精细度越高的腔锁定时，需要频率越高的误差信号的参与，才能将腔锁好。而激光器的 PZT 的频率响应带宽较窄，不足以满足高精细度锁腔的要求，即不能响应 10 kHz 以上的信号，所以，造成激光器锁定后，光功率信号有 10 kHz 左右的波动。而 AOM 的频率响应带宽范围广，能对高频信号有较好的响应，从而使 PZT 的频率响应特性在高频段得以完善。

图 4.4.15 给出了经过第一个模式清洁器 (MC_1) 的输出噪声功率谱。绿线为激光器的初始噪声大小，黑线和蓝线表示经过 MC_1 后光的噪声，其中黑线为实

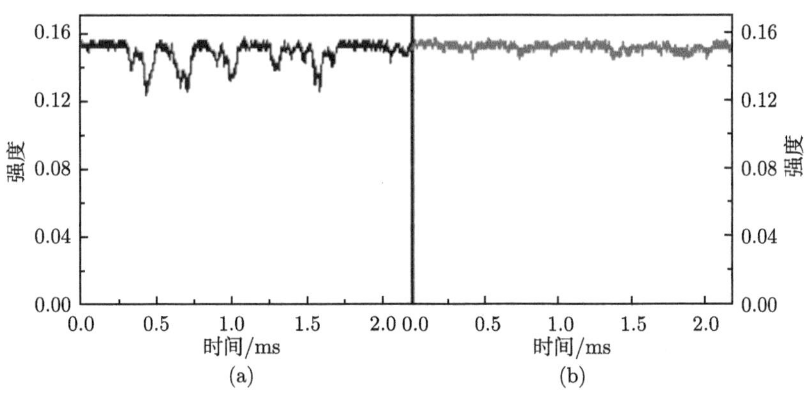

图 4.4.14　锁定激光器后，激光功率随时间的波动。(a) 锁腔时未加 AOM；(b) 锁腔时加入 AOM

验结果，蓝线为理论结果。实验中，MC_1 的精细度为 1000，腔带宽为 0.7 MHz。如图所示结果，激光的噪声得到了很大的抑制，从分析频率 7 MHz 以后，噪声达到散粒噪声基准 (SNL)。

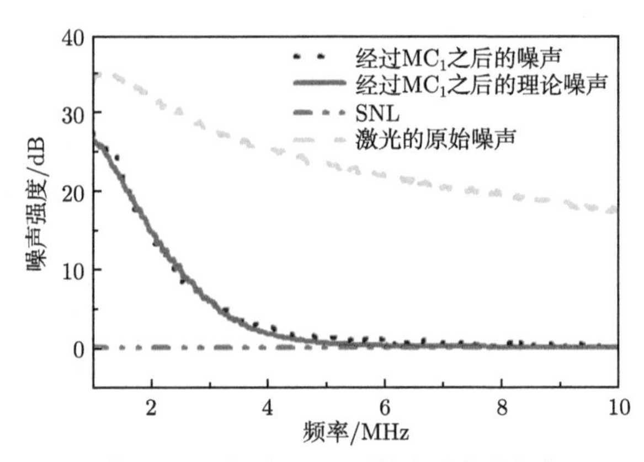

图 4.4.15　经过 MC_1 后输出噪声功率谱

图 4.4.16 给出了经过第二个模式清洁器 (MC_2) 的输出噪声功率谱。绿线为激光器的初始噪声大小，黑线和蓝线表示经过 MC_2 后的噪声，其中黑线为实验结果，蓝线为理论结果。实验中，MC_2 的精细度为 600，腔带宽为 1 MHz。如图所示结果，激光的噪声得到了进一步的抑制，从分析频率 3 MHz 以后，噪声达到散粒噪声基准 (SNL)。

总之，可以通过多种方法对激光器的强度噪声进行抑制。光电反馈方法简单易操作，但由于其带宽的限制，只能在某个频率点抑制噪声，而模式清洁器可以达到宽带抑制的效果。通过本实验可以使激光器的噪声大幅度地降低，从而推动

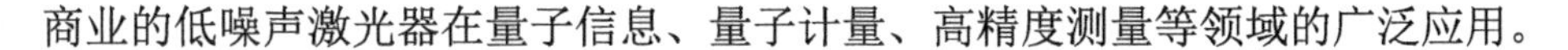
商业的低噪声激光器在量子信息、量子计量、高精度测量等领域的广泛应用。

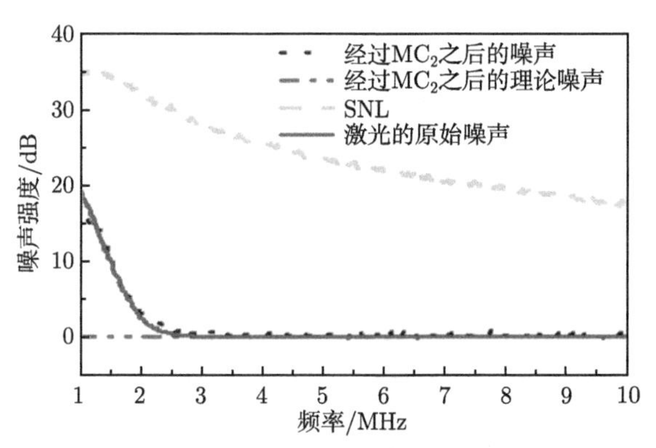

图 4.4.16 经过 MC_2 后输出噪声功率谱

参 考 文 献

[1] Ralph T C, Harb C C, Bachor H A. Intensity noise of injection locked lasers: Quantum theory using a linearized input-output method. Phys. Rev. A, 1996, 54(5): 4359-4369

[2] 张靖, 张宽收, 陈艳丽, 张天才, 谢常德, 彭堃墀. 激光二极管抽运的环形单频激光器的强度噪声特性研究. 光学学报, 2000, 20(10): 1311-1316

[3] Harb C C, Ralph T C, Huntington H, Freitag I, McClelland D E, Bachor H A. Intensity-noise properties of injection-locked lasers. Phys. Rev. A, 1996, 54(5): 4370-4382

[4] Harb C C, Ralph T C, Huntington E H, McClelland D E, Bachor H A. Intensity-noise dependence of Nd:YAG lasers on their diode-laser pump source. J. Opt. Soc. Am. B, 1997, 14(11): 2936-2945

[5] Zhang J, Cheng Y L, Zhang T C, Zhang K S, Xie C D, Peng K. Investigation of the characteristics of the intensity noise of singly resonant active second-harmonic generation. J. Opt. Soc. Am. B, 2000, 17(10): 1695-1703

[6] Weyl H. The Theory of Groups and Quantum Mechanics. New York: Dover, 1950

[7] Yuen H P, Chan V W S. Noise in homodyne and heterodyne detection. Opt. Lett., 1983, 8(3): 177-179

[8] Lu H D, Su J, Xie C D, Peng K C. Experimental investigation about influences of longitudinal-mode structure of pumping source on a Ti:sapphire laser. Opt. Express, 2011, 19(2): 1344-1353

[9] Guo Y R, Peng W N, Su J, Lu H D, Peng K C. Influence of the pump scheme on the output power and the intensity noise of a single-frequency continuous-wave laser. Opt. Express, 2020, 28(4): 5866-5874

[10] Zhang J, Xie C D, Peng K C. Electronic feedback control of the intensity noise of a single-frequency intracavity-doubled laser. J. Opt. Soc. Am. B, 2002, 19(8): 1910-1916

[11] Zhang J, Chang H, Jia X J, Lei H X, Wang R M, Xie C D, Peng K C. Suppression of the intensity noise of a laser-diode-pumped single-frequency ring Nd:YVO_4-KTP green laser by optoelectronic feedback. Opt. Lett., 2001, 26(10)：695-697
[12] 张靖, 马红亮, 王润林, 张宽收, 谢常德, 彭堃墀. 光电负反馈抑制全固化单频激光器的强度噪声. 光学学报, 2001, 21(9)：1031-1035
[13] Lam P K, Ralph T C, Huntington E H, Bachor H. A. Noiseless signal amplification using positive electro-optic feedforward. Phys. Rev. Lett., 1997, 79(8)：1471-1474
[14] 马红亮, 张靖, 李凤琴, 张宽收, 谢常德, 彭堃墀. 利用振幅调制器进行光电负反馈抑制激光强度噪声. 光学学报, 2002, 22(10)：1202-1205
[15] Zhang J, Ma H L, Xie C D, Peng K C. Suppression of intensity noise of a laser-diode-pumped single-frequency Nd:YVO4 laser by optoelectronic control. Appl. Opt., 2003, 42(6)：1068-1074
[16] 卢华东, 苏静, 彭堃墀. 利用光电反馈抑制钛宝石激光器低频段的强度噪声. 中国激光, 2001, 38(4)：0402014
[17] Willke B, Uehara B, Gustafson E K, Byer R L, King P J, Seel S U, Savage R L. Spatial and temporal filtering of a 10-W Nd:YAG laser with a Fabry-Perot ring-cavity premade cleaner. Opt. Lett., 1998, 23(21)：1704-1706
[18] 陈艳丽, 张靖, 李永民, 张宽收, 谢常德, 彭堃墀. 利用模清洁器降低单频 Nd:YVO_4 激光器的强度噪声. 中国激光, 2001, 28(3)：197-200
[19] Liu K, Cui S Z, Zhang H L, Zhang J X, Gao J R. Noise suppression of a single frequency fiber laser. Chin. Opt. Lett., 2011, 28(7)：074211

第 5 章　利用非线性损耗提升单频激光器的性能

全固态单频连续波激光器在高功率泵浦条件下，不仅增益晶体会产生严重的热透镜效应，进而影响和限制激光器的输出功率；而且增益加大，模式竞争加剧，导致严重的多模和跳模现象，进而影响了激光器的输出稳定性和增大了激光器的强度噪声特性。本章介绍一种利用非线性损耗大幅度提升全固态单频连续波激光器整体性能的技术和方法。利用该方法，全固态单频连续波激光器不仅能实现高功率输出时稳定单纵模运转，而且输出功率和频率稳定性、强度噪声特性以及频率调谐能力均得到了大幅度提升。

5.1　基 本 原 理

谐振腔内引入非线性损耗可以有效抑制多纵模振荡，实现稳定的单纵模运转。为了在谐振腔内引入非线性损耗，可以在激光谐振腔内插入非线性晶体，当不同的纵模和非线性晶体相互作用时，不仅有各纵模的倍频过程，而且有各纵模之间的和频过程。假设谐振腔内两相邻模式的频率为 ω_1 和 ω_2，对应光强分别为 $I(\omega_1)$ 和 $I(\omega_2)$，两个模式的激光穿过倍频晶体后，产生总的倍频光的功率可以表示为

$$P(\omega_1,\omega_2) \propto I(\omega_1)^2 + 4I(\omega_1)I(\omega_2) + I(\omega_2)^2 \tag{5.1.1}$$

也就是说，谐振腔内因为非线性变换过程而引起的总损耗为

$$\begin{aligned}\varepsilon &= \varepsilon(\omega_1) + \varepsilon(\omega_2)\\ &= \eta\left[I(\omega_1)^2 + 2I(\omega_1)I(\omega_2)\right] + \eta\left[I(\omega_2)^2 + 2I(\omega_1)I(\omega_2)\right]\end{aligned} \tag{5.1.2}$$

其中，η 为非线性晶体的非线性转化因子。对于谐振腔内两相邻模式的频率为 ω_1 和 ω_2 而言，各自经受的非线性损耗分别表示为

$$\begin{aligned}\varepsilon(\omega_1) &= \eta\left[I(\omega_1)^2 + 2I(\omega_1)I(\omega_2)\right]\\ \varepsilon(\omega_2) &= \eta\left[I(\omega_2)^2 + 2I(\omega_1)I(\omega_2)\right]\end{aligned} \tag{5.1.3}$$

定义纵模的相对非线性损耗：

$$\varepsilon' = \frac{\varepsilon(\omega_i)}{I(\omega_i)} \tag{5.1.4}$$

这样，频率为 ω_1 和 ω_2 的两纵模的相对非线性损耗为

$$\varepsilon'(\omega_1) = \eta I(\omega_1) + 2\eta I(\omega_2)$$
$$\varepsilon'(\omega_2) = \eta I(\omega_2) + 2\eta I(\omega_1) \tag{5.1.5}$$

假设谐振腔内模式 ω_1 的增益较大，即 $I(\omega_1) \gg I(\omega_2)$，因此有

$$\varepsilon'(\omega_2) = 2\varepsilon'(\omega_1) \tag{5.1.6}$$

即谐振腔内主振荡模所经受的非线性损耗是次振荡模的一半，因此次振荡模被自动抑制掉，从而使激光器保持稳定的单纵模运转 [1]。

5.2　单纵模运转的物理条件

为了准确描述非线性损耗在次模抑制中的作用，本节将从不同纵模的净增益出发，研究和讨论基于非线性损耗，激光器实现稳定单纵模运转的物理条件。

5.2.1　理论模型

同样考虑在激光器中有两个纵模：λ_i、λ_j。谐振腔对每个模都有线性损耗，为了简化分析，假定谐振腔对两个模的线性损耗相等。激光谐振腔内有非线性转化过程存在时，除了线性损耗，还存在由和频及倍频引起的非线性损耗。对同类加宽的增益介质来说，两个纵模净增益可以用下面的两个式子表示 [2]

$$G_i = \frac{2g_0(\lambda_i,\ \Delta\lambda_g)l}{1 + \dfrac{2I(\lambda_i)}{I_0(\lambda_i,\ \Delta\lambda_g)} + \dfrac{2I(\lambda_j)}{I_0(\lambda_j,\ \Delta\lambda_g)}} - L - \eta(\lambda_i, \lambda_i, \lambda_{\mathrm{NL}}) I(\lambda_i) - 2\eta(\lambda_i, \lambda_j, \lambda_{\mathrm{NL}}) I(\lambda_j) \tag{5.2.1}$$

$$G_j = \frac{2g_0(\lambda_j,\ \Delta\lambda_g)l}{1 + \dfrac{2I(\lambda_i)}{I_0(\lambda_i,\ \Delta\lambda_g)} + \dfrac{2I(\lambda_j)}{I_0(\lambda_j,\ \Delta\lambda_g)}} - L - \eta(\lambda_j, \lambda_j, \lambda_{\mathrm{NL}}) I(\lambda_j) - 2\eta(\lambda_i, \lambda_j, \lambda_{\mathrm{NL}}) I(\lambda_i) \tag{5.2.2}$$

式中，$g_0 l$ 是长度为 l 的增益介质的小信号增益系数，$\Delta\lambda_g$ 为增益介质的受激发射带宽，$\Delta\lambda_{\mathrm{NL}}$ 为非线性晶体的光谱接受带宽，η 表示非线性转化因子，L 表示谐振腔的线性损耗，I 为腔内功率密度，I_0 为增益介质的饱和功率密度。

假如激光器可以单纵模运转，仅考虑腔内有激活模 λ_i 振荡，即激活模 λ_i 的净增益等于零，而非激活模 λ_j 的净增益则小于零。则公式 (5.2.1) 和 (5.2.2) 可以表示为

$$G_i = \frac{2g_0(\lambda_i,\ \Delta\lambda_g)l}{1+\dfrac{2I(\lambda_i)}{I_0(\lambda_i,\ \Delta\lambda_g)}} - L - \eta\left(\lambda_i, \lambda_j, \lambda_{\mathrm{NL}}\right) I\left(\lambda_i\right) = 0 \tag{5.2.3}$$

$$G_j = \frac{2g_0(\lambda_j,\ \Delta\lambda_g)l}{1+\dfrac{2I(\lambda_i)}{I_0(\lambda_i,\ \Delta\lambda_g)}} - L - 2\eta\left(\lambda_i, \lambda_j, \lambda_{\mathrm{NL}}\right) I\left(\lambda_i\right) < 0 \tag{5.2.4}$$

在分析过程中，假定增益曲线和饱和强度曲线均呈洛伦兹线型，因此有

$$g_0(\lambda, \Delta\lambda_g) = g_0^{\max}\left[1+\left(\frac{\lambda-\lambda_0}{\Delta\lambda_g/2}\right)^2\right]^{-1} = \frac{g_0^{\max}}{f(\lambda, \Delta\lambda_g)} \tag{5.2.5}$$

$$I_0\left(\lambda,\ \Delta\lambda_g\right) = I_0^{\min}\left[1+\left(\frac{\lambda-\lambda_0}{\Delta\lambda_g/2}\right)^2\right] = I_0^{\min} f\left(\lambda,\ \Delta\lambda_g\right) \tag{5.2.6}$$

式中，λ_0 是增益曲线的中心波长，$g_0^{\max}l$ 是中心波长处的小信号增益系数，$I_0^{\min}/A_g$ 是中心波长处的饱和光强，A_g 是光束的横截面积。

5.2.2 非线性接受带宽

对一个理想的非线性相互作用过程来说，相互作用长度为 l_c 的非线性作用过程，其相位失配参量可以用超越函数 $\mathrm{sinc}^2(\Delta k_{ij}\cdot l_c/2)$ 来表示，它是一个与波长有关的量：

$$\Delta k_{ij} = 2\pi\left(\frac{n\left(\lambda_s\right)}{\lambda_s} - \frac{n\left(\lambda_i\right)}{\lambda_i} - \frac{n\left(\lambda_j\right)}{\lambda_j}\right) \tag{5.2.7}$$

式中，λ_i、λ_j 为参与非线性过程的基波波长，如果 $i=j$，则非线性过程就是倍频过程，λ_s 为非线性作用过程产生的波长。

非线性转化因子 η 的大小与 Δk_{ij} 值有关，对于理想的相位匹配 $\Delta k_{ij}=0$，非线性转化达到极大值。然而，对于实际的激光光束而言，由于激光光束存在横向和纵向的强度分布以及固有的线宽，总是存在一个相位失配量。在非线性转化效率降至完全匹配时的 40%时，仍然认为非线性过程有效，称这个确定的失配量为相位匹配宽度。根据相位匹配宽度，在设计倍频器件时可进一步给出倍频器件相位匹配的非线性光谱接受带宽、角度接受带宽和温度接受带宽。在这里我们不考虑角度接受带宽和温度接受带宽对激光器的影响，仅考虑光谱接受带宽对激光器的影响。

非线性光谱接受带宽就是对倍频过程工作波长宽度的限制，我们考虑匹配宽度为

$$\Delta k_{ij} = \pm\frac{\pi}{l_c} \tag{5.2.8}$$

此时，倍频过程的效率会下降到最大值的 $4/\pi^2$，大约为 40%。由该匹配宽度所得到的倍频过程时的允许温度，即为倍频晶体的光谱接受带宽。

而非线性转化参量对波长的依赖关系可以表示为

$$\eta\left(\lambda_i, \lambda_j, \Delta\lambda_{NL}\right) = K_0 \operatorname{sinc}^2\left(1.39\frac{\lambda_i + \lambda_j - 2\lambda_0}{\Delta\lambda_{\mathrm{NL}}}\right) = K_0 h\left(\lambda_i, \lambda_j, \Delta\lambda_{\mathrm{NL}}\right) \tag{5.2.9}$$

5.2.3　单纵模运转的物理条件分析

引入归一化波长和带宽参量

$$\tilde{\lambda} = \frac{\lambda}{\Delta\lambda_g}$$

$$\gamma = \frac{\Delta\lambda_{\mathrm{NL}}}{\Delta\lambda_g}$$

$$\Delta\tilde{\lambda}_g = 1 \tag{5.2.10}$$

以及归一化的线性损耗 α 和非线性损耗 ε：

$$\alpha = \alpha\left(\tilde{\lambda}\right) = \frac{L}{2g_0\left(\tilde{\lambda}, 1\right) l} = \alpha_0 f\left(\tilde{\lambda}, 1\right) \tag{5.2.11}$$

$$\varepsilon = \varepsilon\left(\tilde{\lambda}_i, \tilde{\lambda}_j, \gamma\right) = \frac{\eta\left(\tilde{\lambda}_i, \tilde{\lambda}_j, \gamma\right) I_0\left(\tilde{\lambda}_i, 1\right)}{4g_0\left(\tilde{\lambda}_j, 1\right) l} = \varepsilon_0 f\left(\tilde{\lambda}_i, 1\right) f\left(\tilde{\lambda}_j, 1\right) h\left(\tilde{\lambda}_i, \tilde{\lambda}_j, \gamma\right) \tag{5.2.12}$$

式 (5.2.3) 和式 (5.2.4) 可以用如下的归一化表达式 [3] 进行表示：

$$\frac{G_i}{2g_0\left(\tilde{\lambda}_i, 1\right) l} = \frac{1}{1 + \dfrac{2I(\tilde{\lambda}_i)}{I_0(\tilde{\lambda}_i, 1)}} - \alpha\left(\tilde{\lambda}_i\right) - 2\varepsilon\left(\tilde{\lambda}_i, \tilde{\lambda}_j, \gamma\right)\frac{I\left(\tilde{\lambda}_i\right)}{I_0\left(\tilde{\lambda}_i, 1\right)} = 0 \tag{5.2.13}$$

$$\frac{G_j}{2g_0\left(\tilde{\lambda}_j, 1\right) l} = \frac{1}{1 + \dfrac{2I(\tilde{\lambda}_i)}{I_0(\tilde{\lambda}_i, 1)}} - \alpha\left(\tilde{\lambda}_j\right) - 4\varepsilon\left(\tilde{\lambda}_i, \tilde{\lambda}_j, \gamma\right)\frac{I\left(\tilde{\lambda}_i\right)}{I_0\left(\tilde{\lambda}_i, 1\right)} < 0 \tag{5.2.14}$$

可以看出，要想使激光器获得稳定的单纵模振荡，激光谐振腔内的模式需满足上面的方程 (5.2.13) 和不等式 (5.2.14)。为了获得这个方程组的解，我们首先求解方程 (5.2.13)，得到饱和功率密度的表达式：

$$I\left(\tilde{\lambda}_i\right) = I_0^{\min} f(\tilde{\lambda}_i, 1) \frac{\sqrt{(\alpha-\varepsilon)^2+4\varepsilon}-(\alpha+\varepsilon)}{4\varepsilon} \tag{5.2.15}$$

而倍频功率的大小与饱和功率密度有关，可以表示为

$$I_2\left(\tilde{\lambda}_i\right) = \eta\left(\tilde{\lambda}_i, \tilde{\lambda}_i, \gamma\right) \cdot I\left(\tilde{\lambda}_i\right)^2 \tag{5.2.16}$$

方程 (5.2.13) 和不等式 (5.2.14) 联立后得到如下表达式：

$$\alpha\left(\tilde{\lambda}_i\right) - 2\varepsilon\left(\tilde{\lambda}_i, \tilde{\lambda}_i, \gamma\right) \frac{I\left(\tilde{\lambda}_i\right)}{I_0\left(\tilde{\lambda}_i, 1\right)} < \alpha\left(\tilde{\lambda}_j\right) - 4\varepsilon\left(\tilde{\lambda}_i, \tilde{\lambda}_j, \gamma\right) \frac{I\left(\tilde{\lambda}_i\right)}{I_0\left(\tilde{\lambda}_i, 1\right)} \tag{5.2.17}$$

将式 (5.2.11)、(5.2.2) 和 (5.2.15) 代入表达式 (5.2.17) 中，得到如下关系式：

$$8\,\mathrm{sinc}^2\left(\frac{1.39}{\gamma}\right) > 2 - \frac{\alpha_0 I_0}{I\varepsilon_0} \tag{5.2.18}$$

公式 (5.2.18) 进一步可以写成：

$$\frac{1}{2} - 2\,\mathrm{sinc}^2\left(\frac{1.39}{2\gamma}\right) < \frac{\alpha_0}{\sqrt{(\alpha_0-\varepsilon_0)^2+4\varepsilon_0}-(\alpha_0+\varepsilon_0)} \tag{5.2.19}$$

该公式称为激光器单频运转的物理条件 [4]。其中 $\gamma = \Delta\lambda_{\mathrm{NL}}/\Delta\lambda_g$ 表示非线性晶体的非线性谱宽和增益晶体的增益带宽的比值；α_0 和 ε_0 分别为归一化的线性损耗和非线性损耗；一个谐振腔的线性损耗为 $\alpha = (L+t)/(2g_0 l)$，其中 L 为腔内线性损耗，t 为输出镜的透射率，g_0 为小信号增益，l 为激光晶体的长度；谐振腔的非线性损耗为 $\varepsilon = (kS_0)/(4g_0 l)$，式中 k 为非线性转换系数，I_0 为饱和功率密度。当式 (5.2.19) 的左边小于右边时，则激光器处于单纵模状态；否则，激光器处于多模状态。

5.2.4 实验验证

基于提出的物理条件，将一块非线性 LBO 晶体插入如图 5.2.1 所示的四镜环形谐振腔内达到引入非线性损耗的目的。LBO 晶体尺寸为 3 mm×3 mm×18 mm，

采用 I 类温度匹配，被放置在工作温度为 422 K，控制精度为 0.1 K 的自制控温炉中。根据式 (5.2.19) 得到的图 5.2.2，即表示激光器可以实现单纵模运转的物理条件。其中，左上角区域为单纵模区域，右下角为多纵模区域。从图 5.2.2 中可以看出，通过在谐振腔内引入适当的非线性损耗以及线性损耗即可获得一个很宽的单纵模区域，实现激光器的单纵模激光输出。

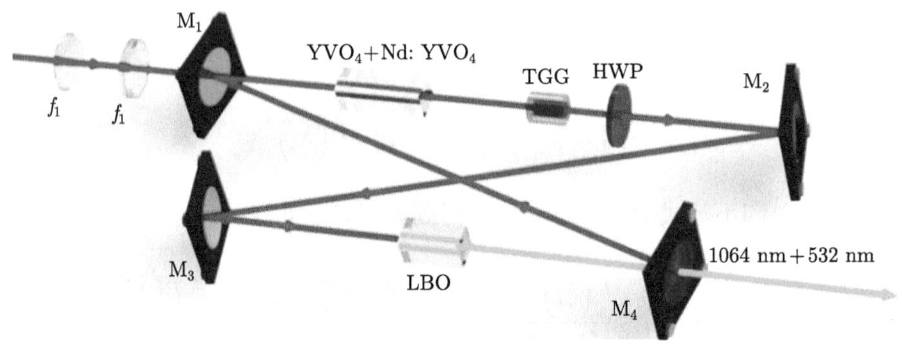

图 5.2.1　单频 1064 nm 激光器腔型结构示意图

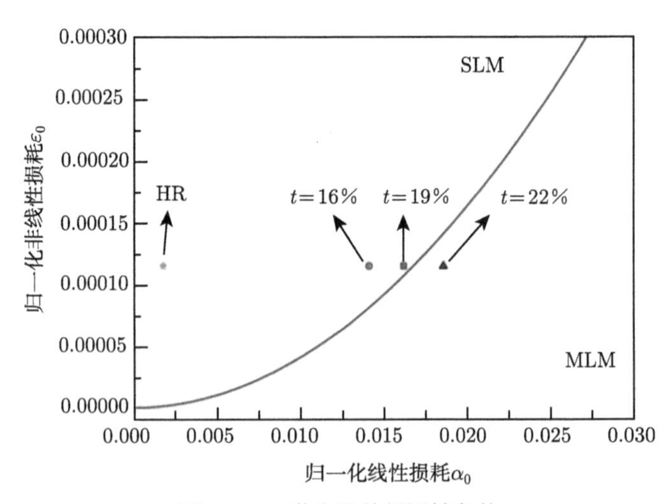

图 5.2.2　激光器单频运转条件

在实验中，当非线性晶体没有插入谐振腔时，通过扫描共焦 F-P 干涉仪，我们可以看到激光器同时有三个纵模起振，如图 5.2.3(a) 所示。当 LBO 插入谐振腔内并工作在最佳相位匹配温度后，输出耦合镜的透射率分别为 HR、16%、19% 时，激光器都可以稳定地以单纵模方式运转，如图 5.2.3(b) 所示。当输出耦合镜的透射率为 22%时，激光器则不能以稳定的单纵模方式运转。将激光器的相关参

数代入公式 (5.2.19) 中，可以很清楚地从图 5.2.2(实验点) 中看到，当透射率低于 19%时，激光器均运转在单纵模区域。而当输出耦合镜的透射率高于 19%后，激光器就工作在单纵模区域以外。最后，当输出耦合镜的透射率为 19%时，我们获得了输出功率为 33.7 W 的连续单频 1064 nm 激光器，同时有 1.13 W 的连续单频 532 nm 激光输出。总的光–光转化效率高达 46.5%。

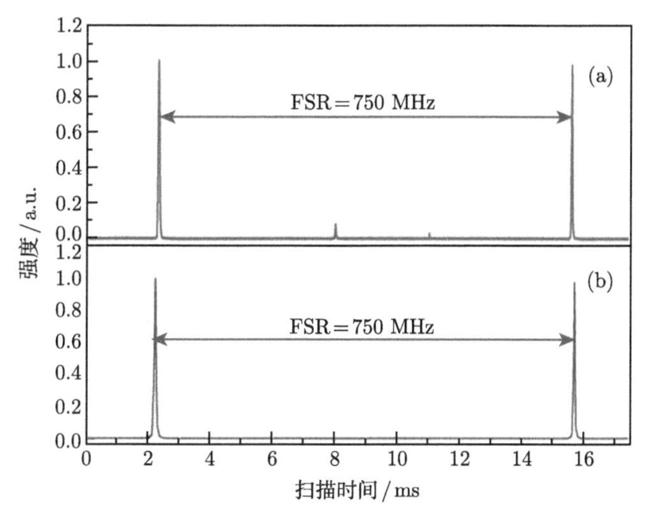

图 5.2.3 1064 nm 激光器的纵模结构。(a) 没有 LBO 晶体；(b) 有 LBO 晶体

5.3 提高全固态单频连续波激光器的输出功率

5.3.1 全固态单频连续波双波长激光器

当非线性损耗引入谐振腔内以后，单频激光器实现了双波长输出。而且通过优化线性和非线性损耗，可以有效操控基频和倍频光的输出功率。当激光器稳定运转时，有如下关系式 [5]：

$$gl = t + L + \varepsilon \tag{5.3.1}$$

其中，g 表示单位长度的增益系数，l 为激光介质的增益长度，t 为输出耦合镜的透射率，L 为激光器的腔内损耗，ε 为非线性损耗。而

$$g = \frac{g_0}{1 + \dfrac{I}{I_0}} \tag{5.3.2}$$

其中，g_0 为小信号增益因子，I 为基频光的强度，I_0 为饱和强度。

非线性损耗 ε 可以表示为

$$\varepsilon = \eta I \tag{5.3.3}$$

其中，η 为非线性转化因子。

将公式 (5.3.2) 和 (5.3.3) 代入公式 (5.3.1) 中，得出基频光的强度表达式 [5,6]：

$$I = \frac{\sqrt{(t+L-I_0\eta)^2 + 4\eta I_0 g_0 l} - (t+L+I_0\eta)}{2\eta} \tag{5.3.4}$$

其中，

$$g_0 l = K P_{\text{in}} \tag{5.3.5}$$

K 为泵浦光转化因子，P_{in} 为泵浦光的功率。

当激光器稳定运转后，基频光和倍频光的输出功率可以分别表示为

$$P_{\text{f}} = AtI \tag{5.3.6}$$

和

$$P_{\text{sh}} = \varepsilon IA = \eta AI^2 \tag{5.3.7}$$

其中，P_{f} 和 P_{sh} 分别表示基频光和倍频光的输出功率，A 为增益介质处的激光横截面积。

从上面的分析可以看出，当激光器谐振腔和增益晶体确定以后，基频光和倍频光的输出功率会随着输出耦合镜的透射率以及倍频晶体的非线性转化因子的变化而变化 [6]。因此在实验上，可以通过调节输出耦合镜的透射率以及非线性晶体的非线性转化因子来操控基频光和倍频光的输出功率以满足不同实验对激光光源的需求。

当非线性晶体的长度为 18 mm，并且工作在最佳匹配温度 (422 K) 时，通过更换输出耦合镜的透射率，首先我们通过扫描 F-P 干涉仪观察激光器的单频运转特性，如图 5.2.3(b) 所示，可以清楚地看到当透射率小于 19%时，激光器能以单纵模状态稳定地运转。在此基础上，进一步研究了 1064 nm 激光和 532 nm 激光的输出功率随输出耦合镜透射率的变化关系如图 5.3.1 和图 5.3.2 所示。

在实验中，输出耦合镜的透射率分别为 19%、10%和 1.3%。当输出耦合镜的透射率为 19%时，激光器的阈值泵浦功率为 31.6 W。当注入泵浦光为 76.4 W 时，1064 nm 激光的最大输出功率为 33.7 W，同时有 1.13 W 的单频 532 nm 激光输出。当输出耦合镜的透射率为 10%时，激光器的阈值泵浦功率为 30 W。当注入泵浦光为 75.7 W 时，1064 nm 激光的最大输出功率为 25.1 W，同时有 3.7 W 的单频 532 nm 激光输出。当输出耦合镜的透射率更换为 1.3%时，激光

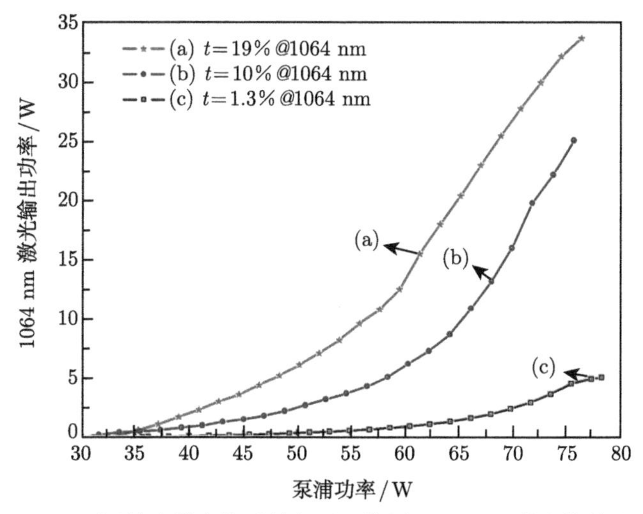

图 5.3.1　不同输出耦合镜透射率下，单频 1064 nm 激光的输出功率

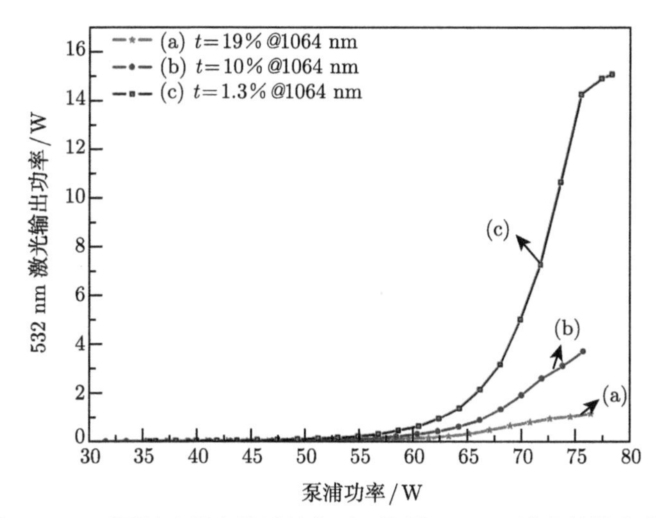

图 5.3.2　不同输出耦合镜透射率下，单频 532 nm 激光的输出功率

器的阈值泵浦功率为 35.6 W。当注入泵浦功率为 78.3 W 时，绿光的输出功率达到 15.08 W，而 1064 nm 激光的输出功率只有 5.05 W。从图 5.3.1 和图 5.3.2 中可以看出，随着输出耦合镜透射率的降低，1064 nm 激光的输出功率在不断减小，而 532 nm 激光的输出功率在不断增大。根据之前的理论分析，我们将激光器的相关参数 ($L = 4.6\%$，$I_0 = 8.30827 \times 10^6\ \mathrm{W/m^2}$，$A = 1\ \mathrm{mm}^2$，$K = 0.07\ \mathrm{W}^{-1}$，

$P_{\rm in} = 75$ W 以及 $\eta = 4.5 \times 10^{-11}$ m^2/W) 代入公式 (5.3.6) 和 (5.3.7) 中，得到如图 5.3.3 所示的理论曲线，并和实际的实验数据进行比较。从图 5.3.3 中可以看出，理论分析和实验结果能很好吻合。

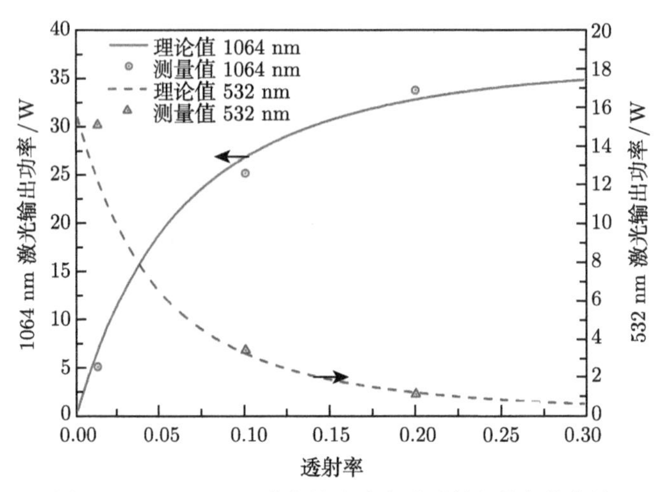

图 5.3.3　1064 nm 激光输出功率随透射率的变化曲线

在确定 1064 nm 和 532 nm 激光的输出功率随输出耦合镜透射率的变化关系后，进一步研究了非线性晶体的相位匹配温度对 1064 nm 和 532 nm 激光输出功率的影响。当输出耦合镜的透射率为 19%、倍频晶体的长度为 18 mm 时，通过扫描非线性晶体 LBO 的相位匹配温度，我们记录了 1064 nm 和 532 nm 激光的输出功率，如图 5.3.4 所示。从图 5.3.4 中可以看出，当非线性 LBO 晶体工作在最佳相位匹配温度时，1064 nm 激光的最大输出功率为 33.7 W，而 532 nm 激光的最大输出功率为 1.13 W。最后，用两个光束质量分析仪同时测量了 1064 nm 和 532 nm 激光的光束质量 M^2。对于 1064 nm 激光，M_x^2=1.06，M_y^2=1.09。而对于 532 nm 激光，M_x^2=1.12，M_y^2=1.11。当非线性 LBO 晶体的工作温度偏离最佳相位匹配温度 2 K 时，1064 nm 激光的输出功率增大到 36.7 W，而 532 nm 激光的输出功率降低到 0.5 W。同时，我们还观察到激光器的相位匹配温度与最佳相位匹配温度相差 2 K 以内，激光器可以很好地实现单纵模运转，但是超过 2 K 以后，激光器就开始多纵模运转。其主要原因是当 LBO 的相位匹配温度失谐以后，非线性损耗逐渐减小；当 LBO 的相位匹配温度失谐 2 K 以上时，非线性损耗降低 15.2%，致使 532 nm 的输出功率降低同时 1064 nm 激光的输出功率增加。此时，非线性损耗由于过小已不能抑制次模起振，最终激光器处于多纵模运转状态。

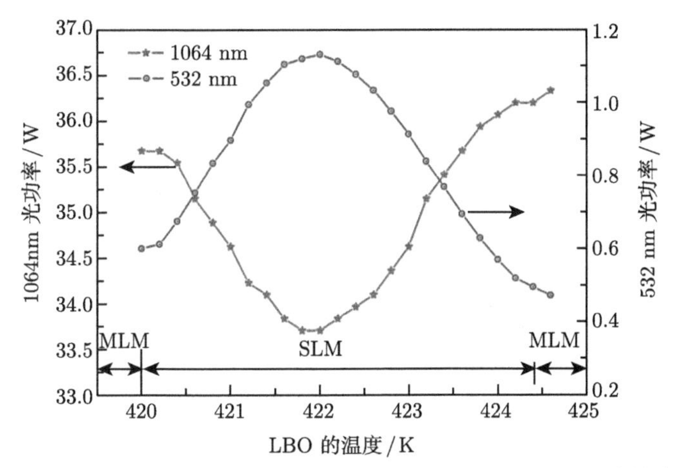

图 5.3.4 $T=19\%$时，基频光和倍频光的输出功率随 LBO 的温度的变化曲线

5.3.2 内腔线性损耗的测量

从 5.3.1 节的内容可以看出，在泵浦功率一定的情况下，基频光和倍频光的输出功率取决于腔内的非线性损耗和输出耦合镜的透射率。值得注意的是，在输出耦合镜的透射率一定时，只要改变腔内非线性损耗的大小，就可以改变基频光和倍频光的输出功率，而在此过程中，激光谐振腔的线性损耗是一定的。这也为我们发展一种利用非线性损耗精确测量谐振腔内线性损耗提供了参考。区别于传统的腔内损耗测量方法，基于非线性损耗对激光器谐振腔腔内损耗进行测量是一种简便、高效、快速、准确的测量方法。

对于 I 类非临界相位匹配的非线性晶体，调节非线性晶体的温度可以改变非线性转化因子 η[7]：

$$\eta=\frac{8\pi^2 d_{\text{eff}}^2 l^2\omega_1^2}{\varepsilon_0 c\lambda_{\text{f}}^2 n^3\omega_2^2}\operatorname{sinc}^2\left[\left(\frac{2\pi}{\lambda_{\text{f}}}\frac{\mathrm{d}n_z}{\mathrm{d}T}-\frac{\pi}{\lambda_{\text{sh}}}\frac{\mathrm{d}n_y}{\mathrm{d}T}\right)l\Delta T\right] \tag{5.3.8}$$

其中，d_{eff} 为倍频晶体的有效极化系数，l 为倍频晶体的长度，n 为倍频晶体的折射率，ε_0 为真空介电常量，c 为光速，ω_1 为增益晶体处的束腰半径，ω_2 为倍频晶体处的腰斑半径，λ_{f} 为基波波长，λ_{sh} 为二次谐波波长，ΔT 为倍频晶体的温度与最佳相位匹配温度之间的失配量。由公式 (5.3.8) 得出，当非临界相位匹配倍频晶体的长度 l 一定时，其非线性转化因子 η 是以 ΔT 为变量的函数。

将公式 (5.3.6)~(5.3.8) 代入式 (5.3.4) 进行推导，可以得到激光器腔内线性损耗的表达式 [8]：

$$L=\frac{I_0KP_{\text{in}}P_{\text{f}}^2-(P_{\text{sh}}t)^2-tP_{\text{f}}P_{\text{sh}}(t+I_0\eta)-I_0\eta tP_{\text{f}}^2}{I_0\eta P_{\text{f}}^2+tP_{\text{f}}P_{\text{sh}}} \tag{5.3.9}$$

其中，除了泵浦因子 K 以外，其他参量都是已知的。在不同的非线性转化因子 η 的条件下，通过精确测量对应基波 $P_{\rm f}$ 和二次谐波 $P_{\rm sh}$ 的输出功率并代入方程 (5.3.9) 中，可以得到关于腔内往返损耗 L 和泵浦因子 K 的方程组。

由公式 (5.3.4)~(5.3.9) 可知，倍频晶体的非线性转换因子 η 以及基波 $P_{\rm f}$ 和二次谐波 $P_{\rm sh}$ 的输出功率和腔内线性损耗 L 均有一定的关系。在单频区域内调谐倍频晶体的相位匹配温度可以改变非线性转化因子 η，进而改变基波 $P_{\rm f}$ 和二次谐波 $P_{\rm sh}$ 的值。利用两组非线性转化系数对应的 $P_{\rm f}$ 和 $P_{\rm sh}$ 代入腔内线性损耗表达式 (5.3.9) 中，即可组成激光器腔内线性损耗 L 和泵浦因子 K 的二元一次方程组，求解方程组即可得到对应的值。

腔内线性损耗测量的实验装置如图 5.3.5 所示。连续波单频激光器输出的 1064 nm/532 nm 激光经二色分光镜分开，分别用两个功率计对基频光和倍频光的输出功率进行测量。

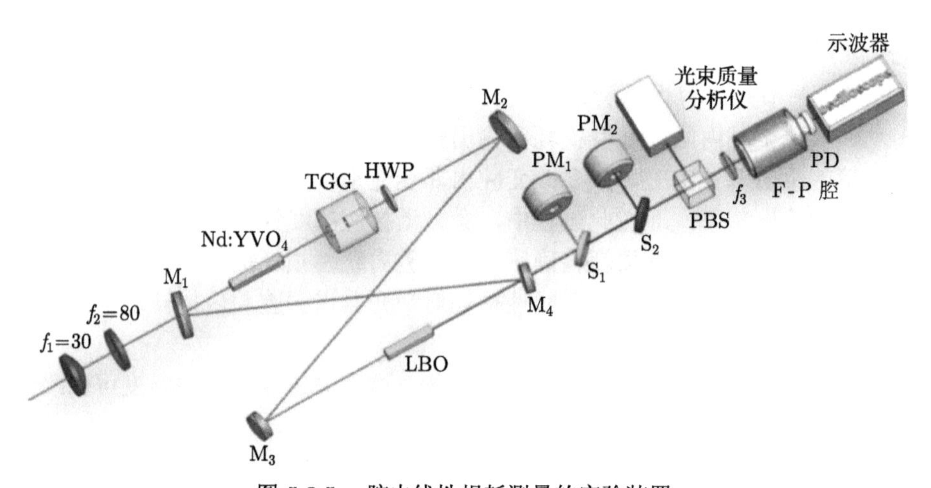

图 5.3.5　腔内线性损耗测量的实验装置

表 5.3.1 列出了激光器的相关参数。

实验上记录了在 149 ℃ 附近 ±3 ℃ 调节非线性晶体 LBO 温度时激光器基频光和倍频光功率随 LBO 温度的变化曲线，如图 5.3.6 所示。激光器 LBO 温度在 (149±2) ℃ 的温度变化范围内能够处于单频运转状态。表 5.3.2 记录了在激光器单频运转区域内不同 LBO 温度对应的基频光和倍频光输出功率，以及各点对应的 LBO 的转换系数 η。通过将表 5.3.1 中激光器的参数以及对应 LBO 温度的变化量 ΔT 代入方程 (5.3.9) 中，可以得到关于线性损耗和泵浦因子的一系列方程；然后将每两个方程进行组合，可以得到一系列关于线性损耗和泵浦因子的方程组。通过求解方程组，可以得到高功率连续单频激光器的腔内线性损耗 L，同时得到

激光器的泵浦因子 K。最后得到的激光器的腔内线性损耗 L 为 4.84%±0.26%，泵浦因子 K 为 (6.91%±0.07%) W^{-1}。

表 5.3.1 激光器参数

t	19%
I_0	8.30827×10^6 W/m^2
P_{in}	74 W
l	18 mm
d_{eff}	1.16×10^{-12} V/m
ε_0	8.85×10^{-12} F/m
c	3×10^8 m/s
n	1.56
λ_f	1064 nm
λ_{sh}	532 nm
ω_1	390 μm
ω_2	84 μm

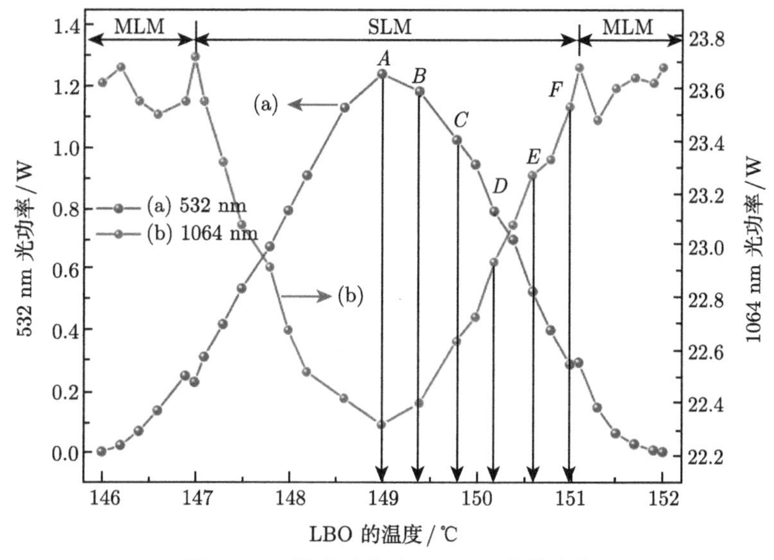

图 5.3.6 输出功率随 LBO 温度的变化

在精确测量激光器腔内线性损耗为 4.8%的基础上，把激光器的注入泵浦功率提高到 113 W，选取输出耦合镜的透射率在 1064 nm 波段为 T=25%，非线性晶体 LBO 的温度处于最佳相位匹配温度 149 ℃，获得 50.3 W 的单频 1064 nm 激光输出 [9]。激光器的输入输出功率曲线如图 5.3.7 所示，可以看出激光器的阈

表 5.3.2　单频运转区域内不同 LBO 温度对应的基频光和倍频光输出功率以及非线性晶体 LBO 的转换系数 η

T/℃	ΔT/℃	$P_{\rm f}$/W	$P_{\rm sh}$/W	η/(m^2/W)
149.0	0	22.32	1.239	6.5×10^{-11}
149.4	0.4	22.40	1.182	6.166×10^{-11}
149.8	0.8	22.64	1.023	5.662×10^{-11}
150.2	1.2	22.94	0.789	3.957×10^{-11}
150.6	1.6	23.27	0.527	2.582×10^{-11}
151.0	2.0	23.53	0.287	1.397×10^{-11}

值功率为 40 W。而且由于非线性过程的存在，激光器同时产生了 1.9 W 的单频 532 nm 激光输出，激光器总的光–光转换效率为 46.2%，测量到的 5 h 输出功率峰峰值波动性优于 ±0.54%(图 5.3.7 中的插图)。实验上通过扫描精细度为 210，自由光谱区为 750 MHz 的 F-P 干涉仪对获得的 1064 nm 激光的纵模结构进行监测，记录的结果如图 5.3.8 所示，可以看出获得的 50 W 全固态连续波 1064 nm 激光器处于稳定的单频运转状态。激光的光束质量 M^2 因子利用 M^2 仪 (M2SETVIS, Thorlabs) 测量得到，图 5.3.9 中 1064 nm 激光在 x 方向和 y 方向的光束质量 M^2 因子分别为 1.08 和 1.10。激光器在最大输出功率处的水平偏振度测量值大于 113:1。

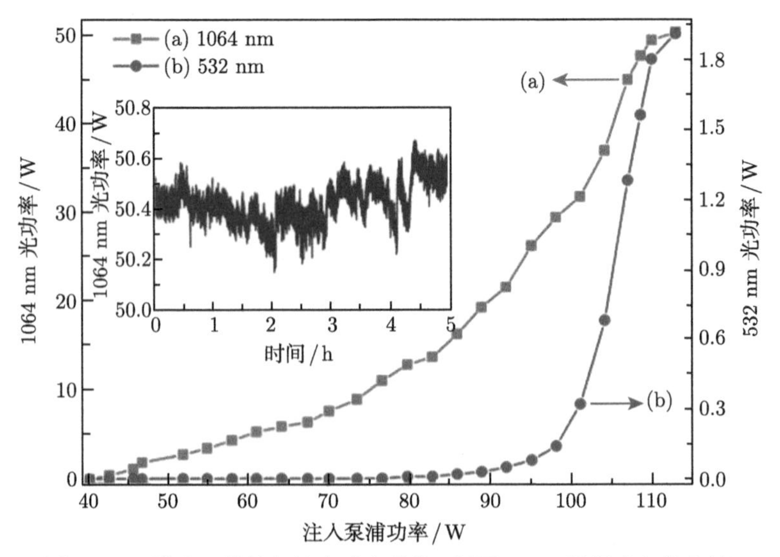

图 5.3.7　激光器的输入输出功率曲线 (插图：5 h 长期功率稳定性)

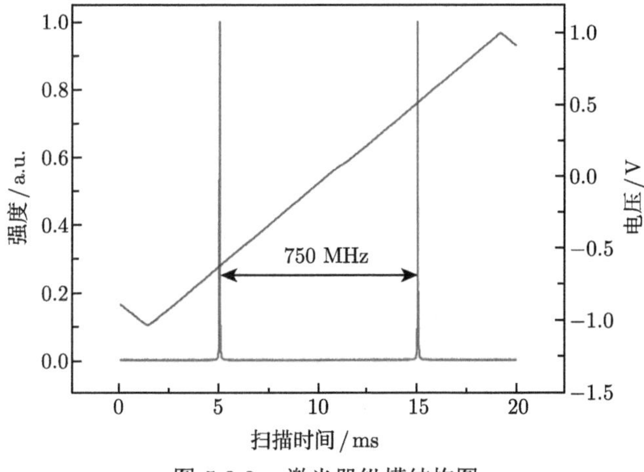

图 5.3.8 激光器纵模结构图

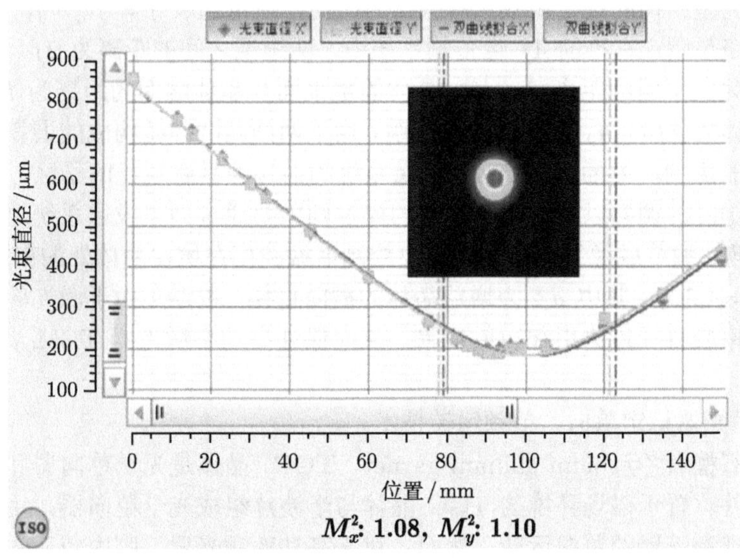

图 5.3.9 光束质量 M^2 因子

5.3.3 百瓦级全固态单频连续波激光器

在插有单块增益介质的单个光学谐振腔中，激光器输出功率的提升受增益晶体热效应以及晶体光学损伤阈值的限制。然而通过在单个环形谐振腔内插入 $2n$ $(n \geqslant 1)$ 块串接增益晶体，每块增益晶体单独由激光二极管进行泵浦，能够克服腔内插有单块晶体的单谐振腔在高功率泵浦时由热效应导致激光器稳区变窄的现象以及单块晶体损伤阈值对输出功率的限制，拓展激光器输出功率的提升空间。在单个谐振腔中采用多晶体串接技术实现高功率连续波单频激光器的主要核心技术有以下三点。

(1) 实现模式自再现的稳区调节技术。

单谐振腔多晶体腔型结构的设计需要同时考虑如何实现谐振腔的模式自再现于每块增益晶体；如何实现激光工作稳区的主动调节以及如何保证激光器在高泵浦功率稳区工作时实现 TEM_{00} 模式输出。对于包含由凹凸镜的环形谐振腔而言，用于实现模式自再现的成像系统将不再是标准的 $4f$ 成像系统。这是由于凹凸镜改变了理想像传输系统中模式在空间的分布，影响谐振腔的工作稳区。此时需要利用 $ABCD$ 矩阵详细分析腔镜的曲率半径、组成成像系统透镜的焦距、增益晶体的热焦距对激光器工作稳区的影响；在其他参数都确定的条件下，定向分析成像系统透镜之间距离与激光工作稳区之间的关系，利用控制成像系统透镜之间的距离实现对激光工作稳区的操控。

对于成像系统中透镜焦距的选取，理论上 $f \geqslant l/(2n)$[10]。然而在实际应用中需要兼顾腔型结构的设计和激光器操作的简便，通常选取 $f = f_{\rm th}$，$f_{\rm th}$ 为增益晶体的热透镜焦距。标准的 $4f$ 像传输系统中，两透镜之间的距离为 $2f$，每个透镜与相邻晶体主平面的距离 $d = f$，晶体的主平面与晶体端面的距离为 $l/(2n_0)$，l 为增益晶体的长度，n_0 为晶体的折射率。由于两凸两凹腔镜构成的谐振腔中腔镜曲率半径的影响，内插有标准 $4f$ 成像系统的谐振腔具有较低的稳区。此时，谐振腔工作稳区的调整以及谐振腔模式的操控则主要通过调节成像系统透镜之间的距离来实现。调节成像系统的同时需要控制谐振腔模在增益晶体处的束腰半径 ω_0 满足：$dA{=}4.6\omega_0$，其中 dA 为增益晶体的横向直径，以避免由于激光腔模在增益晶体处的束腰直径过大引起衍射现象，从而保证高功率激光器 TEM_{00} 模式激光输出。

(2) 激光器稳定单向、单频运转技术。

铽镓石榴石 (terbium gallium garnet，TGG) 晶体是光学单向器和隔离器中的核心元件。置于磁场环境的 TGG 晶体与半波片组成光学单向器，用于激光谐振腔中实现激光器的单向运转。然而，对于高功率激光器，腔内较高的激光功率强度导致光学单向器中磁光晶体 TGG 产生热效应，引起激光器类双稳现象的发生，限制激光器的输出功率与使用寿命。铽钪铝石榴石磁光晶体 (terbium scandium aluminum garnet，TSAG)[11] 相比于传统的 TGG 磁光晶体具有较大范尔德系数 (48 $\rm rad{\cdot}T^{-1}{\cdot}m^{-1}$ 在 1064 nm 波段，比 TGG 晶体在该波段的范尔德系数高出 20%) 和较低激光吸收系数 ($<$ 3000 ppm/cm 在 1064 nm 波段，比 TGG 晶体在该波段的吸收系数低 30%)，可用于制备高隔离比的光学单向器。环形谐振腔激光器的单频运转可以通过在谐振腔内插入光学选模元件进行模式选择或引入非线性损耗抑制次模起振来实现。对于高功率激光器而言，光学选模元件会引起较

大的功率损耗，而且光学选模元件的损伤阈值严重影响高功率激光器的寿命。利用在谐振腔内引入足够的非线性损耗结合优化谐振腔的输出耦合镜透射率优化激光器的线性损耗，可以增大激光器中次模的损耗使激光器实现单一模式振荡。

(3) 高功率环形谐振腔的优化设计。

高功率谐振腔腔形结构如图 5.3.10 所示 [12]。所采用 120 W-888 nm 泵浦源的参数与 5.3.2 节中 50 W 单频连续激光器泵浦源的参数相同。泵浦光光束经焦距分别为 f=30 mm 和 f=80 mm 两个平凸透镜组成的望远镜耦合系统聚焦到 Nd:YVO_4 晶体中心的光斑尺寸为 1140 μm。四镜环形谐振腔中输入镜 M_1 和 M_2 均为曲率半径 $R = 1500$ mm 的凹凸镜，凹面和凸面分别镀有 888 nm 高透膜和 1064 nm 高反膜；M_3 和 M_4 均为曲率半径 R=100 mm 的平凹镜，M_3 镀有 1064 nm 高反膜，输出镜 M_4 镀有 532 nm 高透膜且对 1064 nm 的透射率为 $T = 37‰$。复合晶体 YVO_4+Nd:YVO_4 为 a 轴切割，横截面为 3 mm×3 mm，包括 3 mm 的非掺杂 YVO_4 基质以及 20 mm 的掺杂浓度为 0.8at.%的 Nd:YVO_4 基质。增益晶体的后端面有 1.5° 的楔角用于增大 σ 偏振光的几何损耗，保证 π 偏振光优于 σ 偏振光在腔内起振，最终稳定的线偏振激光输出。利用调节两增益晶体之间插入的由两个焦距 $f = 100$ mm 的聚焦透镜组成像传递系统之间的距离实现激光器工作稳区的调节；激光器的稳定单向运转的实现利用在谐振腔中引入由 TSAG 磁光晶体和半波片组成的高隔离比光学单向器；利用在 M_3 和 M_4 之间的基模束腰处插入 I 类非临界相位匹配的 LBO 非线性晶体 (3 mm×3 mm×18 mm) 引入非线性损耗实现激光器的单频运转。

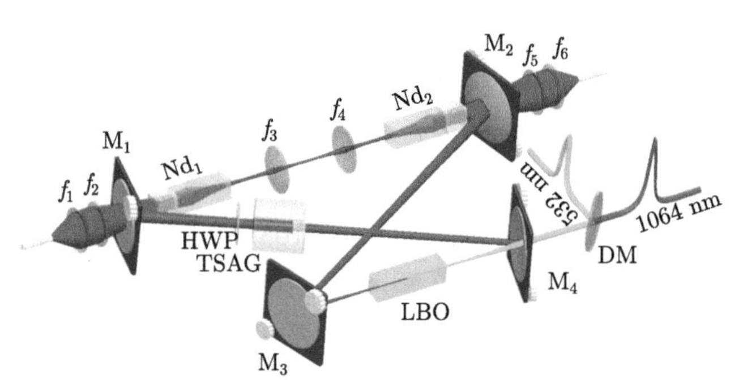

图 5.3.10　高功率谐振腔腔形结构

对于两凸两凹腔镜构成的环形谐振腔，稳区的调整主要是通过调节两平凹镜之间的距离实现的。然而，对于双晶体结构单谐振腔而言，工作稳区的调整主要是利用控制两块增益晶体的热透镜焦距、调节组成成像系统的透镜焦距以及调整成像系统透镜之间的距离而实现的。在单谐振腔双晶体谐振腔的结构设计过程中，我们首先在考虑增益晶体热透镜的基础上利用 $ABCD$ 矩阵分析了像传输系统两透镜之间的距离对谐振腔内各增益介质位置处的束腰半径以及谐振腔的工作稳区的影响。在数值模拟以及实验设计中，组成成像系统透镜 $f = f_{\rm th} = 100$ mm；谐振腔中两像传递透镜与增益介质主平面的距离为 100 mm；谐振腔入射光线与法线的夹角均为 12.5°；M_3 与 M_4 之间的腔长为 100 mm。

图 5.3.11 中数值模拟结果显示：通过将像传输透镜之间的距离由 (a)200 mm 逐渐缩短到 (b)150 mm、(c)130 mm、(d)120 mm、(e)111 mm、(f)108 mm 的过程中，激光阈值逐渐增加，激光器工作稳区逐渐由低功率泵浦区域 75 W 移向高功率泵浦区域 200 W。

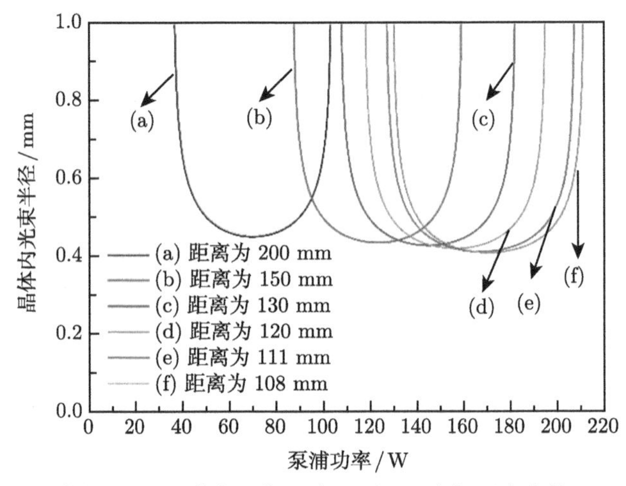

图 5.3.11 激光器稳区随 f_3 和 f_4 之间距离变化

图 5.3.12 记录了在逐渐缩短像传输系统透镜之间距离的过程中，谐振腔的激光阈值和最大输出功率的变化情况。实验结果与计算预期都表明：随着像传输系统之间的距离由 200 mm 逐渐缩短到 108 mm 的过程中，激光器的阈值功率由 34 W 提高到 96 W，激光器的最大输出功率由 59.79 W 逐渐提高到 92.44 W。当像传输透镜之间的距离为 108 mm 时，我们通过进一步将泵浦光斑的束腰大小优化为 1140 μm，能够实现将激光器的工作稳区由 200 W 提升到 240 W 泵浦功率区域。在此条件下，我们再次利用 $ABCD$ 矩阵模拟得到了激光束腰半径在谐振腔内的变化情况，如图 5.3.13 所示。每块增益晶体在注入 120 W 泵浦功率的条件下，增益晶体处激光的束腰半径均为 470 μm。由此可见，腔模在两块增益晶体处可以实现良好的模式自再现。此外，泵浦光与腔模在增益晶体处的束腰半径比为 1.21，满足实现高效模式匹配的条件。各项数值模拟结果表明，谐振腔腔形结构设计满足高功率激光器在预期输出功率方面的要求。

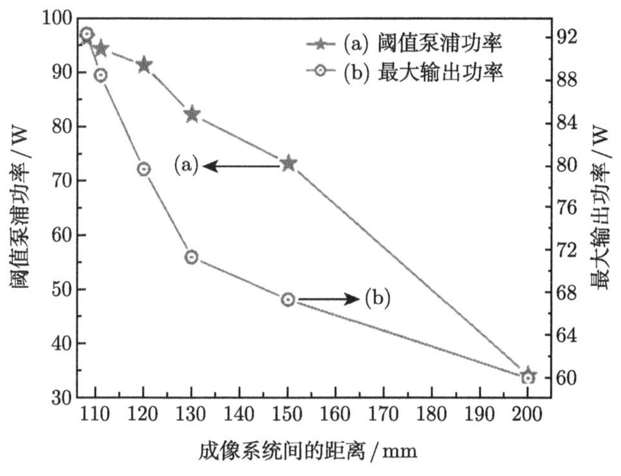

图 5.3.12 激光输出随 f_3 和 f_4 之间距离变化

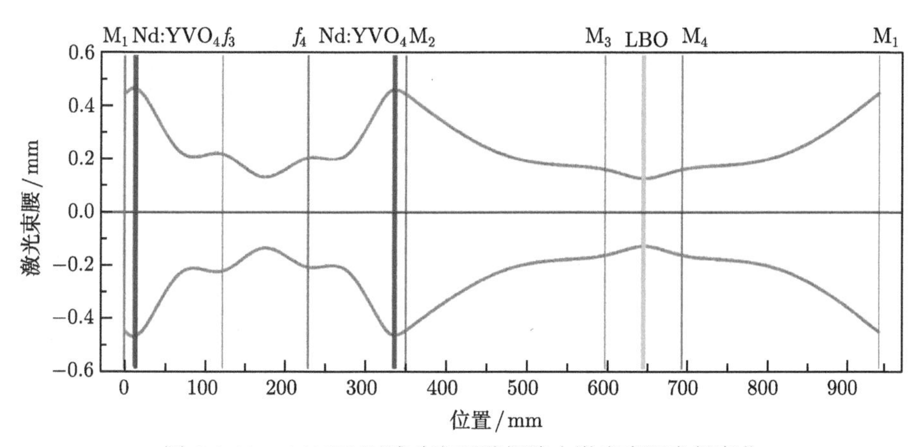

图 5.3.13 240 W 泵浦功率下谐振腔内激光束腰半径变化

图 5.3.14 记录了非线性晶体 LBO 的温度处于最佳相位匹配温度 149 ℃ 时激光器的输入输出功率曲线。1064 nm 激光器的阈值为 (96.12±0.96) W，最高输出功率为 (101.00±1.00) W，对应的最大注入泵浦功率为 240 W。由于非线性过程的存在，同时产生了 (1.91±0.02) W 的单频 532 nm 激光。激光器总的光–光转换效率为 42.3%。图 5.3.14 中的插图 (a) 和 (b) 分别是输出功率为 101 W 时，1064 nm 激光的光束质量因子和激光的空间分布图，激光器的光束质量因子 $M^2 \leqslant 1.18$。

图 5.3.15 中，单频连续波 1064 nm 激光器在输出功率为 101 W 时，8 h 功率的峰峰值和均方根值的波动性分别优于 ±0.73%和 0.17%。图 5.3.15 的插图为 101 W-1064 nm 激光器长期稳定性测量过程中对应的纵模结构，由此可以确

定，激光器处于稳定的单频运转状态。利用非零拍自外差法基于 25 km 延时光纤测量的 101 W 单频连续波 1064 nm 激光器的线宽，如图 5.3.16 所示。测量数据经高斯线型函数拟合，拟合曲线 3 dB 处半高全宽的一半即为激光器的线宽为 365 kHz。图 5.3.17 是研制的百瓦级全固态单频连续波 1064 nm 激光器的外观示意图。

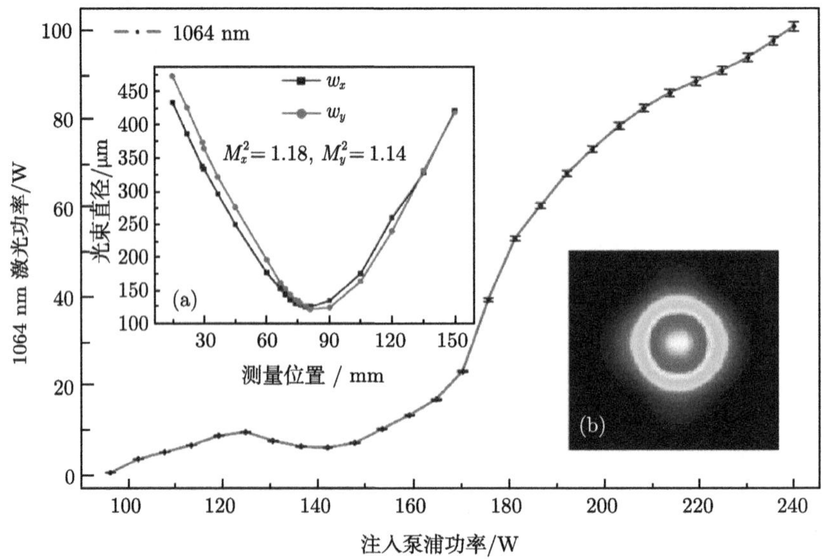

图 5.3.14　非线性晶体的 LBO 的温度处于最佳相位匹配温度 149 ℃ 时激光器的输入输出功率曲线 (光束质量 M^2 因子)

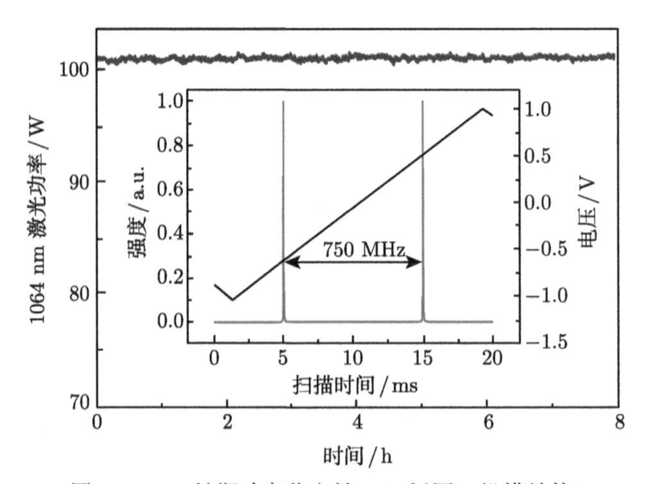

图 5.3.15　长期功率稳定性 8 h(插图：纵模结构)

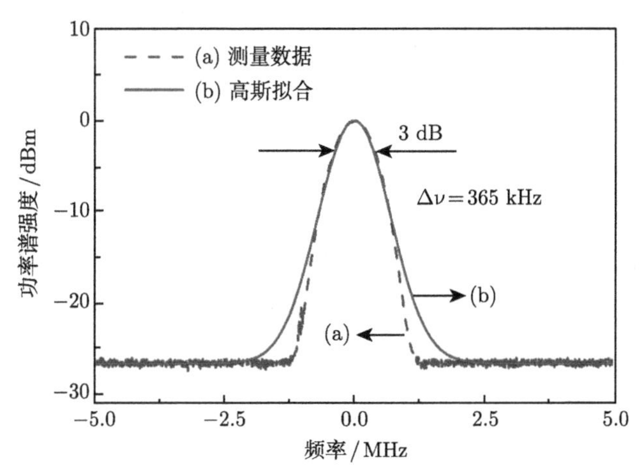

图 5.3.16 激光线宽 (25 km 延时光纤)

图 5.3.17 百瓦级全固态单频连续波 1064 nm 激光器的外观示意图

5.4 提高全固态单频连续波激光器的稳定性

5.4.1 基本原理

对于一个基于非线性损耗实现稳定运转的全固态单频连续波激光器而言，根据公式 (5.3.4)~(5.3.7) 可知，基频激光和倍频激光的输出功率可以分别表示为

$$P_{\mathrm{f}} = At\frac{\sqrt{(t+L-I_0\eta)^2+4\eta I_0 g_0 l}-(t+L+I_0\eta)}{2\eta} \tag{5.4.1}$$

$$P_{\mathrm{s}} = A\frac{\left[\sqrt{(t+L-I_0\eta)^2+4\eta I_0 g_0 l}-(t+L+I_0\eta)\right]^2}{4\eta} \tag{5.4.2}$$

可以看出，激光器输出功率 P_{f} 和 P_{s} 均可以通过 η 进行操控，所以可以通过控制腔内非线性损耗稳定 P_{f} 或 P_{s}[13]。操控腔内非线性损耗的方式有很多种，比如控制非线性晶体的相位匹配温度或相位匹配角度。在实验中，我们选用 LBO 非

线性晶体作为腔内非线性元件，通过控制 LBO 晶体的相位匹配温度来控制激光谐振腔内的非线性损耗。LBO 晶体的非线性转化因子 η 为

$$\eta = K\,\mathrm{sinc}^2\left[\left(\frac{2\pi}{\lambda_\mathrm{f}}\frac{\mathrm{d}n_z}{\mathrm{d}T}-\frac{\pi}{\lambda_\mathrm{s}}\frac{\mathrm{d}n_y}{\mathrm{d}T}\right)\Delta T l_1\right] \tag{5.4.3}$$

式中，$\Delta T = T - T_0$，T 是 LBO 的工作温度，T_0 是其最佳相位匹配温度，K 是一个常量，取决于晶体的折射率及非线性转化系数，λ_f 和 λ_s 分别表示腔内基频光和倍频光的波长，$\mathrm{d}n_z/\mathrm{d}T = (-6.3 + 2.1\lambda_\mathrm{f}) \times 10^{-6}$，$\mathrm{d}n_y/\mathrm{d}T = -13.6 \times 10^{-6}$，$l_1$ 是非线性晶体的长度。根据式 (5.4.1)~(5.4.3)，可以得到激光器输出功率随非线性晶体工作温度的变化曲线，如图 5.4.1(a) 和 (b) 所示，图中曲线为归一化的结果。从图中可以看出，激光器输出功率随着非线性晶体的工作温度非线性变化。

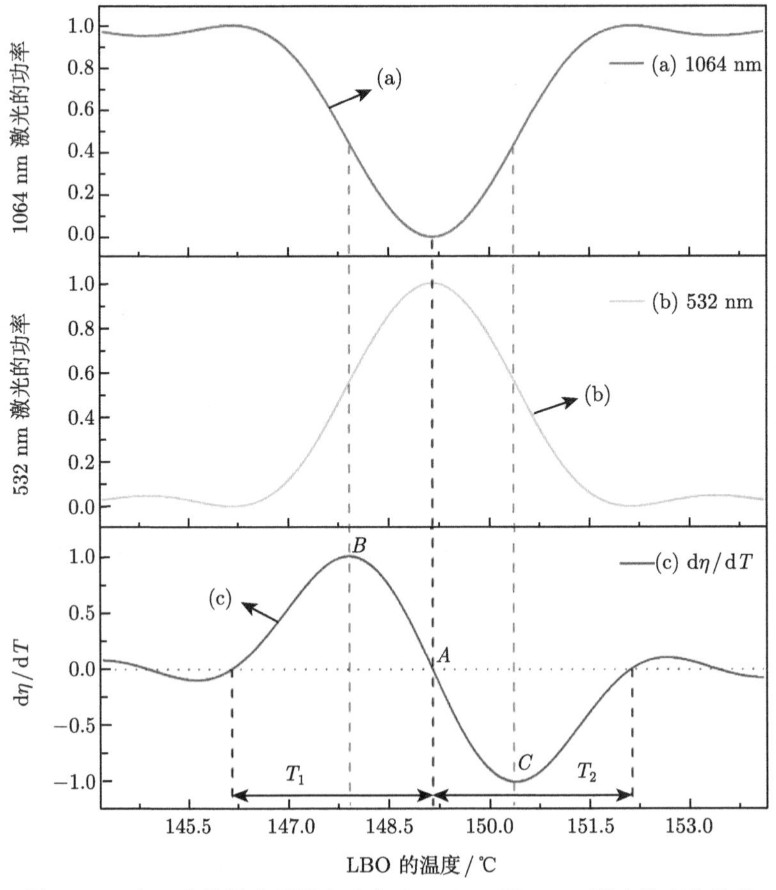

图 5.4.1　归一化的激光器输出功率及 $\mathrm{d}\eta/\mathrm{d}T$ 随 LBO 温度的变化关系

(a)1064 nm 激光的功率；(b)532 nm 激光的功率；(c)$\mathrm{d}\eta/\mathrm{d}T$

而且温度变化速度相对比较慢，所以我们需要选取一个合适的稳定点，获得最佳的功率稳定效果。这一合适的稳定点需满足以下几个条件：

(1) 激光器应该一直保持单纵模运转；

(2) 激光器输出功率应随非线性晶体温度单调变化；

(3) 激光器输出功率应随非线性晶体温度尽可能快地变化。

为了选取合适的稳定点，我们求得 η 对 T 的微分：

$$\frac{\mathrm{d}\eta}{\mathrm{d}T}=\frac{2K\left[(\Delta kl_1)\cos(\Delta kl_1)-\sin(\Delta kl_1)\right]\sin(\Delta kl_1)}{(\Delta kl_1)^2\Delta T} \tag{5.4.4}$$

其中，

$$\Delta k=\left(\frac{2\pi}{\lambda_{\mathrm{f}}}\frac{\mathrm{d}n_z}{\mathrm{d}T}-\frac{\pi}{\lambda_{\mathrm{s}}}\frac{\mathrm{d}n_y}{\mathrm{d}T}\right)\Delta T \tag{5.4.5}$$

$\mathrm{d}\eta/\mathrm{d}T$ 随温度 T 的变化曲线如图 5.4.1(c) 所示。

由 $\mathrm{d}\eta/\mathrm{d}T=0$ 可得，非线性晶体的最佳相位匹配温度为 149.2 ℃(点 A 所示)，并且在最佳相位匹配温度附近有两个单调变化区间：$T_1\rightarrow$[146.2，149.2] 和 $T_2\rightarrow$[149.2，152.2]。当非线性晶体 LBO 的工作温度在 146.2~149.2 ℃ 范围内时，LBO 晶体引入的非线性损耗随着 T 单调增加，而激光器输出基频光功率随着 T 单调减小。相反地，当 LBO 晶体工作温度在 149.2~152.2 ℃ 范围内时，激光器输出基频光功率随着 T 单调增加。根据高功率激光器单频运转的物理条件可知，为保证激光器单频运转，非线性晶体的工作温度应该限制在最佳相位匹配温度附近的 ±2 ℃ 范围内。所以，为了稳定激光器输出功率，非线性晶体工作温度允许的变化范围为 146.2~149.2 ℃(或者 149.2~151.2 ℃)。从图 5.4.1(c) 中我们还可以看出，当非线性晶体工作温度为 147.9 ℃(B) 或 150.4 ℃(C) 时，$\mathrm{d}\eta/\mathrm{d}T$ 的绝对值最大，对应的激光器输出功率随非线性晶体温度变化最快。根据以上分析，为了达到最佳的功率稳定效果，根据激光器的实际情况选取合适的功率稳定点，使非线性晶体的工作温度在 147.9 ℃(或 150.4 ℃) 左右调节为最佳选择，而且激光器输出功率可控的波动范围受 LBO 晶体温度允许的变化范围 146.2~149.2 ℃(或者 149.2~151.2 ℃) 限制。

5.4.2 激光器及反馈控制系统

5.4.2.1 单频连续波激光器及实验装置

本实验设计的功率稳定系统稳定对象为高功率的全固态单频连续波 $Nd:YVO_4$ 激光器。激光器的结构如图 5.4.2 所示。

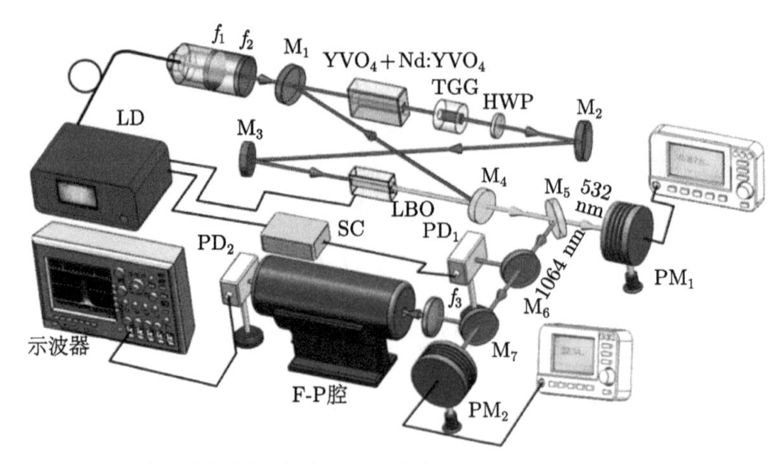

图 5.4.2　通过反馈控制提高单频连续波高功率激光器稳定性的实验装置图

HWP：半波片；$PM_{1,2}$：功率计；$PD_{1,2}$：光电探测器；LD：激光器控制仪；SC：伺服控制器

泵浦源采用 LIMO 公司生产的 LIMO80-F400-DL888EX1458 型半导体激光二极管，其最高输出功率为 80 W，中心波长为 888 nm。LD 安装在自制的激光器控制仪中，用半导体制冷器 (TEC) 对其进行控温。LD 产生的激光经光纤耦合输出并经焦距分别为 80 mm(f_1) 和 30 mm(f_2) 的透镜组成的望远镜耦合系统耦合进入激光谐振腔内。激光谐振腔由腔镜 M_1 ~M_4 组成的四镜环形谐振腔。增益介质为复合的 YVO_4/Nd:YVO_4 晶体，未掺杂 YVO_4 晶体长度为 3 mm，用于减缓增益晶体端面热透镜效应，掺杂 Nd:YVO_4 晶体长度为 20 mm，掺杂浓度为 0.8%，并在其后端面上切 1.5° 的楔角，提高输出高功率激光的偏振度。在谐振腔内插入由外加磁场的 TGG 晶体和半波片组成的光学单向器，保证激光器稳定单向运转。为了激光器能够稳定单纵模运转，并提高激光器输出基频光功率的稳定性，在谐振腔内插入 I 类非临界相位匹配的 LBO 晶体作为非线性元件，其非线性倍频转化过程引入了非线性损耗，通过控制 LBO 晶体的温度可以改变非线性损耗的大小。LBO 晶体的工作温度由自制的温度控制仪控制，控温精度为 ±0.005 ℃，通过改变控温仪的设定温度值即可调节晶体的工作温度，进而操控腔内非线性损耗。由于激光谐振腔的输出耦合镜 M_4 对基频 1064 nm 激光部分透射，对倍频 532 nm 激光透射率大于 95%，腔内基频光穿过 LBO 晶体后，部分 1064 nm 激光转化为 532 nm 激光，并伴随着 1064 nm 激光直接从输出耦合镜 M_4 输出激光谐振腔。双色镜 M_5 将激光器输出的 1064 nm 和 532 nm 激光分开，532 nm 激光注入功率计 (PM_1，LabMax-TOP) 的探头中测量其功率，1064 nm 激光经 M_6 反射一小部分注入光电探测器 PD_1 中，然后经 M_7 反射一小部分注入 F-P 干涉仪中监视激光器纵模结构，剩余主激光注入功率计 (PM_2，LabMax-

TOP) 的探头中，监视并记录其功率以及长期功率波动。使用的 F-P 干涉仪的自由光谱区为 750 MHz，精细度为 100，F-P 干涉仪的透射信号由光电探测器 PD_2 探测并由数字示波器 (Tektronix DPO 4104) 记录并显示。

5.4.2.2　反馈控制系统

为了通过控制激光谐振腔内非线性损耗的大小稳定激光器输出 1064 nm 激光的功率，在激光器系统中插入反馈控制环路，其主要功能为鉴别激光功率与稳定值的偏差产生相应的控制信号，并将激光器输出功率控制到稳定值处。反馈控制环路的原理图如图 5.4.3 所示，注入光电探测器的激光经光电二极管 ETX-500 探测后转化为光电流，并经跨阻放大器后转化为电压信号。将该探测到的电压信号与一低噪声参考电压信号经仪表运放 AD620 比较后得到误差信号。其中，低噪声参考电压信号是由伺服控制器中的电压基准芯片 AD586 产生的 5 V 基准电压，经滑变电阻器和低通滤波器后获得，通过调节滑变电阻器的滑变端，可以调节低噪声参考信号的电压值，由于该值与激光器稳定功率系统中设定的功率稳定值一一对应，所以通过调节该低噪声参考信号的电压值可以设定不同的功率稳定值，将激光器输出功率稳定在不同的功率上。得到的误差信号经比例积分运算 (PI) 后产生控制信号，输入到激光器控制仪中，与 LBO 温度控制环路中的设定温度信号叠加，通过改变 LBO 控温系统的温度设定值来调节 LBO 的工作温度。一旦激光器输出功率偏离系统设定的功率稳定值，伺服控制器将产生一非零的控制信号，作用于 LBO 控温系统的温度设定端，调节 LBO 晶体的工作温度，进而调节腔内非线性损耗，将激光器输出功率控制到稳定值处，最终实现激光器输出功率稳定性的提高。

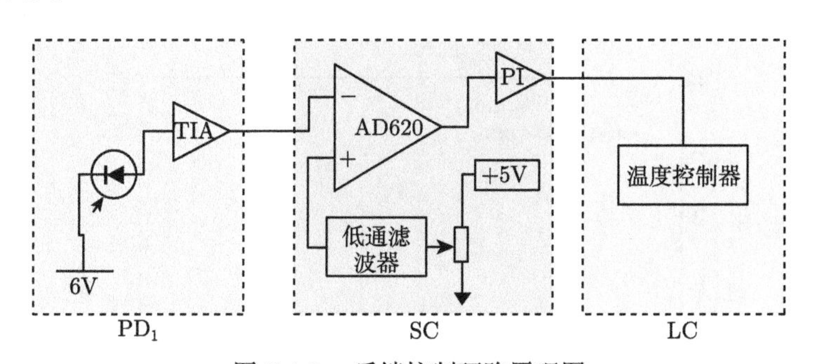

图 5.4.3　反馈控制环路原理图

为了实现稳定地反馈控制，需要将伺服控制中 PI 电路的参数与 LBO 控温系统进行匹配。首先是比例系数的匹配，根据实验测得的激光器输出功率随 LBO 晶体温度的变化关系 (5.4.2.3 小节中描述) 能够得知，在 LBO 晶体工作温度为 147.9 ℃(或 150.4 ℃) 时，激光器输出基频光功率随其温度变化的比率约为

0.8 W/℃，同时，实验测得光电探测器 PD_1 的输出电压与激光器输出基频光功率的比例关系为 0.167 V/W，所以可得 PD_1 的输出电压随 LBO 晶体工作温度变化的比率约为 0.134 V/℃。而 LBO 控温系统中温度设定端的电压与晶体实际工作温度的比例关系约为 0.02 V/℃，而且设计的 AD620 芯片的增益为 1，所以伺服控制中 PI 电路的比例系数设计为 0.147。然后是积分时间常数的匹配，实验测量了 LBO 晶体控温系统的阶跃相应时间为 5.9 s，所以伺服控制中 PI 电路的积分时间常数设计为 5.9 s。这样，整个反馈控制稳定功率系统的时间常数为 5.9 s，因此，通过反馈控制可以有效抑制低于 170 mHz 频率段的功率波动，提高激光器输出功率的长期稳定性。

5.4.2.3 实验结果与分析

当激光器谐振腔的输出耦合镜 M_4 对 1064 nm 激光的透射率为 19%，且 LBO 晶体温度控制在其最佳相位匹配温度 149.2 ℃ 时，测量激光器输出光功率随泵浦功率的变化曲线，如图 5.4.4 所示。激光器的阈值泵浦功率为 29.3 W，当注入泵浦功率为 74.0 W 时，获得 1064 nm 激光的最高输出功率为 22.7 W，而 532 nm 激光的输出功率为 1.27 W，对应的光–光转化效率为 32.4%。通过扫描 LBO 晶体的温度测量激光器输出功率随 LBO 晶体温度的变化曲线，如图 5.4.5 所示。当 LBO 晶体温度在 147.2~151.2 ℃ 范围内变化时，激光器可以保持单纵模运转；当 LBO 晶体温度低于 147.2 ℃ 或高于 151.2 ℃ 时，激光器出现多模振荡。而且在 147.2~151.2 ℃ 范围内，激光器输出光功率随 LBO 晶体的温度有两个单调变化区间 [147.2,149.2] 和 [149.2,151.2]。根据 5.4.1 节中的原理分析，为了达到最佳的功率稳定效果，实验中选取 LBO 晶体工作温度为 150.4 ℃ 时对应的激光器输出基频光的

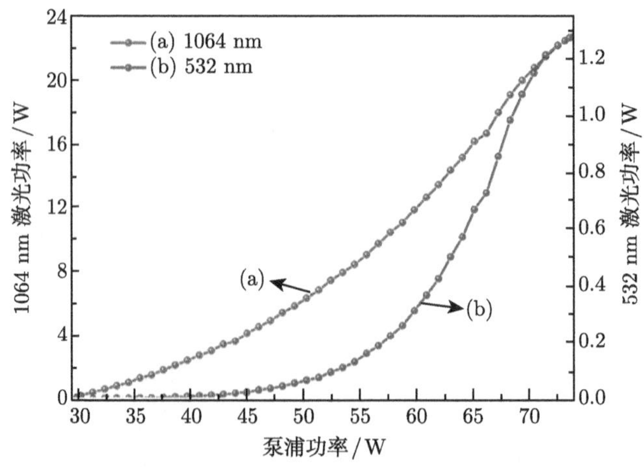

图 5.4.4 激光器输出功率随泵浦功率的变化关系

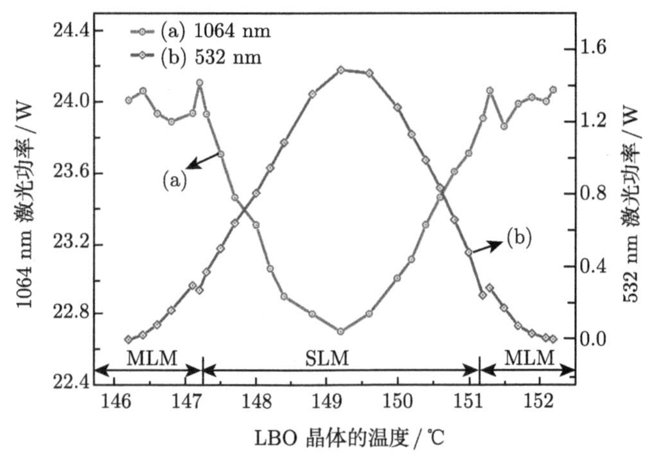

图 5.4.5 激光器输出功率随 LBO 晶体温度的变化关系

功率 23.2 W 作为系统设定的功率稳定值。根据探测器 PD_1 探测到的电压信号与激光器输出功率的比值 0.167 V/W，可确定伺服控制器中低噪声参考信号的电压值应设定为 3.86 V。

实验上，通过调节伺服控制器中的滑变电阻器的滑动端可将参考信号的电压值设定为 3.86 V。将 LBO 温度调节到 150.4 ℃后，测量 4 h 内激光器输出的 1064 nm 激光的功率波动，如图 5.4.6 所示，其中前 2 h 为激光器自由运转状态，后 2 h 为反馈系统反馈控制状态。当激光器自由运转时，其输出光功率波动为 ±0.59%。而反馈控制腔内非线性损耗后，激光器输出光功率波动减小到 ±0.26%。实验结果表明，通过反馈控制腔内非线性损耗可以有效抑制激光功率波动，提高其长期稳定性。在实验过程中，还利用 F-P 干涉仪的透射谱记录激光器输出 1064 nm 激光的频率漂移，如图 5.4.7 所示。为了尽可能地减小周围环境的机械振动对测量结果的影响，实验测量了 1 min 内激光频率的漂移。从实验结果可以看出，当激光器自由运转时，1 min 内其输出频率漂移 21.82 MHz，而反馈控制腔内非线性损耗后，1 min 内激光器输出频率漂移减小到 9.84 MHz。激光器输出频率漂移的减小主要是由于激光功率波动减小产生的结果。由于激光谐振腔内所有光学元件都安装在一个封闭的整体厚壁腔中，当通过反馈控制腔内非线性损耗使激光器基频光功率稳定后，谐振腔内环境温度的漂移会减小，因此由于环境温度漂移导致的激光谐振腔腔长的漂移也会随着减小，最终导致激光器输出频率漂移的减小。与反馈控制泵浦功率稳定激光器输出功率的方法相比，本章提出的方法更适用于高功率单频激光器，因为该方法不需要激光器输出光功率随泵浦功率单调变化，而这是反馈控制泵浦功率稳定激光器输出功率的方法的必要条件。

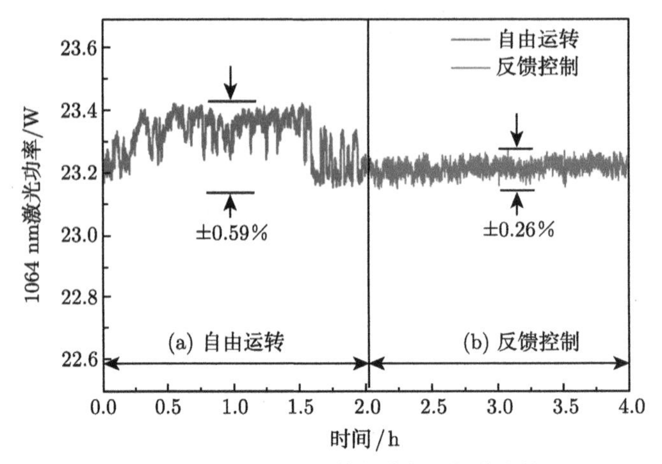

图 5.4.6　1064 nm 激光功率长期稳定性

(a) 激光器自由运转；(b) 激光器被反馈控制

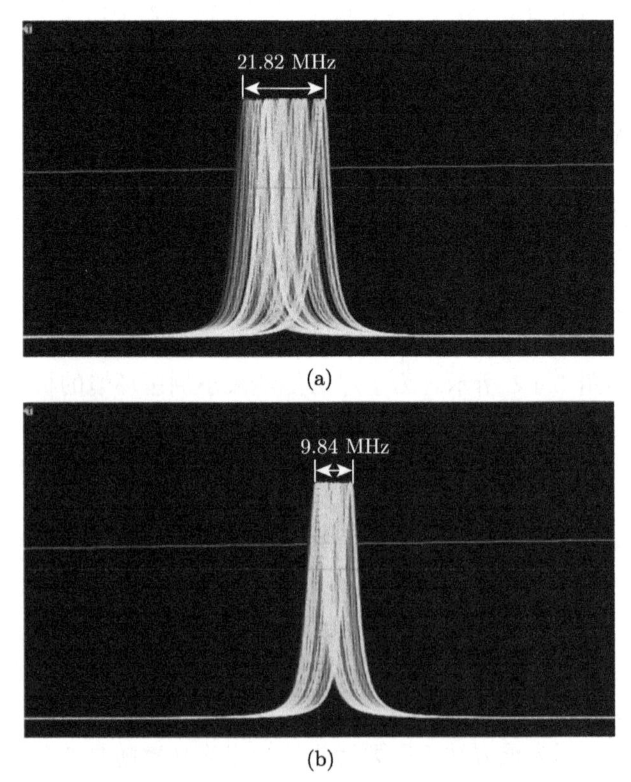

(a)

(b)

图 5.4.7　1 min 内 1064 nm 激光频率漂移

(a) 激光器自由运转；(b) 激光器被反馈控制

5.5 操控全固态单频连续波激光器的强度噪声

5.5.1 全固态单频连续波双波长激光器的强度噪声

在倍频晶体存在的同时，单频激光器的输出耦合镜镀上对基频光一定透射率的膜层时，激光器就可以实现单频双波长激光输出。此时，不仅倍频过程会引入额外的噪声，而且真空噪声也会从输出耦合镜耦合到谐振腔内，如图 5.5.1 所示，因此激光器的噪声源包括由输出耦合镜引入的真空起伏噪声 V_{vac1}、倍频过程引入的真空噪声 V_{vac2}、泵浦源噪声 V_{p}、自发辐射噪声 V_{spont}、偶极起伏噪声 V_{diople} 以及腔内损耗引入的噪声 V_{losses}。

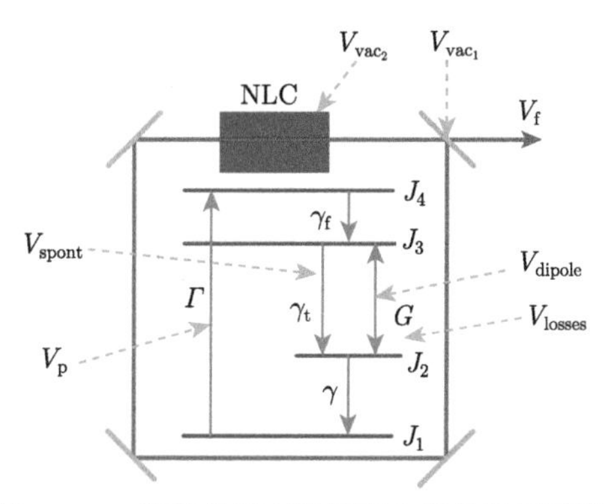

图 5.5.1 连续单频双波长激光器的量子模型

γ_{f}、γ_{t}、γ 为自发辐射速率，Γ 为泵浦速率，G 为受激辐射速率，V_{f} 为激光器的输出场，V_{vacl} 为来自输出耦合镜的真空噪声，V_{vac2} 为倍频过程引入的真空噪声，V_{p} 为泵浦光的强度噪声，V_{spont} 为自发辐射噪声，V_{dipole} 为偶极起伏噪声，V_{losses} 为内腔损耗引入的噪声

基频光的强度噪声谱表示为 [14]

$$V_{\mathrm{f}}=\left\{\frac{\left[2\kappa_m^2\left(G\alpha^2+\Gamma+\gamma_t\right)+\omega^2-2G\alpha^2\kappa_t\right]^2}{\left(\omega_{\mathrm{f}}^2-\omega^2\right)^2+\omega^2\gamma_{\mathrm{f}}^2}+\frac{\omega^2\left(2\kappa_m-G\alpha^2-\Gamma-\gamma_t\right)^2}{\left(\omega_{\mathrm{f}}^2-\omega^2\right)^2+\omega^2\gamma_{\mathrm{f}}^2}\right\}V_{\mathrm{vac1}}$$

$$+\frac{4\kappa_m^2\left[\left(G\alpha^2+\Gamma+\gamma_t\right)^2+\omega^2\right]}{\left(\omega_{\mathrm{f}}^2-\omega^2\right)^2+\omega^2\gamma_{\mathrm{f}}^2}V_{\mathrm{vac2}}+\frac{2\kappa_m G^2\alpha^2\Gamma J_1}{\left(\omega_{\mathrm{f}}^2-\omega^2\right)^2+\omega^2\gamma_{\mathrm{f}}^2}V_{\mathrm{p}}$$

$$+\frac{2\kappa_m G^2\alpha^2\gamma_t J_3}{\left(\omega_{\mathrm{f}}^2-\omega^2\right)^2+\omega^2\gamma_{\mathrm{f}}^2}V_{\mathrm{spont}}+\frac{2\kappa_m G\left(J_2+J_3\right)\left[\left(\gamma_t+\Gamma\right)^2+\omega^2\right]}{\left(\omega_{\mathrm{f}}^2-\omega^2\right)^2+\omega^2\gamma_{\mathrm{f}}^2}V_{\mathrm{dipole}}$$

$$
+\frac{4\kappa_m\kappa_l\left[\left(G\alpha^2+\Gamma+\gamma_t\right)^2+\omega^2\right]}{\left(\omega_{\mathrm{f}}^2-\omega^2\right)^2+\omega^2\gamma_{\mathrm{f}}^2}V_{\mathrm{losses}} \tag{5.5.1}
$$

V_{vac1} 和 V_{vac2} 分别为由二次谐波产生和输出耦合镜引入的真空起伏噪声。基频光的弛豫振荡频率可以表示为

$$
\omega_{\mathrm{f}}=\sqrt{2\kappa_m\left(G\alpha^2+\Gamma+\gamma_t\right)+2G\alpha^2\kappa_t} \tag{5.5.2}
$$

基频光弛豫振荡的衰减速率为

$$
\gamma_{\mathrm{f}}=2\kappa_m+G\alpha^2+\Gamma+\gamma_t \tag{5.5.3}
$$

倍频光的强度噪声谱表示为

$$
\begin{aligned}
V_{\mathrm{s}}=&\left\{\frac{\left[2\kappa_n^2\left(G\alpha^2+\Gamma+\gamma_t\right)+\omega^2-2G\alpha^2\kappa_t\right]^2}{\left(\omega_{\mathrm{s}}^2-\omega^2\right)^2+\omega^2\gamma_{\mathrm{s}}^2}+\frac{\omega^2\left(2\kappa_n-G\alpha^2-\Gamma-\gamma_t\right)^2}{\left(\omega_{\mathrm{s}}^2-\omega^2\right)^2+\omega^2\gamma_{\mathrm{s}}^2}\right\}V_{\mathrm{vac1}}\\
&+\frac{4\kappa_n\kappa_m\left[\left(G\alpha^2+\Gamma+\gamma_t\right)^2+\omega^2\right]}{\left(\omega_{\mathrm{s}}^2-\omega^2\right)^2+\omega^2\gamma_{\mathrm{s}}^2}V_{\mathrm{vac2}}+\frac{4\kappa_nG^2\alpha^2\Gamma J_1}{\left(\omega_{\mathrm{s}}^2-\omega^2\right)^2+\omega^2\gamma_{\mathrm{s}}^2}V_{\mathrm{p}}\\
&+\frac{4\kappa_nG^2\alpha^2\gamma_tJ_3}{\left(\omega_{\mathrm{s}}^2-\omega^2\right)^2+\omega^2\gamma_{\mathrm{ss}}^2}V_{\mathrm{spont}}+\frac{4\kappa_nG\left(J_2+J_3\right)\left[\left(\gamma_t+\Gamma\right)^2+\omega^2\right]}{\left(\omega_{\mathrm{s}}^2-\omega^2\right)^2+\omega^2\gamma_{\mathrm{s}}^2}V_{\mathrm{dipole}}\\
&+\frac{4\kappa_n\kappa_l\left[\left(G\alpha^2+\Gamma+\gamma_t\right)^2+\omega^2\right]}{\left(\omega_{\mathrm{s}}^2-\omega^2\right)^2+\omega^2\gamma_{\mathrm{s}}^2}V_{\mathrm{losses}}
\end{aligned} \tag{5.5.4}
$$

其中，倍频光的弛豫振荡频率可以表示为

$$
\omega_{\mathrm{s}}=\sqrt{2\kappa_n\left(G\alpha^2+\Gamma+\gamma_t\right)+2G\alpha^2\kappa_t} \tag{5.5.5}
$$

由非线性过程引起的腔内光子的衰减速率 κ_n 可表示为

$$
\kappa_n=\tilde{\mu}\alpha^2 \tag{5.5.6}
$$

倍频光的弛豫振荡的衰减速率为

$$
\gamma_{\mathrm{s}}=2\kappa_n+G\alpha^2+\Gamma+\gamma_t \tag{5.5.7}
$$

通过求解方程 (5.5.1)~(5.5.7)，可以计算基频光和倍频光的弛豫振荡频率和振幅峰值随非线性耦合强度 $\tilde{\mu}$ 的变化，分别对应图 5.5.2 与图 5.5.3。从图 5.5.2 中可观察到，基频光的弛豫振荡频率和振幅峰值随非线性耦合强度 $\tilde{\mu}$ 的增加而减小。相

反，当非线性耦合强度 $\tilde{\mu}$ 增加时，倍频光的弛豫振荡频率移向高频段 (图 5.5.3)。开始阶段，倍频光的振幅峰值在一定小范围内随着非线性耦合强度 $\tilde{\mu}$ 的增加快速地增加，然后其缓慢减小。该现象表明，在增加非线性耦合强度 $\tilde{\mu}$ 的过程中，倍频光的弛豫振荡谱线由过阻尼振荡过渡到欠阻尼振荡。对比图 5.5.2 与图 5.5.3，我们可以发现，随着非线性耦合强度 $\tilde{\mu}$ 的增加，双波长激光器基频光的强度噪声向倍频光进行转化。由此，可以通过改变非线性耦合强度 $\tilde{\mu}$ 来操控基频光和倍频光的强度噪声。

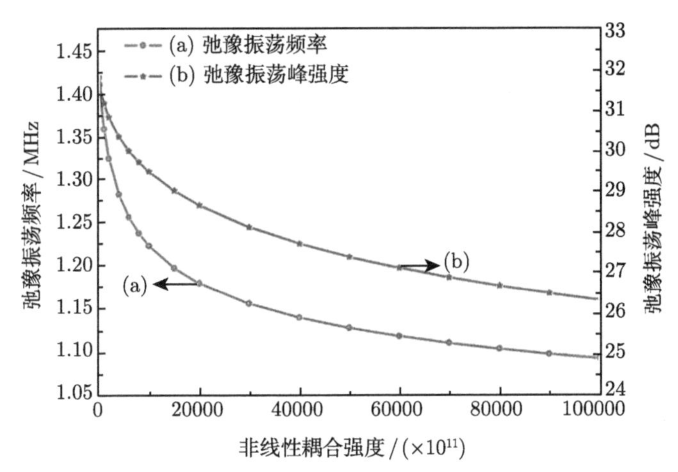

图 5.5.2 不同非线性耦合强度下基频光波弛豫振荡频率和峰值的数值拟合结果

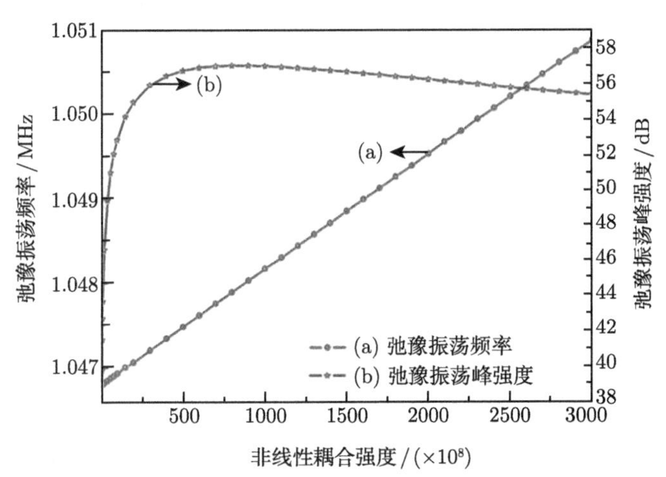

图 5.5.3 不同非线性耦合强度下二次谐波弛豫振荡频率和峰值的数值拟合结果

我们在调谐非线性晶体 LBO 的温度与最佳相位匹配温度的过程中发现，当非线性晶体温度的调谐量在 ±2 ℃ 范围以内时，激光器处于单频运转区域内；一且非线性晶体温度的调谐量超过 ±2 ℃，激光器运转处于多模振荡区域。后者是由于此时腔内的非线性损耗不足以抑制腔内的非激光模式。在改变非线性晶体温度的同时，1064 nm 和 532 nm 激光的输出功率以及激光器的纵模结构都将发生改变。

图 5.5.4 和图 5.5.5 是典型的全固态单频 1064/532 nm 双波长激光器的强度噪声分布图。在图 5.5.4 中，当腔内的非线性转化因子 η 由 1.35%降低到 0.06%，弛豫振荡峰值由 32 dB 上升到 42 dB。并且，当非线性转化因子低于 0.21%时，在高于弛豫振荡频率 RRO 频段的强度噪声出现增强现象，该现象是由激光器多模振荡引起。随着腔内的非线性转化因子 η 的降低，弛豫振荡频率移向高频段。弛豫振荡频率 (a)、弛豫振荡峰强度 (b) 与非线性转化因子 η 的函数关系如图 5.5.4 中的插图所示。实验结果与图 5.5.2 中的理论拟合吻合较好。

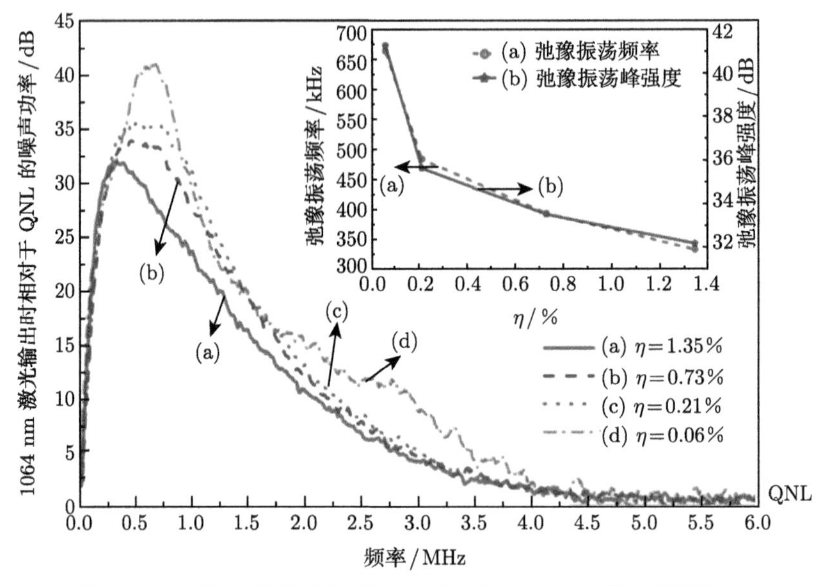

图 5.5.4　不同非线性转化因子 η 对应的 1064 nm 激光器的噪声

在测量 1064 nm 激光器强度噪声谱线的同时，我们利用另一组平衡零拍探测器对 532 nm 激光器的强度噪声进行了测量。对照图 5.5.4 和图 5.5.5 可以得出，532 nm 激光器的强度噪声谱线与 1064 nm 激光器的相似。但是，随着腔内的非线性转化因子 η 的降低，532 nm 激光器的弛豫振荡频率移向低频段，其弛豫振荡峰强度减小 (图 5.5.5 中的插图)。实验结果与图 5.5.3 中的理论拟合吻合较好。实验中，当非线性转化因子 η 低于 0.21%时，532 nm 激光器的噪声谱线中主振荡峰与另一弛豫振荡峰同时起振，后者来源于另一模式的振荡。然而，在非线性转化因子低于 0.21%时出现的第二个弛豫振荡峰并不是主要的研究对象，因此在图 5.5.4 和图 5.5.5 中的插图中并未进行标注。

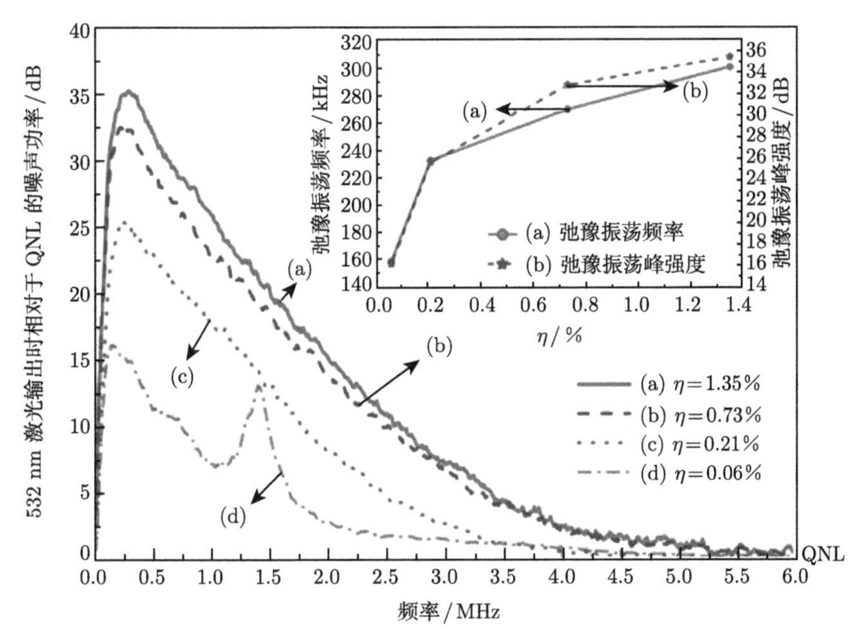

图 5.5.5 不同非线性转化因子 η 对应的 532 nm 激光器的噪声

5.5.2 激光器纵模结构与强度噪声之间的关系

高增益激光器谐振腔内的主激光模式以及未被谐振腔完全过滤掉的非激光模式之间存在激烈的模式竞争，容易导致激光器出现多模运转状态和跳模现象，使激光器的输出功率和输出强度噪声谱出现剧烈波动。利用在谐振腔内引入非线性损耗使非激光模式的强度损耗为主激光模式的两倍，进而减弱非激光模式的竞争能力抑制非激光模式的起振。激光器的纵模结构能够反映一定光谱区范围内激光器内部模式的特征。激光器中不同量的非线性损耗对激光器模式竞争的减弱作用不同，造成激光器的输出强度噪声谱不同。本小节在利用操控激光器非线性损耗实现不同纵模结构输出的基础上，展开了激光器纵模结构与强度噪声之间关系的研究。

在 5.3.2 节中制备得到 50 W 连续波单频 1064 nm 激光器的基础上，我们通过操控谐振腔内的非线性损耗进一步研究激光器强度噪声与纵模结构之间的关系，实验装置如图 5.5.6 所示。

噪声测量采用图 5.5.7 平衡零拍测量装置。我们利用分束镜 S_1 分出激光器的一小部分激光，该光束经 S_2 分成两部分，其中一部分经 f_3 聚焦到 F-P 腔中，产生的干涉信号经探测器 PD 探测显示于示波器 OSC_1，进而实时监测激光器的纵模结构。从 S_2 透射的激光通过精细调节半波片 HWP_2 和偏振分束镜 PBS 分成完全相等的两部分，这两部分光分别经 S_3 和 S_4 反射后再经 f_4 和 f_5 聚焦于平衡零拍探测器的两个光电二极管中。所用平衡零拍探测器的两个光电二极管安装于同一电路板 (InGaAs photodiodes: ETX500，JDSU Corporation)，探测器的共模抑制比高达 55 dB，足以精确校准激光器散粒噪声基准。平衡零拍探测器 DC 直流输出端连接示波器，监测所照射激光是否被两个光电二极管完全吸收，AC 交流输出端与频谱仪 SA 连接 (N9320A， Agilent)，用于读取被测激光的强度噪声谱。

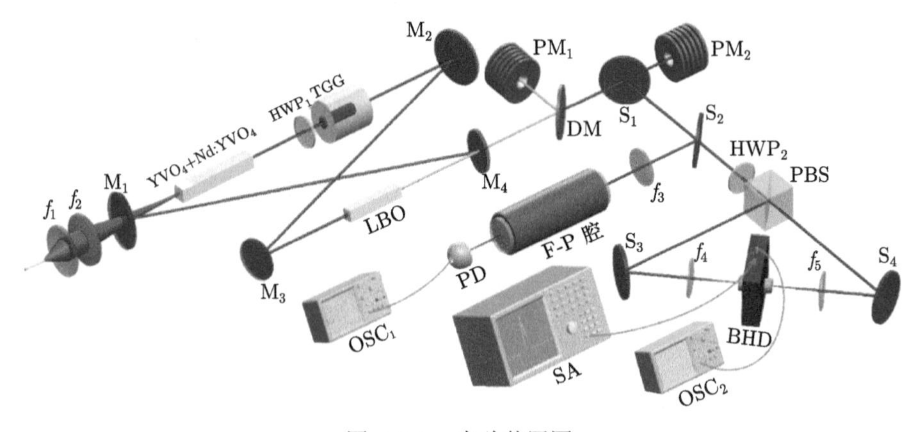

图 5.5.6 实验装置图

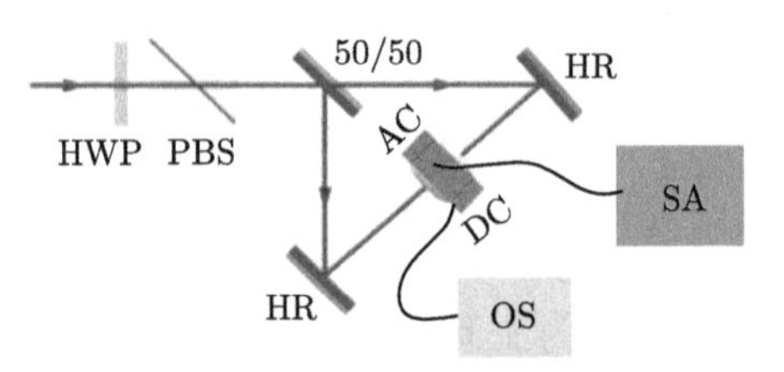

图 5.5.7 平衡零拍测量装置

实验上在将非线性晶体 LBO 的温度由 149 ℃ 调谐至 152.5 ℃ 的过程中，记录了非线性晶体 LBO 的非线性转化因子以及激光器的纵模结构，如图 5.5.8 所示。

将非线性晶体 LBO 的温度由 149 ℃ 调谐至 151 ℃ 的过程中，非线性晶体 LBO 的非线性转化因子逐渐减小，激光器稳定工作于单频运转区域，如图 5.5.9 中 (a) 所示。在将非线性晶体 LBO 的温度由 151 ℃ 调谐至 152.5 ℃ 的过程中，激光器次模的数量逐渐增加，次模的强度逐渐增强，激光器由多模振荡过渡到剧烈的跳模状态。当谐振腔内无非线性损耗时，激光器纵模结构在图 5.5.9(a)、(b)、(c) 和 (d) 之间来回切换。

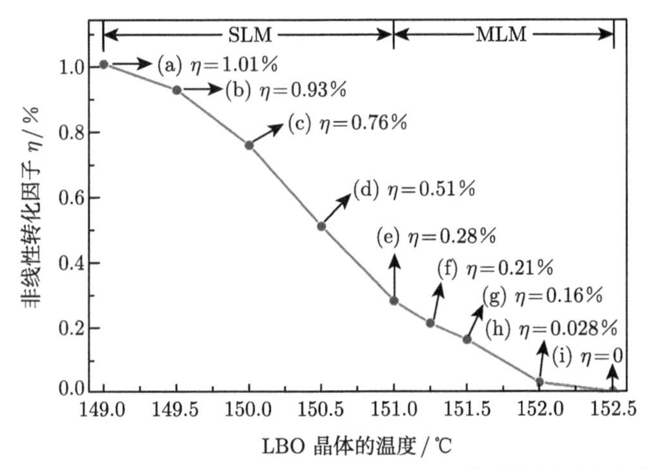

图 5.5.8 LBO 温度与非线性转化因子、纵模结构之间的关系

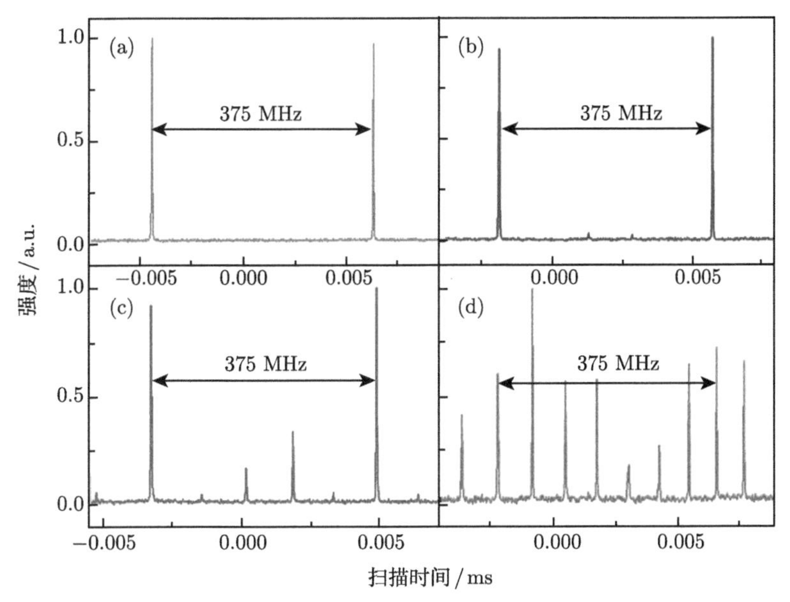

图 5.5.9 激光器不同非线性损耗对应的纵模结构

在激光器单频运转区域内，通过将非线性转化因子由 $\eta = 1.01\%$逐渐减小到 $\eta = 0.28\%$的过程中，测量激光器的强度噪声谱，如图 5.5.10 所示。图 5.5.10 中曲线 (b)、(c)、(d)、(e) 均为归一化到最佳相位匹配温度所对应的输出功率对应的强度噪声谱。谐振腔内非线性转化因子为 $\eta = 1.01\%$和 $\eta = 0.93\%$，足以抑制激光器强度噪声谱中的弛豫振荡峰。在非线性转化因子由 $\eta = 0.76\%$逐渐减小到 $\eta = 0.28\%$

的过程中，激光器的弛豫振荡频率逐渐由 788.20 kHz、840.36 kHz 增加到 937.86 kHz;激光器的弛豫振荡峰开始出现并逐渐由 25.75 dB、28.04 dB 增加到 32.21 dB。因此在激光器单频运转区域内减小非线性损耗的过程中，激光器的弛豫振荡频率移向高频处，激光器弛豫振荡的振幅增加。当非线性转化因子 $\eta = 0.21\%$时，激光器次模开始出现，处于多模运转状态并伴随有跳模现象。图 5.5.11 记录了在非线性转化因子 $\eta = 0.21\%$时，激光器处于多模以及跳模运转状态的强度噪声谱线。在次模的数量较少、强度较弱的条件下，次模对激光器强度噪声的影响可以忽略，此时

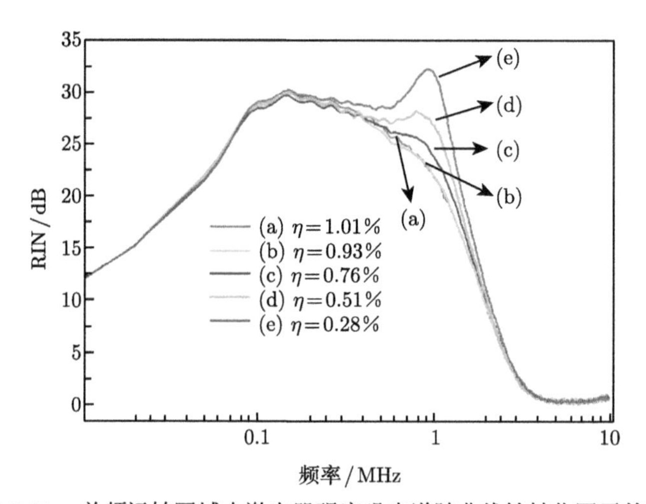

图 5.5.10　单频运转区域内激光器强度噪声谱随非线性转化因子的变化

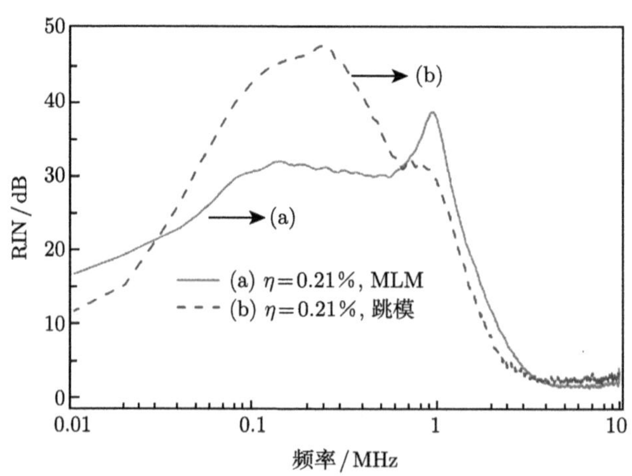

图 5.5.11　非线性转化因子 $\eta = 0.21\%$时 (a) 多模运转的强度噪声谱和 (b) 跳模运转状态的强度噪声谱

激光器仍可以保持较低的强度噪声，如图 5.5.11 中 (a) 所示。随着次模数量的增加、强度的增强，激光器的强度噪声谱线开始出现轻微的波动，激光器弛豫振荡频率附近的强度噪声强度加剧，激光器高频段达到散粒噪声基准的频率延迟，如图 5.5.11 中 (b) 所示。

在非线性转化因子为 $\eta = 0.16\%$ 以及 $\eta = 0.028\%$ 的条件下，激光器的纵模结构不断变化，并伴随有剧烈的跳模现象。此时，对应的 1064 nm 激光的强度噪声谱线如图 5.5.12 中 (a) 和 (b) 所示，激光器的强度噪声谱在低频和高频波段都有剧烈的波动。图 5.5.13 为非线性转化因子 $\eta = 0$ 时，激光器处于单频运转、多模运转以及跳模运转状态对应的强度噪声谱。

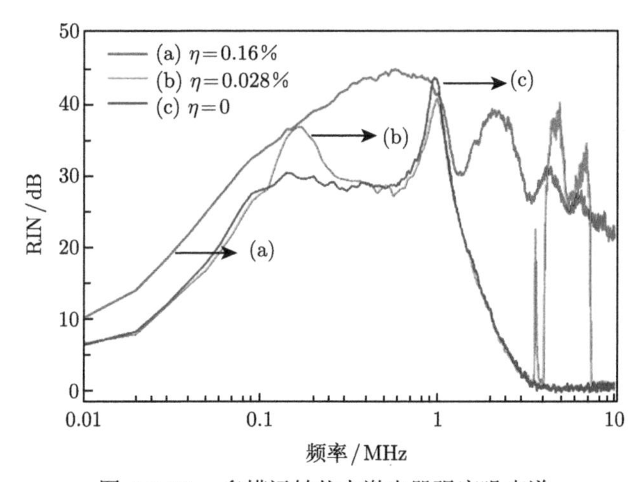

图 5.5.12 多模运转状态激光器强度噪声谱

由图 5.5.13 中 (a)、(b)、(c) 曲线可以看出，在谐振腔内无非线性过程时，多模运转以及跳模现象只会增强激光器低频段的强度噪声谱线的波动。由此可以得出实现高功率连续波单频激光器的低噪声输出关键是，实现高功率激光器的稳定单频无跳模运转。

以上结果表明，在谐振腔内的非线性损耗足以抑制次模起振时，激光器稳定工作于单频运转状态；激光器强度噪声谱的弛豫振荡频率随着非线性损耗的减小逐渐向高频方向移动，弛豫振荡频率的幅值增大；当非线性损耗不足以抑制次模振荡时，激光器开始多纵模振荡；随着非线性损耗的进一步减少，激光器纵模结构出现严重的跳模现象，此时腔内非线性转化过程的存在则进一步加大了激光器强度噪声的波动；当腔内非线性损耗为 0 时，激光器的纵模结构不稳定，激光器强度噪声谱在低频段有轻微的波动。

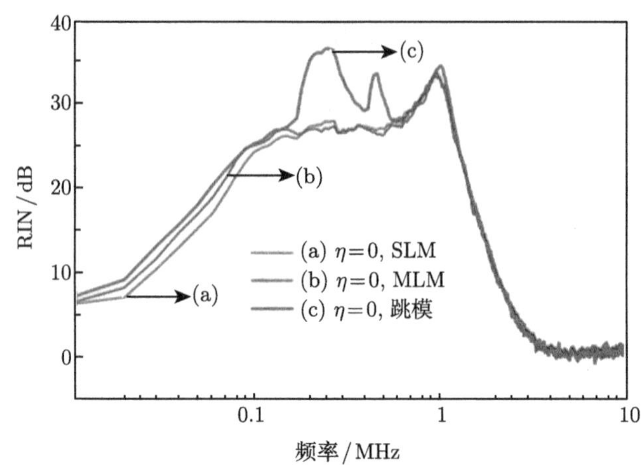

图 5.5.13 谐振腔内无非线性损耗 $\eta = 0$，激光器处于单频运转、多模运转、跳模运转状态对应的强度噪声谱

5.6 实现超宽范围的频率连续调谐

5.6.1 基本原理

对于一个基频光激光器来说，在激光谐振腔内插入标准具可以压窄激光增益线宽，从而使激光器保持稳定的单纵模运转。同时，通过改变标准具的有效光程可以实现单频激光器输出波长的调谐。然而激光器的输出波长不会随着标准具有效光程的变化一直循序调谐下去，而是被限制在标准具的一个自由光谱区内。如图 5.6.1(a) 所示，通过调节标准具的入射角，可以对激光器输出波长进行精细地跳模调谐，跳模间隔为激光谐振腔的一个自由光谱区。随着标准具入射角 θ 的增大，激光器输出波长向短波方向移动。当 θ 增大到临界角 θ_1 处时，标准具两相邻透射峰对称分布于激光增益介质中心波长 λ_0(图 5.6.1(b) 中曲线 (1) 所示的两侧)，如图 5.6.1(b) 中曲线 (2) 所示，所以 P_1 和 P_2 点处对应的激光增益相等。当 θ 继续增大时，P_1 点对应增益减小，而 P_2 点对应增益增大，故激光器振荡模式从 P_1 点处跳变到 P_2 点处，相应地激光器输出波长从 A 点跳变到 B 点。同样地，当 θ 增大到临界角 θ_2 处时，激光器输出波长从 C 点跳变到 D 点，对应的波长跳变间隔为标准具的一个自由光谱区。此时，若将标准具透射峰与激光振荡模实时锁定在一起，通过连续扫描激光谐振腔的腔长即可在标准具的一个自由光谱区内实现连续调谐。当激光器输出波长调谐到边缘位置 A、C 或者 B、D 时，激光振荡模发生跳变，在实际的激光器中，由于激光振荡模相邻模式之间激烈的模式竞争，使得激光器输出波长还没有调谐到边缘位置 A、C 或者 B、D 时，已经发生了跳模。

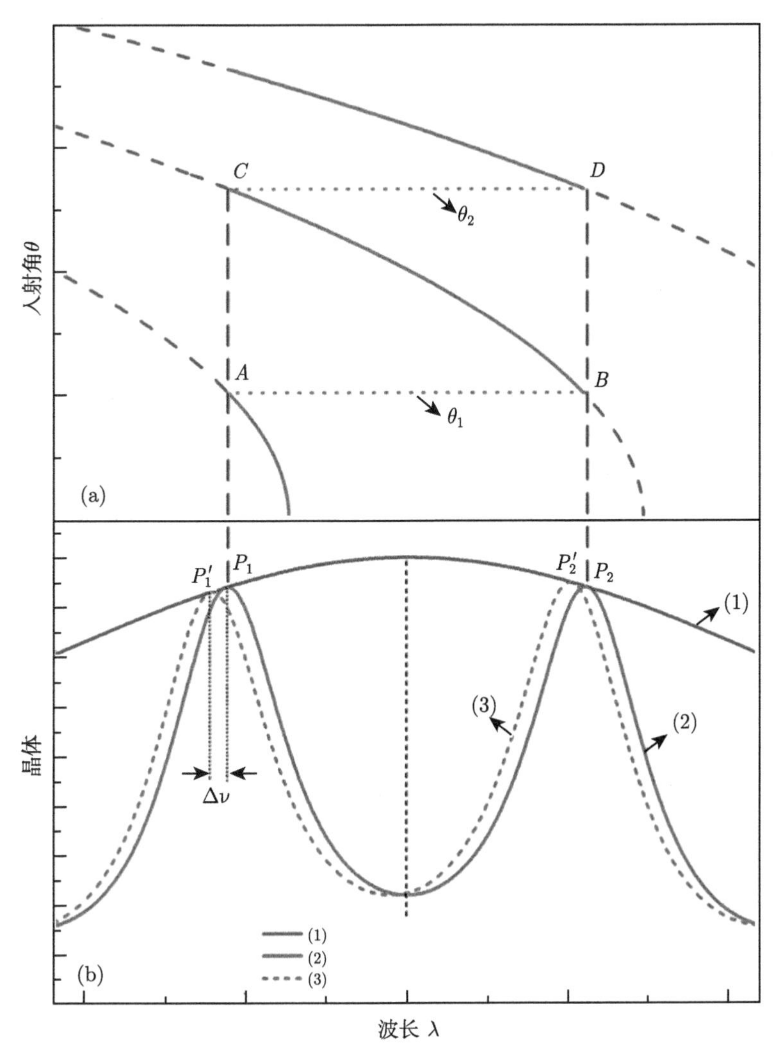

图 5.6.1 (a) 理论计算的标准具调谐曲线。(b) 中 (1) 激光增益介质的增益；(2) 没有非线性损耗时激光器在调谐边缘处的增益；(3) 有非线性损耗时激光器在调谐边缘处的增益

然而，在激光谐振腔内引入非线性损耗且腔内标准具锁定的情况下，连续调谐激光器的输出波长，即使调谐到边缘位置 A、C 或者 B、D 时，激光器也不会出现跳模现象，而且还可以继续无跳模地调谐。这是因为腔内振荡模经受的非线性损耗是非振荡模的一半，非振荡模被自动抑制掉，当激光器输出波长调谐到边缘位置 A、C 或者 B、D 时，激光振荡模仍保持主振荡优势，所以激光器输出波长可以继续无跳模调谐。之前的研究已经表明，腔内振荡模与非振荡模所经

受的非线性损耗差等于非线性晶体的非线性转化因子 η，所以激光器输出波长越过边缘位置继续连续调谐到 P_1' 点和 P_2' 点处，对应激光增益介质的增益差值为 η (图 5.6.1(b) 中曲线 (3) 所示) 时，激光器振荡模式从 P_1' 点跳变到 P_2' 点处，相应地，其输出波长的变化为标准具的一个自由光谱区。

根据激光器的理论，P_1' 点和 P_2' 点处对应激光增益介质的增益 g_1 和 g_2 分别表示为 [15]

$$g_1 = g_0 \times \frac{\left(\dfrac{\Delta\nu_{\mathrm{H}}}{2}\right)^2}{\left(\dfrac{\nu_{\mathrm{FSR}}}{2} + \Delta\nu\right)^2 + \left(\dfrac{\Delta\nu_{\mathrm{H}}}{2}\right)^2} \tag{5.6.1}$$

和

$$g_2 = g_0 \times \frac{\left(\dfrac{\Delta\nu_{\mathrm{H}}}{2}\right)^2}{\left(\dfrac{\nu_{\mathrm{FSR}}}{2} - \Delta\nu\right)^2 + \left(\dfrac{\Delta\nu_{\mathrm{H}}}{2}\right)^2} \tag{5.6.2}$$

其中，$\Delta\nu$ 表示从 P_1 点到 P_1' 点的频率偏移量，g_0 表示激光增益介质在其中心波长 λ_0 处的增益，$\Delta\nu_{\mathrm{H}}$ 为激光增益介质的增益线宽，ν_{FSR} 为标准具的自由光谱区。根据上述分析，在激光器连续调谐边缘处，

$$g_2 - g_1 = \eta \tag{5.6.3}$$

根据激光器稳定运转的条件，

$$g_1 = \eta + L \tag{5.6.4}$$

其中，L 为激光谐振腔内的线性损耗，包括激光谐振腔内的往返损耗以及输出耦合镜对基频激光的透射率。联合式 (5.6.1)~(5.6.4)，可以得到激光器输出频率从 $P_1(P_2)$ 点向更高 (低) 频段扩展的最大连续调谐范围

$$\Delta\nu = \frac{\left(\dfrac{\Delta\nu_{\mathrm{H}}}{2}\right)^2}{2\nu_{\mathrm{FSR}}} \times \frac{L}{\eta + L} \tag{5.6.5}$$

因此，联合腔内锁定的标准具以及非线性损耗，单频连续波激光器的最大频率连续调谐范围表示为

$$\Delta\nu_{\max} = \nu_{\mathrm{FSR}} + 2\Delta\nu = \nu_{\mathrm{FSR}} + \frac{\left(\dfrac{\Delta\nu_{\mathrm{H}}}{2}\right)^2}{2\nu_{\mathrm{FSR}}} \times \frac{L}{\eta + L} \tag{5.6.6}$$

5.6.2　实验装置

为了验证理论预测，实验设计了包含有腔内锁定的标准具及非线性元件的全固态单频连续波内腔倍频激光器，激光器结构及实验装置如图 5.6.2 所示。

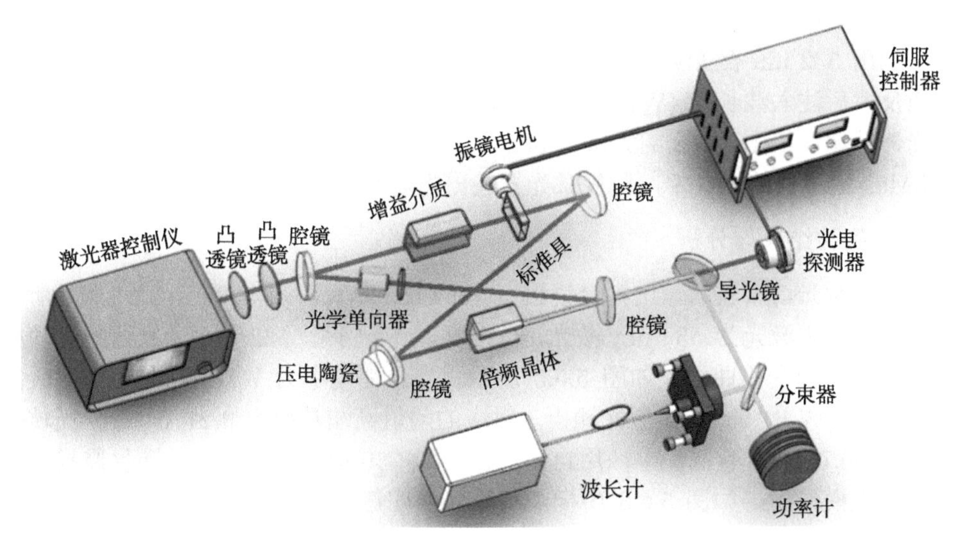

图 5.6.2　超宽范围连续可调谐激光器的装置图

激光泵浦源为光纤耦合的激光二极管，其输出激光的波长和最高功率分别为 808 nm 和 8.02 W。耦合光纤的内径为 400 μm，数值孔径为 0.22。耦合光纤输出的泵浦光束经透镜 f_1 和 f_2 组成的望远镜系统耦合进入激光谐振腔内，透镜 f_1 和 f_2 的焦距分别为 30 mm 和 80 mm。激光谐振腔由两平面镜 (M_1、M_2) 和两平凹镜 (M_3、M_4) 构成四镜环形腔，腔长为 300 mm，两平凹镜凹面曲率半径均为 50 mm。其中，输入耦合镜 M_1 镀有 808 nm 高透膜 ($T_{808} > 95\%$) 和 1064 nm 高反膜 ($R_{1064} > 99.8\%$)，腔镜 M_2 和 M_3 均镀有 1064 nm 高反膜 ($R_{1064} > 99.8\%$)，输出耦合镜 M_4 镀有 1064 nm 高反膜 ($R_{1064} > 99.8\%$) 和 532 nm 高透膜 ($T_{532} > 95\%$)。激光增益介质为控温的 5 mm 长 Nd:YVO_4 晶体棒，置于腔镜 M_1 和 M_2 之间。晶体的前端面镀有 808 nm 和 1064 nm 双减反膜 ($R_{808,1064} < 0.25\%$)，后端面只镀有 1064 nm 减反膜。为了使激光器稳定单向运转，在激光谐振腔内插入由外加磁场的 TGG 晶体和半波片组成的光学单向器。I 类非临界相位匹配的 LBO 晶体作为腔内非线性元件置于腔镜 M_3 和 M_4 之间的腰斑处，以获得较高的非线性转化效率。非线性晶体的尺寸为 3 mm×3 mm×20 mm，而且其工作温度被控制在相位匹配温度 146 ℃。采用的 Nd:YVO_4、TGG、LBO 晶体的其中一个端面均切 1.5° 的楔角，消除这些晶体的标准具效应，保证激光器输出频率 (波长)

可以在宽范围内调谐。为了实现激光器输出频率的宽范围连续调谐，在谐振腔内插入 1 mm 厚的铌酸锂晶体电光标准具。标准具粘接在振镜电机的转轴上，通过调节标准具的入射角可实现激光器输出频率的精细调谐。腔镜 M_3 粘接在长程压电陶瓷 (PZT，HPSt 150/14-10/55) 上，通过改变加载在压电陶瓷上的电压，可以连续扫描激光谐振腔的腔长。双色镜 M_5 将输出耦合镜透出的部分 1064 nm 光从主输出 532 nm 激光束中分离出来用于锁定标准具。小部分 532 nm 激光经分束镜反射后注入波长计 (WLM，WS6) 中监视激光器的输出波长 (频率)，并记录激光器的调谐范围。剩余的大部分 532 nm 激光经分束镜透射后注入功率计 (PM，LabMax-TOP) 的探头中，监视激光器输出光功率。

5.6.3　实验结果与分析

由于激光谐振腔的输出耦合镜镀有 1064 nm 高反膜及 532 nm 高透膜，所以激光器输出主激光为 532 nm 激光，因此实验中记录了 532 nm 激光器的光功率随泵浦功率的变化曲线，如图 5.6.3 所示。当泵浦功率为 7.87 W 时，获得最高功率为 2.1 W 的 532 nm 激光输出，对应的阈值泵浦功率为 3.27 W，光–光转化效率为 26.7%。实验过程中，用自由光谱区为 750 MHz 的 F-P 干涉仪监视输出光束的纵模结构，如图 5.6.3 中插图所示，表明激光器能保持稳定的单纵模运转状态。

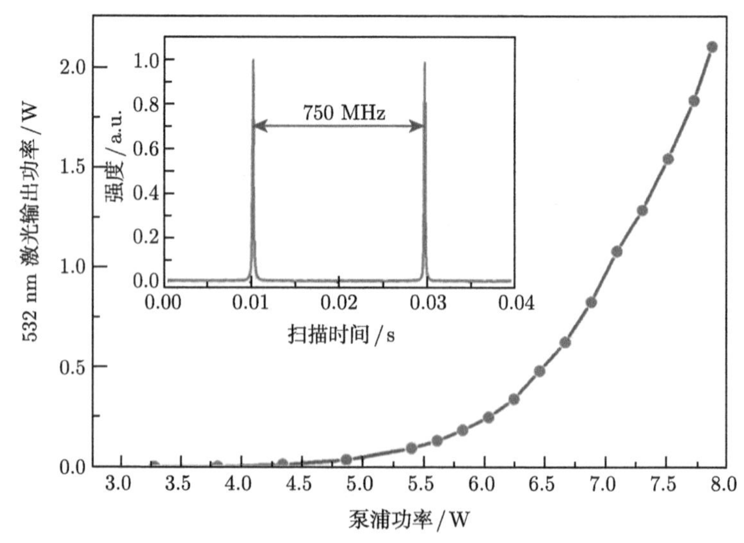

图 5.6.3　可调谐单频激光器输出功率随泵浦功率变化关系。插图为激光器单频特性曲线

同时，还用 M^2 光束质量分析仪测量激光器输出光束的横模特性，如图 5.6.4 所示，测得的 x 和 y 轴的 M^2 因子分别为 1.07 和 1.06。

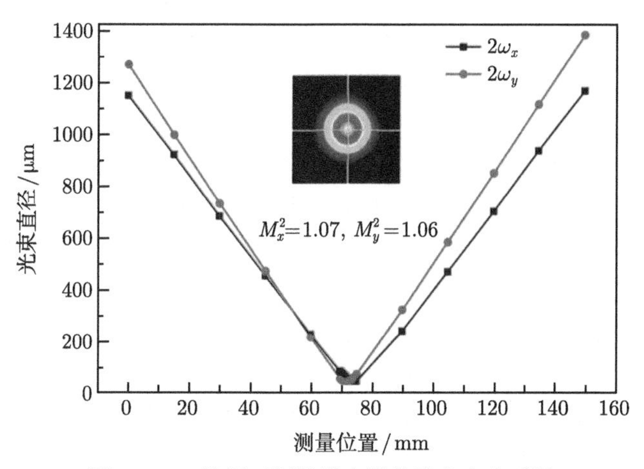

图 5.6.4 单频可调谐激光器的输出光束质量

实验中，通过连续调节加载在振镜电机上的直流电压改变标准具的入射角，首先测量了标准具的调谐特性。改变标准具的入射角可以精细地调谐激光器输出波长，波长计记录的波长调谐曲线如图 5.6.5 所示。图中横坐标表示加载在振镜电机上的直流电压，该电压值与标准具的入射角一一对应。实验结果表明，随着加载在振镜电机上的直流电压的增大，激光器的输出波长向短波方向移动。当加载在振镜电机上的直流电压增大到 1.579 V 时，激光器输出波长调谐到 532.1860 nm 并迅速跳变到 532.2972 nm。同样地，当加载在振镜电机上的直流电压增大到

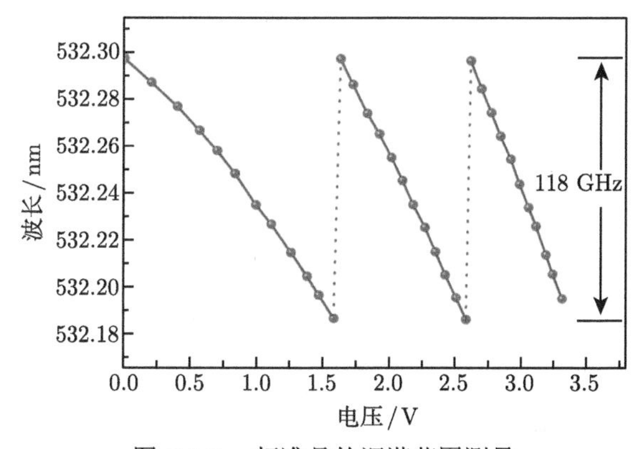

图 5.6.5 标准具的调谐范围测量

2.58 V 时，激光器输出波长调谐到 532.1855 nm 并迅速跳变到 532.2964 nm。从实验结果可以看出，标准具的自由光谱区为 59 GHz@1064 nm。将测得的标准具的自由光谱区及激光器的其他参量值，包括 Nd:YVO_4 的增益线宽 255 GHz@1064 nm、激光谐振腔内线性损耗 (L)5.8%、倍频转化效率 (η)1.87%代入式 (5.6.6) 中，可计算得到激光器输出频率的最大连续调谐范围为 126.18 GHz@1064 nm (252.36 GHz@532 nm)。

将标准具的透射峰与激光器振荡模实时锁定后，实验验证联合腔内锁定的标准具及非线性损耗可有效扩展单频激光器的连续调谐范围。首先，通过调节加载在振镜电机上的直流电压到 2.012 V 将激光器输出波长任意调谐到 532.2549 nm。然后，利用由光电探测器、自制伺服控制器及振镜电机构成的锁定系统将标准具的透射峰与激光振荡模实时锁定。伺服控制器生成的幅度为 250 V、频率为 10 kHz 的调制信号加载在电光标准具的两电极上调制腔内光场强度。双色镜 M_5 将输出耦合镜透出的小部分 1064 nm 激光从 532 nm 主输出激光束中分出并注入宽带光电探测器中，将光电探测器探测到的信号与低压调制信号混频后提取出误差信号。得到的误差信号经比例放大和积分运算后输入到振镜电机中控制标准具的入射角。通过优化调制信号的相位，可以将标准具的透射峰稳定地锁定在激光谐振腔的振荡模上。利用自制的高压放大器将幅值设定为 5 V，频率为 5 mHz 的扫描信号放大后加载在压电陶瓷上，连续扫描激光谐振腔的腔长，进而实现激光器输出波长的连续调谐。当扫描信号的幅值被放大到 220 V 时，激光器输出波长的连续扫描曲线如图 5.6.6(a) 所示，此时对应的压电陶瓷的伸缩量约为 70 μm。从实验结果可以看出，激光器输出波长可以从 532.1471 nm 连续扫描到 532.3570 nm，

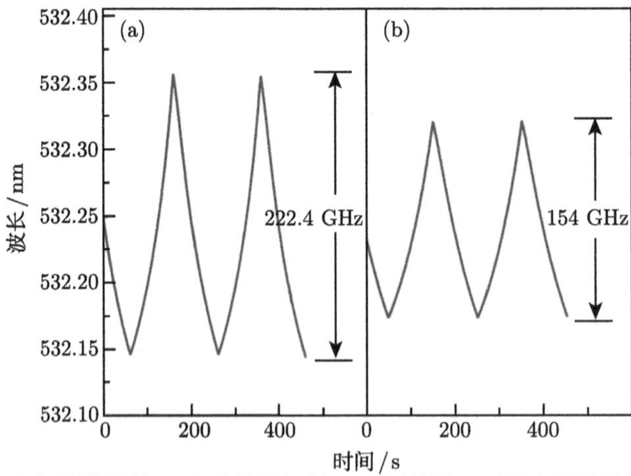

图 5.6.6 腔内线性损耗 L 和非线性损耗 η 不同的情况下激光器的连续调谐曲线

(a) $L = 5.8$ %, $\eta = 1.87\%$; (b) $L = 9.8$ %, $\eta = 1.2\%$

对应的最大连续频率调谐范围为 222.4 GHz。在激光器输出波长连续调谐过程中，激光器输出功率的波动范围为 1.22~2.12 W，如图 5.6.7 所示。

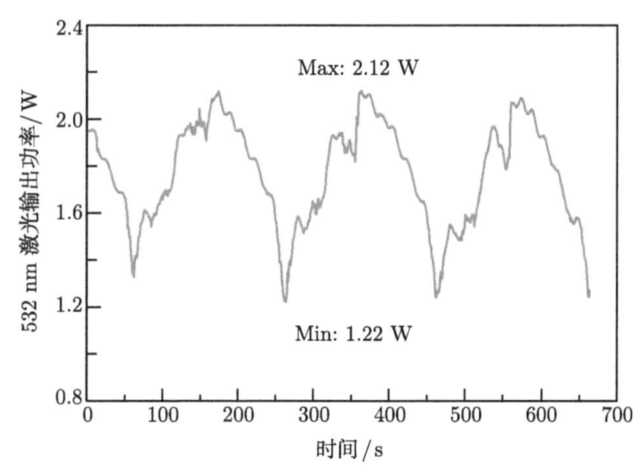

图 5.6.7 激光器连续调谐过程中输出功率的波动

在实验过程中还观察到，当激光器输出波长连续调谐到 532.1471 nm 并继续往短波方向调谐时，激光器出现跳模，相应地，激光器输出波长从 532.1471 nm 跳变到 532.2605 nm，对应频率变化间隔为 120.11 GHz，约为标准具的一个自由光谱区。同样地，当激光器输出波长向长波方向连续调谐到 532.3570 nm 后跳变到 532.2450 nm，对应的频率变化间隔为 118.58 GHz，也为标准具的一个自由光谱区，这与理论分析一致。但是，我们注意到，实验获得的最大频率连续调谐范围比理论计算值 252.36 GHz 稍窄一些，这是由于理论计算中的参量值选取与实际实验中有一定的偏差造成的，尤其是非线性转化因子值的选取。在理论计算中，非线性转化效率的值取为一定值，而在实验中，由于非线性晶体有一定的相位匹配带宽，所以激光器的宽范围连续调谐会导致非线性晶体轻微的相位失配，非线性转化因子减小，而不是一个定值。实验中，为了减小环境温度漂移对激光器的影响，我们将谐振腔内所有元件安装在整体腔内，并用控温精度为 0.02 ℃ 的温度控制仪对其进行恒温控制，使其保持恒温环境。我们进一步地估算了实验采用的长程压电陶瓷对激光器输出频率漂移的影响。根据压电陶瓷的产品手册，其热膨胀系数为 −5 ppm/℃，长度为 55 mm。所以，在 0.02 ℃ 的温度变化范围内，由于压电陶瓷的热膨胀导致的激光器输出频率漂移约为 17 MHz。实验中，我们也测量了激光器输出频率的漂移，1 min 内激光器频率漂移量为 30 MHz。可见，在实现激光器宽范围连续调谐时，采用的长程压电陶瓷不会对激光器输出频率的长期稳定性产生很明显的影响。

为了进一步地验证所提出方法的正确性及有效性，实验中利用对 1064 nm 激光器透射率为 4%的镜片替换激光谐振腔的腔镜 M_2，调节腔内线性损耗 L 与非线性转化因子 η，改变激光器的连续调谐范围。首先，激光谐振腔内线性损耗 L 变为 9.8%。当泵浦功率为 6.7 W 时，激光器输出的 1064 nm 和 532 nm 激光功率分别为 1.8 W 和 0.54 W，对应的非线性转化因子 η 为 1.2%。激光器的其他参量与之前实验中的一致，将这些参量值代入公式 (5.6.6) 中，可以计算得到激光器最大频率连续调谐范围为 178.12 GHz@532 nm。在实验中，将标准具锁定并连续扫描激光谐振腔腔长后，实现最大 154 GHz 的连续调谐，如图 5.6.6(b) 所示。同样地，在实验过程中也观察到了，当激光器输出波长连续调谐到调谐范围对应最短波长和最长波长处并继续调谐时，激光器均出现跳模，对应的频率变化间隔均为标准具的一个自由光谱区。实验结果表明，联合腔内锁定的标准具及非线性损耗可有效扩展单频激光器的连续调谐范围。图 5.6.8 是研制的无跳模超宽范围连续可调谐全固态单频连续波激光器照片。

图 5.6.8　无跳模超宽范围连续可调谐全固态单频连续波激光器照片

总之，利用非线性损耗可以有效增大主模和次模的损耗差，进而有效抑制次模振荡，实现长期稳定的单纵模运转。提出的基于非线性损耗的物理条件，为设计不同种类的高功率单纵模激光器提供了很好的参考和依据。激光器在单纵模运转区域，可以通过对腔型的设计和优化，获得更高功率的单频连续波激光输出；通过反馈控制和操控非线性损耗还可以提高单频激光器的功率和频率稳定性、降低激光器的强度噪声以及实现超宽范围的频率连续调谐 [16]。

参 考 文 献

[1] Martin K I, Clarkson W A, Hanna D C. Self-suppression of axial mode hopping by intracavity second-harmonic generation. Optics Letters, 1997, 22(6): 375-377

[2] Greenstein S, Rosenbluh M. The influence of nonlinear spectral bandwidth on single longitudinal mode intra-cavity second harmonic generation. Opt. Commun., 2005, 248(1-3): 241-248

[3] Zheng Y H, Lu H D, Li F Q, Zhang K S, Peng K C. Four watt long-term stable intracavity frequency-doubling Nd:YVO_4 laser of single-frequency operation pumped by a fiber-coupled laser diode. Applied Optics, 2007, 46(22): 5336-5339

[4] Lu H D, Su J, Zheng Y H, Peng K C. Physical conditions of single-longitudinal-mode operation for high-power all-solid-state lasers. Optics Letters, 2014, 39(5): 1117-1120

[5] Koechner W. Solid State Laser Engineering. Berlin: Springer, 1999: 88-110

[6] Zhang C W, Lu H D, Yin Q W, Su J. Continuous-wave single-frequency laser with dual wavelength at 1064 and 532 nm. Applied Optics, 2014, 53(28): 6371-6437

[7] Kato K. Temperature-tuned 90°phase matching properties of LBO. IEEE J. Quantum Electron., 1994, 30(12): 2950-2952

[8] Guo Y R, Lu H D, Yin Q W, Su J. Intra-cavity round-trip loss measurement of all-solid-state single-frequency laser by introducing extra nonlinear losss. Chin. Opt. Lett., 2017, 15(2): 021402

[9] Guo Y R, Lu H D, Xu M Z, Su J, Peng K C. Investigation about the influence of longitudinal-mode structure of the laser on the relative intensity noise properties. Optics Express, 2018, 26(16): 21108-21118

[10] Lü Q, Kugler N, Weber H, Dong S, Müller N, Wittrock U. A novel approach for compensation of birefrin-gence in cylindrical Nd:YAG rods. Opt. and Quantum Electron., 1996, 28(1): 57-69

[11] Yasuhara R, Snetkov I, Starobor A. Faraday rotator based on TSAG crystal with orientation. Optics Express, 2016, 24(14): 15486-15493

[12] Guo Y R, Xu M Z, Peng W N, Su J, Lu H D, Peng K C. Realization of a 101 W single-frequency continuous wave all-solid-state 1064 nm laser by means of mode self-reproduction. Optics Letters, 2018, 43(24): 6017-6020

[13] Jin P X, Lu H D, Su J, Peng K C. Scheme for improving laser stability via feedback control of intracavity nonlinear loss. Applied Optics, 2016, 55(13): 3478-3482

[14] Lu H D, Guo Y R, Peng K C. Intensity noise manipulation of a single-frequency laser with high output power by intracavity nonlinear loss. Optics Letters, 2015, 40(22): 5196-5199

[15] Jin P X, Lu H D, Yin Q W, Su J, Peng K C. Expanding continuous tuning range of a CW single-frequency laser by combining an intracavity etalon with a nonlinear loss. IEEE J. Sel. Top. in Quantum Electron., 2018, 24(5): 1600505

[16] Peng W N, Jin P X, Li F Q, Lu H D, Peng K C. A review of the high-power all-solid-state single-frequency continuous-wave laser. Micromachines, 2021, 12: 1426

第 6 章　宽调谐单频激光技术

受激光介质发射谱的限制，一种激光器通常只能获得特定波长的激光输出，给激光器在实际中的应用带来了很大的局限性，为此，人们开始探索具有宽发射光谱的激光介质，并致力于宽调谐激光器的研究，以适应众多领域及交叉学科的发展。早期发展起来的染料激光器，实现了由近紫外到近红外光谱区的连续可调谐激光运转。在此后近 20 年的时间里，染料激光器在可调谐激光器领域，一直占据着主导地位。直到 20 世纪 80 年代，掺钛蓝宝石晶体的出现[3]，才开始打破染料激光器一统天下的局面。到目前为止，已经有多种固体材料均可以作为宽调谐激光的增益介质来使用。本章在介绍几种宽带激光晶体的基础上，重点介绍以宽带激光晶体为增益介质的单频激光器相关的技术和方法。

6.1　宽带激光晶体材料

6.1.1　掺过渡金属离子晶体

6.1.1.1　掺钛离子激光晶体

1963 年贝尔实验室 Johnson 等曾对掺过渡离子晶体进行光谱理论研究和实验研究 [1]。1970 年 Sugono 等提出了著名的 “Tanalte-Sugono 能级图”，为研究掺过渡金属离子激光晶体光谱特性奠定了理论基础。此后，林肯实验室 Moulton 等曾对掺不同过渡金属离子晶体进行了系列实验 [2]，1974 年发表的研究结果表明，在部分晶体中已获得低温条件下的光受激辐射，为实现掺过渡金属离子激光晶体室温激光运转打下了坚实的基础 [3]。

掺过渡金属离子晶体的荧光光谱范围可达 1.8 μm，这使得其调谐波长范围基本覆盖了由 0.65 μm 至 2.3 μm 宽阔的光谱区域。现已报道的不同基质掺钛离子激光晶体材料主要有三种，分别是掺钛紫翠宝石 (Ti^{3+}: $BeAl_2O_4$) 晶体 [4]，掺钛钙钛矿 (Ti^{3+}: $EuAlO_3$，Ti^{3+}: $GdAlO_3$，Ti^{3+}: $YAlO_3$) 晶体 [5,6]，掺钛硅酸盐玻璃 (silicate glasses)[7]。掺钛紫翠宝石 (Ti^{3+}: $BeAl_2O_4$) 晶体由提拉法和浮区法生长，在 500 nm 和 573 nm 处有两个吸收峰，具有偏振性。当光的电矢量 E 平行于 a 轴时，为双吸收峰，573 nm 的吸收稍大于 500 nm 的吸收；当电矢量 E 平行于 b 轴和 E 平行于 c 轴时，只有 500 nm 处有吸收峰；但吸收强度强弱不同，其荧光谱也有偏振性。当电矢量 E 平行于 a 轴和 E 平行于 c 轴时，光在 737 nm 和 880 nm 有 AFGGHJ

两个极大值,前者强度远大于后者;当电矢量 E 平行于 b 轴时,只在 759 nm 有一峰值,室温时荧光寿命为 5 μs。Ti^{3+}: $EuAlO_3$ 和 Ti^{3+}: $GdAlO_3$ 晶体以激光加热基座法生长,对不同掺杂浓度晶体吸收光谱和荧光光谱的实验研究表明,Ti^{3+}: $GdAlO_3$ 晶体在 400~530 nm 有一宽吸收带，在 543~760 nm 有一宽带发射谱，中心波长为 610 nm。而 Ti^{3+}: $YAlO_3$ 中心波长在 620 nm，相对掺钛蓝宝石晶体蓝移约 190 nm，扩展了掺钛晶体的调谐范围。这种晶体存在较强的 ESA，这与晶体的生长条件有关。在很久以前，科学家已经对多种基质进行了大量的实验研究，都没有获得辐射，并对不同成分硅酸盐玻璃做了系统实验，研究它们的光谱特性，它们的吸收一般都在 520 nm，荧光峰值则在 810 nm，相对于 Ti^{3+}: $BeAl_2O_3$ 和 Ti^{3+}: $BeAl_2O_4$ 红移 20~70 nm，量子效率仅为 Ti^{3+}: $BeAl_2O_3$ 的 30%，这是由于晶体内部存在较多的 Ti^{3+}- Ti^{4+} 的缘故。但至今为止最有实用价值的是掺钛蓝宝石晶体，简称钛宝石 (Ti: Sapphire) 晶体，所以我们主要以钛宝石为例介绍该类激光晶体的晶体结构、物化性质、能级结构及有关光谱参数。

6.1.1.2 钛宝石晶体的物化性质

钛宝石 (Ti: Sapphire) 晶体是掺有三价钛离子的 Al_2O_3(氧化铝) 单晶，呈粉红色，属六角晶系，空间群为 R3C-D_{3d}^6，其物化性质与红宝石相似，稳定性好、热导率高 (约为 Nd:YAG 的 3 倍)、熔点高 (2050 ℃)、硬度大 (9 级)，折射率为 1.76。掺钛蓝宝石晶体的结构如图 6.1.1 所示。

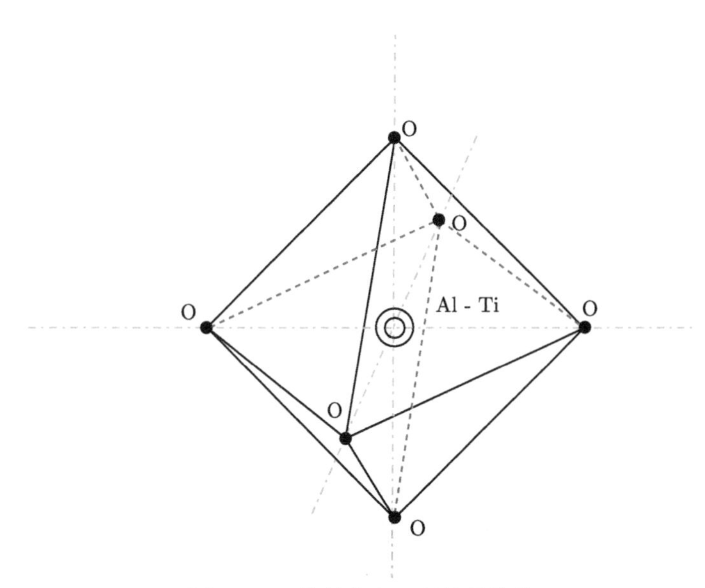

图 6.1.1 掺钛蓝宝石晶体的结构

图 6.1.1 中 Ti^{3+} 在 α-Al_2O_3 晶体中取代了位于正八面体中心，具有三角对称 C 位的 Al^{3+}，Ti^{3+} 在 Al_2O_3 基质中的位置具有三角对称性。其晶格场是由立方场和三角场共同组成。Ti^{3+} 具有的电子层结构为：$1s^22s^22p^63s^23p^63d$，即 $3p^6$ 闭合壳层和一个 3d 电子，3d 轨道上唯一价电子的行为将决定 Ti^{3+} 的吸收光谱和发射光谱。

6.1.1.3　钛宝石激光器的能级结构

掺钛蓝宝石晶体的能级结构如图 6.1.2 所示，由于立方场强度远大于三角场，使自由离子 Ti^{3+} 的 ^2D 能级分裂为基态能级 $^2T_2$ 和二重简并激发态能级 ^2E。三角场作用把基态能级 $^2T_2$ 分裂为两个能级，其中较低能级受自旋–轨道耦合作用，又进一步分裂。同样，激发态能级 ^2E 由于自旋–轨道耦合作用而分裂。因 Ti^{3+} 最外层 3d 电子角量子数为 $l = 2$，自旋量子数 $s = \pm 1/2$，则其可能有 5 种电子轨道的取向 $(2l + 1 = 5)$，有五重简并。其中，最低基态能级 $^2T_2$ 与其他两较高能级间能量差分别约为 38 cm^{-1} 和 107 cm^{-1}；而两 ^2E 激发态能级间能量差约为 1850 cm^{-1}。两激光能级–基态能级 $^2T_2$ 与激发态能级 ^2E 间能量间隔为 19000 cm^{-1}。

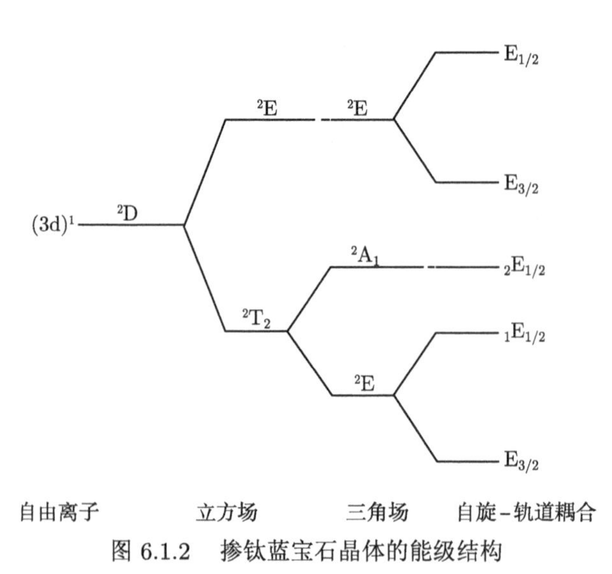

图 6.1.2　掺钛蓝宝石晶体的能级结构

Ti^{3+} 能级与基质晶体晶格振动量子 (声子) 间的耦合，即在电子–声子耦合作用下，使 $^2T_2$ 能级和 ^2E 能级的简并能级被大大展宽，而成为宽带能级结构，它是钛宝石晶体进行宽带可调谐激光运转的物理基础。当泵浦光对钛宝石晶体进行泵浦时，被泵浦到激发态各振动能级的粒子，快速弛豫跃迁到激发态的最低能级，弛豫时间仅为亚皮秒量级。最低激发态能级在室温下能级寿命为 3.2 μs，在足够大的泵浦速率下，将形成相对于基态各振动能级的粒子数反转，在介质中产生增益。图 6.1.3 为钛宝石晶体以势能表示的能级图，横坐标表示 3d 电子位移量，图中抛物线为 $^2T_2$ 能态和 ^2E 能态绝热势曲线，A 和 C 高斯型曲线分别表示 $^2T_2$ 和 ^2E 最低振动能态粒子数分布，B 和 D 高斯型曲线分别表示由激发态 ^2E 向基态 $^2T_2$ 跃迁的概率，从 B 到 C 或从 D 到 A 的过程由释放声子弛豫而实现。由能级图 6.1.3 分析表明，晶体吸收光子时，吸收跃迁概率有两个极大值，也表明存在一个极小值，则所对应的吸收光谱应有两个吸收峰。而在发射时，激光下能级对应的是可能的各个振动子能级，其概率分布只有一个峰值，因此发射光谱没有双峰结构。

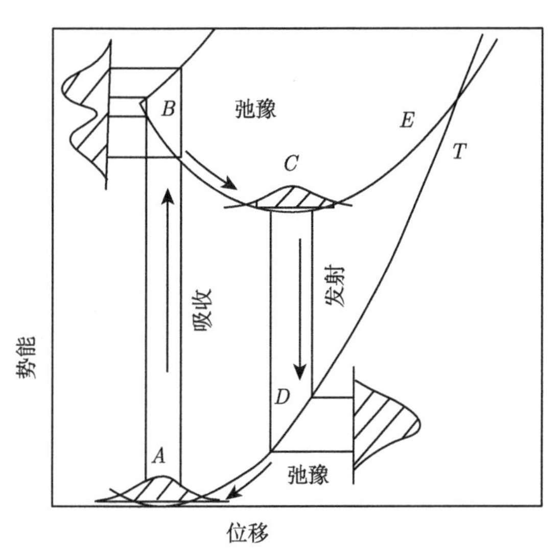

图 6.1.3 钛宝石晶体以势能表示的能级图

6.1.1.4 钛宝石激光器的光谱特性 [8]

钛宝石晶体 (掺杂浓度为 0.1%) 的吸收光谱如图 6.1.4 所示。室温时，$^2T_2 \rightarrow {}^2E$ 跃迁产生宽约 250 nm 宽带吸收光谱，并具有 490 nm 和 560 nm 两个吸收峰，由能级图可知，这是由于 ^2E 态分裂而形成。钛宝石晶体吸收光谱有较强的偏振特性，图 6.1.4 中 π 表示光偏振方向与晶体 c 轴平行，σ 表示光偏振方向与 c 轴垂直。显然，π 分量的吸收远大于 σ 分量，峰值 490 nm 处 π 分量的吸收约是 σ 分量的 2.3 倍。因此，用偏振性好的光源作泵浦源，可得到较高的泵浦速率。

钛宝石晶体的荧光光谱如图 6.1.5 所示。

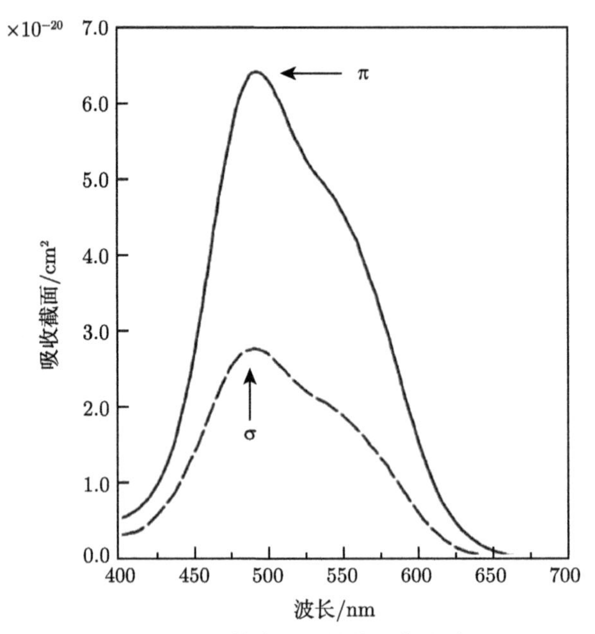

图 6.1.4　钛宝石晶体的吸收光谱

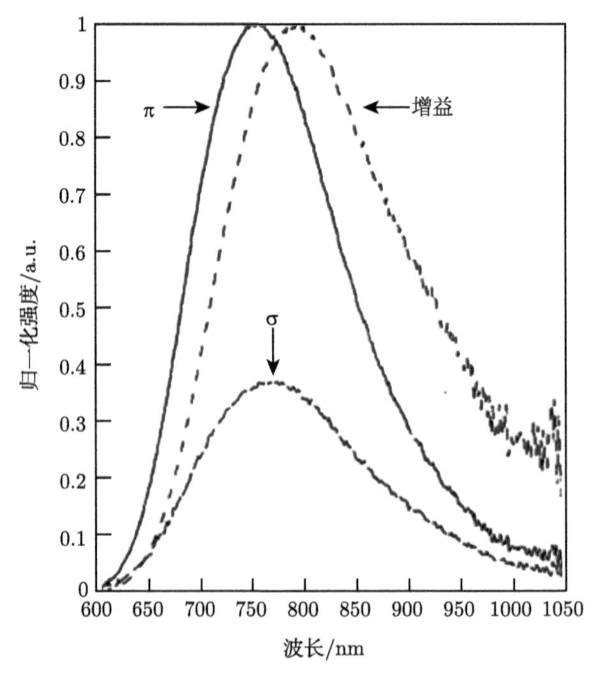

图 6.1.5　钛宝石晶体的荧光光谱

室温时，它是 $^2E \to ^2T_2$ 跃迁的结果。由于 $^2T_2$ 基态能级的分裂和展宽，其荧光光谱被展宽成从 600 nm 到 1200 nm 极宽的光谱带，整个荧光光谱宽度达到 600 nm 左右。不过在激光调谐时，由于荧光光谱短波段与吸收光谱长波段的重叠，引起 $^2T_2 \to ^2E$ 受激吸收跃迁，而抑制短波方向的调谐。因此，很难实现低于 650 nm 的激光输出。荧光光谱峰值波长约在 790 nm 附近，激光振荡的增益最大波长稍有红移，约为 800 nm 附近。同样，荧光光谱也有很强的偏振特性，晶体荧光谱的这种偏振特性，在激光振荡中将得到加强，有可能获得很高偏振性的激光。如果再正确选择腔内光学元件的偏振特性，如晶体的正确取向，晶体端面以布儒斯特角切割等措施，就可获得线偏振的激光输出。此外，钛宝石晶体的荧光光谱会随着温度的变化而变化，如图 6.1.6 所示。

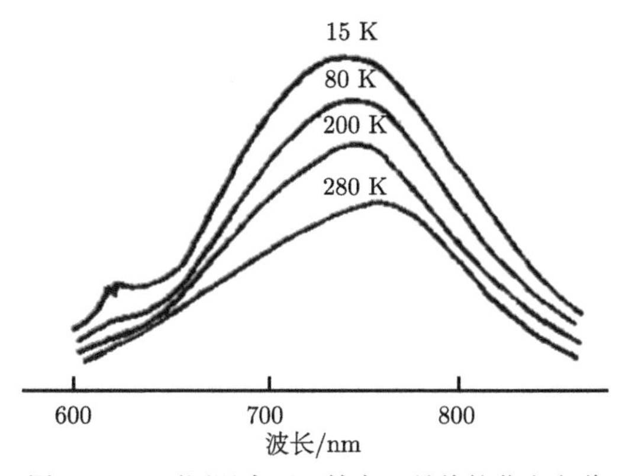

图 6.1.6 不同温度下，钛宝石晶体的荧光光谱

当温度升高时，荧光光谱会产生红移，半极大线宽会加大。钛宝石晶体的激光上能级寿命在室温下仅为 3.2 μs，如此短的上能级寿命不利于钛宝石晶体产生稳定的激光输出，尤其是闪光灯泵浦方式下不易获得高效运转，这也是钛宝石晶体最严重的缺陷。图 6.1.7 给出了钛宝石晶体的激发态跃迁到基态的荧光寿命随着温度的变化情况，可以看出，温度越高，荧光寿命越短，其原因主要来源于多光子非辐射衰变引起的荧光猝灭。

6.1.1.5 钛宝石激光器的品质因数及生长技术

钛宝石晶体的品质因数是直接衡量钛宝石晶体性能好坏的指标，钛宝石晶体在 750~2000 nm 极宽红外谱区还存在一较弱的宽吸收带，如图 6.1.8 所示，且其吸收峰与发射谱相重叠，它对激光振荡将产生损耗，这就是增益峰值红移的主要原因。此吸收带是由晶体中残存的 Ti^{4+} 所引起的。

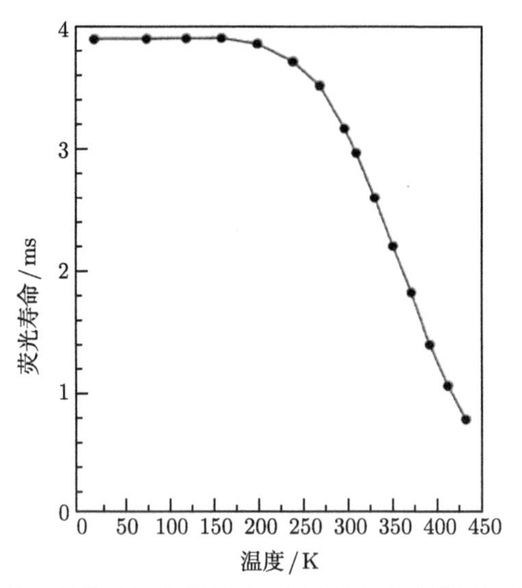

图 6.1.7　钛宝石晶体的激发态跃迁到基态的荧光寿命随温度的变化关系

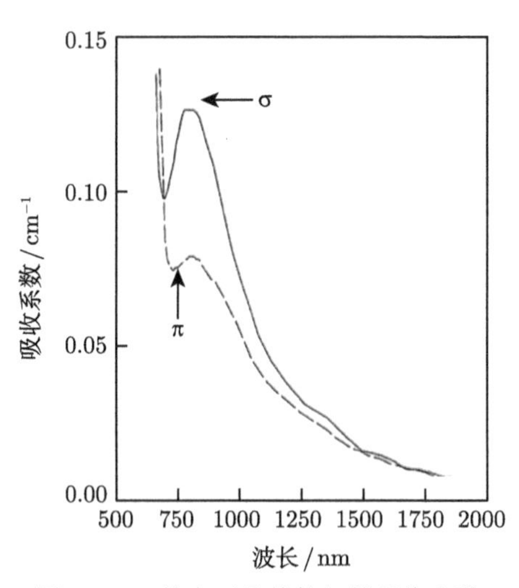

图 6.1.8　钛宝石晶体的红外吸收光谱

分析表明，红外吸收强弱取决于 Ti^{4+} 的数量，Ti^{4+} 越多，吸收越强。高掺杂浓度的晶体，残余 Ti^{4+} 往往较多，红外吸收损耗也越大，因此也常称其为残余红外吸收。残余红外吸收也具有偏振性，但可喜的是，其 π 分量吸收要小于 σ 分量，与发射光谱偏振性刚好相反，这对激光偏振有利。为减小残余红外吸收的影响，往往采用在还原气体环境中，对晶体进行退火处理，尽可能把 Ti^{4+} 还原成 Ti^{3+}。这样，既降低了残余红外吸收引起的损耗，又提高了 Ti^{3+} 的浓度，有一举两得之效。原则上，残余红外吸收越小越好，但受浓度掺杂技术、晶体价格等限制，人们在选用晶体时，应考虑它的“性能–价格比”。

在选择晶体时，对晶体的质量优异，主要考虑两个参数，一是晶体的吸收系数，另一个是品质因数 (figure of merit，FOM)，品质因数定义为 (这对其他晶体也适用)

$$\mathrm{FOM} = \frac{\alpha_{\mathrm{p}}}{\alpha_{\mathrm{r}}} \tag{6.1.1}$$

其中，α_{p} 为钛宝石晶体对泵浦光的吸收系数，α_{r} 为钛宝石晶体对发射激光的吸收系数。

对掺钛蓝宝石晶体，通常用氩离子激光器作为测试用光源，其波长 $\lambda_{\mathrm{p}} = 490\ \mathrm{nm}$，而激光峰波长 $\lambda_{\mathrm{r}} = 800\ \mathrm{nm}$，因此有

$$\mathrm{FOM} = \frac{\alpha_{490}}{\alpha_{800}} \tag{6.1.2}$$

如果采用其他波长的泵浦光，如 $\lambda_{\mathrm{p}} = 532\ \mathrm{nm}$，可由关系式 $\alpha_{490}/\alpha_{532} = 1.28$ 进行换算。

通过对钛宝石晶体的晶体结构、物化性能、能级结构以及光谱特性的分析，我们知道钛宝石晶体不仅能实现激光调谐，而且还有许多优良的性能，这对于做高质量的激光器件是非常有利的，表 6.1.1 列出了钛宝石晶体的主要性能参数。

表 6.1.1 钛宝石 (Ti: S) 晶体的主要性能参数

参数	Ti: S	单位
调谐范围	650～1200	nm
峰值波长	795	nm
光子能量 ($h\nu$)	2.34×10^{-19}	J
受激发射截面	3.8×10^{-19}	cm^2
吸收截面	9.3×10^{-20}	cm^2
吸收光谱范围	400～650	nm
荧光寿命	3.2	μs
热导率 (300 K)	0.33～0.35	$\mathrm{W\cdot cm^{-1}\cdot K^{-1}}$
折射率	1.76	—
熔点	2050	℃
硬度	9	—
密度	3.98	$\mathrm{g/cm^3}$
比热	0.18	$\mathrm{Cal\cdot g^{-1}\cdot {}^\circ C^{-1}}$*
热膨胀系数	5.05×10^{-6}	$\mathrm{K^{-1}}$
损伤阈值	0.2～1.2	$\mathrm{GW/cm^2}$
增益 0.1 $\mathrm{cm^{-1}}$ 时反转粒子数	2.6×10^{17}	$\mathrm{cm^{-3}}$
增益 0.1 $\mathrm{cm^{-1}}$ 的储能	0.06	$\mathrm{J/cm^3}$

*: 1 Cal=4.1868 J。

现在，对于钛宝石晶体的生长技术已经比较完善。其中生长刚玉的传统火焰法 (verneuil process) 可以用来生长钛宝石晶体，但采用此种方法生长的钛宝石晶

体光学质量不高，不适于作激光应用。到目前为止，掺钛蓝宝石晶体生长方法很多，主要是两种方法：提拉法 (Czochralski method) 和热交换法 (heat-exchanger method)。提拉法可拉出直径大、长度长的大晶体，如联合碳化物公司已拉制出直径大于 10 cm、长度大于 25 cm 的大晶体。而热交换法生长的晶体，尺寸较小，但往往能获得光学质量较好的晶体。细而长的光纤晶体，则采用激光加热基座法 (laser-heated peated pedestal growth method) 生长。生长钛宝石晶体最主要的困难是如何提高激活离子 Ti^{3+} 的浓度，同时克服 Ti^{3+} 的变价。Ti^{3+} 浓度越高，激光效率越高。Ti_2O_3 在熔融的 Al_2O_3 中的熔解度仅为 1wt.%以下，一般所得晶体 Ti^{3+} 浓度为 0.03wt.%~0.1wt.%，而且生长中变价产生的 Ti^{4+} 将导致晶体在红外波段的自吸收，使 FOM 值降低。生长工艺和热处理技术的关键是使晶体的三价离子浓度尽可能提高，而且稳定，同时减少四价离子的比例。

测量钛宝石晶体内纯粹的 Ti^{3+} 浓度在技术上有很大困难，一般从其绿光吸收峰的吸收系数来进行推算，Ti^{3+} 浓度越高，相应的吸收系数越大。Aggarwal 等 [9] 测定的二者关系为

$$Ti^{3+}(\text{wt.\%}) \approx (0.032 \pm 0.03)\alpha_{490}^{\pi} \tag{6.1.3}$$

Deshazer 推算为

$$1.0\ \text{cm}^{-1}(\alpha_{532}) \approx 0.07\%(Ti^{3+}(\text{wt.\%})) \tag{6.1.4}$$

随着科学和技术的不断进步，钛宝石晶体的质量不断提升。目前为止，一般应用的晶体，大都用提拉法进行生长，相对来说，这种方法晶体生长的效率高，成本低，便于获得大批量晶体产品和大尺寸晶体。

钛宝石晶体之所以有非常宽的荧光光谱范围并广泛地应用于可调谐激光器中完全取决于 Ti^{3+} 的宽带二能级结构，只有具有宽带荧光光谱的激光介质，才可能作为可调谐激光器的激光工作介质。到目前为止具有宽带二能级结构的激光介质主要有：染料分子和过渡金属离子，以及部分稀土离子，各种宽带谱激光介质的能级结构基本相似，大体上可分为两类：一类是具有三重态能级结构的激光系统，如染料分子，它们不仅具有能产生激光的单态激光能级系统，而且还有一个抑制荧光量子效率的三重态能级系统；另一类是没有三重态能级的激光系统，如过渡金属离子，它们中有些激光系统却存在受激态吸收，它对荧光量子效率有影响，Ti^{3+} 即属于这种类型。我们可将 Ti^{3+} 的这种宽带能级结构所形成的激光系统看作是一种等效的四能级激光系统，也称准四能级激光系统。图 6.1.9 为过渡金属离子能级图，图 6.1.10 为相应的等效四能级激光系统对照图。这里，基态 S_0 对应最低能级 A，即四能级激光系统的基态能级；第一受激态 S_1 对应能级 B，相当于四能级激光系统亚稳态，即为激光上能级；而四能级系统激光下能级，在这里是 Ti^{3+} 基态宽带能级 S_0 的某个能级 a_i。

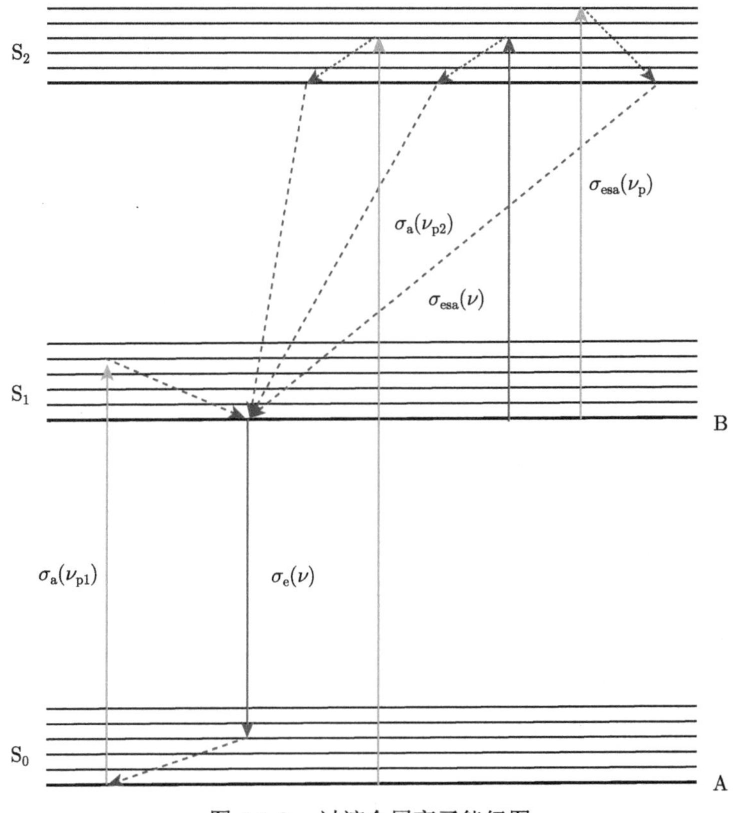

图 6.1.9 过渡金属离子能级图

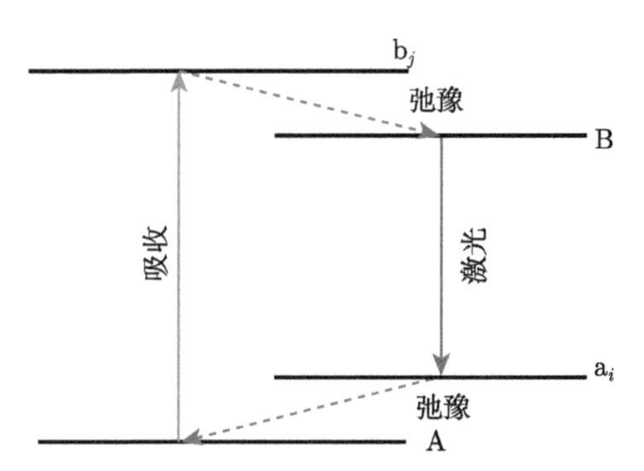

图 6.1.10 等效的四能级激光系统 (准四能级激光系统)

图 6.1.9 所示的 Ti^{3+} 能级结构不存在三重态能级，但存在 $S_1 \to S_2$ 跃迁的受激态吸收，$S_1 \to S_2$ 能级的间隔与 $S_1 \to S_0$ 辐射跃迁能级间隔相近。当其受激吸收截面 $\sigma_{esa}(\nu)$ 值较大时，将对激光产生较强的受激态吸收。但受激态 $S_2 \to S_1$ 弛豫

极快，通常远小于 1 ns，可认为受激态 S_2 没有粒子数集居，所有被激发到 S_2 的粒子，最终都将集居到 S_1 上，而以 $S_1 \rightarrow S_0$ 跃迁发光。因此，这种具有多受激态的离子，其发射光谱往往与泵浦光波长无关，对泵浦光波长有极好的适应性。不过，如果受激态吸收较强，激光将遭受附加损耗，从而会影响激光器的效率。

对这种宽带二能级的等效四能级激光系统的激光动力学过程，可以用一组速率方程进行定量描述。用 N_0、N_1 分别表示 S_0、S_1 态粒子数密度 (粒子数/cm^3)，n_p 表示泵浦光子数密度 (光子数/cm^3)，n 表示激光光子数密度 (粒子数/cm^3)。其微分方程组可表示为

$$\frac{\mathrm{d}N_1(t)}{\mathrm{d}t} = c\sigma_\mathrm{a}(\nu_\mathrm{p})n_\mathrm{p}N_0 - c\sigma_\mathrm{esa}(\nu_\mathrm{p})n_\mathrm{p}N_1 - c\sigma_\mathrm{esa}(\nu)nN_1 - c\sigma_\mathrm{e}(\nu)nN_1 - \frac{N_1}{\tau_\mathrm{f}} \tag{6.1.5}$$

$$\frac{\mathrm{d}n(t)}{\mathrm{d}t} = c\sigma_\mathrm{e}(\nu)N_1 n + E(\nu)\frac{N_1}{\tau_\mathrm{f}} - c\sigma_\mathrm{esa}(\nu)N_1 n - \frac{n}{\tau_c} \tag{6.1.6}$$

$$N_\mathrm{tot} = N_0 + N_1 \tag{6.1.7}$$

式中，c 为光速，$\sigma_\mathrm{a}(\nu_\mathrm{p})$ 为 $S_0 \rightarrow S_1$ 跃迁对泵浦光的吸收跃迁，$\sigma_\mathrm{esa}(\nu_\mathrm{p})$ 为对泵浦光的受激态吸收截面，$\sigma_\mathrm{esa}(\nu)$ 为对激光的受激态吸收截面，$\sigma_\mathrm{e}(\nu)$ 为受激辐射截面，τ_f 为受激态 S_1 的荧光寿命，τ_c 为谐振腔光子寿命，N_tot 为总的离子个数。

公式 (6.1.5) 中第一项也可表示为 $W(t)N_0(t)$，这里 $W(t)$ 是泵浦光的泵浦速率：

$$W(t) = c\sigma_\mathrm{p}(\nu_\mathrm{p})n_\mathrm{p} = \frac{P(t)}{A}\int \sigma_\mathrm{a}(\nu_\mathrm{p})f(\nu_\mathrm{p})\frac{1}{h\nu_\mathrm{p}}\mathrm{d}\nu_\mathrm{p} \tag{6.1.8}$$

其中，$P(t)$ 为泵浦功率，A 为泵浦光截面积，$h\nu_\mathrm{p}$ 是泵浦光的光子能量，$f(\nu_\mathrm{p})$ 为泵浦光归一化光谱分布，有

$$\int f(\nu_\mathrm{p})\mathrm{d}\nu_\mathrm{p} = 1 \tag{6.1.9}$$

对单色泵浦光而言，公式 (6.1.8) 可简化为

$$W(t) = \sigma_\mathrm{a}(\nu_\mathrm{p})I(\nu_\mathrm{p}, t) \tag{6.1.10}$$

公式 (6.1.6) 中，$E(\nu)$ 为归一化的荧光辐射光谱分布，有

$$\int E(\nu)\mathrm{d}\nu = \phi \tag{6.1.11}$$

ϕ 为荧光量子效率；τ_c 为谐振腔光子寿命。

由公式 (6.1.5) 可以看出，若忽略自发辐射，当受激态吸收和腔损耗过大时，就可能出现激光猝灭。

在选择晶体时，晶体的品质因数是衡量晶体质量优劣的主要参数，对于掺钛蓝宝石晶体，当掺杂浓度较低时，品质因数较高，随着浓度的增加，品质因数有所降低。目前国内外有多家公司可以提供品质因数较高的钛宝石晶体，包括 Union Carbide 公司 (提拉法结合低温退火技术)；GT Advanced Technologies 公司 (热交换技术)；Crytur Ltd 公司 (钨坩埚中提拉法)；Northrop Grumman Synoptics 公司以及国内的中国科学院上海光学精密机械研究所。实际中，我们常选择 GT Advanced Technologies 公司和中国科学院上海光学精密机械研究所生长的钛宝石晶体。当所需生长的晶体对 532 nm 光吸收系数越大，晶体产品的品质因数越低，这是由于掺钛离子浓度的增加使得晶体的寄生吸收增大的缘故。所以在实际应用中，我们要均衡吸收系数 (对应于晶体的掺杂浓度) 与品质因数来确定实际所需钛宝石晶体的参数，以获得较理想的转化。

6.1.2 掺铬离子激光晶体

铬离子是激光晶体中最早获得的一种激活粒子，世界上第一台激光器就是在蓝宝石晶体中掺以三价铬离子而实现受激辐射的，它是一种优良的固定波长 (694.3 nm) 的激光晶体。掺铬离子晶体主要有两种: 一种是掺三价离子晶体，另一种是掺四价铬离子晶体。

掺三价铬离子的紫翠宝石 (Cr^{3+}: $BeAl_2O_4$) 晶体是第一个可室温工作的可调谐激光晶体，其吸收短波长的泵浦光，然后将能量转移给其他激光工作离子 Nd^{3+}、Tm^{3+}、Er^{3+}、Ho^{3+} 等，以提高激光晶体的能量转换效率。下面以掺铬紫翠宝石激光晶体为代表介绍掺 Cr^{3+} 的激光晶体。

6.1.2.1 掺三价铬离子的紫翠宝石的物化性质及光谱特性 [10]

紫翠宝石具有正交晶系结构，空间群 D_{2h}^{16}，晶体常数 $a = 0.9404$，$b = 0.5476$，$c = 0.4425$。在晶体中 Al^{3+} 有两种不等价八面体配位，一是镜对称 Cs，一是倒反对称 Ci。掺杂时 Cr^{3+} 取代 Al^{3+}，因 Cr^{3+} 半径小于 Ti^{3+}，分凝系数较高，掺杂浓度可高达 0.4%(原子比)，相当于 Cr^{3+} 浓度为 $3.51\times10^{19}cm^{-3}$。在掺杂晶体中，约有 78%的 Cr^{3+} 进入 Cs 位置，占据比为 Ci/Cs≈1/4，激光运转主要是镜对称离子的作用。紫翠宝石具有优良的机械强度、硬度和化学稳定性，热导率高，能经受高平均功率泵浦，热损伤阈值比 YAG 高 5 倍。值得注意的是，该类激光晶体的吸收光谱和荧光光谱也具有极强的偏振性。

铬原子的电子层结构与众不同，它有 $[SP]4s^13d^5$ 电子层结构，即它只有一个 4s 电子，因而三价铬离子 (Cr^{3+}) 将有三个 3d 电子，掺 Cr^{3+} 晶体的性能将取决于 $3d^3$ 电子的行为。所有掺 Cr^{3+} 的激光晶体，具有相似的能级结构和相同的发光机制。这里，我们结合 Cr^{3+}: $BeAl_2O_4$ 晶体，研究带有 $3d^3$ 电子晶体的能级结构和光谱特性，下面对其他带 $3d^3$ 电子的晶体，将不再复述。

Cr^{3+}: $BeAl_2O_4$ 晶体光谱特性，由 $3d^3$ 电子跃迁所决定，但它有两个不同的激光跃迁发光机制。一个产生 680.4 nm 固定波长激光，它是 R 线按三能级激光系统跃迁的结果，这与红宝石激光器 694.3 nm 的发光机制相同；一个是产生可调谐激光的发光机构，它由宽带二能级的准四能级激光系统跃迁而形成。

Cr^{3+} 有两种激光发光机制的特性，是由 Cr^{3+} 在晶体场中的晶体场强度所决定。图 6.1.11 是 Cr^{3+}: $BeAl_2O_4$ 晶体的 Tanabe-Sugano(T-S) 能级图，B 是 Racah 参数，Cr^{3+} 的 $B = 918\ \mathrm{cm}^{-1}$，$D_q$ 为晶体场场强，T-S 能级图描述了各光谱项能态与晶体场强度的关系。

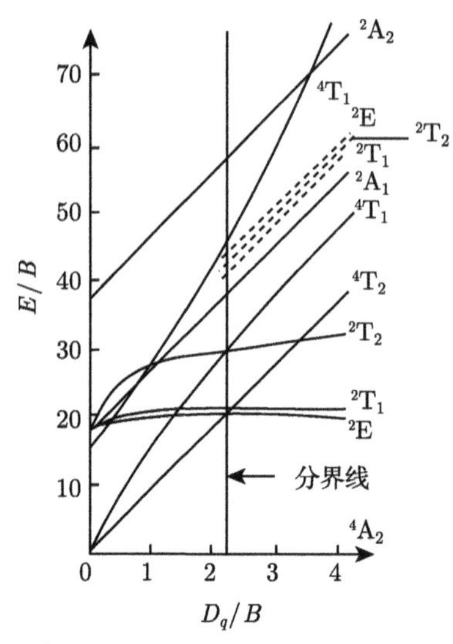

图 6.1.11 Cr^{3+}: $BeAl_2O_4$ 晶体的 Tanabe-Sugano 能级图

在晶体场中，处于八面体配位的 Cr^{3+}，若在较强的场强 ($D_q/B > 2.3$) 作用下，^2F 谱项分裂为 $^4T_2$、$^4T_1$ 能级，随着场强的增强，$^4T_2$ 能级与 ^2E 能级间的间隔也增大，可达 800 cm^{-1} 左右，而 ^2E 是亚稳态，荧光寿命达 1.54 ms。$^2E \to {}^4A_2$ 跃迁激射发光，产生 R 线固定波长激射，其发光机制与红宝石激光器三能级激光系统跃迁相同，具体波长不同。在晶体场场强较弱时，如 D_q/B 值接近 2.3 时，这时 $^4T_2$ 能级向 ^2E 靠近、重叠，室温条件下，宽带 $^4T_2$ 能级的 $^4T_2 \to {}^4A_2$ 电子振动跃迁，是准四能级激光系统跃迁，产生可调谐激光，图 6.1.12 是它的荧光光谱。而 Cr^{3+} 的吸收跃迁，有 $^4A_2 \to {}^4T_2$ 和 $^4A_2 \to {}^4T_1$ 跃迁，分别对应绿吸收带和蓝吸收带 (590 nm 和 410 nm)，即存在两个吸收峰，整个吸收带覆盖了从 380 nm 至 630 nm 极宽的光谱范围。

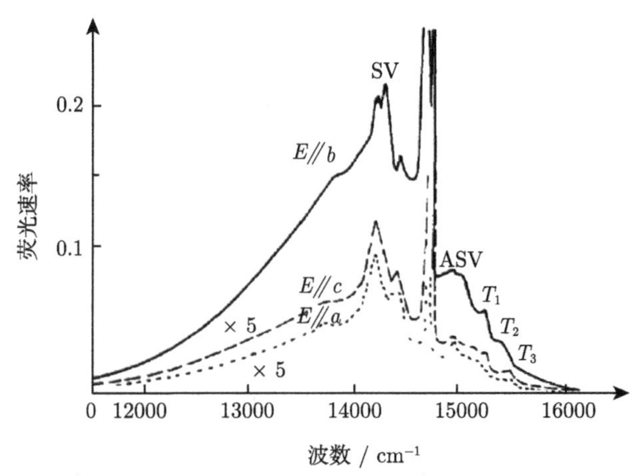

图 6.1.12　Cr^{3+}: $BeAl_2O_4$ 晶体的偏振荧光光谱

紫翠宝石属双轴晶体，因此其吸收光谱和发射光谱都具有极明显的偏振性。平行于 b 轴方向，绿吸收带吸收大于蓝吸收带；如平行于 a 轴，则蓝吸收带有最大吸收。激光调谐曲线取决于激光下能级 ($^4A_2$ 能级) 亚振动能态的粒子数分布和相应的受激发射截面值。发射光谱同样具有极强的偏振特性，平行 b 轴偏振强度比垂直 b 轴方向大 10 倍左右。因此，通常选择平行于 b 轴偏振运转，既有较小吸收，又有较大增益，有利于提高激光器效率。

Cr^{3+}: $BeAl_2O_4$ 存在 $^4T_2 \to {}^4T_1$ 受激态吸收，受激离子 Cr^{3+} 在吸收腔内的激光光子后，跃迁到更高受激态能级 $^4T_1$，极快弛豫回 $^4T_2$ 能级，虽不影响 $^4T_2$ 能级的粒子数，但仍产生了激光损耗，导致激光增益曲线变形，使长波段调谐受到抑制，激光峰值波长相对于荧光峰值发生位移。

掺 Cr^{3+} 激光晶体的研究，20 世纪 80 年代末达到发展的高峰，这类激光晶体的可调谐范围已覆盖由 690 nm 到 1.2 μm 的宽阔谱区，相当于 Ti^{3+}: Al_2O_3 晶体的可调谐范围。由于 Ti^{3+}: Al_2O_3 存在荧光寿命短的缺点，而掺 Cr^{3+} 晶体系列正好弥补了此不足。1988 年 Petricevic 等又推出了一种新型的掺铬激光晶体——掺铬镁橄榄石 (Cr^{3+}: Mn_2SiO_4)，调谐范围为 1.167~1.345 μm，当时曾误以为也是掺 Cr^{3+} 晶体材料。之后的光谱分析证实，晶体的发光粒子不是 Cr^{3+}，而是 Cr^{4+}。同年，苏联科学院的 Shestakov 等报道了掺铬钇铝石榴石可调谐激光晶体 (Cr^{4+}: YAG)，它产生的发射光谱覆盖了由 1.1 μm 到 1.7 μm 很宽的光谱区。对各种石榴石激光晶体研究表明，石榴石类激光晶体荧光光谱，有可能展宽到 1.8 μm 以上。

6.1.2.2 掺四价铬离子晶体的物化性质及光谱特性 [11-13]

我们以掺铬铝石榴石 (Cr^{4+}：YAG) 为代表介绍掺四价铬晶体的特性。YAG 具有立方晶体结构，是石榴石晶体家族的重要成员，是一种优良的激光基质晶体，往往同时掺以少量 Ca(0.02%(原子比)) 进行电荷补偿。Cr^{4+}: YAG 有三个吸收带 0.48 μm、0.65 μm 和 1 μm，1 μm 处红外吸收是 $^3A_2 \rightarrow {}^3T_2$ 跃迁的结果，0.65 μm 为 $^3A_2 \rightarrow {}^3T_1$ 吸收跃迁。1 μm 处的吸收截面 $\sigma_a = 7\times10^{-18}cm^2$，受激吸收截面 σ_{esa}=5×10^{-19} cm^2。发射光谱范围为 1.1~1.7 μm，峰值在 1.37 μm 附近，辐射截面 $\sigma_e = 3\times10^{-19}cm^2$，室温荧光寿命 3.4 μs。

YAG 晶体属于立方对称晶体，本应无偏振性，但实验表明，Cr^{4+}: YAG 晶体具有偏振性，图 6.1.13 就是其激光输出与泵浦光偏振的实验关系曲线。横坐标表示泵浦光偏振方向与晶体晶轴 ⟨100⟩ 方向间的夹角，图中箭头表示输出激光偏振方向。可以看出，当泵浦光偏振方向平行于晶轴 ⟨100⟩ 时 (即在 0°、90°、180°、270°、360° 时)，激光输出有极大值；而当泵浦光偏振方向平行于晶轴 ⟨110⟩ 时 (即在 45°、135°、225°、315° 时)，则有极小值。出现偏振特性原因是四面体晶格结构沿 ⟨100⟩ 轴方向产生变形而引起，按照在 ⟨100⟩、⟨010⟩、⟨001⟩ 轴的变形，可有三种不同的 Cr^{4+} 中心，其中两种中心能对受激辐射有贡献，即在泵浦光偏振平行于立方轴之一时，激光输出得到极大值。而第三种中心则对受激辐射无贡献，因而当相对夹角改变时，将引起激光输出下降。而当泵浦光偏振方向平行于 ⟨110⟩ 轴时，三种中心都将对受激辐射没有贡献，输出则达到极小值。有一种石榴石晶体 Cr^{4+}: LAG(Cr^{4+}: $Lu_3Al_5O_{12}$，镥铝石榴石)，其性能与 Cr^{4+}: YAG 相似，掺铬浓度为 0.1%(原子比)，并共掺 Ca^{2+}。图 6.1.14 是它的发射光谱，它的辐射截面和发射光谱区，都大于 Cr^{4+}: YAG，室温时寿命为 4.3 μs，是一种很有希望的新型可调谐激光晶体。

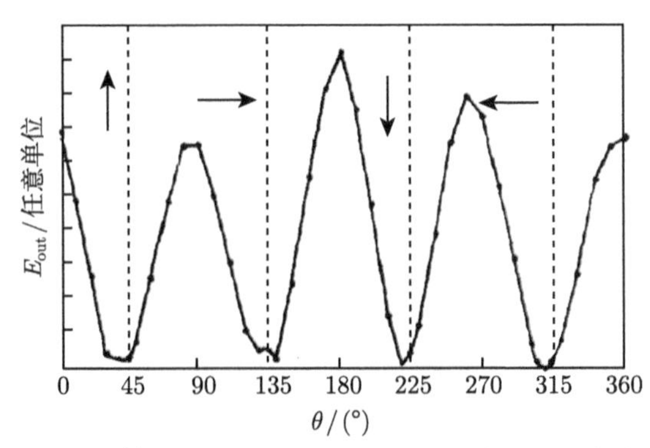

图 6.1.13 Cr^{4+}: YAG 激光输出与泵浦光偏振的实验关系曲线

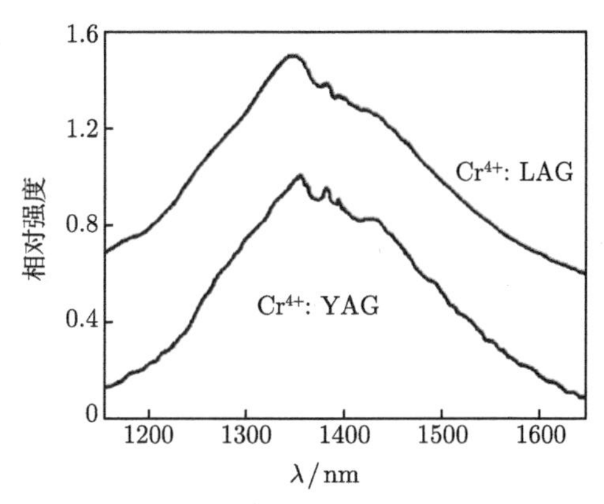

图 6.1.14 Cr^{4+}: YAG 的发射光谱

Cr^{4+}: YAG 激光输出能量与泵浦能量不呈线性关系，当激光输出达到饱和后，随着泵浦能量继续提高，其输出反而下降，即“输出–输入”曲线存在极大值，不同于 Nd^{3+}: YAG 等固定波长激光器，其“输出–输入”曲线单调变化，饱和后的输出将保持不变。这表明，过高泵浦功率 (过泵浦) 反会引起增益下降。尤其对较长波长，甚至引起激光猝灭，从而限制了激光的调谐范围。中心波长 1.42 μm 的最大激光输出，约在泵浦 (输入) 能量 170 mJ 处，但随着波长向两端调谐，输出最大值不仅逐渐下降，而且饱和点位置也相对移动。特别是向长波长调谐时，饱和点将向低泵浦功率方向移动。当波长调谐到 1.535 μm 时，将接近于振荡阈值。这时，即使提高泵浦功率，也无济于事。

Cr^{4+}: YAG 激光晶体这种“输出–输入”曲线存在极大值现象，可用 ESA 猝灭效应解释。Cr^{4+}: YAG 的 ESA 可有两种机制：一种机制是直接吸收 1.06μm 泵浦光辐射的 $^3T_2 \rightarrow {}^3T_1$ 跃迁，它只与 $^3T_2$ 粒子数有关。这种 ESA 对整个调谐范围影响相同。另一种机制是吸收激光的 $^3T_2 \rightarrow {}^3T_1$ 跃迁，它不仅与 $^3T_2$ 粒子数有关，且与 $^3T_2 \rightarrow {}^3T_1$ 跃迁受激吸收截面有关。上述向长波长调谐时，其最大输出下降、饱和点左移的现象就是由这种 ESA 机制所引起的。Cr^{4+}: YAG 的受激态吸收对长波长调谐的限制，是由于能级间能量差匹配的缘故，因 $^3T_2$ 处在 8400 cm^{-1}，$^3T_1$ 在 14900 cm^{-1}，而 6500 cm^{-1} 即相当于 1.54 μm。实验还表明，ESA 存在还会导致激光振荡不稳定。因此，控制泵浦速率是改善这种激光器转换效率、扩展调谐范围和提高其稳定性的重要技术途径。

6.1.3 掺稀土离子晶体

工作介质为掺稀土离子激光晶体的激光器大多只能发出一种固定波长的激光，但是如果基质晶体的晶体场与稀土离子有很强的相互作用，导致电子–声子耦合跃迁增强有可能展宽为宽带二能级激光能级结构获得宽带荧光输出。掺稀土离子激光晶体中最早实现宽带激光输出的是掺 Ce^{3+} 的氟化物晶体，另外，掺 Ce^{3+} 的宽带激光晶体还有 Ce: YLiF、Ce: LiCAF、Ce: $LuLiF_4$ 和 Ce: LiSAF 等，都可实现紫外波段激光宽带输出，但大多只是较窄范围的调谐。而掺 Tm^{3+} 的宽带激光晶体可实现红外波段激光宽带输出，目前可实现调谐的掺 Tm^{3+} 的宽带激光晶体有 Tm: CaF_2、Tm: $KGd(WO_4)_2$、Tm: BaY_2F_8 等。固定波长激光晶体中，大部分为掺镧系稀土离子 Ln^{3+} 激光晶体，这类晶体所掺的离子有 Nd^{3+}、Ho^{3+}、Er^{3+}、Tm^{3+} 等，它们一般由 4f 电子跃迁发光，因此多在红外谱区，且往往有几个发光通道，可输出几个固定波长，如 Er^{3+} 激光器就有 0.85 μm、1.54 μm、1.66 μm 等波长。在某些基质晶体中，因晶体场较强，Ln^{3+} 与晶体场相互作用使电子–声子耦合作用增强，使 5d→4f 跃迁有可能成为宽带激光能级结构，从而获得连续的激光可调谐运转。可调谐的掺 Ln^{3+} 激光晶体，目前尚处于探索阶段，某些氟化物晶体中的 Nd^{3+}、Sm^{3+}、Tm^{3+} 和氧化物晶体内 Nd^{3+}、Ho^{3+}、Er^{3+}、Tm^{3+} 都有可能实现可调谐激光运转。此外，某些掺 Ln^{2+} 的晶体，也有可能成为可调谐的激光材料。

当前的探索性研究主要集中在三价铈离子 (Ce^{3+}) 上，同时也在探索各种 Ln^{2+} 的可能性，如二价钐离子 (Sm^{2+})。前者是至今已发现的、唯一可在紫外光谱区实现调谐的激光晶体，后者已在可见光谱区获得了可调谐激光输出。

总之，到目前为止，在宽调谐激光器中使用最广泛的晶体是掺钛的蓝宝石晶体。而且基于掺钛的蓝宝石晶体，已经发展起来的激光器包括飞秒激光器、准连续激光器、脉冲激光器以及全固态单频连续波可调谐激光器等。下面的内容将着重介绍利用掺钛的蓝宝石晶体实现全固态单频连续波激光器的相关技术和方法。

6.2 谐振腔设计

对激光器腔型的最基本的要求是尽可能降低内腔损耗，使光束在腔内的往返损耗要小于它的非饱和增益，才有可能实现激光运转。本节以钛宝石晶体作为激光介质为例，介绍宽带单频连续波激光器的设计方法。钛宝石激光器的内腔损耗主要来源于腔镜光学质量不够理想及内腔插入元件的调整精度，晶体介质自身的寄生吸收以及谐振腔设计不完美等因素。对于钛宝石激光器而言，除了要考虑普通激光器谐振腔的基本要求外，还必须考虑钛宝石增益晶体的上能级寿命。根据 6.1 节的内容可知，钛宝石增益晶体的上能级寿命只有 3.2 μs。如此短的上能级寿命要想形成粒子集居数反转，钛宝石激光器必须具有非常大的泵浦速率。而泵浦速率又与泵浦光的腰斑大小成反比，换言之，钛宝石晶体处的腰斑要很小，通常只有几十微米。

6.2.1 环形谐振腔

单向运转的环形腔激光器消除了空间烧孔效应，相干泵浦形成的增益孔径有效地抑制了高阶横模，复合双折射调谐器和标准具的插入明显压窄线宽，因而能可靠地实现以单横模与单纵模运转，从而易于实现稳频输出。

连续单频可调谐钛宝石激光器谐振腔的结构如图 6.2.1 所示，谐振腔采用四镜环形谐振腔设计，M_1 和 M_2 是曲率半径为 100 mm 的两凹面镜 ($\rho=\rho_1=\rho_2=$ 100 mm)，它们之间的距离为 l_1，二者放置的角度为 θ，增益介质钛宝石晶体由于上能级寿命较短，通常被置于两凹面镜中间，用于获得足够的泵浦速率。激光器谐振腔的总长度为 $L=l_1+l_2+l_3+l_4$。

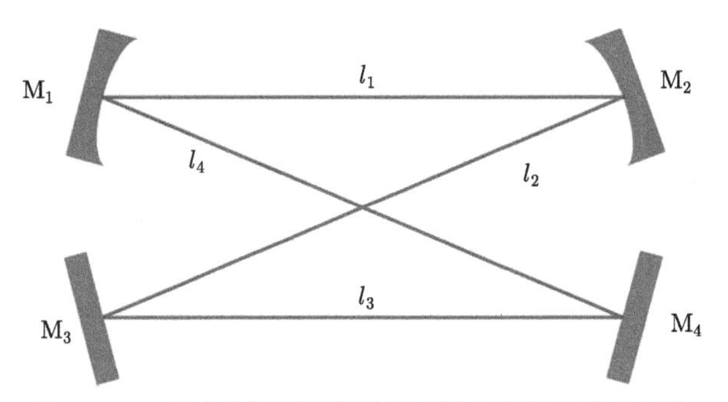

图 6.2.1 连续单频可调谐钛宝石激光器谐振腔的结构

以凹面镜 M_2 为参考，正向行波 (设为沿镜 $M_2\to M_3\to M_4\to M_1\to M_2$ 方向) 等效周期性薄透镜序列如图 6.2.2 所示，则展开矩阵为

$$M=\begin{pmatrix} A & B \\ C & D \end{pmatrix}=\begin{pmatrix} 1 & l_1 \\ 0 & 1 \end{pmatrix}\begin{pmatrix} 1 & 0 \\ -\dfrac{2}{\rho_1} & 1 \end{pmatrix}\begin{pmatrix} 1 & l_4+l_3+l_2 \\ 0 & 1 \end{pmatrix}\begin{pmatrix} 1 & 0 \\ -\dfrac{2}{\rho_2} & 1 \end{pmatrix} \tag{6.2.1}$$

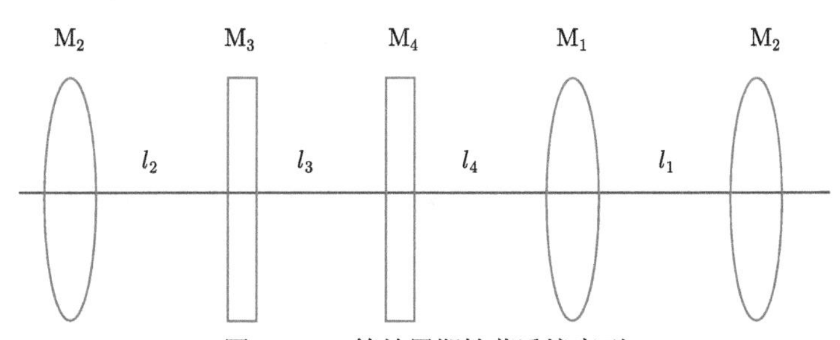

图 6.2.2 等效周期性薄透镜序列

其中，$l_2+l_3+l_4=L-l_1$，从而有

$$A=1-\frac{2l_1}{\rho_1}-\frac{2\left[l_1+(L-l_1)\left(1-\frac{2l_1}{\rho_1}\right)\right]}{\rho_2} \tag{6.2.2}$$

$$B=l_1+(L-l_1)\left(1-\frac{2l_1}{\rho_1}\right) \tag{6.2.3}$$

$$C=-\frac{2}{\rho_1}-\frac{2\left(1-\frac{2(L-l_1)}{\rho_1}\right)}{\rho_2} \tag{6.2.4}$$

$$D=1-\frac{2(L-l_1)}{\rho_1} \tag{6.2.5}$$

通过上述计算，可以得到钛宝石激光器谐振腔总长度 L 不同时，激光器的稳区以及振荡光在钛宝石晶体中心处的腰斑大小与两凹面镜之间距离 l_1 的关系，如图 6.2.3 和图 6.2.4 所示。

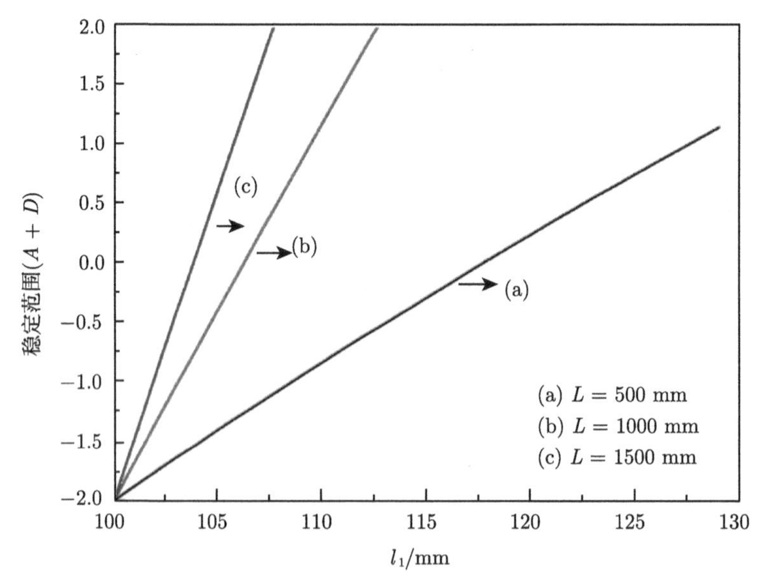

图 6.2.3　不同腔长下，激光器稳区随两凹面镜之间距离 l_1 的变化关系

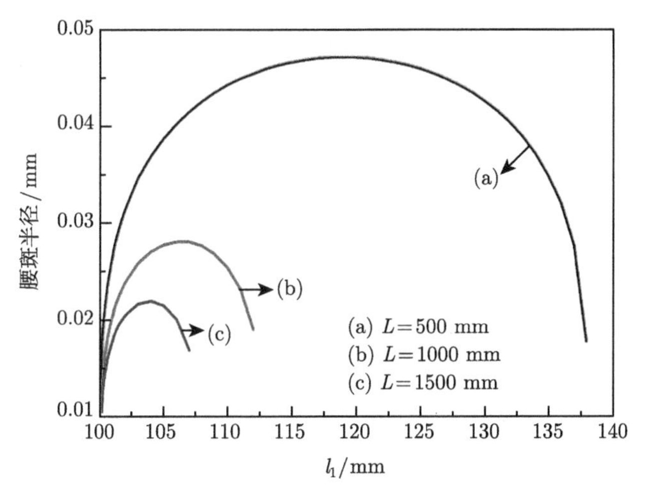

图 6.2.4　不同腔长下，振荡光在钛宝石晶体中心处腰斑随两凹面镜之间距离 l_1 的变化关系

6.2.2 钛宝石四镜环形谐振腔的像散补偿

在环形谐振腔内放入增益晶体钛宝石晶体之后，连续单频可调谐钛宝石激光器中的像散来源主要有两个：布儒斯特角切割的钛宝石增益晶体和离轴放置的两凹面谐振腔腔镜。要想获得高效高功率的激光输出，就是要二者的像散得以相互补偿，而将整个激光谐振腔看成没有像散的腔型设计。在分臂中，光束与晶体表面成布儒斯特角入射时，在子午面和弧矢面上有

$$2l_0 + l_{\mathrm{t}} = \frac{\rho_1}{2}\cos\theta + \frac{\rho_2}{2}\cos\theta + \varDelta_{\mathrm{t}} \tag{6.2.6}$$

$$2l_0 + l_{\mathrm{s}} = \frac{\rho_1}{2}\sec\theta + \frac{\rho_2}{2}\sec\theta + \varDelta_{\mathrm{s}} \tag{6.2.7}$$

式中，l_0 为凹面镜与晶体端面之间的距离，$\varDelta_{\mathrm{t}}$ 和 $\varDelta_{\mathrm{s}}$ 分别为子午面和弧矢面上的调整量，θ 为光束在凹面镜 M_1 和 M_2 上的入射角。实现像散补偿的条件就是在子午面和弧矢面上的调整量应相等，即

$$\varDelta_{\mathrm{t}} = \varDelta_{\mathrm{s}} \tag{6.2.8}$$

将公式 (6.2.6) 和 (6.2.7) 代入式 (6.2.8) 后有

$$\rho\sin\theta\tan\theta = \frac{(n^2-1)l}{n^3} \tag{6.2.9}$$

当 $\rho = 100$ mm，$n = 1.76$ 时，可以得到光束在两凹面镜上的入射角度 θ 随钛宝石晶体长度的变化关系，如图 6.2.5 所示，从中可以看出，当钛宝石晶体的长度为 20 mm 时，光束在两凹面镜上的入射角度为 15.8°，即可获得很好的像散补偿。

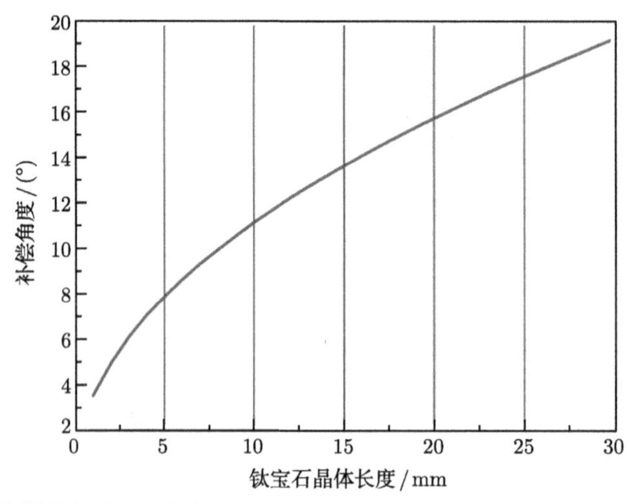

图 6.2.5 像散补偿时，光束在两凹面镜上的入射角度随钛宝石晶体长度的变化关系

6.2.3 像散补偿的环形谐振腔

将布儒斯特角切割的钛宝石晶体置于两凹面镜之间，两凹面镜在谐振腔中的放置角度为 θ，我们获得如图 6.2.6 所示的四镜环形谐振腔结构，同样以凹面镜 M_2 为参考，正向行波 (设为沿镜 $M_2 \to M_3 \to M_4 \to M_1 \to$Ti: S$\to M_2$ 方向) 等效周期性薄透镜序列如图 6.2.7 所示。

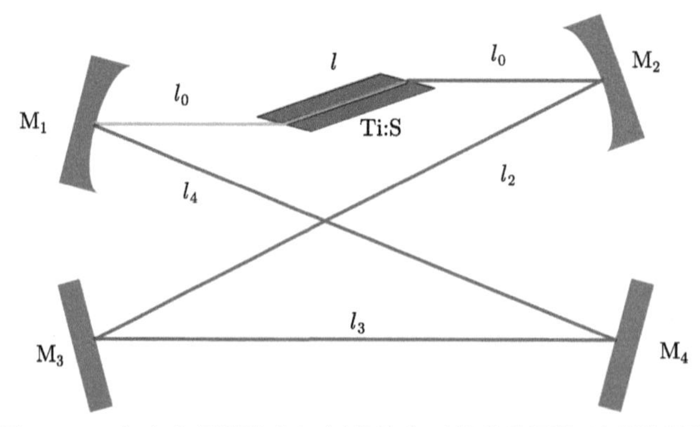

图 6.2.6 包含布儒斯特角切割的钛宝石晶体的四镜环形谐振腔

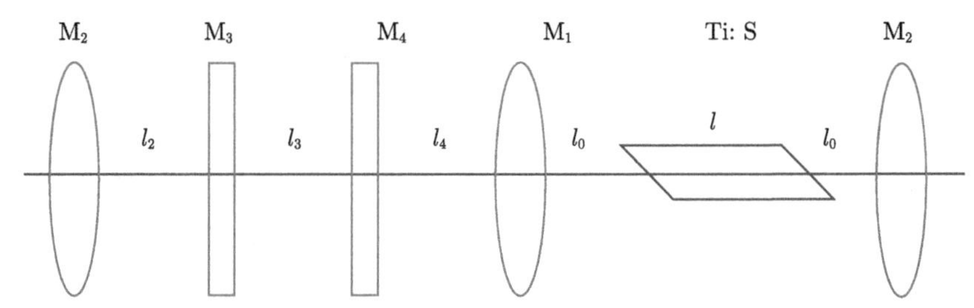

图 6.2.7　内置钛宝石晶体的四镜环形谐振腔等效周期性薄透镜序列

展开的环绕矩阵为

$$M_{\mathrm{t}}=\begin{pmatrix}A_{\mathrm{t}} & B_{\mathrm{t}}\\ C_{\mathrm{t}} & D_{\mathrm{t}}\end{pmatrix}$$

$$=\begin{pmatrix}1 & 2l_0+l_{\mathrm{t}}\\ 0 & 1\end{pmatrix}\begin{pmatrix}1 & 0\\ -\dfrac{2}{\rho_1\cos\theta} & 1\end{pmatrix}\begin{pmatrix}1 & L-(2l_0+l_{\mathrm{t}})\\ 0 & 1\end{pmatrix}\begin{pmatrix}1 & 0\\ -\dfrac{2}{\rho_2\cos\theta} & 1\end{pmatrix}\tag{6.2.10}$$

$$M_{\mathrm{s}}=\begin{pmatrix}A_{\mathrm{s}} & B_{\mathrm{s}}\\ C_{\mathrm{s}} & D_{\mathrm{s}}\end{pmatrix}$$

$$=\begin{pmatrix}1 & 2l_0+l_{\mathrm{s}}\\ 0 & 1\end{pmatrix}\begin{pmatrix}1 & 0\\ -\dfrac{2\cos\theta}{\rho_1} & 1\end{pmatrix}\begin{pmatrix}1 & L-(2l_0+l_{\mathrm{s}})\\ 0 & 1\end{pmatrix}\begin{pmatrix}1 & 0\\ -\dfrac{2\cos\theta}{\rho_2} & 1\end{pmatrix}\tag{6.2.11}$$

这样就可以得到激光器在子午面和弧矢面上的稳区以及腰斑。

图 6.2.8 和图 6.2.9 给出了两凹面镜放置的角度 $\theta=0°$ 时，激光器在子午面和弧矢面上的稳区和腰斑的变化曲线。

从图 6.2.8 和 6.2.9 中可以看出，二者的稳区和腰斑相差均比较大，而整个激光器的稳区只是二者的交叉部分，范围很小，不利于激光器的高效稳定运转。图 6.2.10 和图 6.2.11 给出了两凹面镜放置角度为 $\theta=15.76°$ 时，激光器在子午面和弧矢面上的稳区和腰斑的变化曲线，从图 6.2.10 和图 6.2.11 中可以发现，利用补偿公式 (6.2.15) 计算得到的像散补偿角，也只是将子午面和弧矢面在稳区的下沿重合，并不能保证二者的稳区完全重合，而且弧矢面的稳区要大于子午面的稳区。但是，经过补偿，激光器工作的稳区明显变大，同时在钛宝石晶体中心处的腰斑，子午面上和弧矢面上也相差较小，有利于激光器稳定高效地运转。同时，也可以发现，子午面和弧矢面的腰斑在 ρ 附近能比较好地重叠，随着 l_0 的增大，逐渐分开。综合上述分析，实验中，l_1 应取在 ρ 附近，这时腔为一近共焦腔，此时，子午面和弧矢面的腰斑近似重合，且随 l_1 的变化比较缓慢，L 的取值范围比较宽，但太大和太小都会影响到腰斑的匹配，从而降低转换效率，又带来调整的困难，所以 L 常取 1000 mm 附近，有利于系统的调整。

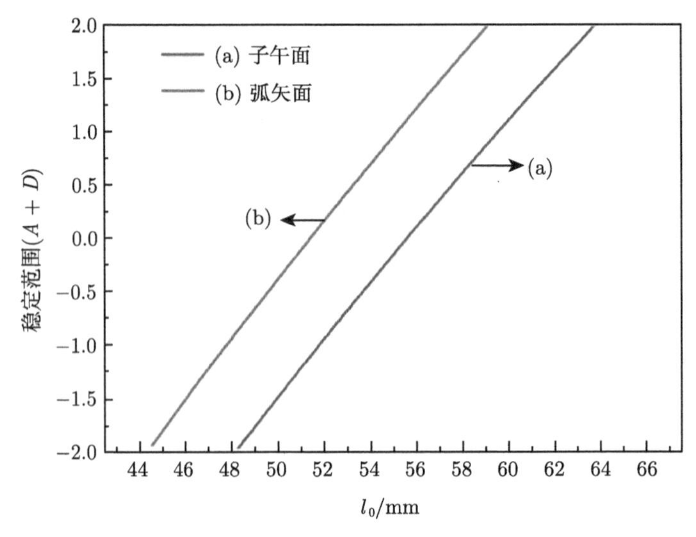

图 6.2.8　$\theta=0°$ 时，激光器的稳区

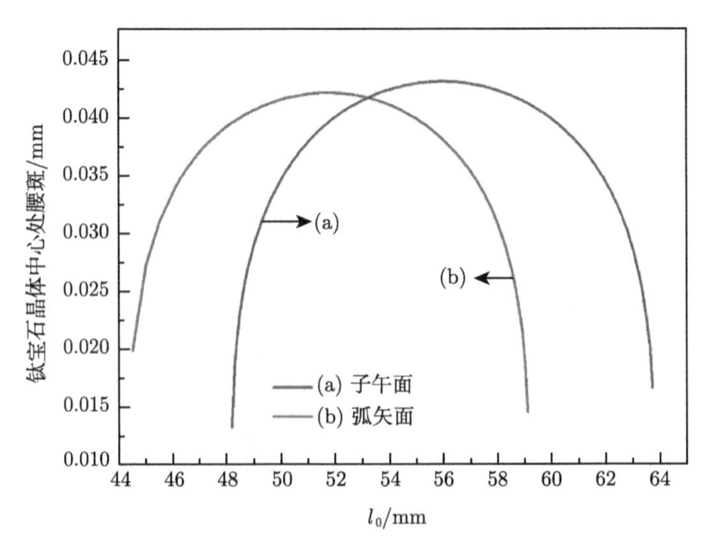

图 6.2.9　$\theta=0°$ 时，钛宝石晶体中心处的腰斑

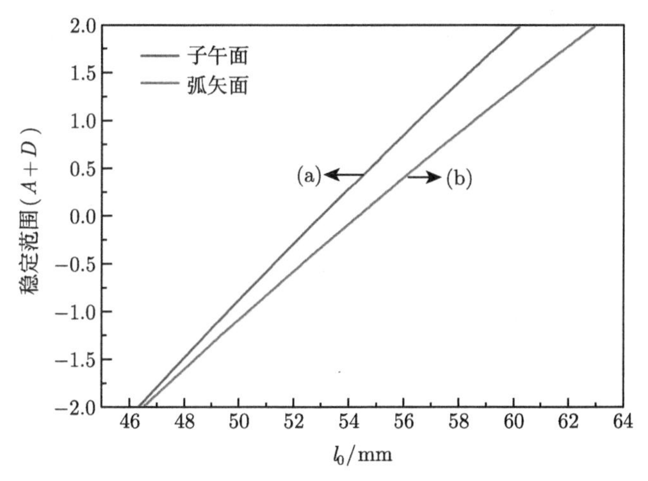

图 6.2.10 $\theta = 15.76°$ 时，激光器的稳区

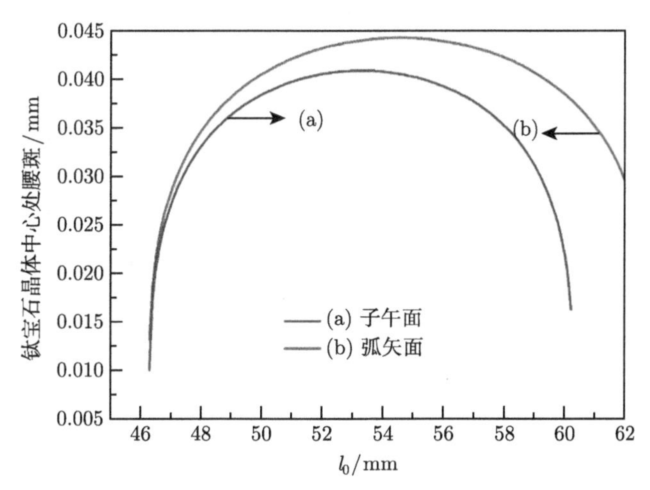

图 6.2.11 $\theta = 15.76°$ 时，钛宝石晶体中心处的腰斑

6.3 单向运转方法

6.3.1 宽带光学单向器

在波长单一的全固态单频连续波单激光器中，光学单向器通常由外加磁场的磁致旋光晶体和半波片组成即可。但是在全固态单频连续波宽带激光器中，为了保证激光器在所有波长范围内均实现稳定的单向运转，必须设计宽带光学单向器。对于宽带光学单向器，理想的情况是在所使用的波长范围内，只对反向行波造成损耗，并使之被抑制，对于希望运行的正向行波则无损耗或损耗极小。

1987 年，Roy 等采用两个布儒斯特角切割的石英声光调制器 (AOM) 作为宽带单向器，在环形 Ti:S 激光器中实现了单向行波运行，然而这种单向器的结构过于复杂 [15]。1979 年，Jarrett 和 Young 采用 FR-5 玻璃作为法拉第磁致旋光介质，旋光石英晶片作为补偿片构成了色散补偿型宽带单向器，获得了高效单向运转的环形染料激光器 [16]。1980 年，Johnston 和 Proffitt 则采用 SF-2 玻璃作为磁致旋光介质，旋光石英晶片作为补偿片构成了宽带单向器，在环形染料激光器中从 425 nm 到 810 nm 波长范围内实现了单向行波运转 [17,18]。而在全固态单频连续波钛宝石激光器中，目前均是采用 TGG 作为磁致旋光介质来制作色散补偿型宽带单向器。在第 1 章中已经知道，TGG 在近红外波段 700~3000 nm 与熔融石英、FR-5 玻璃及 SF-2 玻璃等介质相比有更强的磁致旋光能力，而且对光的吸收亦较小。当 TGG 被加工成棒状，长度为 5mm，棒的两通光端面切成布儒斯特角 (对于 800 nm，θ_B ~63°)。利用第 1 章中 TGG 磁致旋光色散和石英晶体的自然旋光色散的数据以及磁致旋光和自然旋光公式，对于 5 mm 长的 TGG 棒，当外加磁场的强度为 990 Gs 时，通过优化旋光石英晶片的厚度，经最小二乘法可以得到各自分别对于线偏振光的偏振面所旋转的角度随波长而变化的数据 [19]，如图 6.3.1 所示。从图中可以看出，在 700~1000 nm 波长范围内，5 mm 长的 TGG 棒与 990 Gs 的永磁场所构成的法拉第旋转器对线偏振光的偏振面旋转的角度可与 0.18 mm 厚的旋光石英晶片对偏振面旋转的角度相吻合，其中 720~960 nm 范围内二者可以补偿得最好；通过二者适当配合，即可在上述波长范围内用作宽带单向器。上述角度补偿得越好，则单向器对所希望运行的正向行波的损耗也就越小。

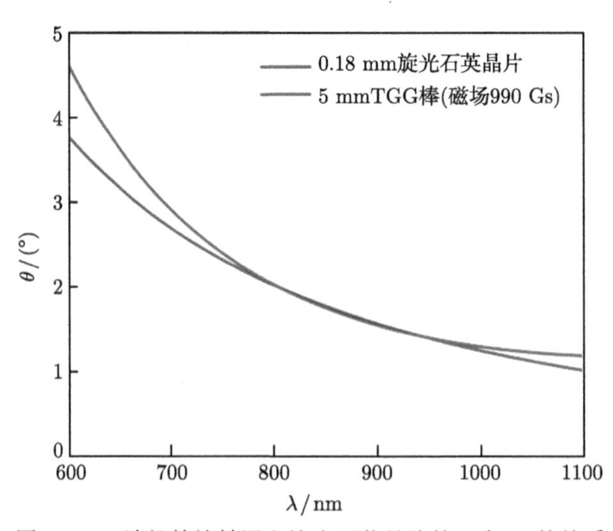

图 6.3.1　法拉第旋转器和旋光石英晶片的 θ 与 λ 的关系

实际上单向器中的永磁体选用了钕铁硼磁性材料，加工成适当尺寸的环状，其中心轴线上的磁感应强度约为 990 Gs。钕铁硼磁性材料是一种比常用的钐钴合金稀土磁性材料性能更好的新型材料，用较小的磁体即可获得上千高斯的磁感应强度。我们所设计的宽带单向器的结构示意图见图 6.3.2。光束总是以布儒斯特角入射到旋光石英晶片和法拉第旋转器中的 TGG 棒上。当波长调谐时，只需对布儒斯特角作相应的微调修正，即可达到满意的效果。

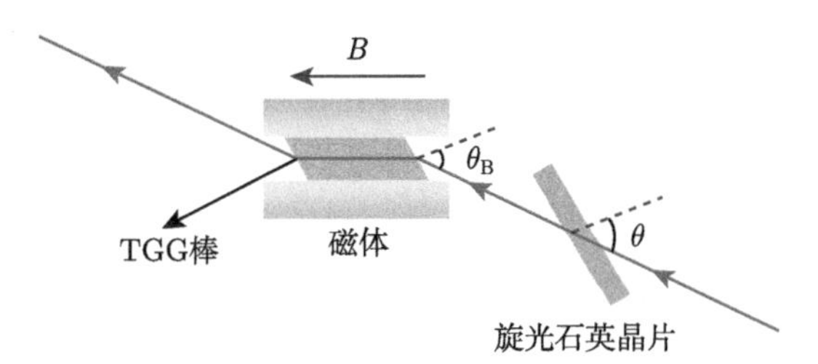

图 6.3.2 色散补偿型宽带单向器的结构示意图

6.3.2 自注入锁定激光技术

实现环形谐振腔单向运转的另一种方法是自注入锁定技术 [20]。自注入锁定的方法是通过在腔外使用一个反射装置将激光输出光束之一反射回环形腔来代替传统的宽带光学单向器 OD 或额外的种子光注入激光器来实现钛宝石在可调谐范围内稳定的单向单频输出。其基本原理是利用自注入过程将一个方向的损耗尽量降低，而另一个方向由于输出耦合镜的透射具有较大的损耗，由于两个方向的损耗不同，从而实现激光器的单向运行。为了研究激光器单向运行所需的损耗差，在自注入光路上可以插入损耗标定的元件。标定损耗的装置如图 6.3.3 所示，包括半波片、棱镜 (PBS)、1/4 波片 (QWP)、高反镜。

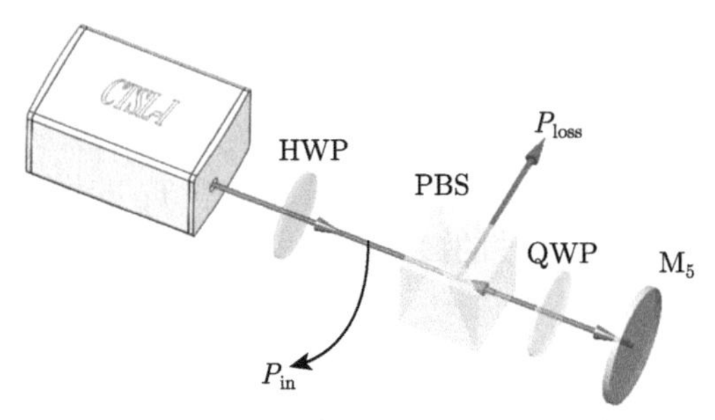

图 6.3.3 反馈装置损耗标定装置图

具体实施方法如下，首先用另一台自制的钛宝石激光器 (CTSL-I，Yuguang Co.，Ltd) 对反射装置引入的光损耗进行标定，先在激光输出端加一个半波片来校准输出激光的偏振方向使其几乎可以无损耗地进入反射装置，然后在半波片的后边用功率计测量注入功率 P_{in}，再将功率计固定在装置图 P_{loss} 的位置，通过旋转四分之一波片来改变激光的偏振方向与四分之一波片长轴之间的夹角，记录四分之一波片的角度与 P_{loss} 的对应值。记录并处理得到不同功率下反射装置引入的损耗。结果如图 6.3.4 所示，横坐标表示四分之一波片的角度，纵坐标是反射装置引入的激光损耗与注入激光的比值 ($P_{\text{loss}}/P_{\text{in}}$)，我们将其表示为反射装置的光透射率 T_2。

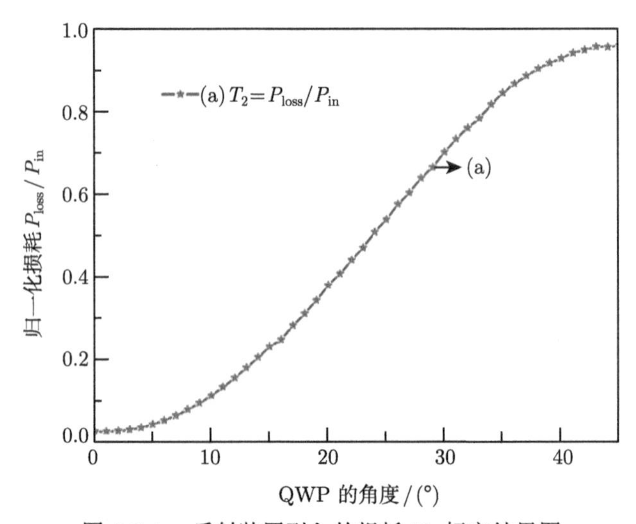

图 6.3.4　反射装置引入的损耗 T_2 标定结果图

其中，高反镜 M_5 将钛宝石激光器输出光束中的反向波反馈回环形腔，作为种子光注入，同时这也是反射装置实现激光器单向运转的核心。四分之一波片和棱镜组合的使用是为了改变反向波反射回激光器的强度，即改变反射镜的反射率。采用腔外反射装置代替腔内宽带光学单向器来实现钛宝石激光器稳定单向运转的决定性因素是输出耦合镜的透射率，而且为了实现激光器稳定单向运转，需要由反射装置引入的损耗临界值随着输出耦合镜透射率 T_1 的增大而增大。

如果假设谐振腔内正反向波的激光强度相等，即

$$I_+ = I_- \tag{6.3.1}$$

我们用 I_1 和 I_2 分别表示谐振腔有、无反射装置方向的输出激光强度，即有

$$I_1 = I_+ T_1 T_2, \quad I_2 = I_- T_1 \tag{6.3.2}$$

式中，T_1 表示输出耦合镜的透射率，T_2 表示反射装置的透射率。则两个方向的输

出激光因输出耦合镜和反射装置而引入的光损耗 L_1 和 L_2 分别为

$$L_1 = I_1/I_+ = T_1T_2, \quad L_2 = I_2/I_- = T_1 \tag{6.3.3}$$

所以，由公式可得，两个方向的光损耗差 ΔL 为

$$\Delta L = L_2 - L_1 = T_1(1 - T_2) \tag{6.3.4}$$

将实验结果代入上式，可以得出使用透射率分别为 3.5%、5.5%、6.5%和 11%时，两个方向的耦合损耗差分别为 3.5%、5.5%、6.18%和 9.06%。结果说明，当两个方向的损耗差大于 6.18%时，可实现连续单频可调谐激光器的单向运转。

6.4 宽带调谐技术

6.4.1 双折射滤波片

双折射滤波片 (birefringent filter，BRF) 的发展历史可以追溯到 1933 年，最初是由法国天文学家 Loyt 发明的，主要用于太阳的单色光观测 [21]。1944 年，Loyt 就曾对单片双折射滤波片的调谐理论作过较为全面的总结，为后续拓展其应用奠定了基础 [22]。1947 年，Billings 提出通过改变双折射滤波片的光轴朝向，可以改变其透射峰的波长，以获得所期望的谱线范围 [23]。到 1949 年，Evans 提出采用多片双折射滤波片组合使用可以将透射光的谱宽压窄至几个纳米的范围 [24]。以上一系列工作为双折射滤波片在激光领域的应用提供了很好的参考。

与此同时，激光技术的迅猛发展为双折射滤波片在激光技术领域的应用提供了契机。自 1960 年首台红宝石激光器诞生以来，人们就踏上了探索宽带激光增益介质的征程。直到 Sorokin 和 Schafer 发明了染料激光器，如何有效利用宽带激光增益介质的增益谱宽来实现不同波长激光输出成为人们关注的热点问题。而 Loyt 型滤波片具有色散大、损耗小、尺寸小、损伤阈值高、工作可靠和价格低廉等优点，恰如其分地满足了这一需求。

双折射滤波片 (BRF) 的结构示意图如图 6.4.1 所示。

当线偏振光通过 BRF 时，由于晶体中 o 光 (ordinary) 和 e 光 (extraordinary) 的相位差对不同波长而言各不相同，在同一条件下，某些波长的偏振方向不变，而另一些波长却变成椭圆偏振光，偏振方向不变的光在腔内多次往返传输，损耗极小，能够起振，其他的则因损耗较大而被抑制掉了。通过调节 BRF 的方位，改变入射波矢量与 BRF 光轴的夹角，不同波长的光波在 BRF 内非常光的折射率也随之改变，于是可以连续调节激光器的起振波长，在很宽的范围内调谐。

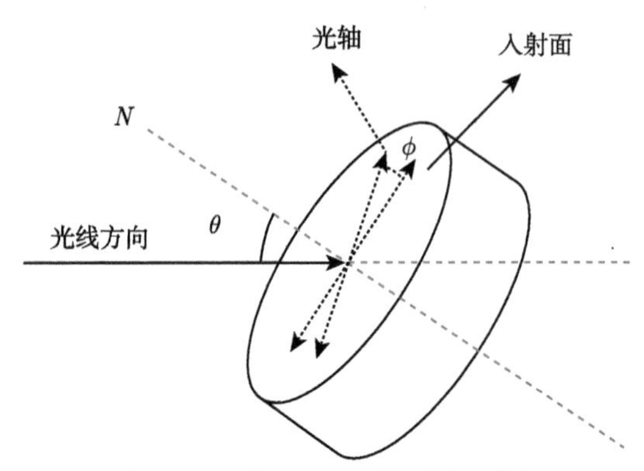

图 6.4.1　单片 BRF 的结构示意图

当一偏振光 $E = E_0\cos(\omega t - kx)$ 垂直光轴入射到 BRF 上时，即图 6.4.1 中 $\theta = 0°$。如果入射光偏振方向与光轴成 45° 角，出射光将分成振幅相等、偏振方向相互垂直的两个分量：o 光和 e 光。两偏振分量分别为

$$\begin{cases} E_y = E_{y0}\cos(\omega t - k_{\mathrm{e}}d) \\ E_z = E_{z0}\cos(\omega t - k_{\mathrm{o}}d) \end{cases} \tag{6.4.1}$$

式中，$k_{\mathrm{o}} = n_{\mathrm{o}}k$、$n_{\mathrm{o}} = c/\nu_{\mathrm{o}}$、$\nu_{\mathrm{o}}$ 分别为寻常光波数、折射率和相速度；$k_{\mathrm{e}} = n_{\mathrm{e}}k$、$n_{\mathrm{e}} = c/\nu_{\mathrm{e}}$、$\nu_{\mathrm{e}}$ 分别为非常光波数、折射率和相速度；d 为晶体厚度，并有 $E_{y\mathrm{o}} = E_{z\mathrm{o}}$。而它们之间的相位差为

$$\delta = \frac{2\pi(n_{\mathrm{o}} - n_{\mathrm{e}})d}{\lambda} = k(n_{\mathrm{o}} - n_{\mathrm{e}})d \tag{6.4.2}$$

通过 BRF 后，出射光的两偏振分量相叠加后强度为

$$I = I_0\cos^2\frac{\delta}{2} \tag{6.4.3}$$

其透射光强度完全由相位差所决定，将式 (6.4.2) 代入式 (6.4.3) 后，有

$$T(\lambda) = \frac{I}{I_0} = \cos^2\frac{\pi(n_{\mathrm{o}} - n_{\mathrm{e}})d}{\lambda} \tag{6.4.4}$$

从上式中可以看出，最大透射的光波长与晶体双折射率差 $\Delta n = n_{\mathrm{o}} - n_{\mathrm{e}}$ 和 BRF 的厚度有关。因此，改变这两个参数，即可选择最大透射光波长，实现激光调谐。

实际使用的 BRF 通常由石英晶体制成，图 6.4.2 表示的就是双折射滤波片石英晶片在实际应用中的使用方法。(a) 表示的是入射光线垂直于石英片，而光轴位

于晶体表面内，并且与 x 轴方向平行。这样，在 x 轴方向上的线偏振光的折射率为 n_e，在 y 方向上的线偏振光的折射率为 n_o。利用 Jones 矩阵，可以分别定义 x 和 y 方向的线偏振光为

$$\begin{bmatrix} 1 \\ 0 \end{bmatrix} \quad 和 \quad \begin{bmatrix} 0 \\ 1 \end{bmatrix}$$

当光线通过如图 6.4.2(a) 所示的石英片后，两分量的强度并不会改变，因此 Jones 矩阵可以表示为

$$M = \begin{bmatrix} \exp(\mathrm{i}\delta_x) & 0 \\ 0 & \exp(\mathrm{i}\delta_y) \end{bmatrix} \tag{6.4.5}$$

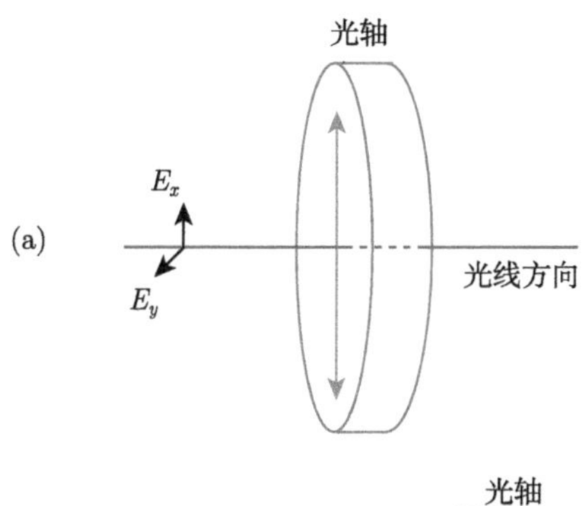

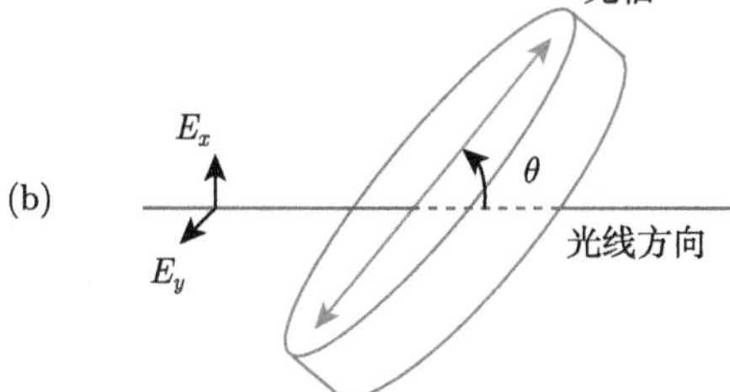

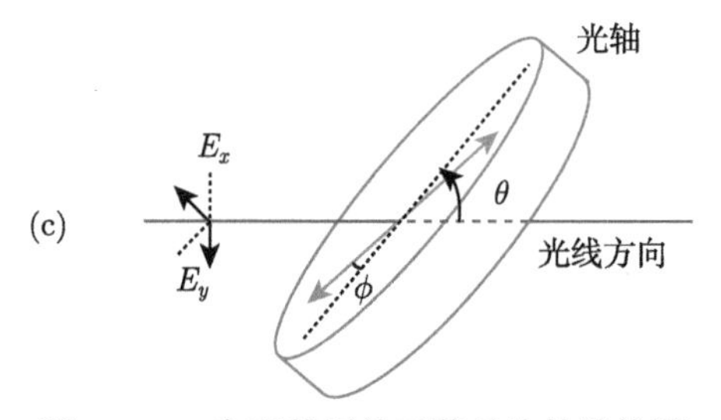

图 6.4.2 实际使用的石英晶片的结构图

其中，δ_x 和 δ_y 表示光线通过石英晶体后，x 方向和 y 方向偏振的相位改变。当石英片以 y 轴为中心旋转 $90° - \theta$，如图 6.4.2(b) 所示，x 方向和 y 方向偏振仍然是石英片的本征方程，Jones 矩阵可以表示为

$$M = \begin{bmatrix} \exp\left[\mathrm{i}\delta_x(\theta)\right] & 0 \\ 0 & \exp\left[\mathrm{i}\delta_y(\theta)\right] \end{bmatrix} \tag{6.4.6}$$

其中，$\delta_x(\theta)$ 和 $\delta_y(\theta)$ 表示光线通过倾斜的石英晶体后，x 方向和 y 方向偏振的相位改变。

如果石英片以其表面的法线为轴进一步旋转，如图 6.4.2(c) 所示，石英片的本征方程不再是简单的 x 偏振方向和 y 偏振方向，其 Jones 矩阵表示为

$$M = \begin{bmatrix} \exp\left[\mathrm{i}\delta_{\mathrm{e}}(\theta,\phi)\right] & 0 \\ 0 & \exp\left[\mathrm{i}\delta_{\mathrm{o}}(\theta,\phi)\right] \end{bmatrix} \tag{6.4.7}$$

此时，δ_{e} 和 δ_{o} 与角度 θ 和 ϕ 有关，可以表示为

$$\delta_{\mathrm{e}}(\theta,\phi) = \frac{2\pi}{\lambda} n_{\mathrm{e}}(\beta) d_{\mathrm{e}}(\beta) \tag{6.4.8}$$

$$\delta_{\mathrm{o}}(\theta,\phi) = \frac{2\pi}{\lambda} n_{\mathrm{o}}(\beta) d_{\mathrm{o}}(\beta) \tag{6.4.9}$$

其中，β 表示折射光线与石英片光轴之间的夹角，如图 6.4.3 所示。则非常光和寻常光的折射率可以表示为

$$n_{\mathrm{e}}(\beta) = \left[\frac{\cos^2\beta}{n_{\mathrm{o}}^2} + \frac{\sin^2\beta}{n_{\mathrm{e}}^2}\right]^{-\frac{1}{2}} \tag{6.4.10}$$

$$n_{\mathrm{o}}(\beta) = n_{\mathrm{o}} \tag{6.4.11}$$

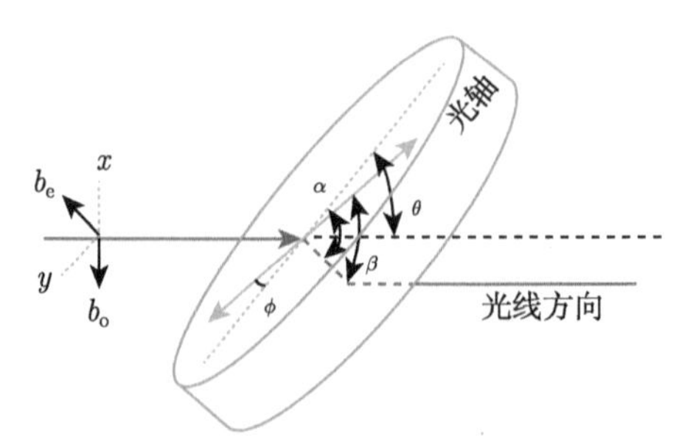

图 6.4.3　偏振光线在石英片中的传输示意图

在石英片中，非常光和寻常光的光程可以表示为

$$d_{\mathrm{e}}(\beta)=\frac{n_{\mathrm{e}}(\beta)t}{[n_{\mathrm{e}}^2(\beta)-\cos^2\theta]^{1/2}} \tag{6.4.12}$$

$$d_{\mathrm{o}}(\beta)=\frac{n_{\mathrm{o}}t}{[n_{\mathrm{o}}^2-\cos^2\theta]^{1/2}} \tag{6.4.13}$$

将式 (6.4.10)~(6.4.13) 代入式 (6.4.8) 和式 (6.4.9) 中，可以得到

$$\delta_{\mathrm{e}}(\theta,\phi)=\frac{2\pi n_{\mathrm{e}}(\beta)t}{\lambda\left[1-\dfrac{\cos^2\theta}{n_{\mathrm{e}}^2(\beta)}\right]^{1/2}} \tag{6.4.14}$$

$$\delta_{\mathrm{o}}(\theta,\phi)=\frac{2\pi n_{\mathrm{o}}t}{\lambda\left[1-\dfrac{\cos^2\theta}{n_{\mathrm{o}}^2}\right]^{1/2}} \tag{6.4.15}$$

而式 (6.4.10) 可以表示为

$$n_{\mathrm{e}}(\beta)=n_{\mathrm{e}}\left[1+\frac{\cos^2\theta\cos^2\phi}{n_{\mathrm{e}}^2}-\frac{\cos^2\theta\cos^2\phi}{n_{\mathrm{o}}^2}\right]^{1/2} \tag{6.4.16}$$

这样，可以将式 (6.4.14) 改写为

$$\delta_{\mathrm{e}}(\theta,\phi)=\frac{2\pi n_{\mathrm{e}}(\beta)t\left[1+\dfrac{\cos^2\theta\cos^2\phi}{n_{\mathrm{e}}^2}-\dfrac{\cos^2\theta\cos^2\phi}{n_{\mathrm{o}}^2}\right]}{\lambda\left[1-\dfrac{\cos^2\theta\cos^2\phi}{n_{\mathrm{e}}^2}-\dfrac{\cos^2\theta\cos^2\phi}{n_{\mathrm{o}}^2}\right]^{1/2}} \tag{6.4.17}$$

在上面的讨论中，均在 b_{o} 和 b_{e} 坐标内讨论，我们需要将其换算到 x-y 坐标系内。

b_{o} 和 b_{e} 的矩阵形式可以表示为

$$b_{\mathrm{e}}=(1-\cos^2\phi\cos^2\alpha)^{-\frac{1}{2}}[\cos\phi\sin\alpha,\sin\phi,0] \tag{6.4.18}$$

$$b_{\mathrm{o}}=(1-\cos^2\phi\cos^2\alpha)^{-\frac{1}{2}}[\sin\phi,-\cos\phi\sin\alpha,0] \tag{6.4.19}$$

将 b_{o} 和 b_{e} 变换到 x-y 坐标系内的传输矩阵 T 可以表示为

$$T=(1-\cos^2\phi\cos^2\alpha)^{-\frac{1}{2}}\begin{bmatrix}\cos\phi\sin\alpha & \sin\phi\\ \sin\phi & -\cos\phi\sin\alpha\end{bmatrix} \tag{6.4.20}$$

这样，在 x-y 坐标系内表示的 Jones 矩阵为

$$M=(1-\cos^2\phi\cos^2\alpha)^{-1}\begin{bmatrix} a\cos^2\phi\sin^2\alpha+b\sin^2\phi & (a-b)\sin\phi\cos\phi\sin\alpha \\ (a-b)\sin\phi\cos\phi\sin\alpha & a\sin^2\phi+b\cos^2\phi\sin^2\alpha \end{bmatrix} \tag{6.4.21}$$

其中，

$$a=\exp[\mathrm{i}\delta_{\mathrm{e}}(\theta,\phi)] \tag{6.4.22}$$

$$b=\exp[\mathrm{i}\delta_{\mathrm{o}}(\theta,\phi)] \tag{6.4.23}$$

$$\cos\alpha\approx\frac{\cos\theta}{n_{\mathrm{o}}} \tag{6.4.24}$$

则在 x-y 坐标系内最后表示的 Jones 矩阵为

$$\begin{aligned} M(\theta,\phi)=&(n_{\mathrm{o}}^2-\cos^2\phi\cos^2\theta)^{-1}\\ &\times\begin{bmatrix} \exp(\mathrm{i}\delta_{\mathrm{e}})(n_{\mathrm{o}}^2-\cos^2\theta)\cos^2\phi & [\exp(\mathrm{i}\delta_{\mathrm{e}})-\exp(\mathrm{i}\delta_{\mathrm{o}})]n_{\mathrm{o}}\sin\phi \\ +\exp(\mathrm{i}\delta_{\mathrm{o}})n_{\mathrm{o}}^2\sin^2\phi & \times\cos\phi(n_{\mathrm{o}}^2-\cos^2\theta)^{\frac{1}{2}} \\ [\exp(\mathrm{i}\delta_{\mathrm{e}})-\exp(\mathrm{i}\delta_{\mathrm{o}})]n_{\mathrm{o}}\sin\phi & \exp(\mathrm{i}\delta_{\mathrm{e}})n_{\mathrm{o}}^2\sin^2\phi \\ \times\cos\phi(n_{\mathrm{o}}^2-\cos^2\theta)^{\frac{1}{2}} & +\exp(\mathrm{i}\delta_{\mathrm{o}})(n_{\mathrm{o}}^2-\cos^2\theta)\cos^2\phi \end{bmatrix} \end{aligned} \tag{6.4.25}$$

当倾斜的石英片在谐振腔内作可调谐元件时，入射到石英片表面的光线的偏振为水平偏振，则经过石英片传输，出射光束的偏振可以表示为

$$\begin{bmatrix} E_{\mathrm{TE}} \\ E_{\mathrm{TM}} \end{bmatrix}=M(\theta,\phi)\begin{bmatrix} 0 \\ 1 \end{bmatrix} \tag{6.4.26}$$

该偏振方向的振幅可以表示为

$$E_{\mathrm{TM}}=[n_{\mathrm{o}}^2-\cos^2\phi\cos^2\theta]^{-1}[\exp(\mathrm{i}\delta_{\mathrm{e}})n_{\mathrm{o}}^2\sin^2\phi+\exp(\mathrm{i}\delta_{\mathrm{o}})(n_{\mathrm{o}}^2-\cos^2\theta)\cos^2\phi] \tag{6.4.27}$$

而其强度可以用 I_{TM} 表示，所以 $I_{\mathrm{TM}}=E_{\mathrm{TM}}E_{\mathrm{TM}}*$，石英片单程透射率的表达式可以表示为

$$\begin{aligned} T(\lambda)=&1-\sin^2(2\phi)\frac{n_{\mathrm{o}}^4-n_{\mathrm{o}}^2\cos^2\theta}{(n_{\mathrm{o}}^2-\cos^2\phi\cos^2\theta)^2}\\ &\times\sin^2\left\{\frac{\pi d}{\lambda}\frac{n_{\mathrm{e}}[1+\cos^2\theta\cos^2\phi/n_{\mathrm{e}}^2-\cos^2\theta\cos^2\phi/n_{\mathrm{o}}^2]}{[1-\cos^2\theta\sin^2\phi/n_{\mathrm{e}}^2-\cos^2\theta\cos^2\phi/n_{\mathrm{o}}^2]^{\frac{1}{2}}}-\frac{\pi d}{\lambda}\frac{n_{\mathrm{o}}}{[1-\cos^2\theta/n_{\mathrm{o}}^2]^{\frac{1}{2}}}\right\} \end{aligned} \tag{6.4.28}$$

从公式 (6.4.28) 可以看出，首先，当

$$\phi = \frac{m\pi}{2} \tag{6.4.29}$$

m 为整数时，$T(\lambda) = 1$。此时，所有波长光的透射率均为 1。双折射滤波片没有波长选择功能，即没有调谐作用。

而当

$$\frac{d}{\lambda}\left\{\frac{n_{\mathrm{e}}[1+\cos^2\theta\cos^2\phi/n_{\mathrm{e}}^2-\cos^2\theta\cos^2\phi/n_{\mathrm{o}}^2]}{[1-\cos^2\theta\sin^2\phi/n_{\mathrm{e}}^2-\cos^2\theta\cos^2\phi/n_{\mathrm{o}}^2]^{\frac{1}{2}}}-\frac{n_{\mathrm{o}}}{[1-\cos^2\theta/n_{\mathrm{o}}^2]^{\frac{1}{2}}}\right\}=m \tag{6.4.30}$$

m 不为整数时，只有特定波长的光通过双折射滤波片时，透射率才为 1，此时的双折射滤波片才有波长选择特性，即双折射滤波片具有调谐功能。利用公式 (6.4.30) 及我们在实验中选取的双折射滤波片 (厚度分别为 1 mm、2 mm 和 4 mm) 的调谐曲线如图 6.4.4 所示。从图中可以看出，通过旋转双折射滤波片的光轴方向可以改变激光器的振荡光波长；而且三片双折射滤波片的厚度成比例，因此在较厚的两片中的调谐曲线形状和位置均和最薄一片的调谐曲线完全重合。

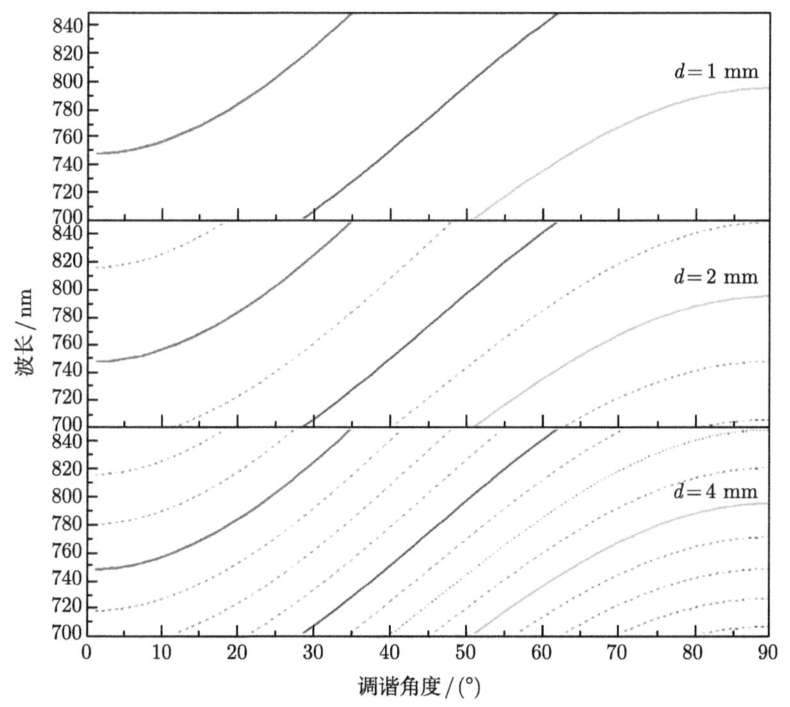

图 6.4.4 厚度分别为 1 mm、2 mm 和 4 mm 的三片组合式双折射波片的调谐曲线

图 6.4.4 只能反映双折射滤波片的调谐能力，而对于其在激光器中的压窄线宽作用没有任何体现。但在实际应用中，双折射滤波片对激光器的线宽具有很重要的作用。利用公式 (6.4.28)，我们可以得到激光经过双折射滤波片后的透射曲线，如图 6.4.5 所示。

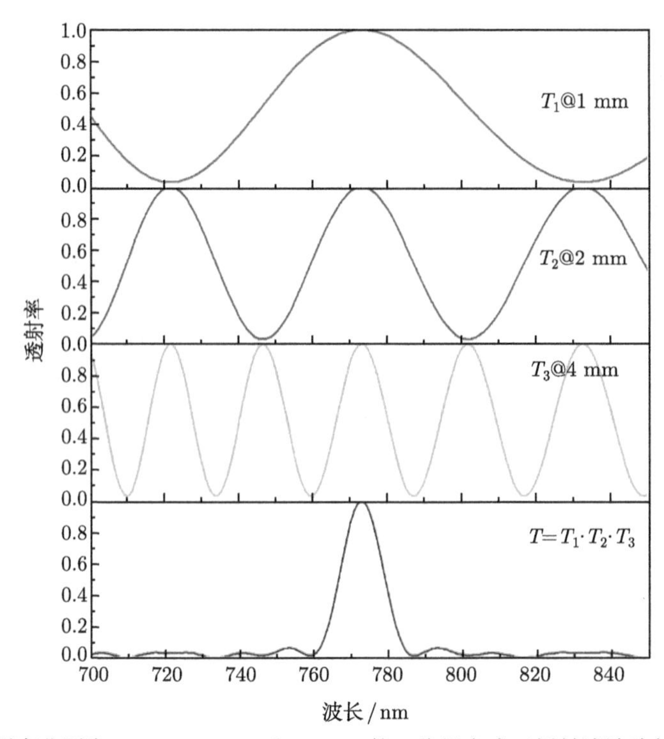

图 6.4.5　厚度分别为 1 mm、2 mm 和 4 mm 的三片组合式双折射滤波片的透射率曲线

从图 6.4.5 中可以知道，随着双折射滤波片厚度的增加，透射峰波长的间隔以及透射峰宽度都会减小。而对于双折射滤波片组而言，透射峰波长的间隔，即双折射滤波片的自由光谱区由最薄一片的厚度决定，而双折射滤波片组的透射峰宽度，即半高全宽则由最厚一片决定。双折射滤波片的自由光谱区可以表示为

$$\Delta\nu_{\mathrm{F}}=\frac{c}{(n_{\mathrm{o}}-n_{\mathrm{e}})d}=\frac{c}{\Delta nd} \tag{6.4.31}$$

由于双折射滤波片 (石英晶体) 的折射率差均很小，大约为 9×10^{-3}，因此其自由光谱区极大，这是其他调谐元件所无法比拟的。

尽管双折射滤波片的自由光谱区大，但其精细度很小，一般仅为 2，因此，它

的线宽为

$$\delta\nu = \frac{\Delta\nu_{\mathrm{F}}}{2} \tag{6.4.32}$$

而对于双折射滤波片组而言，由于谱线的自由光谱区由最薄一片决定，而激光线宽取决于最厚一片，则组合滤波片的精细度为厚度比值乘以 2，则其线宽表示为

$$\delta\nu = \frac{\Delta\nu_{\mathrm{F}}}{2q} \tag{6.4.33}$$

这里，q 是最厚晶片与最薄晶片的厚度之比。

双折射滤波片属于一种干涉选频元件。因为单片的石英片很难实现线宽的压窄，所以通常由多片厚度成整数比、表面和光轴都互相平行的石英片组成。当线偏振光以布儒斯特角入射到 BRF 后发生双折射分解成相互垂直的 o 光和 e 光，透过晶体后发生相互干涉，不同波长的光对应着不同的相位延迟，也可以理解为当线偏振光通过双折射滤波片后，有些波长的光的偏振方向不变，而有些波长则由线偏振变成椭圆偏振，偏振方向不变的光因损耗较小在腔内起振，而偏振方向改变的波长因损耗较大而被抑制无法起振。通过转动 BRF 改变线偏光的偏振方向与 BRF 的光轴之间的夹角，从而改变谐振腔内起振光的波长，即可实现输出波长的调谐。

6.4.2 离轴双折射滤波片

6.4.2.1 离轴双折射滤波片厚度比的设计

为了获得光谱较窄的激光输出，常采用多片组合式双折射滤波片进行光谱线宽的压窄。其透射率公式表示为每片双折射滤波片透射率的乘积，具体表示如下：

$$T = \prod_{i=1}^{i=n}\left(1 - \sin^2 2\varphi \sin^2 \frac{\delta_i}{2}\right) \tag{6.4.34}$$

其中，i 为组合双折射滤波片的片数。双折射滤波片的厚度比直接影响整个双折射滤波片的性能。大量的模拟实验证明：

(1) 双折射滤波片最薄一片决定了调谐范围，最厚一片决定了线宽；

(2) 双折射滤波片数目越多，线宽压窄效果越好；

(3) 双折射滤波片厚度比值对应于透射谱中次模的个数；

(4) 双折射滤波片的比值之间互为素数时，线宽压窄效果更好。

在实际应用中，要均衡易获得性与线宽压窄能力来具体确定组合双折射滤波片的厚度及厚度比。

6.4.2.2 离轴双折射滤波片角度的设计

早在 1974 年，Holtom 等就提出利用光轴与表面有一定夹角离轴的双折射滤波片可以有效提高调谐斜率，扩大调谐范围 [25]。1992 年，Naganuma 等就在脉冲激光器中，通过优化光轴与表面的夹角，将调谐范围相比于光轴位于晶体表面的双折射滤波片扩大了 4 倍 [26]。一直以来，人们都尝试寻求一种确定光轴最佳倾角的方法。

而目前，针对光轴倾角的设计，主要是在次模抑制能力可以接受的情况下，通过光轴角度的设计，最大限度拓宽调谐范围，在实际中通过选取合适的双折射滤波片厚度来达到不同波段的调谐。该方法主要应用于脉冲可调谐激光器中单片双折射滤波片的设计。2017 年，Demirbas 就利用该方法设计了一款光轴角度为 25° 的石英双折射滤波片和角度为 30° 的氟化镁双折射滤波片，通过针对不同的增益晶体来设计双折射滤波片的厚度，设计的角度可适用于 0.2~6 μm 范围内的波长调谐。在光轴角度确定的情况下，不同增益晶体适合的厚度见表 6.4.1[27]。

表 6.4.1 针对不同的增益介质，MgF_2 和石英 BRF 的最佳厚度

增益介质	调谐范围/nm	最佳厚度 (MgF_2)	最佳厚度 (石英晶体)
Ce: LiCAF	280~316	0.75	0.5
Ce: LiSAF	288~313		
Ce: LiLuF	305~333		
Ti: S	660~1180	2.2	1.4
Alexandrite*	701~858		
Cr: LiCAF	720~885		
Ce: LiSAF	775~1042		
Cr: Forsterite	1130~1367	3.2	2
Cr: YAG	1309~1596	3.7	2.4
Tm: YAG	1870~2160	5.2	3.5
Tm: YLF	1910~2070		
Co: MgF_2	1750~2500	5.4	4
Cr: ZnS	1962~3195	6	—
Cr: CdSe	2180~3610		
Cr: ZnSe	1880~3349		
Fe: ZnSe	3900~4800	11.5	—
Fe: ZnS	3440~4190		
Fe: CdSe	4600~5900	18	—
光轴夹角 30°	@MgF_2 双折射滤波片	光轴夹角 25°	@ 石英双折射滤波片

*: 亚历山大变石。

对于单频连续波可调谐激光器，一方面由于需要所设计的双折射滤波片对次模的抑制能力更强，所以多采用多片组合式；另一方面，对于连续光泵浦，要求由双折射滤波片引入的插入损耗尽可能小。所以最薄一片的厚度需要特殊选取。对于该类型双折射滤波片的设计我们将在这里作进一步的讨论。

6.4.2.3 宽调谐的实现

当石英晶体作为可调谐激光器的调谐元件时，常以布儒斯特角放置在谐振腔中，双折射滤波片的每个参数如图 6.4.6 所示。垂直于晶体表面的 $\Sigma(k)$ 表示入射光和折射光所在的入射面，θ_{i} 和 θ_{r} 分别是入射角和折射角。$\overline{OC}$ 代表光轴的方向，α 为 $\overline{OC}$ 与晶体表面的夹角，$\overline{OD}$ 即为光轴在晶体表面的投影，$\overline{OD}$ 与 $\overline{QD}$ 之间的夹角为调谐角 A，用于标记晶体旋转过的角度，当 $\overline{OD}$ 与 $\overline{QD}$ 重合时，调谐角 A=0°，为晶体旋转的起点。同时，为了计算晶体中 o 光与 e 光的相位差，我们引入 γ 角 (折射光线与光轴之间的夹角)。此外，为了满足单频连续波可调谐激光器的调谐需求，双折射滤波片常被设计为多片组合式结构，最薄一片的厚度决定了双折射滤波片的调谐范围，最厚一片的厚度决定了双折射滤波片的线宽。

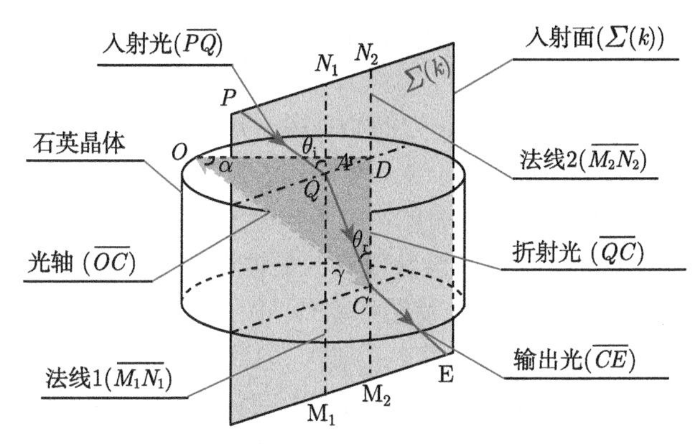

图 6.4.6 单片石英晶体的结构示意图

对于传统的光轴与晶体表面平行的双折射滤波片来说，要想覆盖钛宝石晶体 700~1000 nm 的荧光光谱范围，最薄的一片必须薄至 0.09 mm，这将不可避免地导致较低的调谐效率，高的加工难度。同时，依据 Wang 和 Yao 1992 年的工作可知，对于单频连续波可调谐激光器，厚度比为 1 : 2 : 5 : 9 的双折射滤波片具有最好的次模抑制能力，是最佳的选择。所以，考虑到晶体的加工难度和耐久性，将最薄一片的厚度定制为 0.5 mm，厚度比确定为 1 : 2 : 5 : 9。具体参数如图 6.4.7 所示，每片石英晶体的直径为 25.2 mm，彼此间间距为 0.5 mm。在这种情况下，优化设计光轴与晶体表面的夹角来实现基本覆盖钛宝石晶体整个荧光光谱范围的离轴双折射滤波片显得尤为重要。

依据偏振干涉调谐理论，多片双折射滤波片的透射率可以表示为

$$T(\varphi,\delta_i)=\prod_{i=1}^{i=n}\left(1-\sin^2 2\varphi\sin^2\frac{\delta_i}{2}\right) \tag{6.4.35}$$

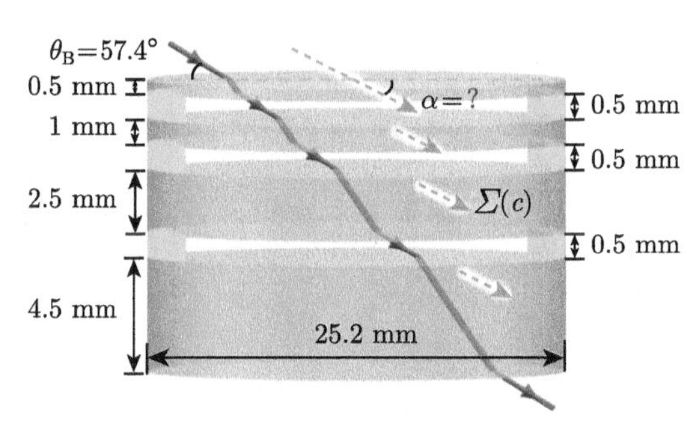

图 6.4.7　四片组合式双折射滤波片结构示意图

φ 为入射面与折射光线的电矢量的夹角，其可以用下式来表示

$$\sin\varphi = \cot\gamma\left(\tan\theta_i - \frac{\sin\alpha}{\cos\theta_i\cos\gamma}\right) \tag{6.4.36}$$

δ_i 是第 i 片石英晶体中 o 光和 e 光的相位差，n 是多片组合式双折射滤波片的片数。对于式 (6.4.36)，只有当 $\sin^2 2\varphi$ 或 $\sin^2\delta_i/2$ 等于零时，$T(\varphi,\ \delta_i)$ 取到最大值 1，此时意味着激光无损耗通过晶体。对于 $\sin^2 2\varphi = 0$，将会导致晶体对所有的波长透射率均为 1，此时双折射滤波片没有波长调谐特性。仅当 $\sin^2\delta_i/2 = 0$ 时，既可以保证波长选择特性，又可以使透射率最大。此时，$\delta_i = 2k\pi(k = \pm1, \pm2, \cdots)$。相反，$\delta_i = (2k+1)\pi(k = \pm1, \pm2, \cdots)$ 时，取到最小值 $1-\sin^2 2\varphi$，也是多片的透射率相乘后次模能够达到的最大值。所以，有必要引入参数 D 来代表双折射滤波片的次模抑制能力，定义参数 D 为透射率最大值与最小值的比值。表示如下：

$$D(\varphi,\delta_i) = \frac{T_{\max}(\varphi,\delta_i)}{T_{\min}(\varphi,\delta_i)} = \frac{1}{1-\sin^2 2\varphi} \tag{6.4.37}$$

此外，透射波长 λ 由角 γ 来确定，二者的关系式如下：

$$\lambda = \frac{d(n_o - n_e)\sin^2\gamma}{k\sin\theta} \tag{6.4.38}$$

其中，k 为干涉级，d 为最薄一片双折射滤波片的厚度，在本实验中 $d = 0.5$ mm，$n_o - n_e$ 为 o 光和 e 光的折射率差。

图 6.4.8 为 700~1000 nm 波段 $\sin 2\varphi$ 与 α 的关系，结合以上各式可以看出参数 D 与 α 和 λ 有关，我们可以通过优化 α 来使 $\sin 2\varphi$ 在所期望的波长范围内尽可能地接近 1，从而最大限度地提高 D 的值。

所以，优化光轴角度的最佳条件 [28] 可以表示如下：

$$D(\alpha, \lambda_{\max}) = D(\alpha, \lambda_{\min}) \tag{6.4.39}$$

其中，$\lambda_{\max}$ 和 $\lambda_{\min}$ 为增益晶体荧光光谱的波长上限和下限值。显然，对于波长为 700 nm 的激光，当 $\alpha = 31.7°$ 时，$\sin 2\varphi = 1$，此时参数 D 取到最大值。随着波长的增加，光轴的最佳下潜角度显著减小，当波长为 1000 nm 时，对应的最佳光轴角度减小为 25.3°。如果兼顾整个波段取较大的 D 值，则图 6.4.8 中的 Q 点为最佳，该点的横坐标为 $\alpha = 29.1°$，即为针对 700~100 nm 波段的宽带单频连续波可调谐钛宝石激光器双折射滤波片光轴的最佳角度。可以看出，如果想获得针对其他波段的最佳条件，我们只需依据最佳条件公式来进一步优化光轴的最佳角度即可。

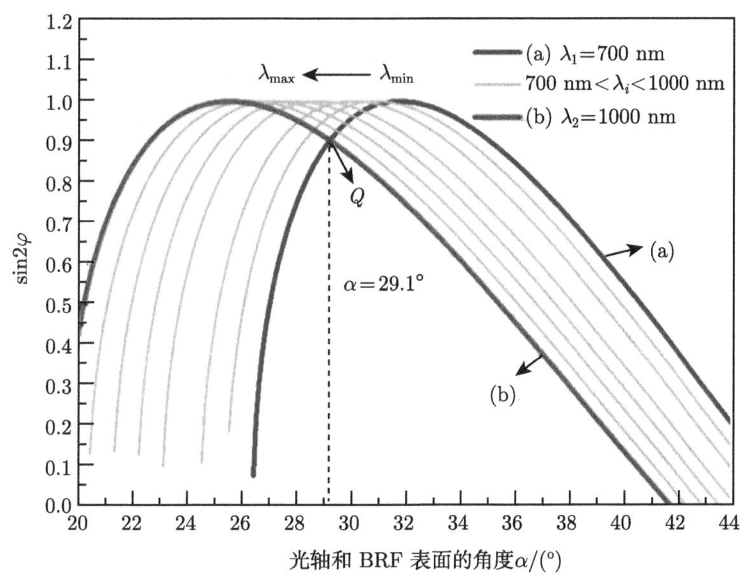

图 6.4.8 对于 700~1000 nm 波段 $\sin 2\varphi$ 与 α 的关系

随后，为了证明所设计的离轴双折射滤波片的优越性能，我们首先理论计算了 $\alpha = 0°$ 和 $\alpha = 29.1°$ 时双折射滤波片的调谐能力，模拟的结果如图 6.4.9 所示，由图 6.4.9(a) 可看出，当 $\alpha = 0°$ 时，$k = 4, 5, 6$ 的干涉级的调谐曲线落在 700~1000 nm 范围内，但是没有一条曲线可以直接覆盖 700~1000 nm 整个波段。而且在不同的干涉级之间有较大的波长重叠区域，这将导致调谐过程中模式竞争加剧甚至出现跳模现象。纵使不考虑这种模式竞争，对于调谐范围最宽的 $k = 5$ 干涉级，其需要双折射滤波片旋转 62° 才能完成 246 nm 范围的调谐，对应的调谐效率仅为 4 nm/(°)。相比之下，当 $\alpha = 29.1°$ 时，调谐曲线如图 6.4.9(b) 所示，$k = 2, 3, 4$ 干涉级的调谐曲线均可以直接覆盖 700~1000 nm 范围，而且彼此之间几乎不存在波长的重叠，这将非常有利于波长的平滑调谐。特别是对于 $k = 2$ 干涉级，双折射仅需旋转 18° 就可以实现 700~1000 nm 的调谐，相应地调谐效率高达 16.7 nm/(°)。

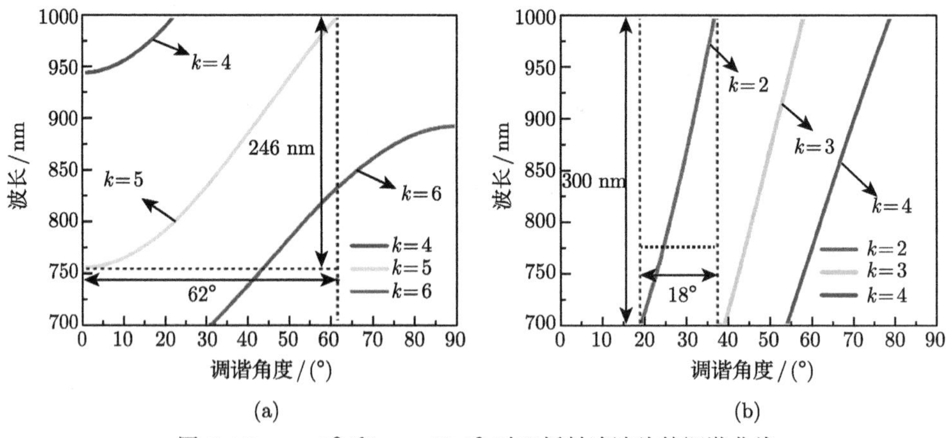

图 6.4.9　$\alpha=0°$ 和 $\alpha=29.1°$ 时双折射滤波片的调谐曲线

当双折射滤波片的厚度比、最薄一片厚度、光轴下潜角度均确定了以后，所设计的离轴双折射滤波片的调谐曲线如图 6.4.10 所示，可以看出，其自由光谱区

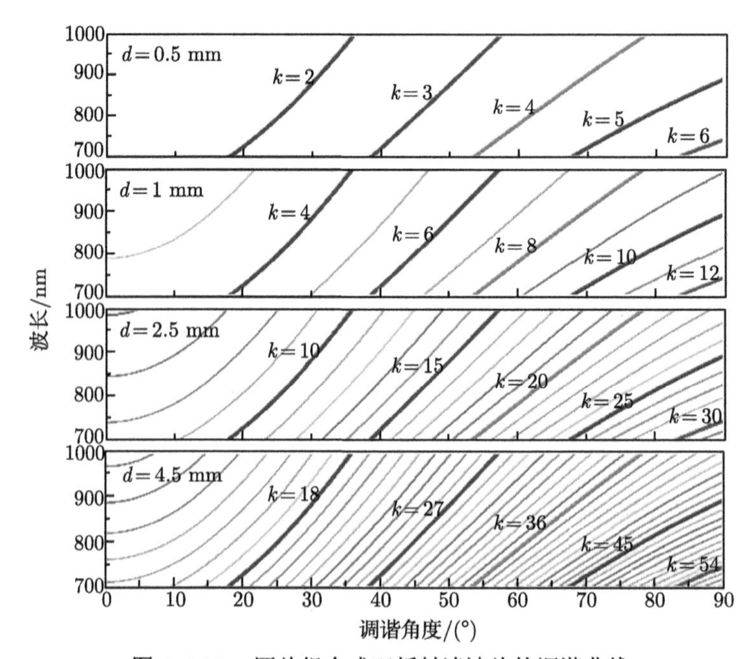

图 6.4.10　四片组合式双折射滤波片的调谐曲线

与双折射滤波片的厚度成反比，对于最薄的一片，在 700~1000 nm 范围内的调谐曲线有 3 条，对于最厚的一片，在 700~1000 nm 范围内的调谐曲线多达 10 条。

同时，所设计的离轴双折射滤波片的透射率曲线如图 6.4.11 所示，可以看出，四片组合后的线宽远小于单片双折射滤波片的线宽，而且，四片组合之后使得次模的透射率均小于 22.9%。

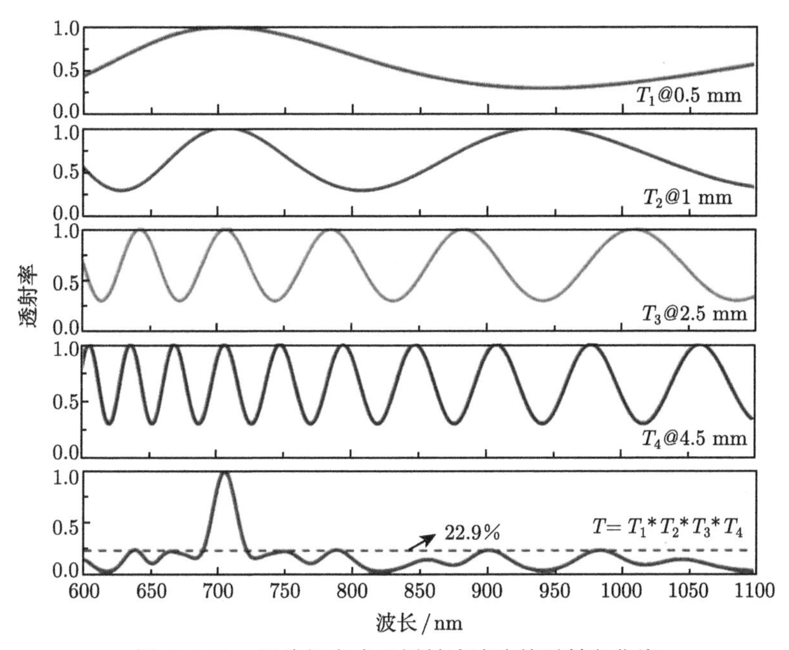

图 6.4.11 四片组合式双折射滤波片的透射率曲线

当调谐角从 18° 变化至 36° 时，波长从 700 nm 调谐至 1000 nm，如图 6.4.12 所示。显然，两相邻主峰之间的间距宽达 300 nm，次模透射率均小于 22.9%，保证了双折射滤波片良好的次模抑制能力。所以，理论结果表明，所设计的离轴双折射滤波片可以很好地满足 700~1000 nm 范围内波长平滑的调谐。

实验中，搭建四镜环形谐振腔，采用设计的离轴双折射滤波片，测量了宽带可调谐钛宝石激光器的调谐特性。结果如图 6.4.13 所示。当双折射滤波片旋转 18° 时，输出激光波长可以从 691.48 nm 调谐到 995.55 nm，所获得的波长调谐范围覆盖了钛宝石晶体 700~1000 nm 的荧光光谱。实验结果与理论分析结果吻合较好。结果表明，基于所提出的优化条件设计的双折射滤波片可以很好地满足钛宝石激光器宽带波长调谐的要求。得到的波长可以覆盖 K (D_2，2.48 W@767 nm；D_1，2.60 W@770 nm)、Rb(D_2，2.46 W@780 nm；D_1，2.18 W@795 nm) 和 Cs 原子 (D_2，2.35 W@852 nm；D_1，2.11 W@895 nm)。此外，获得的 756 nm

(2.40 W)、820 nm(2.65 W)、902 nm(1.96 W) 和 911 nm 的激光 (1.84 W) 可以倍频产生 378 nm、410 nm、451 nm 以及 455.5 nm 波段激光用于激发原子，以进一步满足实验需求。

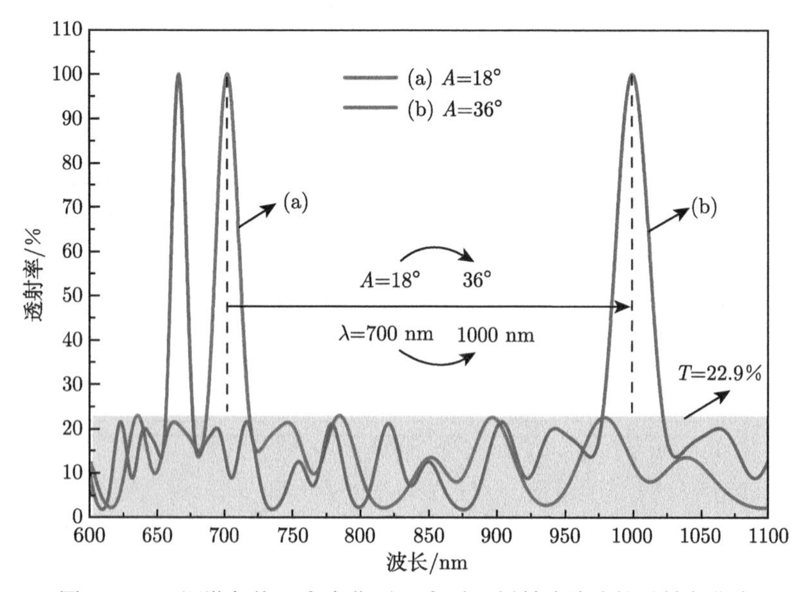

图 6.4.12　调谐角从 18° 变化至 36° 时双折射滤波片的透射率曲线

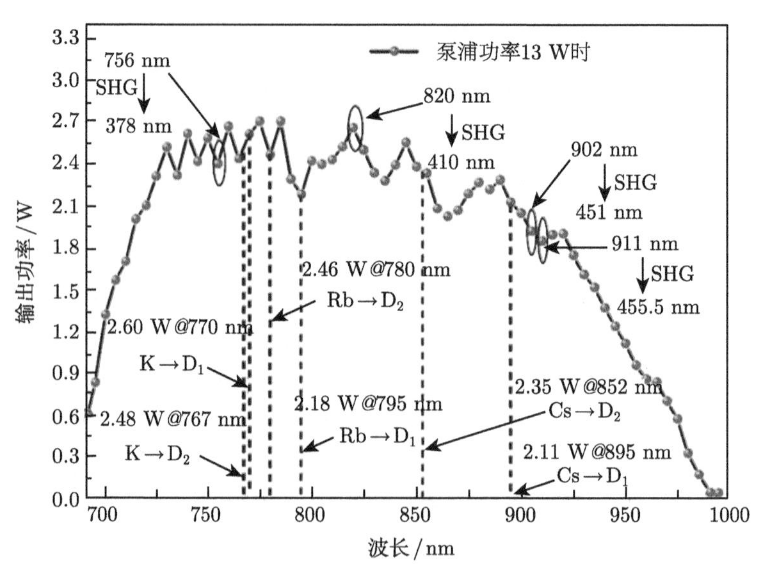

图 6.4.13　宽带可调谐钛宝石激光器的调谐特性

6.4.3 自动调谐的实现

6.4.3.1 主动波长自动调谐技术

单频连续波钛宝石激光器自动宽调谐系统由高精度波长计、计算机、安装双折射滤波片的压电旋转电机及其压电控制板构成，其中，压电旋转电机及其压电控制板如图 6.4.14 所示。高精度波长计测量激光器输出波长信息，并将采集的波长信息由 USB 通信接口传递给计算机，然后由计算机中基于 LabVIEW 的控制程序读取测量到的波长信息并生成相应的控制信息，计算机再将该控制信息由 USB 通信接口传递给压电旋转电机的压电控制板，通过控制压电旋转电机旋转来调节双折射滤波片的角度，进而调谐钛宝石激光器的输出波长[29]。其中 LabVIEW 控制程序执行的任务是读取高精度波长计测量到的波长值，并将该值与系统设定的目标波长值做比较，如果这两波长的差值比较大，则控制压电旋转电机向前或向后旋转，两波长差值的绝对值小于某一值时，使电机停止旋转，此时钛宝石激光器的输出波长调谐到了目标波长处，从而实现了单频连续波钛宝石激光器自动宽调谐。

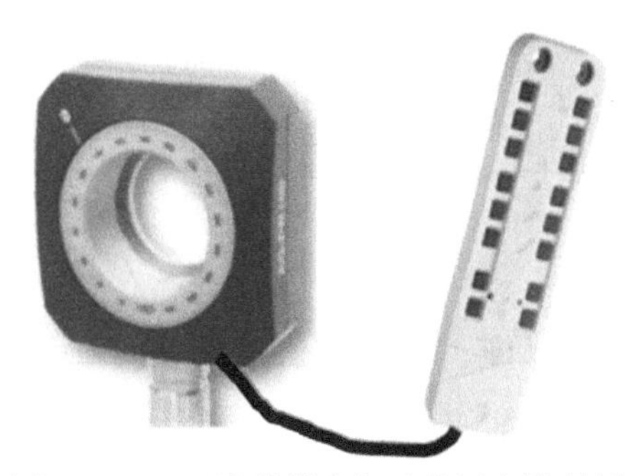

图 6.4.14 压电旋转电机及其压电控制板

图 6.4.15 所示为波长计参与反馈控制时的程序流程图。

程序启动后，开始读取由高精度波长计采集到的波长信息。由于波长计在测量激光器输出波长的过程中可能会受到周围环境的干扰或者激光器输出功率波动的影响，导致测量到的结果不准确，此次测量无效，所以在执行下一步操作之前，需要对读取到的测量值的有效性进行判断，避免不准确的测量结果导致反馈系统紊乱。

在实验过程中可以观察到，当高精度波长计的测量结果无效时，其给出的测量值为一个负值或与实际的波长值相差几十纳米以上，所以对测量值的有效性判断的方法是：首先判断该测量值的符号，若为负值，则测量结果无效；若为正值，则将该测量值与上一次的有效测量值进行比较，如果两测量值相差大于 2 nm，则认为测量结果无效，如果两测量值相差小于 2 nm，则认为此次测量值有效。如果测量结果无效，则重新读取波长计采集到的波长信息；如果测量结果有效，则将该测量值 λ_M 与系统设定的目标波长值 λ_S 作比较。若 $\lambda_M-\lambda_S \geqslant 0.1$ nm，则控制压电旋转电机向 “−” 方向旋转一步并开始下一次循环；若 $\lambda_M-\lambda_S \leqslant -0.1$ nm，则控制压电旋转电机向 “+” 方向旋转一步并开始下一次循环；若 -0.1 nm$< \lambda_M-\lambda_S < 0.1$ nm，则停止旋转电机，程序退出循环，此时钛宝石激光器的输出波长值已调谐到目标波长处。程序中选定的 0.1 nm 主要取决于钛宝石激光器谐振腔内插入的选模元件标准具的自由光谱区，这是因为调节双折射滤波片的角度时，标准具的选模作用使得激光器的输出波长是以标准具的一个自由光谱区为间隔跳变的。通过设定不同的目标波长值，就可以实现单频连续波钛宝石激光器输出波长的自动调谐，本实验中，其调谐精度为 0.1 nm。

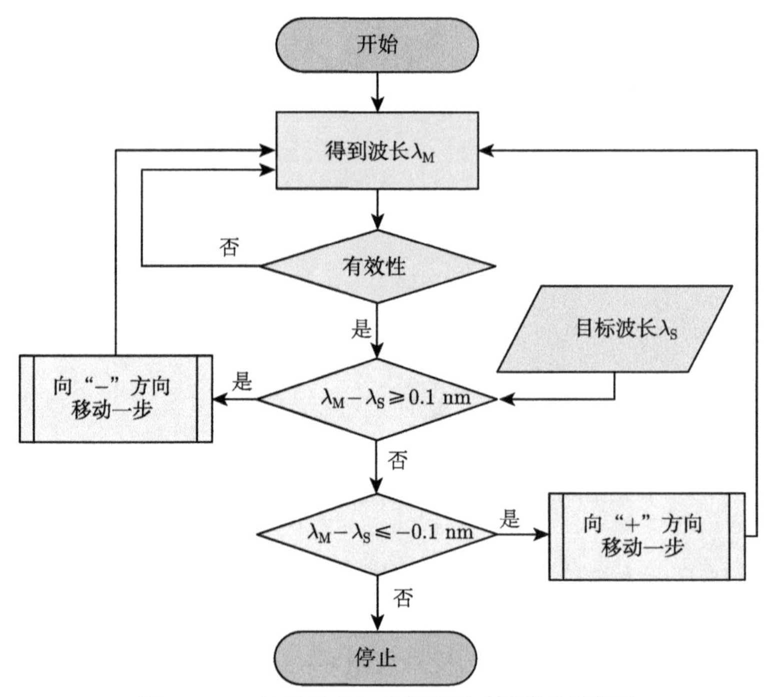

图 6.4.15　波长计参与反馈控制时的程序流程图

6.4.3.2　被动波长自动调谐技术

单频连续波钛宝石激光器的自动宽调谐系统是以高精度波长计的实时测量值为参考进行反馈控制的，为进一步简化激光器系统，我们设计了不需要波长计参与反馈控制的自动宽调谐系统。在这个自动宽调谐系统中，由于没有波长计的实时测量值作参考，所以需要建立双折射滤波片的角度 ϕ 与激光器输出波长 λ 之间的一一对应关系，这样就可以根据这个对应关系求得某一特定的输出波长对应的角度，然后根据这一角度值调节双折射滤波片的角度，从而实现钛宝石激光器输出波长的调谐。

双折射滤波片是一种基于偏振光干涉的选模器件，其透射谱的峰值对应的波长 λ 与角度 ϕ 之间的对应关系为

$$\lambda = \frac{d}{m}\left\{\frac{n_{\mathrm{e}}[1+\sin^2\alpha\cos^2\phi/n_{\mathrm{e}}^2-\sin^2\alpha\cos^2\phi/n_{\mathrm{o}}^2]}{\sqrt{1-\sin^2\alpha\sin^2\phi/n_{\mathrm{e}}^2-\sin^2\alpha\cos^2\phi/n_{\mathrm{o}}^2}}-\frac{n_{\mathrm{o}}}{\sqrt{1-\sin^2\alpha/n_{\mathrm{o}}^2}}\right\} \tag{6.4.40}$$

其中，d 为双折射滤波片组中最薄一片石英晶体的厚度，m 为干涉级数，n_{o} 和 n_{e} 分别为石英晶体的寻常光和非常光对应的折射率，α 为穿过双折射滤波片的激光束的入射角。实验中采用的双折射滤波片中最薄一片石英晶体的厚度为 0.5 mm，即 $d = 0.5$ mm。n_{o} 和 n_{e} 取决于晶体材料，石英晶体的色散方程为

$$n_{\mathrm{o}}^2 = 2.36315 + \frac{0.00945}{\lambda^2 - 0.01915} - 0.0219\lambda^2 \tag{6.4.41}$$

$$n_{\mathrm{e}}^2 = 2.37655 + \frac{0.0122}{\lambda^2 - 0.01445} + 1.8754\times10^{-7}\lambda^2 \tag{6.4.42}$$

取中心波长 $\lambda = 800$ nm，可得 $n_{\mathrm{o}} = 1.5376$，$n_{\mathrm{e}} = 1.5478$。在激光谐振腔中，双折射滤波片以布儒斯特角插入光路中，α 的值可理论计算得到，然而在实际调试激光器的过程中，双折射滤波片组的摆放存在人为因素，实际的 α 值与理论计算值存在着一定的偏差，所以该 α 值需要根据实际的激光器来确定。同样地，干涉级数 m 也需要根据实际的激光器来确定。为了确定实验设计的单频连续波钛宝石激光器中的 α 与 m 的值，实验中，利用 LabVIEW 控制程序测量了激光器的输出波长随着压电旋转电机转动步数的变化曲线，如图 6.4.16 所示。为确保测量数据的准确性，此变化曲线是经过多次测量并求取平均值得到的。根据实验测量得到的数据，利用 Matlab 软件中的 Curve Fiting Tool 工具进行曲线拟合，拟合得到如下参量值:

$$m = 3$$

$$\sin^2\alpha = 0.7495$$

$$\phi = ax + b = 0.00036x + 0.1916$$

求微分得

$$\Delta\phi = 0.00036\Delta x \tag{6.4.43}$$

式中，a 为压电旋转电机每旋转一步所对应的步长，b 为激光器的调谐曲线中最短波长处对应的角度 ϕ 的值，以弧度为单位，x 为压电旋转电机的转动步数。曲线拟合优度为 $R^2 = 0.9999$，表明拟合曲线与实际测量值吻合度很高。由以上曲线拟合得到的参量值能得到激光器的输出波长 λ 与双折射滤波片的角度 ϕ 之间的一一对应关系式 $\lambda = \lambda(\phi)$，求其反函数就可以得到角度 ϕ 关于波长 λ 的关系式 $\phi = \phi(\lambda)$。这样就可以利用 LabVIEW 程序计算激光器的某一波长值 λ 对应的角度值，然后通过控制旋转电机调节双折射滤波片到相应的角度位置。

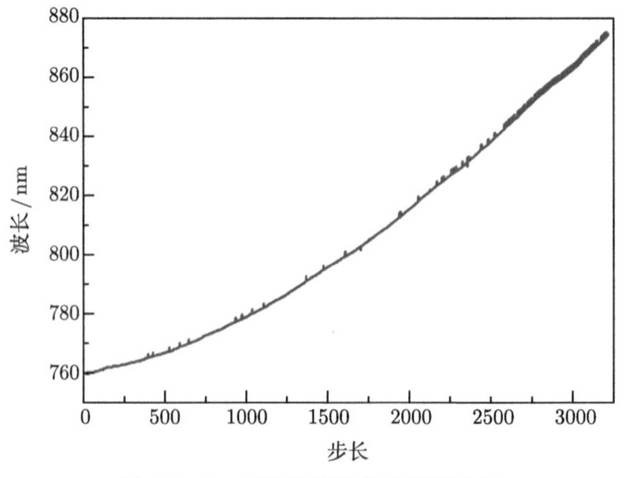

图 6.4.16　钛宝石激光器的调谐曲线

基于上述建立的激光器输出波长 λ 与双折射滤波片的角度 ϕ 之间的一一对应关系设计的 LabVIEW 控制程序的流程图如图 6.4.17 所示。

程序启动后，先读取控制系统最近一次的波长设定值，根据该值确定双折射滤波片当前所处的角度位置 ϕ_0；同时，读取当前系统设定的目标波长值 λ_S，根据该值确定其对应的角度位置 ϕ；然后求取两角度位置的差值得到双折射滤波片需要转动的角度 $\Delta\phi$，并计算式 (6.4.43) 得出压电旋转电机需要转动的步数 Δx，最终控制电机旋转相应的步数将激光器输出波长调谐到设定的目标波长值处，同样地，其调谐精度也是 0.1 nm，对应的双折射滤波片的旋转角度约为 0.036°。另外，根据上述测量结果可知，在整个调谐范围内双折射滤波片的角度调节范围不超过 38°，为保证角度值与波长值之间绝对的一一对应关系，避免控制系统紊乱，程序上将双折射滤波片的角度调节范围限定在 38° 内。在钛宝石激光器长期使用过程中，为保证其调谐精度，需要定期使用高精度波长计校准上述关系式中的各个参量值。

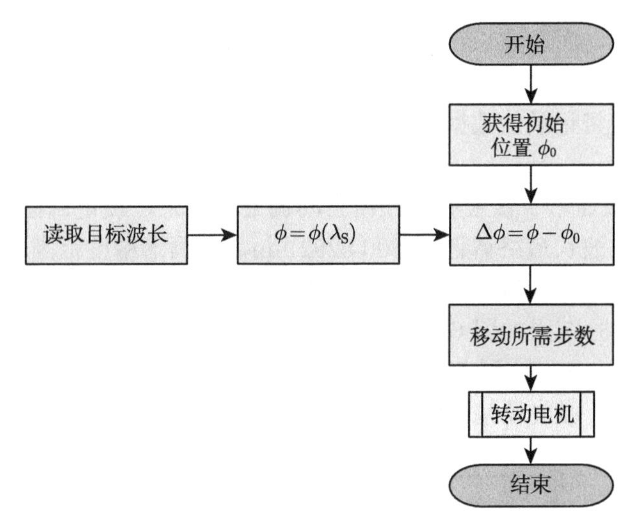

图 6.4.17 无波长计参与控制时的程序流程图

图 6.4.18 为单频连续波钛宝石激光器自动宽调谐系统中 LabVIEW 控制程序界面。图中 1 所示区域显示高精度波长计测量到的图谱；2 所示区域为目标波长设定窗口，在该窗口中输入目标波长值后，点击下方的“定位”按钮，钛宝石激光器的输出波长就会被自动调谐到目标波长处；3 所示区域显示波长计实时测量到的波长值；4 所示区域显示并记录自动调谐过程中，激光器输出波长 (频率) 的变化曲线；5 所示区域为压电旋转电机的控制部分，点击该区域中的各按钮可以手动控制压电旋转电机转动；6 所示区域用于显示无波长计参与控制的自动调谐系统中，程序计算得到的双折射滤波片当前所处角度位置 φ_0 及需到达的

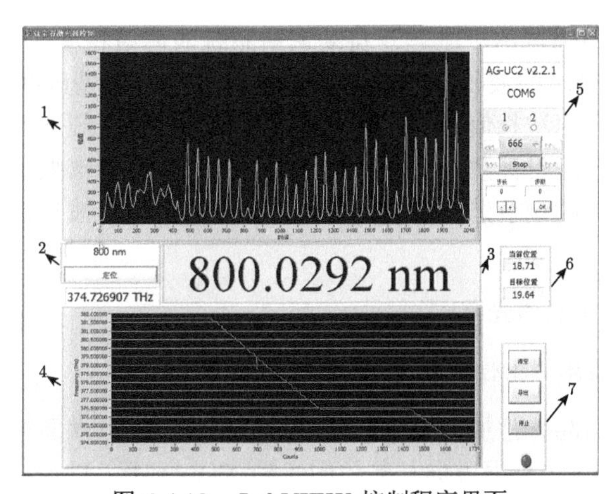

图 6.4.18 LabVIEW 控制程序界面

目标角度位置 φ，而在波长计参与反馈控制的自动调谐系统中，该区域中两窗口均显示 0；7 所示区域中三个按钮用于辅助控制，“清空”按钮用于清空记录的数据，“导出”按钮将记录的数据导出到指定文件夹中，“停止”按钮使控制程序停止运行。

图 6.4.18 中显示了钛宝石激光器自动调谐的结果，设定目标波长为 800 nm 时，激光器输出波长最终调谐到 800.0292 nm，在调谐精度范围内。实验中，通过设定不同的目标波长值，使激光器输出波长调谐到相应的波长处，测量其相应的输出功率，实验结果如图 6.4.19 所示。从中可以看出，激光器输出波长的调谐范围为 760~870 nm，达到 110 nm，在调谐过程中，激光器会发生跳模。由于受腔镜镀膜的限制，激光器输出波长超过 840 nm 后，其输出功率波动较大。

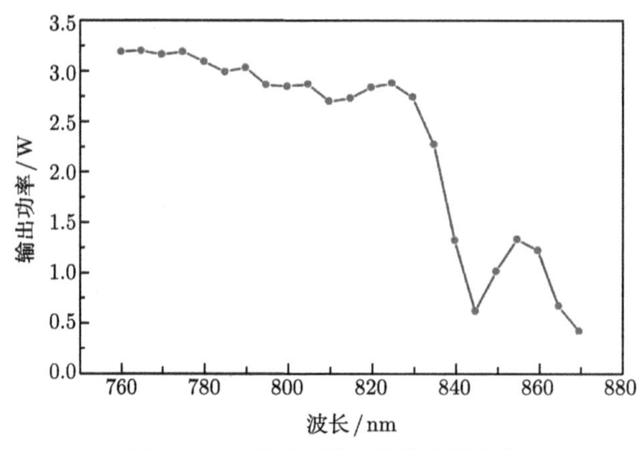

图 6.4.19　钛宝石激光器的调谐曲线

从上述实验结果，由于激光器自动调谐系统的调谐精度仅为 0.1 nm，激光器经自动调谐后输出的波长并不能与设定的目标波长值精确匹配。而为了使激光器输出波长与目标波长值精确匹配，就需要调节腔内精细选模元件标准具使激光器输出波长更接近目标波长处时，将标准具的透射峰与谐振腔的振荡模实时锁定在一起，然后连续调节谐振腔的腔长，将激光器的输出波长精确调谐到目标波长处。

6.4.4　自调谐钛宝石激光器

6.4.4.1　自调谐晶体调谐性能理论分析

传统的钛宝石晶体常加工为棒状，如图 6.4.20(a) 所示，端面布儒斯特角 (60.4°) 切割，泵浦光 $\Sigma(k)$ 的偏振方向与晶体的光轴 $\Sigma(k)$ 平行，以使晶体获得对泵浦光最大的吸收。试想，如果晶体绕 x 轴旋转，光的偏振方向与晶体光轴的夹角将连续变化。基于偏振干涉理论，晶体所能透射的波长也将发生连续性变化。在这种情况下，钛宝石晶体的滤波作用等同于双折射滤波片。对于钛宝石晶体，其 o 光和 e 光的双折射率差为 0.008，与传统的双折射滤波片材料石英的双折射率差相当。基于此，我们设计了如图 6.4.20(b) 所示的三片组合式钛宝石晶体，其由三片厚度分别为 1 mm、2 mm、4 mm 的钛宝石片组成，直径为 12 mm，晶体光轴位于晶体表面，方向如图中箭头所示。在这种情况下，由于钛宝石晶体既作为增益晶体又作为腔内频率粗选元件，所以我们称其为“自调谐晶体”[30](self-tuning crystal)，简称“STC”，其可以取代传统钛宝石激光器中的增益晶体和双折射滤波片，能有效减少腔内插入损耗，同时使得腔结构更加简单紧凑。

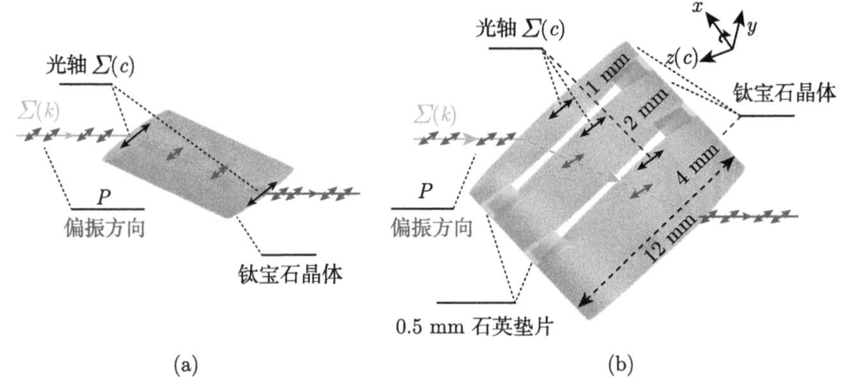

图 6.4.20　(a) 传统的钛宝石晶体；(b) 所设计的三片组合式自调谐晶体的结构示意图

首先，钛宝石晶体透射波长 λ 与调谐角 φ 之间的关系式为

$$\lambda=\frac{d_i}{k}\left[n_{\mathrm{e}}\sqrt{1-\sin^2\theta\left(\frac{\sin^2\varphi}{n_{\mathrm{e}}^2}+\frac{\sin^2\varphi}{n_{\mathrm{o}}^2}\right)}-n_{\mathrm{o}}\sqrt{1-\frac{\sin^2\theta}{n_{\mathrm{o}}^2}}\right] \tag{6.4.44}$$

其中，d_i 为钛宝石晶体的厚度，k 为干涉级次，n_{o} 和 n_{e} 为 o 光和 e 光的折射率，θ 为入射角，在实验中，为了使得泵浦光在晶体端面的反射损耗最小，以布儒斯特角 60.4° 入射。同时，该结构的自调谐晶体对不同波长光的透射率可以表示为

$$I=\prod_{i=1}^{i=3}\left[1-\sin^2\varphi\frac{n_{\mathrm{o}}^4-n_{\mathrm{o}}^2\cos^2\theta}{n_{\mathrm{o}}^2-\cos^2\theta\cos^2\varphi}\right.$$

$$\times \sin^2\left[\frac{\pi d_i}{\lambda}\left(n_e\frac{1+\dfrac{\cos^2\theta\cos^2\varphi}{n_e^2}-\dfrac{\cos^2\theta\cos^2\varphi}{n_o^2}}{\sqrt{1-\cos^2\theta\left(\dfrac{\sin^2\varphi}{n_e^2}+\dfrac{\cos^2\varphi}{n_o^2}\right)}}-\frac{n_o}{\sqrt{1-\dfrac{\cos^2\theta}{n_o^2}}}\right)\right] \tag{6.4.45}$$

利用式 (6.4.44) 和 (6.4.45)，我们计算模拟了所设计 STC 的调谐曲线和透射率曲线，如图 6.4.21 和图 6.4.22 所示。可以看出，对于干涉级 $k=10$，当调谐角从 7.5° 变化至 72.5° 时，波长可以从 700 nm 调谐至 900 nm，对应的调谐效率为 3.1 nm/(°)。同时，从图 6.4.22 中可以看出，边带透射率始终小于 6.62%，这将有利于波长平滑地调谐。

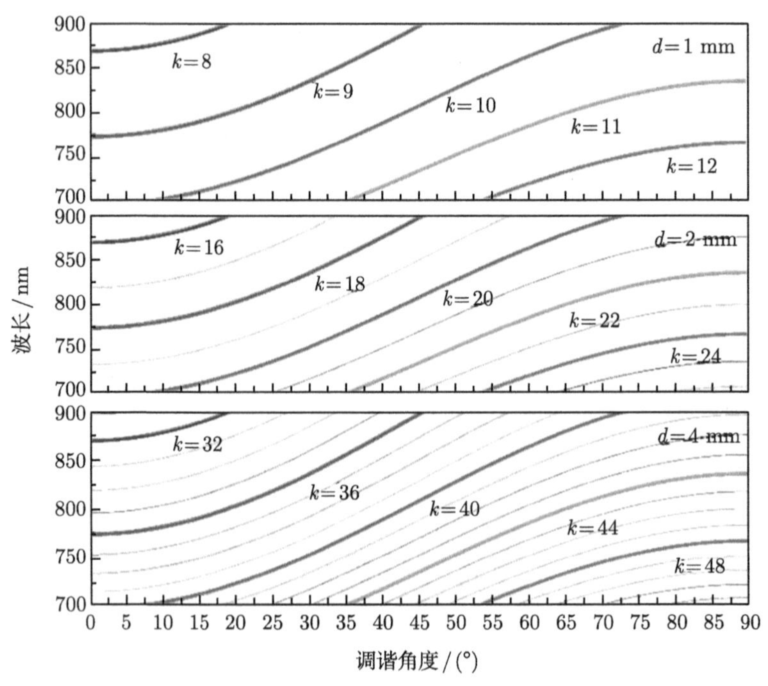

图 6.4.21　自调谐晶体的调谐曲线

6.4.4.2　自调谐钛宝石激光器的实验实现

基于以上设计的自调谐晶体，搭建了如图 6.4.23 所示的全固态连续波单频自调谐钛宝石激光器的实验装置。泵浦源为高质量全固态单频连续波 532 nm 绿光激光器，其最大输出功率为 12.5 W(DPSS FG-VIII，Yuguang Co.，Ltd.)，其输出光束质量 $M^2<1.1$，功率稳定性优于 ±1.1%。泵浦光的偏振方向利用一半波片校准为 p 偏，在这种情况下，泵浦光的偏振平行于晶体的光轴，并记为晶体旋转的起

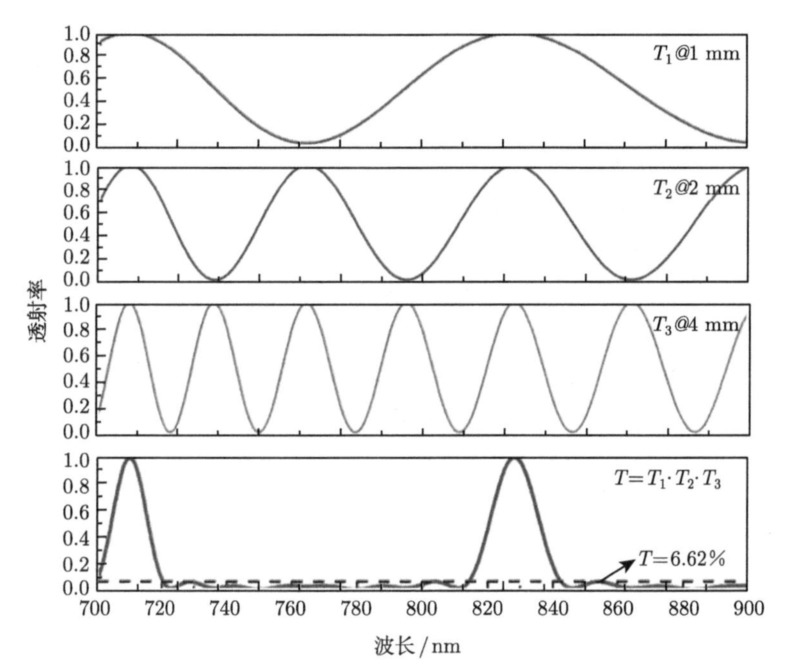

图 6.4.22 调谐晶体的透射率曲线

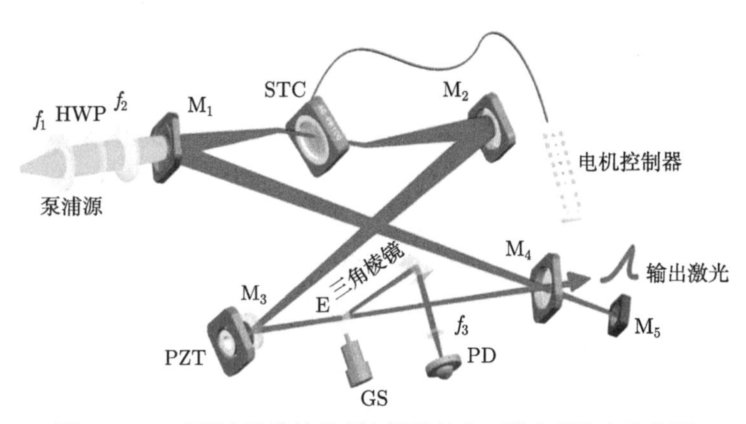

图 6.4.23 全固态连续波单频自调谐钛宝石激光器的实验装置

f_1，f_2，f_3：耦合透镜；M_1，M_2，M_3，M_4：腔镜；STC：自调谐钛宝石晶体；GS：振镜电机；E：标准具；PD：光电探测器；M_5：高反镜

点 ($\varphi = 0°$)。为了泵浦光斑和腔内光斑的模式匹配，我们利用 $f_1 = 200$ mm 的聚焦透镜将泵浦源出射的光调整为近平行光束，然后再经一 $f_2 = 120$ mm 的凸透镜将泵浦光聚焦为半径 48 μm 的光斑。四镜环形谐振腔由凹凸镜 M_1($R_{凸面} = -100$ mm，$R_{凹面}$=100 mm)、平凹镜 M_2($R_{凹面}$=100 mm)、平面镜 M_3 和平面镜

M_4 组成。M_1 和 M_2 镀有 532 nm 高透膜和 740~890 nm 高反膜，M_3 镀有 740~890 nm 高反膜，M_3 镀有对 740~890 nm、透射率 T=5.5%的部分透射膜。定制的 STC 由三片钛宝石晶体和四片石英垫片构成，厚度比为 1：2：4，最薄一片厚度为 1 mm，三片钛宝石晶体的光轴均位于其各自表面并彼此平行，其方向用小垫片来标记。综合考虑晶体对 532 nm 的吸收和对红外波段光的寄生吸收，我们将晶体的掺杂浓度定制为 0.08wt.%。在实验中，为了精确地控制晶体的温度，我们将自调谐晶体放置在一个由 16 ℃ 冷却水控温的空间可调的晶体炉中，为了控制晶体精确地绕其法线方向旋转，晶体炉安装在一个压电旋转电机 (AG-PR100，Newport) 上，晶体位于腔镜 M_1 和 M_2 之间束腰处以获得最佳的泵浦速率。由于晶体中心小的泵浦腰斑、晶体大的端面尺寸以及较高的掺杂浓度，在泵浦功率为 11.5 W 时，晶体的等效热透镜焦距约为 110 mm，考虑到此严重的热效应，我们通过理论计算结合实验调试，将 M_1 到晶体前端面和晶体前端面到 M_1 的距离确定为 48.7 mm 和 46.3 mm。为了进一步弥补由晶体布儒斯特角放置和热效应引入的像散，M_1 和 M_2 的折叠角设计为 10°。此外，一个安装在振镜电机上厚度为 1 mm 的标准具插入腔内用于精细选模，由标准具反射的少部分光再经三棱镜反射和 $f_3 = 35$ mm 的透镜聚焦后打入光电探测器 PD 用于提取腔内的光信号，然后探测到的信号经伺服控制系统运算后得到反馈信号，加载在振镜电机驱动板上驱动电机带动标准具作出相应偏转以锁定标准具的透射峰至谐振腔共振频率处，实现腔的稳定单频运转。另外，一个 30 mm 的压电陶瓷粘连在腔镜 M_3 上，用于对腔长连续扫描以实现频率的连续调谐。为了获得稳定的单向运转，在腔外放置一宽带高反镜 M_5 将反向行波回注腔内。由于腔内仅有自调谐晶体和标准具两个光学元件，所设计腔的腔长仅为 333.5 mm。

在将标准具插入谐振腔之前，首先研究了 STC 的调谐能力，将一小部分输出激光注入光栅光谱仪 (Maya2000 Pro，Ocean Optics)，并精确记录当光轴与入射面之间的夹角 (调谐角) 从 0° 旋转到 90° 时，自调谐钛宝石激光器的工作波长的变化情况，得到的调谐曲线如图 6.4.24 所示，其中，0° 是 STC 旋转的起始点，即泵浦光偏振方向和 STC 光轴均在激光器的入射平面内。图中实线表示干涉级 k=8、9、10、11 的理论计算结果。结果表明，在 $0° \rightarrow 6°$(区域 A) 和 $64° \rightarrow 90°$(区域 D) 范围内，由于调谐过程中泵浦光的损耗较大，在此范围没有激光出射，在实验中，观察到在这些区域最大功率约为 1.7 W 和 1.8 W 的泵浦激光被 STC 反射，由此可见，泵浦光功率很容易受旋转 STC 的调制。随后，通过不断旋转 STC 从 $6° \rightarrow 30°$(区域 B) 变化，STC 反射的泵浦激光逐渐降低，这意味着谐振腔的增益逐渐超过损耗而产生激光。但是，在该区域进行调谐时，激光波长波动很大。当调谐角在 $30° \rightarrow 64°$ 间变化时，输出激光波长从 777.22 nm 连续调谐至 886.06 nm，最大调谐范围和相应的调谐斜效率分别为 108.84 nm/(°) 和 3.2 nm/(°)。

该区域的调谐结果与 $k = 10$ 的理论预期一致。

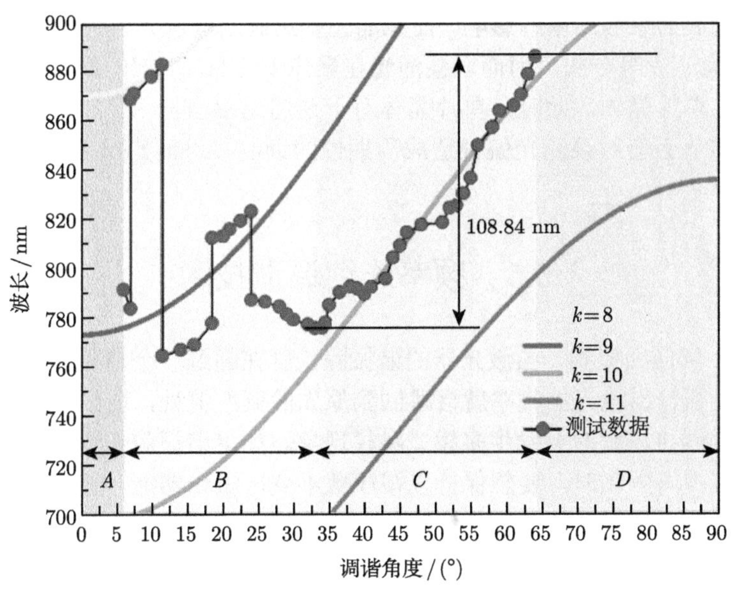

图 6.4.24 自调谐钛宝石激光器的调谐曲线

对于连续调谐区域 C，在实验中进一步测量了不同波长对应的输出功率，如图 6.4.25 所示。当输出激光波长为 792.67 nm 时，输出功率最大，为 1.38 W。

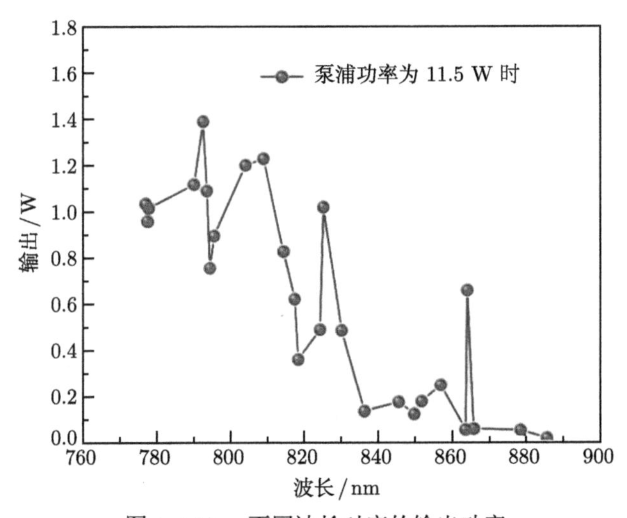

图 6.4.25 不同波长对应的输出功率

随着自调谐钛宝石激光器波长的增大，其输出功率整体趋势减小，但是不同波长处对应的输出功率变化很大。该现象表明，自调谐钛宝石激光器的波长调谐很容易受到被调制的泵浦功率的影响，而泵浦光受到调制可以分析为以下原因，首先，STC 本身为三片组合式，因而，泵浦光在聚焦于 STC 内部的同时，总是会不可避免地穿过单片晶体，此时，单片晶体对于泵浦光相当于一个波片的作用，而其光轴的旋转势必会对泵浦光偏振造成周期性的调制，进而影响 STC 产生激光的多少。

6.5　频率连续调谐技术

在第 3 章已经提到，当激光器的谐振腔长度在超过一个自由光谱区的范围变化时，激光器输出激光的频率就会跳回到原先的频率值处，而纵模序数就变化到 $q-1$ 或者 $q+1$，此时会发生多模或跳模现象。如果谐振腔长度在大于一个自由光谱区的范围内变化时，要想保持纵模序数不变，激光器能一直处于单纵模运转状态，仅是输出波长或频率发生连续变化，一种简单有效的方法是将标准具的透射峰与激光谐振腔的振荡模实时锁定在一起。这样的话，标准具的透射峰就会随着振荡模的移动而移动，从而始终选择同一序数的模式在谐振腔内振荡，这样就实现了单频激光器的频率连续调谐。本节内容将以钛宝石激光器为例，介绍几种实现全固态单频连续波激光器频率连续调谐的技术和方法。

6.5.1　机械调制标准具锁定技术

利用腔内锁定标准具的方法实现可连续调谐的钛宝石激光器的装置如图 6.5.1 所示。

其中，泵浦光源采用的是腔内倍频 Nd: YVO_4 单频连续波 532 nm 绿光激光器。泵浦光通过焦距分别为 $f_1 = 200$ mm 和 $f_2 = 120$ mm 的组合透镜组耦合到钛宝石激光器，钛宝石激光器的前置半波片用于校准泵浦光的偏振方向使泵浦光尽可能地被钛宝石晶体吸收。钛宝石激光器的谐振腔采用典型的环形腔结构，环形腔结构有利于消除空间烧孔效应。该环形腔由两个曲面镜和两个平面镜组成，两曲面镜 M_1 和 M_2 的曲率半径为 100 mm 且镀有 760~825 nm 高反膜和 532 nm 减反膜，平面镜 M_3 镀有 760~825 nm 高反射率膜，平面镜 M_4 作为钛宝石激光器的输出镜，其透射率对于波长 760~825 nm 为 2.95%。为了补偿腔内布儒斯特角放置的增益晶体、光学单向器和 BRF 引起的像散，通过计算设定 M_1 和 M_2 的折叠角为 15.8°。腔镜 M_3 粘附在一个压电陶瓷上 (型号：HPSt150/14-10/12，Piezomechanik)，通过在压电陶瓷上加入不同的电压可以控制激光器的腔长。增益晶体为布儒斯特角切割 (60.4°)，掺杂浓度为 0.05wt.%，直径为 4 mm，长度 20 mm，晶体被放置在一个中空的铜块中且置于 M_1 和 M_2 中间，将循环水通过铜块对增益晶体进行冷却。M_2 和 M_3 之间放置宽带光学单向器。M_4 和 M_1 之间放置双折射滤波片 BRF。为了实现钛宝石激光器的频率连续调谐，在谐振腔内插入了一个厚度为 0.5 mm 的标准具，该标准具的精细度为 0.6。

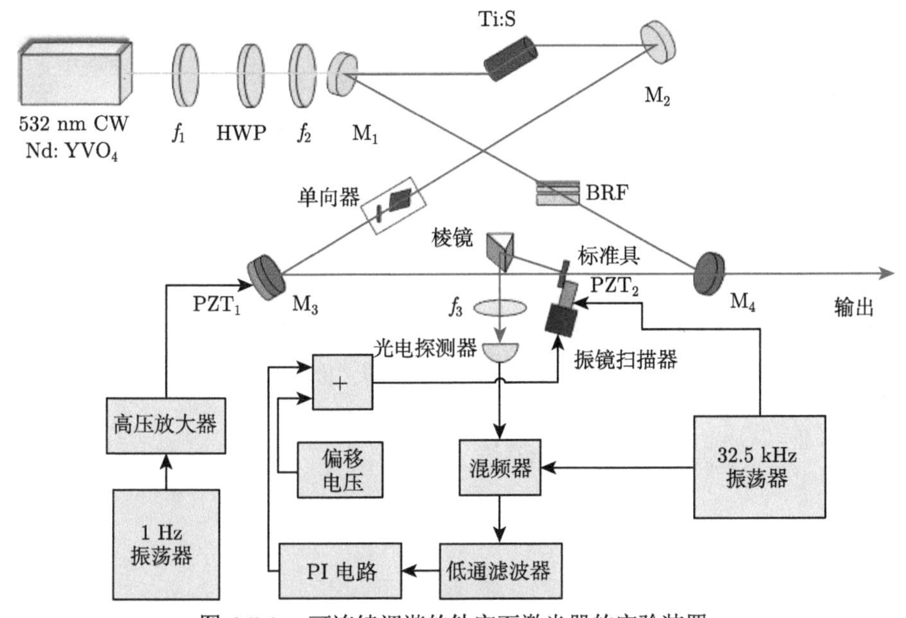

图 6.5.1 可连续调谐的钛宝石激光器的实验装置

为了保证钛宝石激光器的稳定运转，减小激光器的频率漂移，激光器的温度必须维持稳定。为此我们在一个坚固且完全封闭的金属空腔中设计了一个四镜环形谐振腔。腔内的所有元件都通过机械部件固定在金属腔上，仅在金属腔的合适位置开上两个圆形孔，确保激光可以正常通过输入耦合镜和输出耦合镜，并将圆孔以窗口镜密封。在金属腔的底部放置由温度控制仪控制的热电制冷片 (TEC) 来控制金属腔的温度为 30 °C，用这种整体腔控温的方法能保证激光器有一个良好稳定的环境以使激光器稳定运转。在后续的锁定技术介绍中，我们将不再对同类型装置进行详述。

钛宝石激光器的输出频率由钛宝石光学腔长、标准具和 BRF 三者的选频作用共同决定，原理示意图如图 6.5.2 所示。其中组合 BRF 拥有最大的透射主峰半高宽，在较宽的光谱范围都有较大增益，可以作为粗略的调谐元件；标准具的自由光谱区较窄，可作为精细调谐元件；谐振腔允许起振的相邻纵模频率最窄。

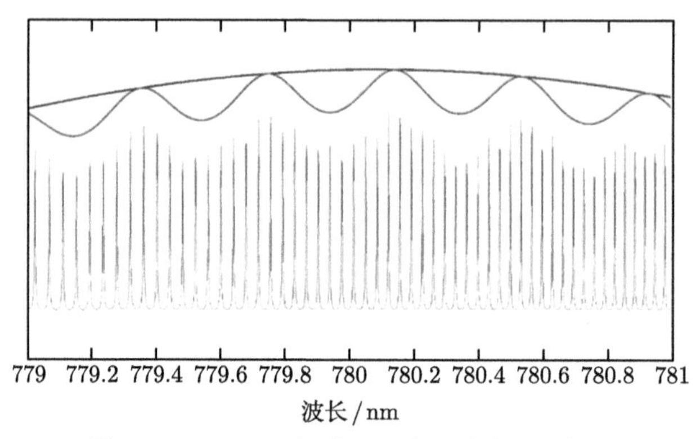

图 6.5.2　BRF、标准具和腔长的选频示意图

将标准具与一个小压电陶瓷 (PZT_2) 一端粘连，压电陶瓷另一端固定到一个电机上 [31]，如图 6.5.3 所示。通过电机可以控制标准具的偏转位置，标准具偏转到不同位置时，激光入射到标准具的入射角度不同，标准具的透射峰对应频率不同。

图 6.5.3　标准具安装示意图

标准具的锁定是指在通过反馈电路控制标准具位置使其透射峰频率跟踪激光器输出频率，当激光器腔长连续变化时，激光器输出频率发生变化，标准具透射峰始终跟随激光器输出频率。当标准具透射峰与激光输出频率产生偏移时，锁定系统的反馈信号可以控制振镜电机调整标准具的位置使其保持与激光器输出频率重合。

具体实施过程为在压电陶瓷 (PZT_2) 上加入一个微小的正弦调制信号 $A_1\sin(\omega t)$，

那么用探测器探测激光器输出激光 (腔内或腔外)，将得到一个与调制信号同频率、同波形的探测信号 $A_2\sin(\omega t+\varphi)+F(t)$，$F(t)$ 为 $\sin(\omega t)$ 高次谐波信号。然后，将探测信号和一个与调制信号同频率、同波形的解调信号 $B_1\sin(\omega t+\delta)$ 混频 (相乘)

$$
\begin{aligned}
&[A_2\sin(\omega t+\varphi)+F(t)]\times B_1\sin(\omega t+\delta)\\
&=\frac{A_2B_1}{2}\cos(2\omega t+\varphi+\delta)-\frac{A_2B_1}{2}\cos(\varphi-\delta)+B_1F(t)\sin(\omega t+\delta)
\end{aligned}
\tag{6.5.1}
$$

将式 (6.5.1) 所得的混频信号经低通滤波器滤除高频项，剩下直流项 $-A_2B_1/2\cos(\varphi-\delta)$ 作为误差信号。最后将误差信号经比例积分 (PI) 电路积分后和另一个偏置信号一起输入电机的驱动板卡，控制电机调整标准具的位置，锁定标准具。实验中，乘法和低通滤波电路、调零和 PI 锁定电路及偏置电路等均集成于一个钛宝石激光器控制系统中。

为了实现激光器的调谐特性，激光器谐振腔内除腔镜外的光学元件均为布儒斯特角放置，钛宝石激光器的连续频率调谐原理在于：在双折射滤波片、标准具以及谐振腔的共同作用下，激光器将输出一个或多个增益较大的激光器腔模模式，通过控制标准具偏转的位置，使其最佳透射峰频率与激光器的振荡模式频率重合，然后通过标准具锁定系统完成对标准具的锁定，锁定后，该振荡模式将具有极高的增益优势，这种优势足以使激光器持续处于单频运转状态。最后，通过连续电压驱动腔镜 M_3 后面的压电陶瓷 PZT_1 时，激光器谐振腔的光学腔长将连续地改变，激光器输出频率也随之连续改变，由于锁定后的标准具透射峰频率一直保持与激光器的频率重合，在激光器频率连续改变的情况下，激光器也不会出现跳模。

锁定系统的关键点在于以下几点：

为了避免误差信号在进入 PI 之前发生变化，在误差信号进入 PI 之前设置了调零电路，需要在 PZT_2 不加调制信号情况下，对输入 PI 的信号调零，调零后的误差信号进入 PI 才能准确地用来锁定标准具。

将 PI 输出信号和一个稳定的偏置电压利用加法器相加，一起作为反馈信号经电机伺服驱动电路控制电机的偏转达到锁定标准具的目的。偏置电压电路的作用在于即使没有 PI 输出信号，也可以通过调节偏置电压的大小达到控制标准具位置的作用，当标准具调整到其透射峰与激光输出频率一致时，在此时完成锁定操作，可以将标准具透射峰精确锁定到该激光器输出频率上。如果没有偏置电压，而仅仅将 PI 输出信号输入振镜电机伺服驱动电路，在进行锁定操作后，标准具将瞬间出现较大摆动，这是因为没有偏置电路的锁定系统无法精确选择标准具需要跟踪锁定的激光腔模，而在我们的激光器腔内这种突然的剧烈摆动是非常危险的。因此，将 PI 输出信号叠加在一个可调的偏置电压上是非常必要的。

关于标准具透射峰与激光器输出频率重合的判断也是该锁定系统的关键点之

一。在标准具上加上正弦调制信号，调制频率为 ω，将从标准具反射激光经探测器探测后交流信号接入示波器观察。如图 6.5.4 所示，一般情况下，标准具透射峰与激光输出频率不重合，若标准具透射峰偏向输出频率左侧 (比输出频率低)，在示波器上可以观察到一个频率为 ω 的正弦波形，相位与调制信号相同；若标准具透射峰偏向输出频率右侧 (比输出频率高)，在示波器上同样可以观察到一个频率为 ω 的正弦信号，但相位与调制信号相反；当标准具透射峰与输出频率重合时，在示波器上可以观察到一个频率为 2ω 的波形，该波形相当于将正弦信号的下半部分沿零点所在直线翻折而成。因此，调节输入电机伺服驱动电路的偏置电压大小可以看到示波器中波形的变化情况，当出现调制信号 2 倍频率波形时，可以断定标准具透射峰与激光器输出频率重合，此时通过信号发生器调节相位 δ，使作为误差信号的直流项 $-A_2B_1/2\cos(\varphi-\delta)$ 为零，然后进行锁定。

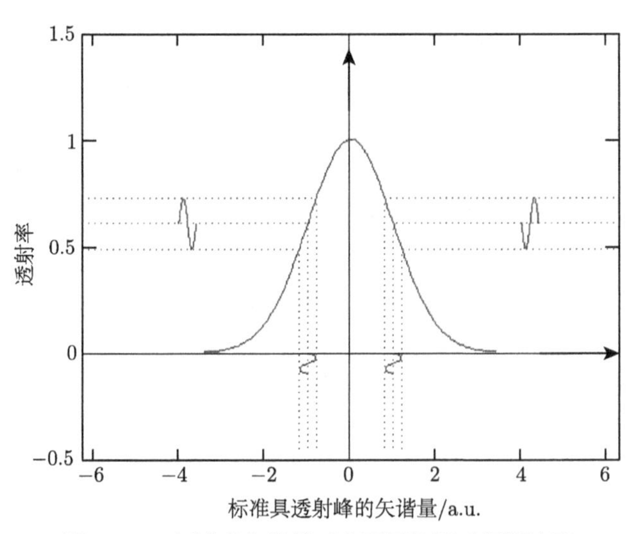

图 6.5.4　标准具与腔模对应不同位置时探测波形

图 6.5.4 是说明误差信号的测量方法的示意图，横坐标为标准具透射峰的矢谐量，纵坐标为光的透射率。为测量误差信号，需要加入一个调制信号 $\cos(\omega t)$，使标准具产生振动，振动的效果是使标准具产生微小的角度变化，如图所示，如果激光频率偏向左半边、探测器测到的信号与所加调制信号相位相同，这时需要转动标准具的角度使它的透射峰位置向左移动；反之，振动探测器测到的信号与所加调制信号相位相反，此时就转动标准具使其透射峰向右移动。

锁定标准具透射峰步骤如下：

(1) 按实验装置连接各仪器，在锁定系统标准具锁定开关在非锁定状态且标准具未加调制信号情况下，用调零系统调节误差信号进入 PI 时的零点，完成调零操作。

(2) 给标准具加上调制信号，调节输入振镜伺服驱动的偏置电压，观察腔内反射激光探测信号的交流信号波形，当波形频率变化为调制信号 2 倍时停止。

(3) 将锁定系统的锁定开关置于锁定位置，锁定标准具，观察腔内反射激光的探测交流信号是否一直处于频率为调制信号 2 倍的波形状态，如果是，说明锁定成功；如果不是，则需要将锁定开关置于非锁定状态后。

(4) 调节信号发生器的输入相位 δ 后再次锁定，直至锁定成功。

可以看到，当激光器的腔长和输出频率确定后，最大连续扫描范围由腔长的改变量 ΔL 决定。用高分辨率的波长计测量并记录激光器输出波长。当标准具没有锁定时，通过驱动压电陶瓷 PZT_1 扫描激光器的腔长时，可以看到激光器会频繁出现跳模现象。当标准具处于锁定状态时，通过扫描激光器腔长，得到如图 6.5.5 所示的频率连续调谐，连续调谐范围为 15.3 GHz。

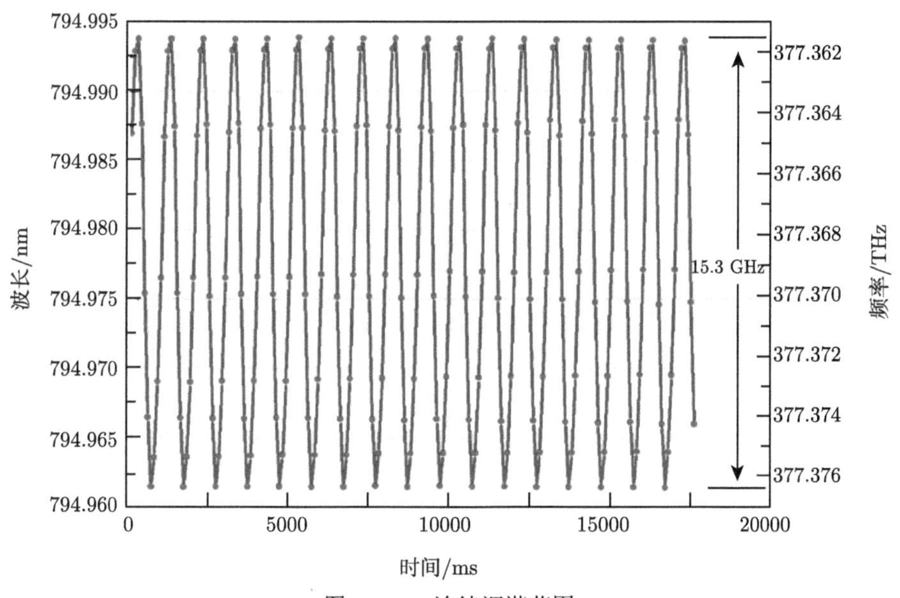

图 6.5.5 连续调谐范围

机械调制标准具锁定技术一个最主要的特点是调制信号频率必须和装置的共振频率一致，才能获得最大的调制深度，进而获得良好的反馈信号，保证标准具精确锁定在激光器的振荡纵模上。此外，由于调制信号的存在，会在激光器特定频率段引入额外的噪声，对激光器的实际应用产生一定的影响。

6.5.2　电光效应标准具锁定技术

以铌酸锂晶体制成的电光标准具为例来介绍电光效应标准具锁定技术，电光标准具作为腔内精细选模及调谐元件 [32]。如图 6.5.6 所示，晶体光轴沿 z 方向，两通光面 (x-O-z 面) 互相平行，并对这两通光面进行抛光处理。晶体的两个 x-O-y 面上加工有镀金电极，用导电胶分别将两个焊有引线的铜电极片粘接在两镀金面上，通过两引线将电压信号施加到两电极片上，这样就可以在晶体内部形成沿晶体光轴方向的均匀电场。入射光的偏振方向沿 x 方向，传播方向沿 y 方向。利用铌酸锂晶体的电光效应实现标准具的调制锁定，进而实现单频连续波钛宝石激光器的连续调谐。

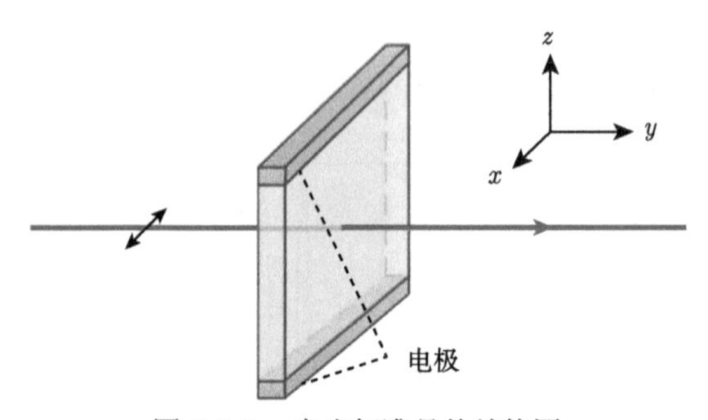

图 6.5.6　电光标准具的结构图

铌酸锂 ($LiNdO_3$) 晶体是负单轴晶体，即 $n_x = n_y = n_o$，$n_z = n_e$。它所属三方晶系 3m 点群，电光系数有四个，γ_{13}、γ_{22}、γ_{33} 和 γ_{51}。其线性电光张量可表示为如下矩阵：

$$\begin{bmatrix} 0 & -\gamma_{22} & \gamma_{13} \\ 0 & \gamma_{22} & \gamma_{13} \\ 0 & 0 & \gamma_{33} \\ 0 & \gamma_{51} & 0 \\ \gamma_{51} & 0 & 0 \\ \gamma_{22} & 0 & 0 \end{bmatrix}$$

外加直流电场时，折射率椭球方程一般式如下：

$$\left(\frac{1}{n^2}\right)_1 x^2 + \left(\frac{1}{n^2}\right)_2 y^2 + \left(\frac{1}{n^2}\right)_3 z^2 + 2\left(\frac{1}{n^2}\right)_4 yz + \left(\frac{1}{n^2}\right)_5 zx + \left(\frac{1}{n^2}\right)_6 xy = 1 \tag{6.5.2}$$

当直流电场不为 0 时，折射率椭球系数的变化可表示为

$$\begin{bmatrix} \delta\left(\dfrac{1}{n^2}\right)_1 \\ \delta\left(\dfrac{1}{n^2}\right)_2 \\ \delta\left(\dfrac{1}{n^2}\right)_3 \\ \delta\left(\dfrac{1}{n^2}\right)_4 \\ \delta\left(\dfrac{1}{n^2}\right)_5 \\ \delta\left(\dfrac{1}{n^2}\right)_6 \end{bmatrix} = \begin{bmatrix} \gamma_{11} & \gamma_{12} & \gamma_{13} \\ \gamma_{21} & \gamma_{22} & \gamma_{23} \\ \gamma_{31} & \gamma_{32} & \gamma_{33} \\ \gamma_{41} & \gamma_{42} & \gamma_{43} \\ \gamma_{51} & \gamma_{52} & \gamma_{53} \\ \gamma_{61} & \gamma_{62} & \gamma_{63} \end{bmatrix} \begin{bmatrix} E_1 \\ E_2 \\ E_3 \end{bmatrix}$$

所以，$LiNdO_3$ 晶体外加电场时，其折射率椭球方程为

$$\left(\frac{1}{n_{\mathrm{o}}^2} - \gamma_{22}E_y + \gamma_{13}E_z\right)x^2 + \left(\frac{1}{n_{\mathrm{o}}^2} + \gamma_{22}E_y + \gamma_{13}E_z\right)y^2 + \left(\frac{1}{n_{\mathrm{e}}^2} + \gamma_{33}E_z\right)z^2$$
$$+ 2\gamma_{51}(E_y yz + E_x xz) - 2\gamma_{22}E_x xy = 1 \tag{6.5.3}$$

当施加的电场沿晶体 z 轴方向 $E_x = E_y = 0$ 时，上述方程化为

$$\left(\frac{1}{n_{\mathrm{o}}^2}\gamma_{13}E_z\right)x^2 + \left(\frac{1}{n_{\mathrm{o}}^2} + \gamma_{13}E_z\right)y^2 + \left(\frac{1}{n_{\mathrm{e}}^2} + \gamma_{33}E_z\right)z^2 = 1 \tag{6.5.4}$$

从上式可以看出，沿晶体 z 轴方向施加电场后，晶体折射率主轴没有旋转，且仍为单轴晶体。

对于偏振方向平行于 x 轴，并沿 y 轴传播的光束来说，给晶体施加电场后，晶体折射率变化为 $n_{x'}$，由上式可知

$$\frac{1}{n_{x'}^2} = \frac{1}{n_{\mathrm{o}}^2} + \gamma_{13}E_z \tag{6.5.5}$$

假定 $\gamma_{13}E_z \ll 1/n_{\mathrm{o}}^2$，并利用微分关系

$$\mathrm{d}n = \frac{n^3}{2}\mathrm{d}\left(\frac{1}{n^2}\right)$$

可得

$$\mathrm{d}n_x = -\frac{n_0^3}{2}\mathrm{d}\frac{1}{n_x^2} = -\frac{n_0^3}{2}\gamma_{13}E_z \tag{6.5.6}$$

其中

$$E_z = \frac{V}{d} \tag{6.5.7}$$

V 为晶体两电极片上施加的电压，d 为两电极片间的距离。

对于该晶体制成的电光标准具来说，若其厚度为 h，则其透射峰值对应的频率为

$$\nu_k = \frac{c}{\lambda_k} = -\frac{kc}{2n_x h} \tag{6.5.8}$$

其中，k 表示级数，c 为真空中光速。对其两边求导数后可得

$$\mathrm{d}\nu_k = \mathrm{d}\frac{kc}{2n_x h} = -\frac{kc}{2n_x^2 h}\mathrm{d}n_x = -\frac{\nu_k}{n_\mathrm{o}}\mathrm{d}n_x \tag{6.5.9}$$

即当该标准具折射率变化 $\mathrm{d}n_x$ 时，其透射峰对应频率变化为

$$\mathrm{d}\nu = -\frac{\nu}{n_\mathrm{o}}\mathrm{d}n_x = -\frac{c}{n_\mathrm{o}\lambda}\mathrm{d}n_x \tag{6.5.10}$$

其中，λ 表示传播光束的波长。

当该标准具插入激光谐振腔后，选择波长为 λ 的激光在谐振腔内起振，若给标准具的两电极片上施加一调制信号 $V\cos(\omega t)$，则标准具透射峰对应频率会周期性变化，即

$$\mathrm{d}\nu = \frac{cn_\mathrm{o}^2\gamma_{13}V}{2\lambda d}\cos\omega t \tag{6.5.11}$$

而这一周期性的变化会引起腔内光强周期性变化，从而对腔内光场产生调制，并最终用于标准具的锁定。由于对腔内光场的调制是利用电光晶体的电光效应产生的，所以调制信号频率的选取不会影响腔内光场的调制效果，也就是说在该激光器系统中，调制信号的频率可任意选取。然而，在调制过程中，为避免激光器出现模式跳变，标准具透射峰对应频率的变化范围不应该超出激光器谐振腔的一个自由光谱区，即 c/L，L 为激光谐振腔的光学腔长。所以，在调制过程中，调制信号的幅度可选取的最大值为

$$V_\mathrm{max} = \frac{2\lambda d}{Ln_\mathrm{o}^2\gamma_{13}} \tag{6.5.12}$$

根据以上的分析，在实验过程中需要选取一个具有合适幅度值的调制信号。

在标准具的调制锁定过程中，为选取合适幅度值的调制信号，我们首先研究了实验采用的电光标准具的电光特性。在实验中，将一变化范围为 $-1000\sim1000$ V

的直流高压信号施加到标准具的两电极上，观察激光器输出波长的变化，获得的实验结果如图 6.5.7 所示。

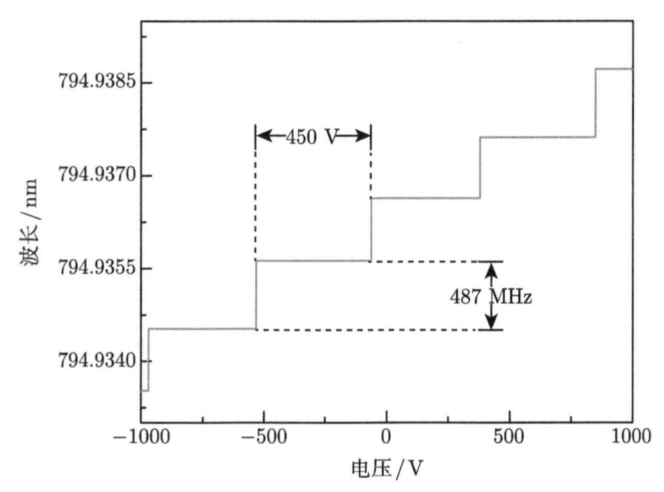

图 6.5.7 激光器输出波长随加载在电光标准具电极上的直流电压的变化关系

从图 6.5.7 中可以看出，当给标准具电极片施加的电压信号变化 450 V 时，激光器输出波长出现一次阶跃式跳变，这一阶跃式跳变表示激光器谐振腔的一次模式跳变，对应于标准具透射峰对应频率漂移了激光谐振腔的一个自由光谱区，即 487 MHz。实验结果表明，施加到该标准具上的调制信号的最大幅度值为 450 V。另外，从实验结果还可以看出，当给电光标准具施加最大幅度为 2000 V 的电压信号时，激光器输出波长共出现五次跳变，对应频率变化范围仅为 2.435 GHz。在标准具锁定的过程中，如果反馈控制量是加载在标准具两电极片上的直流电压信号的话，若想得到超过 20 GHz 的调谐范围，则需要直流电压信号的变化范围超过约 20000 V。而实际上，很难获得一个这么高电压的信号，即使获得了该高压信号，在实验过程中操控这一高压信号也是很危险的。相比之下，通过反馈控制电机转轴旋转并带动标准具旋转来调节标准具的入射角则容易得多，而且只需一个幅值很小的信号即可获得较大的调谐范围。所以在实验过程中，通过反馈控制振镜电机的旋转轴来控制标准具的入射角，实现标准具的实时锁定。

在钛宝石激光器系统中，为实现标准的透射峰与激光谐振腔振荡模的实时锁定，需要伺服控制系统执行反馈控制，我们采用的伺服控制系统的结构框图如图 6.5.8 所示，由函数发生器产生两路同频率的正弦信号 S_1 和 S_2，一路正弦信号 S_2 经过高压运算放大器 PA85 放大后作为调制信号加载到标准具的两电极片上，另一路正弦信号 S_1 作为解调信号与探测器探测到的信号混频，并经低通滤波器滤波后提取出标准具透射峰与激光谐振腔振荡模之间的偏差信号，即误差信号；该误差信号经 PI 电路处理后，生成控制信号；产生的控制信号与一直流偏置信号经加法器相加后加载到振镜电机的控制板上，用于反馈控制标准具的偏转角。

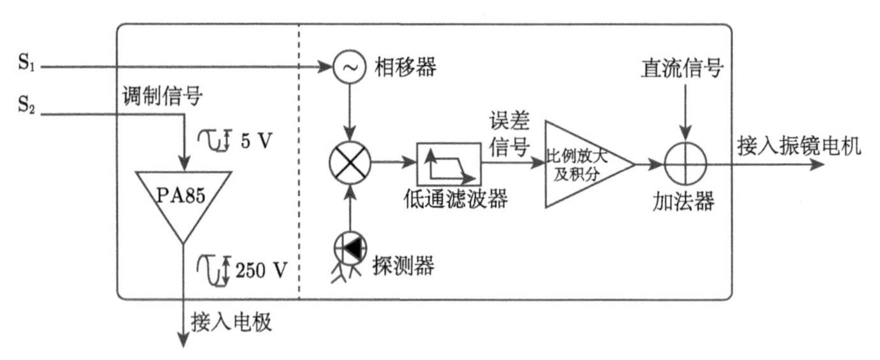

图 6.5.8　伺服控制器的结构图

此处，我们选取 Apex 公司生产的高压宽带运算放大芯片 PA85 作为信号放大器将函数发生器产生的调制信号放大到幅值为 250 V 的信号。这一信号加载到电光标准具两电极片上后对腔内光场强度产生的调制足以被探测器探测到。另外，由于 PA85 芯片的转化速率很高，为 400 V/μs，因此使用该芯片可将频率高达二百多千赫兹的信号放大到 250 V 供实验使用。基于 PA85 芯片构成的放大电路如图 6.5.9 所示。

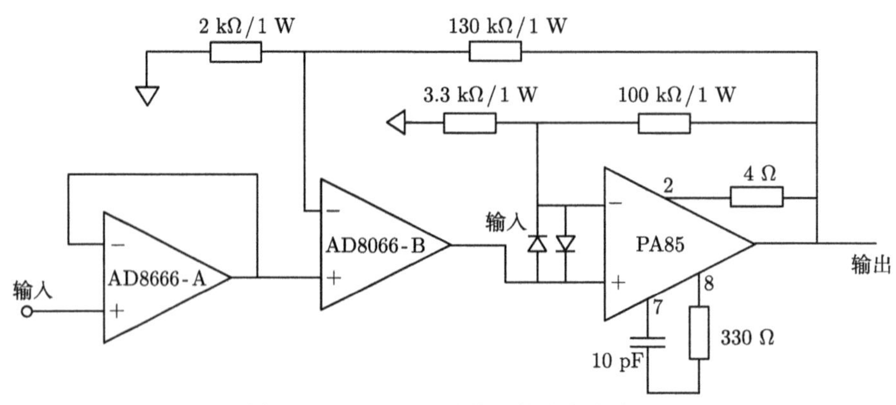

图 6.5.9　PA85 芯片构成的放大电路图

探测器置于激光谐振腔的出射光路中，探测光场中的“交流”调制信号用于提取误差信号。由于在出射光场中，“交流”调制成分远小于其“直流”成分，所以探测器需将探测信号的“交流”成分提取出并使其获得很高的增益。实验中使用的探测器的电路图如图 6.5.10 所示。光电二极管 S3399 将探测到的光信号转化为电流信号，阻值为 100 Ω 的电阻 R_1 将电流信号转化为电压信号，电容 C_1 提取出信号中的交流成分，并经由宽带运算放大器 AD8066 构成的二级放大电路放大，其增益为 30 dB，若考虑到电流–电压转化增益，则探测器的总增益为 50 dB。

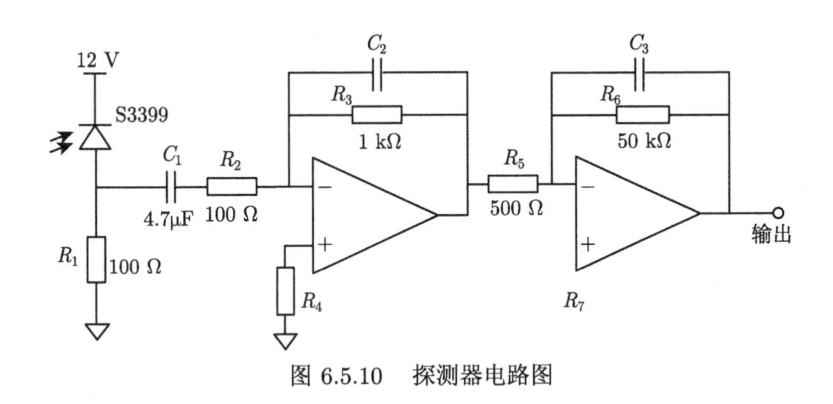

图 6.5.10　探测器电路图

标准具的反馈锁定系统中的反馈控制环路部分的电路图如图 6.5.11 所示，包括由模拟乘法器 MPY634(U_3) 构成的混频电路，由电阻 R_1 和电容 C_1 构成的低通滤波电路，由数模转换器 AD5761(U_4)、电阻 $R_2 \sim R_5$ 及运算放大器 OPA228(U_5) 构成的调零电路，由电阻 $R_6 \sim R_8$、运算放大器 OPA228(U_5) 及模拟开关 DG411(K_1) 构成的反相位电路 (图 6.5.11(a) 部分)，由运算放大器 OPA2227(U_8 和 U_{10})、数字电位器 AD5291(U_7 和 U_9)、电阻 $R_9 \sim R_{13}$、电容 $C_2 \sim C_4$ 及模拟开关 DG411(K_2 ~K_8) 构成的 PI 控制电路，由数模转换器 AD5761(U_{11}) 构成直流偏置电路，由运算放大器 OPA2227(U_{12})、电阻 $R_{15} \sim R_{18}$ 构成的加法电路 (图 6.5.11(b) 部分)。其中，调零电路、反相位电路、PI 控制电路的比例积分参数调节部分、锁定开关 (K_8) 及直流偏置信号的产生电路均采用数字芯片构成，利用单片机对其进行控制，实现了锁定控制系统的数字化控制，取代了人为操作过程，简化了控制器的控制面板。在调零电路中，通过改变数模转换器 U_4 的输出电压调节误差信号的零点位置 (调节范围为 $-10 \sim +10$ V)，保证标准具的透射峰与谐振腔振荡模的实时锁定；反相位电路中，通过开关 K_1 的通断改变误差信号的相位，开关切换一次，误差信号的相位改变 180°，方便标准具锁定过程中切换相位；PI 控制电路中，通过控制数字电位器 U_7 的滑动端与开关 K_2 ~K_4 的通断调节比例系数，调节范围为 0~30，通过控制数字电位器 U_9 的滑动端与开关 K_5 ~K_7 的通断调节积分系数，调节范围为 5~ $+\infty$；开光 K_8 为控制系统的锁定开关，开关闭合，系统处于非锁定状态，开关断开，系统处于锁定状态；直流偏置电路中，通过改变数模转换器 U_{11} 的输出电压改变直流偏置电压 (调节范围为 -10~$+10$ V)，用于锁定标准具之前调节标准具的偏转角。

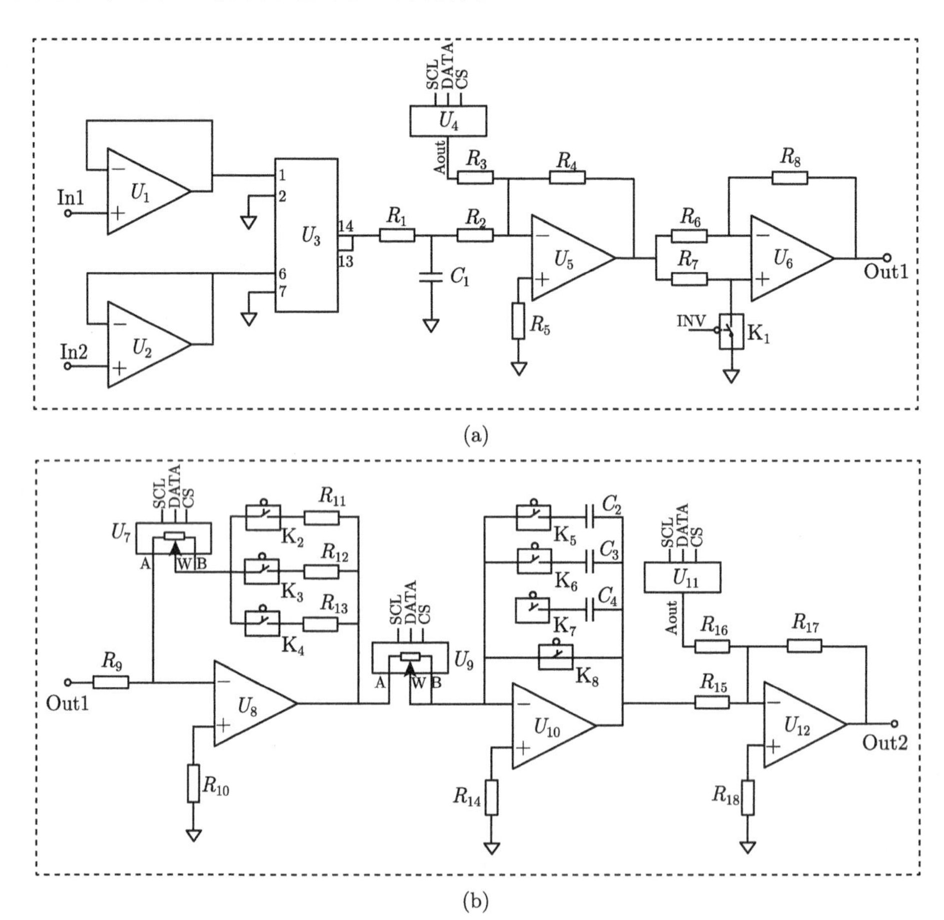

(a)

(b)

图 6.5.11　反馈控制环路的电路图

标准具的锁定步骤为：

(1) 用示波器同时监视探测器探测到的信号、信号发生器产生的信号 S_2 及提取到的误差信号。

(2) 当激光器正常运转后，给电光标准具施加调制信号，探测器会探测到与调制信号同频率的一个正弦信号，此时调节信号 S_2 的相位，使其与探测器探测到的信号相位相同。

(3) 然后微调直流偏置信号，使得探测器探测到的信号频率为调制信号的 2 倍，此时，观察提取到的误差信号是否为零，若不为零，则通过调零电路将其调为零。

(4) 打开控制系统中的锁定开关，即可将电光标准具的透射峰锁定在激光谐振腔的振荡模上，如果打开锁定开关后，发现激光器反而很不稳定，而且激光器输出波长出现大幅跳变，说明电光标准具没有锁好，此时只需关闭锁定开关，然后切换一下锁定系统中的反相位开关，再重新打开锁定开关，即可将电光标准具的透射峰实时锁定在激光谐振腔的振荡模上。

首先通过钛宝石激光器的自动宽调谐系统将激光器输出波长调谐到 795 nm 附近，该波长对应于铷原子的 D_1 跃迁吸收线。然后调节加载在振镜电机控制板上的直流偏置信号，可得实验使用电光标准具的调谐曲线，如图 6.5.12 所示。图中横坐标表示直流偏置信号的电压值，该电压值与电光标准具的入射角一一对应。从实验结果可看出，电光标准具的自由光谱区为 58 GHz。调节加载在振镜电机控制板上的直流偏置信号使激光器输出波长为 795.0046 nm 时，采用频率为 50 kHz 的调制信号将电光标准具透射峰与激光振荡模实时锁定，然后给粘接腔镜 M_3 的长程压电陶瓷施加一幅度为 400 V、频率为 0.05 Hz 的三角波扫描信号连续扫描激光谐振腔的腔长，从而连续调谐钛宝石激光器的输出波长。连续调谐结果如图 6.5.13 所示，激光器的最大频率连续调谐范围为 20 GHz，在调谐过程中激光器不发生跳模。从图中还可看出，激光器输出波长随扫描时间 (或者扫描电压) 非线性变化，这是由于所使用的长程压电陶瓷的非线性特性造成的。

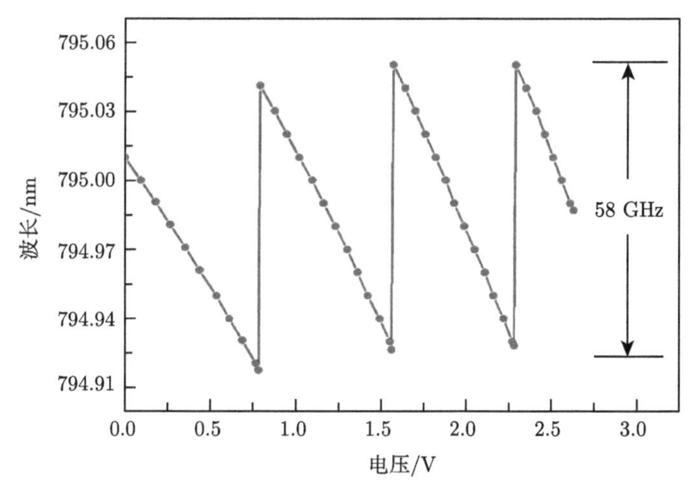

图 6.5.12 钛宝石激光器调谐曲线

与机械调制标准具锁定技术不同，基于电光效应调制的标准具锁定技术不受调制信号频率的限制，即给电光标准具施加的调制信号频率的选取不会影响腔内光场的调制效果，故而不会影响电光标准具的锁定效果，从而也不会影响钛宝石激光器的连续调谐能力。为验证这一结论，任意选取六种不同频率的调制信号用于电光标准具的锁定，调制信号的频率分别为 32 kHz、50 kHz、84 kHz、100 kHz、

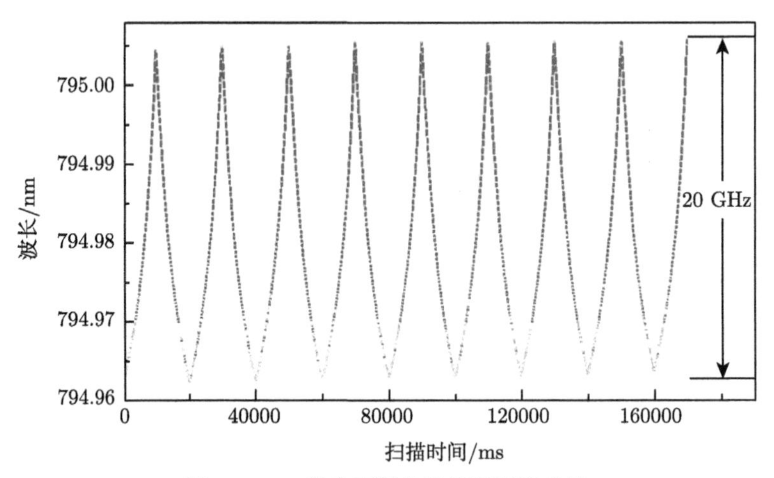

图 6.5.13　钛宝石激光器连续调谐曲线

123 kHz 和 150 kHz。用这六种频率的调制信号将电光标准具锁定后，分别对钛宝石激光器输出波长进行连续调谐，获得的频率连续扫描范围分别为 21.5 GHz、20 GHz、22 GHz、21 GHz、21.5 GHz 及 20 GHz。实验结果表明，采用不同频率的调制信号将电光标准具锁定后，钛宝石激光器的连续调谐范围均达到 20 GHz，也就是说，用于锁定电光标准具的调制信号的频率不会影响钛宝石激光器的连续调谐特性，在实际使用过程中，可任意选取。

当使用不同频率的调制信号锁定电光标准具并实现钛宝石激光器的连续调谐时，激光器输出激光的强度噪声也同时被操控了。由于标准具锁定系统中的调制信号会使激光器强度噪声谱对应频率处凸起一个小“包”，因而不利于抑制该频段处的强度噪声。为了消除调制信号对激光器某一频段强度噪声的影响，需要选择一个合适频率的调制信号用于标准具锁定，使其避开我们所关心的特定频率段，而这个正是基于电光标准具的锁定调谐系统的优势所在。测量了用频率为 140 kHz、180 kHz、220 kHz 的调制信号锁定电光标准具时，钛宝石激光器的强度噪声谱，如图 6.5.14 所示。从实验测得的强度噪声谱中，可以很清楚地看到，在对应调制信号的频率处，激光器的强度噪声增加，凸起一个小“包”，而且凸起的位置会随着调制信号频率的变化而移动。实验结果表明，实验获得的连续可调谐钛宝石激光器的强度噪声可以通过改变调制信号的频率进行操控，这对于抑制某一频段处激光器的强度噪声具有很重要的意义。

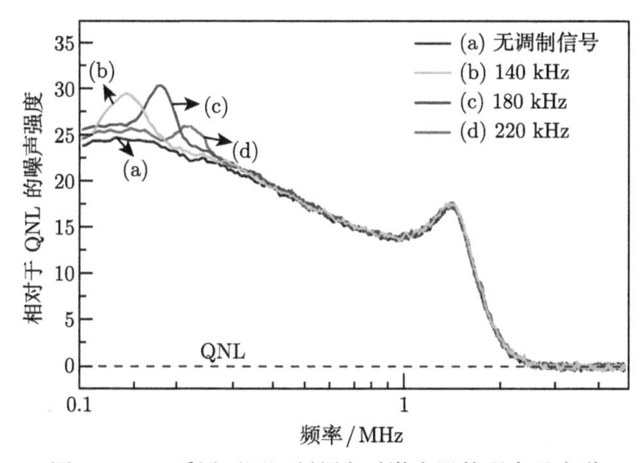

图 6.5.14 采用不同调制频率时激光器的强度噪声谱

6.5.3 直接调制锁定技术

如图 6.5.15 所示，直接调制技术与之前的锁定方法不同，在这里，标准具是直接安装在电机上的 [33]，因此对调制信号的频率也没有强制性要求。在实际中，信号发生器产生的正弦信号的频率和幅值分别为 1.3 kHz 和 100 mV，所产生的信号驱动电机对腔内激光进行调制。则接收光信号的探测器探测到的信号为

$$S_1 = A\cos(\omega t + \delta) + f(t) \tag{6.5.13}$$

信号发生器的另一个输出信号作为解调信号与被测信号进行混频，混频信号可由下式表示

$$S_2 = \frac{1}{2}A\sin(2\omega t + \delta + \varphi) + \frac{1}{2}A\cos(\varphi - \delta) + f(t)\sin(\omega t + \varphi) \tag{6.5.14}$$

然后利用低通滤波器去除高频项。结果只有直流电 (DC) 信号 $1/2A\cos(\varphi-\delta)$ 用于频率锁定。左边的直流信号和附加的直流偏置电压叠加后作用于电机上，以驱动标准具旋转，确保标准具的透射峰与谐振腔的透射峰重合。

在这种情况下，直流项为零，交流项的频率是调制信号的两倍。这同样可以作为锁定过程中参数调节的标准。值得注意的是，在我们的锁定系统中，所有的信号都是直接作用到标准具上的，与机械调制标准具锁定方式相比，直接调制标准具锁定系统的稳定性更好，结构也更加紧凑。而且调制信号的频率不受任何限制，在实际的选择过程中，我们可以自由地选择调制信号的频率避开我们所感兴趣的区域。可以看出，直接调制锁定技术综合了机械调制锁定与电光效应锁定技术的优点。在实验上，我们通过优化锁定参数，获得了 41 GHz 的连续调谐范围，结果如图 6.5.16 所示。

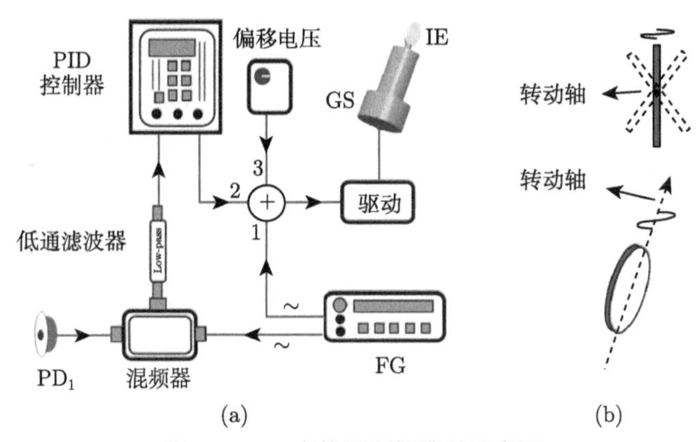

图 6.5.15　直接调制标准具示意图

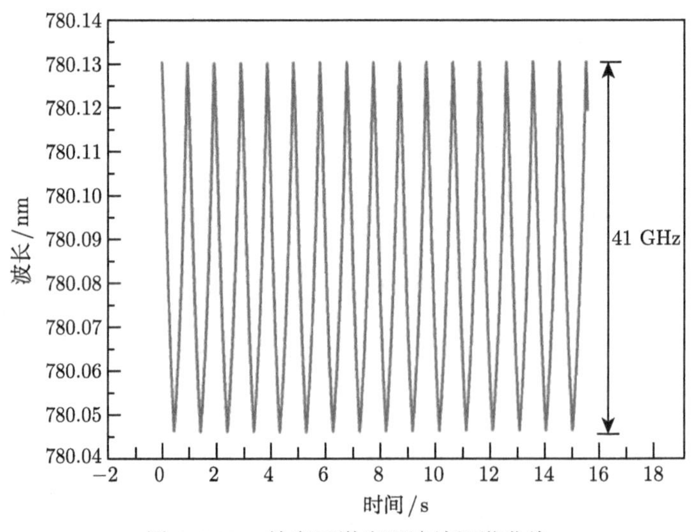

图 6.5.16　钛宝石激光器连续调谐曲线

6.5.4　双折射标准具的偏振锁定技术

如图 6.5.17 所示，双折射晶体 [34] 的光轴方向为 z 轴方向，透射面为 x-O-z 平面。实际应用中，晶体绕 y 轴旋转一小角度 θ，一束线偏振光 E_0 掠入射双折射晶体 x-O-z 平面，R_{laser} 为反射光，由于晶体的双折射作用，入射光偏振方向将分解为平行于光轴方向的 E_1 和垂直于光轴的 E_2，经双折射晶体反射后，其光电场可表示为

$$E_1 = E_0 \cos\theta \frac{\sqrt{R}(1 - \mathrm{e}^{\mathrm{i}\delta_1})}{1 - R\mathrm{e}^{\mathrm{i}\delta_1}} \tag{6.5.15}$$

$$E_2 = E_0 \sin\theta \frac{\sqrt{R}(1-\mathrm{e}^{\mathrm{i}\delta_2})}{1-R\mathrm{e}^{\mathrm{i}\delta_2}} \tag{6.5.16}$$

其中，相位差 δ_1 和 δ_2 可以表示为

$$\delta_1 = \frac{4\pi n_\mathrm{e} d\cos\varphi}{\lambda} \tag{6.5.17}$$

$$\delta_2 = \frac{4\pi n_\mathrm{o} d\cos\varphi}{\lambda} \tag{6.5.18}$$

其中，n_o 和 n_e 分别为 o 光和 e 光的折射率，d 为双折射晶体的厚度，φ 为光的入射角，λ 为激光波长。

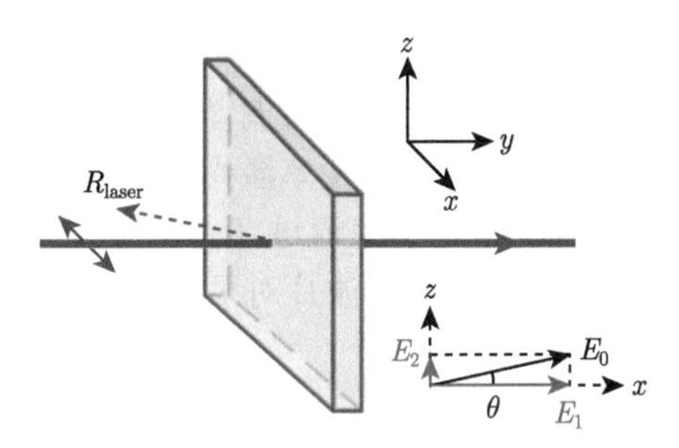

图 6.5.17 双折射晶体示意图

依据反射系数公式

$$R(\delta) = \sqrt{R}\frac{1-\mathrm{e}^{\mathrm{i}\delta}}{1-R\mathrm{e}^{\mathrm{i}\delta}} \tag{6.5.19}$$

可以看出，反射光的偏振特性取决于相位差。当谐振腔的共振频率与标准具的透射峰重合时，$\delta_1 = 2k\pi(k=0,1,2,\cdots)$，此时，$R(\delta_1)=0$，反射光为平行于光轴方向的线偏振光；当谐振腔的共振频率位于标准具的透射峰左侧或右侧时，分析可知反射光为左旋椭圆偏振光或右旋椭圆偏振光。而这三种不同偏振态可以通过图 6.5.18 所示的 1/4 波片和棱镜组合系统进行区分，具体地，棱镜的透射光电场和反射光电场可以表示为

$$E_\mathrm{t} = \frac{1}{2}[(1+\mathrm{i})R(\delta_1)E_1 - (1-\mathrm{i})R(\delta_2)E_2] \tag{6.5.20}$$

$$E_\mathrm{r} = \frac{1}{2}[(1-\mathrm{i})R(\delta_1)E_1 - (1+\mathrm{i})R(\delta_2)E_2] \tag{6.5.21}$$

用两个相同的探测器作差来提取误差信号，可以表示为

$$\text{error} = \frac{I_\mathrm{t} - I_\mathrm{r}}{I_\mathrm{t} + I_\mathrm{r}} = \frac{E_\mathrm{t}E_\mathrm{t}^* - E_\mathrm{r}E_\mathrm{r}^*}{E_\mathrm{t}E_\mathrm{t}^* + E_\mathrm{r}E_\mathrm{r}^*} \tag{6.5.22}$$

可以看出，只有当谐振腔的共振频率与标准具的透射峰重合时，获得的 error 信号为 0，当二者不重合时，获得的 error 信号会经过处理以后反馈至控制双折射晶体旋转角度的电机上，使二者始终保持重合。

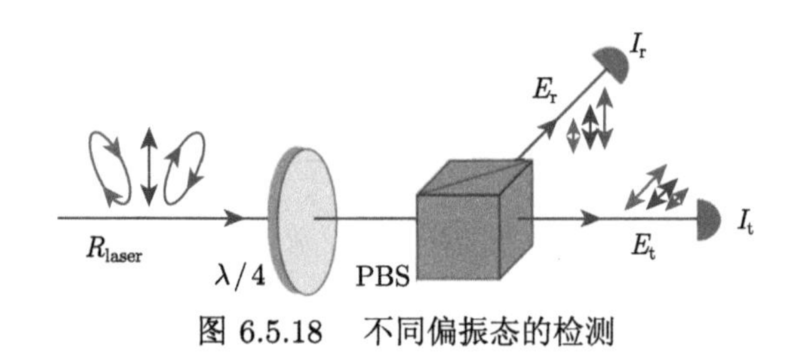

图 6.5.18　不同偏振态的检测

图 6.5.19 为所设计的腔内锁定全固态可调谐单频连续波 Ti: S 激光器的实验装置。泵浦源为连续波单频 532 nm 高功率激光器，最大输出功率为 14 W，稳定性优于 ±0.5%(8 h)。泵浦源输出光束通过 $f_1(f=200\ \mathrm{mm})$ 和 $f_2(f=100\ \mathrm{mm})$ 透镜聚焦后泵浦钛宝石晶体，再通过半波片对泵浦光的偏振进行调整，以使钛宝石晶体获得最高的转化效率。

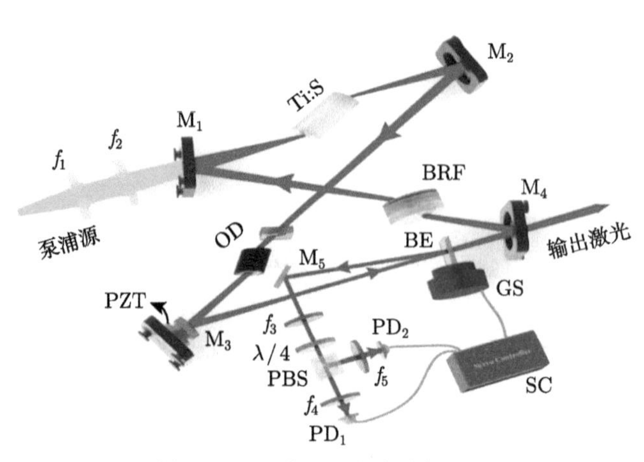

图 6.5.19　偏振锁定实验装置图

激光谐振腔由两个曲率半径为 100 mm 的凹面镜 M_1、M_2 和两个平面镜 M_3、M_4 组成的领结环形腔。M_1 输入镜镀有 680~1030 nm 高反膜，532 nm 减反膜。凹面镜 M_2 和平面镜 M_3 镀有 680~1030 nm 高反膜。输出耦合镜 M_4 对 680~1030 nm 波长的透射率为 5.5%。反射镜 M_3 安装在一压电陶瓷上用于扫描腔长。钛宝石晶体采用布儒斯特角切割，尺寸为 $\Phi4\times20\ \mathrm{mm}^3$，置于 M_1 和 M_2 之间，用循环冷却水冷却。腔内插入由 TGG 和补偿片构成的光学单向器用于实现单向行波运转。腔内粗调谐元件双折射滤波片为四片组合式，厚度分别为 0.5mm、1mm、2.5mm 和 4.5mm，在腔内以布儒斯特角入射。选用 1 mm 厚的 $LiNbO_3$ 晶体板作为腔内精细调谐元件标准具，将其粘在电机的旋转轴上，以精细地调整激光频率。为了有效利用标准具的双折射效应对其进行锁定，标准具在腔内倾斜放置，使其入射角为 $2° \sim 3°$，标准具的反射光经一反射镜入射至波片棱镜系统，用一对光电探测器 (PD_1 和 PD_2) 来提取锁定信号。镜头 f_3、f_4、f_5 用于保证反射的激光在旋转标准具的夹角过程中始终聚焦到光电探测器中。

为了实现激光器的连续调谐，腔内标准具的透射峰必须锁定在激光谐振腔的共振频率处。为此，将检测到的来自 PD_1 和 PD_2 的直流信号分别在伺服控制器中加 $(I_1 + I_2)$ 和减 $(I_1 - I_2)$，通过 $(I_1 - I_2)/(I_1 + I_2)$ 运算的方式来提取误差信号。首先在实验中通过扫描标准具的入射角来观察所提取的误差信号，如图 6.5.20 所示。

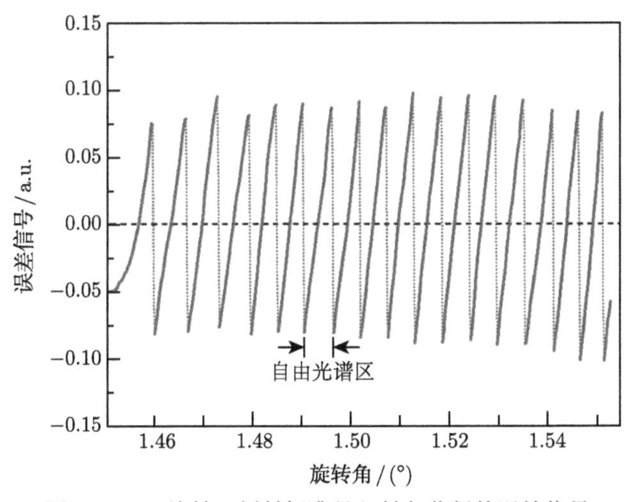

图 6.5.20 旋转双折射标准具入射角获得的误差信号

然后将误差信号放大并在伺服控制器中以合适的时间常数进行积分，获得控制信号。最后，加载生成的控制信号在电机上反馈控制标准具的偏转角度，最终，标准具成功锁定到激光器的振荡模式上。通过在 M_3 贴附的 PZT 上施加高压扫描信号，连续扫描激光器的腔长，实现了在 795 nm 波长附近的 48.9 GHz 无跳模调谐，如图 6.5.21 所示。通过旋转双折射滤波片，当腔内随机锁定到振荡波长 780 nm 和 772 nm，可分别获得 49.7 GHz 和 44.8 GHz 的连续频率调谐范围，这意味着在宽可调谐范围内，激光器的输出频率可以在任意波长连续扫描。

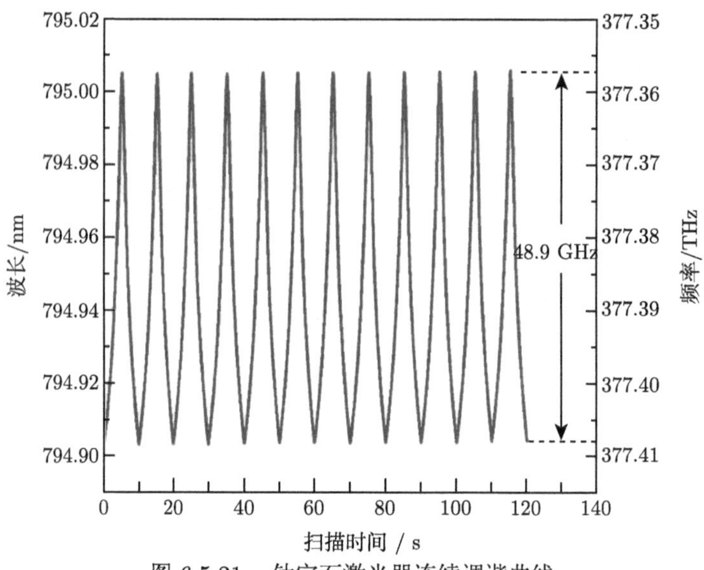

图 6.5.21　钛宝石激光器连续调谐曲线

此外，为了进一步证明所提出的无调制标准具锁定方法的优越性，研究了标准具锁定系统对激光强度噪声的影响。利用自制的低噪声零差探测器测量激光的强度噪声，并利用分辨率带宽 510 Hz 和视频带宽 100 Hz 的频谱分析仪进行分析。对比了当前采用双折射标准具的钛宝石激光器和采用 PZT 驱动的传统 Ti: S 激光器和电光标准具的测量结果，如图 6.5.22 所示。图 6.5.22(a) 中，PZT 驱动标准具的调制信号频率为 26.9 kHz，与所使用的 PZT 的机械谐振频率相匹配。而电光标准具调制信号的频率可任意选择为 50 kHz 和 130 kHz，如图 6.5.22(b) 和图 6.5.22(c) 所示。图 6.5.22(d) 描述了基于无调制双折射标准具的钛宝石激光器的强度噪声谱。可以明显地发现，钛宝石激光器的强度噪声谱中的调制噪声和激光系统中调制频率及其二次谐波对应的分析频率处的强度噪声显著增加。然而，当在钛宝石激光器中采用基于双折射标准具的无调制锁定时，没有任何额外的噪声显示在激光强度噪声谱上，直接体现了额外的调制信号对噪声强度的影响。

额外的调制信号除了对连续可调 Ti: S 激光器的强度噪声有影响外，还对激光器的频率噪声有影响。实验中还比较了 50 kHz 调制信号和无调制锁定钛宝石激光器的频率噪声谱。采用低细度 (大约 10)F-P 干涉仪将激光的频率噪声转换为待检测的振幅噪声。通过快速傅里叶变换对实测数据进行分析，得到频率噪声的功率谱密度，如图 6.5.23 所示。当激光系统中存在调制信号时，激光在调制频率对应的分析频率及其序列谐波处的频率噪声明显增大。实验结果进一步表明，一旦钛宝石激光器采用无调制锁定方法，附加调制信号对信号强度和频率噪声的影响就消失了。

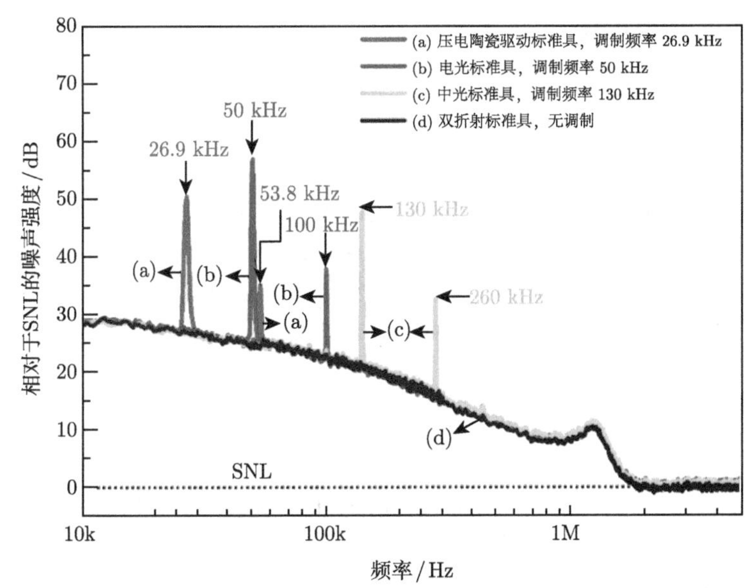

图 6.5.22 (a) 调制频率为 26.9 kHz 的 PZT 驱动标准具；(b) 调制频率为 50 kHz 的电光标准具；(c) 调制频率为 130 kHz 的电光标准具；(d) 无调制时钛宝石激光器的强度噪声谱

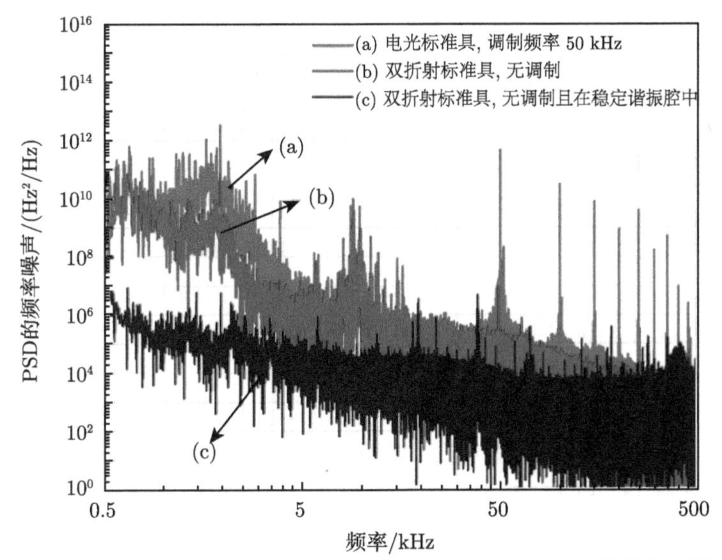

图 6.5.23 (a) 电光标准具调制频率为 50 kHz(红线)；(b) 无调制时的钛宝石激光器的频率噪声 (蓝线)；(c) 钛宝石激光器频率噪声 (黑线)

6.5.5 引入非线性损耗

已经知道当在激光谐振腔内插入一个非线性晶体后，振荡模的非线性损耗是非振荡模的一半，并且非振荡模和振荡模的损耗之差等于二次谐波的转化效率。这个结果适用于所有倍频和和频过程中相位匹配带宽内的非振荡模式。在腔长改变过程中，激光器一直维持单频扫描输出而不会发生跳模，直到由于频率的偏移振荡模的增益小于二次谐波的转化效率，这时最靠近增益曲线中间的模式的净增益大于振荡模的净增益，跳模经常发生在靠近增益曲线中间的模式。单纵模激光器的频率偏移或者说是频率调谐范围可以表示为

$$\Delta\nu_{\max}=\frac{\Delta\nu_{\mathrm{eff}}}{2}\sqrt{\frac{\eta}{\eta+L}} \tag{6.5.23}$$

其中，L 为线性损耗，包括激光器的腔内损耗和输出耦合镜的透射率；η 为倍频转化效率；$\Delta\nu_{\mathrm{eff}}$ 为有效增益带宽。原则上，最大调谐范围由线性损耗和非线性损耗决定，部分地表示了激光增益带宽。通常，有效增益带宽指的是增益介质的有效增益带宽。然而，为了提高单纵模激光器的稳定性，通常会在腔内插入双折射滤波片和标准具等元件来辅助选频，双折射滤波片或标准具的有效增益带宽可由下式表示

$$\frac{1}{\Delta\nu_{\mathrm{eff}}^{2}}=\frac{1}{\Delta\nu_{L}^{2}}+\frac{f^{2}}{\mathrm{FSR}^{2}(\eta+L)} \tag{6.5.24}$$

其中，f 和 FSR 分别为双折射滤波片或标准具的精细度和自由光谱区，$\Delta\nu_L$ 为增益介质的增益带宽。

当确定了激光器的有效增益带宽、线性和非线性损耗后，根据公式 (6.5.23) 和 (6.5.24) 就可以得到激光器不跳模的最大频率调谐范围。在激光器腔中引入非线性损耗是实现基波连续调谐的一个简单方法 [35]。使用该方法时，即使在腔中插入了双折射滤波片和标准具等选模元件，在连续扫描激光器输出频率过程中也不需要将它们的透射峰锁定到激光器的输出频率上。

基于非线性损耗的连续调谐全固态钛宝石激光器如图 6.5.24 所示。

泵浦源是一个倍频 Nd:YVO_4 单频绿光激光器，最大功率为 12 W。泵浦绿光由两个平面反射镜 M_1 和 M_2 反射并经两个焦距分别为 f_1(f=200 mm) 和 f_2(f=100 mm) 组成的耦合系统注入钛宝石谐振腔中。放置在腔前的半波片 HWP_1 用来控制泵浦光的偏振方向以使泵浦光被激光晶体更高效地吸收。我们将钛宝石谐振腔设计成环形结构腔来有效消除空间烧孔效应。该环形结构腔由两个曲率半径为 100 mm 的曲面镜 M_3 和 M_4、两个曲率半径为 50 mm 的曲面镜 M_6 和 M_7、一个平面镜 M_5 以及另一个透射率为 2.95%@795 nm 的平面镜 M_8。M_3

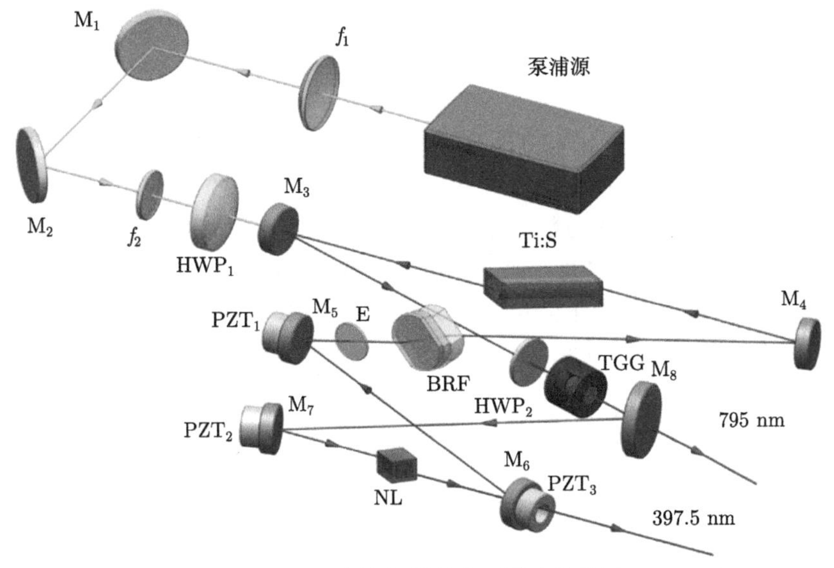

图 6.5.24 频率调谐钛宝石激光器装置

和 M_4 镀膜为 750~850 nm 高反射率、532 nm 减反射率。M_3 和 M_4 的折叠角设置为 15.8°。M_5 镀有 750~850 nm 高反膜并粘在一个压电陶瓷 PZT_1 上。另两个曲面镜 M_6 和 M_7 分别与压电陶瓷 PZT_2 和 PZT_3 相粘连，且都在 397.5 nm 镀有 750~850 nm 减反膜，M_6 和 M_7 的折叠角设置为 10°。四个曲面镜的角度能够补偿环形腔中布儒斯特角放置的钛宝石晶体、三片双折射滤波器和光学单向器引起的像散。布儒斯特角 (60.4°) 放置的钛宝石晶体长 20 mm，直径 4 mm，质量掺杂浓度 0.05%，品质因子大于 275。晶体被裱在一个铜块中并通过循环冷却水冷却，被放置在曲面镜 M_3 和 M_4 中间。三片厚度分别为 1 mm、2 mm 和 4 mm 的组合双折射滤波片以布儒斯特角 57° 放置于 M_4 和 M_5 路径上，双折射滤波片使激光器在较宽范围内具备粗略的频率调谐功能。为保证激光器单向运转，一个基于法拉第旋转效应的光学单向器被放置在腔内，该光学单向器包括一个环形永久磁铁和置于其中的 TGG(铽镓石榴石，terbium gallium garnet) 晶体和一个薄的石英片，TGG 晶体长 3 mm，且端面为布儒斯特角切割并放置于腔内一臂上，石英片用于补偿腔内激光经法拉第旋光器产生的偏振旋转。实验中采用 BIBO(硼酸铋，bismuth triborate，BiB_3O_6) 作为非线性晶体，通过二次谐波产生过程引入非线性损耗，BIBO 属于单斜晶体，拥有比 LBO(三硼酸锂，lithium triborate，LiB_3O_5) 大几倍的非线性系数，为了减小晶体表面的反射损耗和避免出现标准具效应，使用的 BIBO 晶体尺寸为 3 mm×3 mm×5 mm，端面为布儒斯特角 (61.4°) 切割，同时采用 I 类临界相位匹配，$\theta = 150.7°$，$\phi = 90°$。晶体由铟箔包裹住置于一个由温度控制仪控制的铜块中，该 TEC 温度控制仪的控温精度为 0.03 K，BIBO 晶体的温度控制在 300 K。环形腔的腔长约为 700 mm，为了获得高的光–光转化效率，泵浦光与振荡光的模式匹配显得非常重要。根据近轴光学传播的 $ABCD$ 矩阵计算，当 M_3 和 M_4 到钛宝石晶体端面距离为 48 mm 时，振荡光在钛宝石晶体和 BIBO 晶体中间位置处子午面和弧矢面上的腰斑大小是 M_6 或 M_7 到 BIBO 端面距离 (l_3) 的函数，其对应关系如图 6.5.25 所示。通过图 6.5.25 我们设定 l_3 为谐振腔稳区的中间。像散补偿后，钛宝石晶体中间的腰斑半径为 39.35 μm(弧矢面)×35.48 μm(子午面)，BIBO 晶体中间腰斑半径为 17.56 μm(弧矢面)× 17.33 μm(子午面)。为了使泵浦光和振荡光的模式匹配，泵浦腰斑 (ω_p) 被两个焦距分别为 200 mm(f_1) 和 100 mm(f_2) 的透镜调整为 24 μm 左右。透镜 f_2 的入射角度设置为约 13° 用来补偿 20 mm 钛宝石晶体引起的像散。

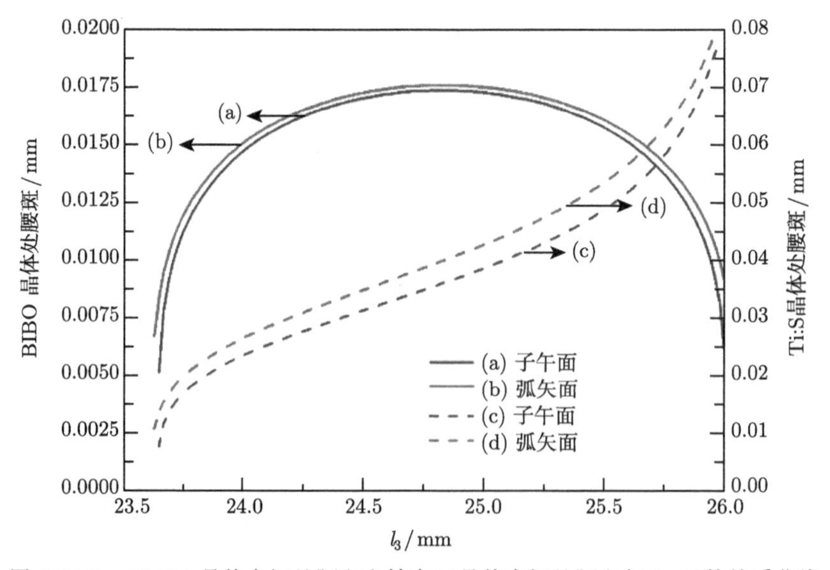

图 6.5.25　BIBO 晶体中间处腰斑和钛宝石晶体中间处腰斑与 l_3 函数关系曲线

(a) 和 (b) 分别为 BIBO 晶体中间子午面和弧矢面的腰斑半径；(c) 和 (d) 分别为钛宝石晶体中间子午面和弧矢面的腰斑半径

首先可以利用式 (6.5.23)、(6.5.24) 估算钛宝激光器的最大调谐范围，腔的环路损耗为 4.64%，输出耦合镜的透射率是 2.95%，所以该腔的线性损耗是 7.59%，BIBO 的倍频转化效率是 4.025%，另外就是增益带宽，该系统中增益带宽主要取决于三片 BRF，其自由光谱区为 33 THz，线宽为 412.5 GHz。为了获得稳定的单纵模激光输出，在腔内插入了厚度 0.5 mm 的熔融石英片材料的标准具，标准具的自由光谱区为 200 GHz，精细度为 0.6，计算可得其有效增益带宽为 227 GHz。

所以理论计算所得的激光器最大连续调谐范围为 67 GHz。

在实际的操作过程中，由于单个压电陶瓷的过量伸缩容易导致腔的失谐，所以我们利用三个压电陶瓷对腔长进行连续地扫描，钛宝石激光器的连续频率调谐范围由腔镜的最大平移量决定。考虑到频率调谐过程对激光稳定性和非线性晶体 BIBO 相对位置的影响，选用的 PZT_2 和 PZT_3 所能产生的最大平移量小于 PZT_1。输出波长由波长计 (WS6/765，High Finesse Laser and Electronic Systems) 测量并记录。在腔内没有插入非线性 BIBO 晶体之前，当扫描激光器谐振腔腔长范围超过谐振腔的一个自由光谱区时，激光器产生跳模现象，此时激光器的最大连续频率调谐范围为谐振腔的一个自由光谱区。当在谐振腔内插入非线性 BIBO 晶体之后，通过扫描激光器谐振腔腔长，获得了 48 GHz 的连续频率扫描范围，如图 6.5.26 所示。在获得最大连续频率扫描范围 48 GHz 情况下，由 PZT_1 获得的连续频率扫描范围为 40 GHz，通过 PZT_2 和 PZT_3 获得连续频率扫描范围为 8 GHz。由于连续频率扫描会对激光器输出功率产生较大影响，因此实验中使用的 PZT 最大伸长量只有 55 μm。如果使用伸长量更大的 PZT 时，钛宝石激光器的连续频率扫描范围将达到理论预估的 67 GHz。

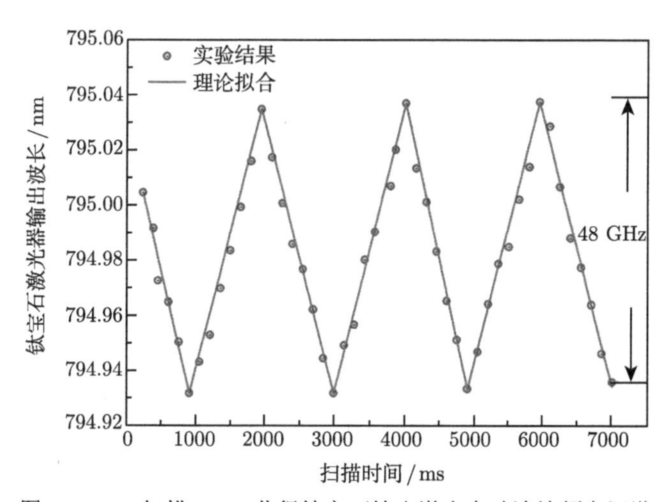

图 6.5.26 扫描 PZT 获得钛宝石输出激光自动连续频率调谐

进一步讨论非线性损耗引入对钛宝石激光器强度噪声的影响。图 6.5.27 就是腔内引入非线性损耗前后，利用自零拍探测系统测量得到的钛宝石激光器强度噪声特性。其中 (a) 表示腔内没有非线性晶体时输出 795 nm 激光的强度噪声，(b) 表示腔内插入非线性晶体时输出 795 nm 激光的强度噪声。腔内没有插入非线性晶体时，输出 795 nm 激光弛豫振荡频率为 550 kHz，此处噪声基准高于量子噪声极限 45.8 dB。在 0.2~0.4 MHz 的低频段，强度噪声来源于泵浦源，噪声基准高于量子噪声极限 41 dB。在 2.75 MHz 处强度噪声基准达到量子噪声极限。当腔内插入非线性晶体之后，低频段的强度噪声抑制了 8 dB，弛豫振荡频率处强度噪声抑制了 13 dB。

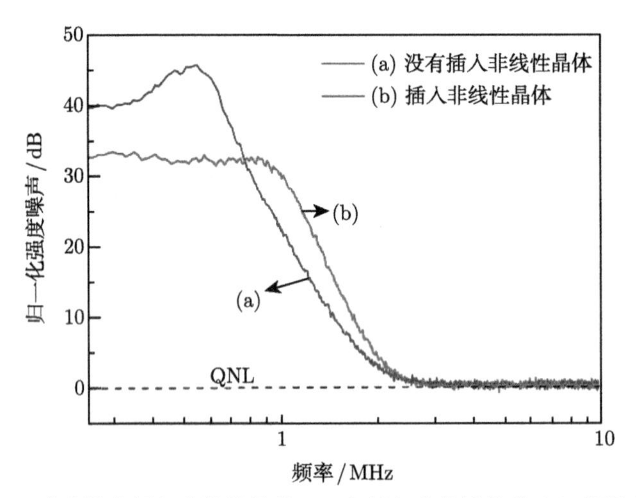

图 6.5.27 腔内没有插入非线性晶体 (a) 和插入非线性晶体 (b) 的强度噪声谱

从结果可以看出，非线性损耗的引入不仅能实现钛宝石激光器的频率连续调谐，而且能抑制其强度噪声。但是在实验中采用的非线性晶体，其光谱接受带宽均很窄，只能满足特定波长的需要。要想实现激光器在宽波长范围内的频率连续调谐，还是要采用之前介绍的标准具锁定技术来进行。

6.6 全固态单频连续波钛宝石激光器设计实例

到目前为止，可供选用的单频连续波钛宝石激光器产品主要有美国 Spectra-Physics 公司 Matisse 2 系列、美国 Coherent 公司 MBR 系列、英国 M Squared Lasers 公司 Sols Tis 系列以及俄罗斯 Tekhnoscan 公司 TiS-SF 系列。而在国内，能提供成熟产品的单位尚处于空白状态。近十几年来，我们实验室一直致力于单频连续波钛宝石激光器各项关键技术的研究工作，取得了若干具有代表性的进展，逐渐掌握了单频连续波钛宝石激光器的整套研制技术，也初步形成了具有完全自主知识产权的可调谐钛宝石激光器样机，已经提供给北京大学、清华大学、北京航空航天大学、中国科学院武汉物理与数学研究所等国内多家科研单位使用，受到了一定的好评，但产品还处于不断改进完善的阶段。下面就是单频连续波可调谐钛宝石激光器的一个设计实例。

6.6.1 泵浦源的选择

泵浦源采用的是自制的内腔倍频固体 Nd: YVO_4 激光器，其性能参数如表 6.6.1 所示。

表 6.6.1 内腔倍频固体 Nd: YVO_4 激光器性能参数

空间模式	TEM_{00}
光束质量因子	$M_x^2 = 1.05$，$M_y^2 = 1.08$
纵模结构	单频
输出激光	532 nm
输出功率	18.7 W
光光转化率	22.6%
功率稳定性	优于 ±0.4%(5 h)
偏振度	>100:1 (水平)

6.6.2 耦合系统的设计

采用全固态单频连续波 532 nm 绿光激光器作为钛宝石激光器的泵浦源时，需要耦合系统将发散角较大的绿光整形并聚焦到增益介质钛宝石晶体中。耦合系统的选取将会直接影响到钛宝石激光器的振荡阈值、转化效率、光束质量等特性，这就要求我们精确设计绿光泵浦钛宝石激光器的耦合系统，使泵浦激光的光斑与钛宝石晶体中心处的光斑有最大的模体积交叠，以获得钛宝石激光器的高效率高质量运行。

首先由谐振腔的阈值表达式来研究泵浦激光与振荡激光的模式匹配。

$$P_{\text{th}} = \frac{(T + 2\alpha l_0 + \eta)hc\pi}{4\sigma\tau\lambda_{\text{p}}\alpha_{\text{p}}\displaystyle\int_0^{l_0} \frac{\mathrm{e}^{-\alpha_{\text{p}}^z}}{\omega\left[1 + \dfrac{(z - z_1)^2\lambda^2}{\pi^2\omega^2 n^2}\right] + w_{\text{p}0}\left[1 + \dfrac{(z - z_2)^2\lambda_{\text{p}}^2}{\pi^2\omega_{\text{p}}^2 n_0^2}\right]^2}\mathrm{d}z} \tag{6.6.1}$$

其中，z_1、z_2 分别为谐振腔的振荡光和泵浦激光的在长度为 l_0 的钛宝石晶体中的束腰位置，在这里我们为了方便计算，假设它们都在钛宝石晶体的中心；ω 和 ω_{p} 分别为振荡光和泵浦光束的束腰大小。由公式 (6.6.1) 可得钛宝石激光器的阈值功率随泵浦光的束腰大小的变化曲线 (图 6.6.1)。正如图 6.6.1 中所示泵浦光的束腰半径大约在 25~35 μm，钛宝石激光器都有最小的阈值。

所以我们再确定需要的耦合透镜的大小，图 6.6.2 为两凸透镜组成的耦合系统来实现准直聚焦原理图，图中 l 表示两凸透镜之间的距离，s_0 表示 ω_{01} 与 f_1 之间的距离，s_1 表示 ω_{02} 与 f_2 之间的距离。

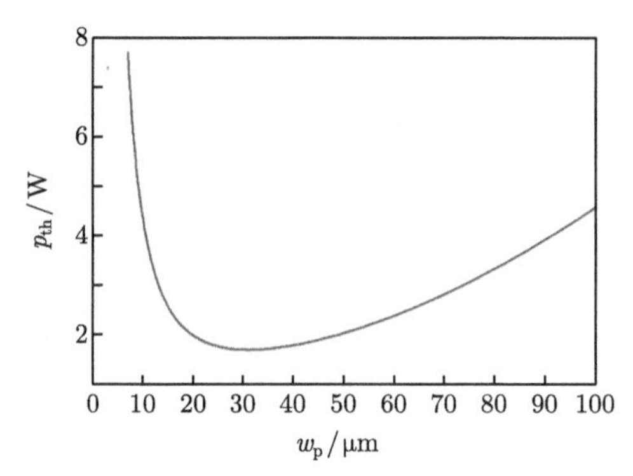

图 6.6.1　钛宝石激光器阈值随泵浦光腰斑大小的变化曲线

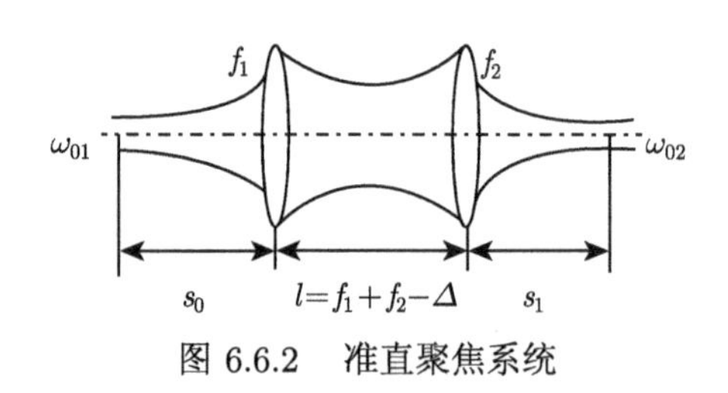

图 6.6.2　准直聚焦系统

经耦合系统变换后的束腰大小 ω_{02} 可以表示为

$$\omega_{02}=\omega_{01}\frac{|M_{\mathrm{T}}|\,f_1^2}{\sqrt{Z_{01}^2\Delta^2+\left[f_1^2+\Delta(s_0-f_1)\right]^2}} \tag{6.6.2}$$

其中，$M_{\mathrm{T}}=f_1/f_2$；$Z_{01}=\pi\omega_{01}^2/\lambda$；$\Delta=f_1+f_2-l$。在计算的过程中，我们假设 $s_0=f_1$。当取不同的 l 时，经耦合系统变换后的束腰大小 ω_{02} 随 f_1 和 f_2 的变化曲线如图 6.6.3 所示，从中可以看出两凸透镜之间的距离 l 对 ω_{02} 的大小影响特别小。因为经耦合变换后的泵浦光的束腰大小为 25~35 μm 时，激光器有最小的阈值，考虑到空间和光损耗，实验中一般使用 $f_1=200$ mm，$f_2=120$ mm 的两个凸透镜。

根据理论计算参数，我们设计了适合钛宝石激光器的耦合系统 (图 6.6.4)，图 6.6.4(a) 为我们使用的由两个凸透镜组成的耦合系统的结构图，图中 f_1=200 mm，f_2=120 mm，M_1 和 M_2 是用来细微调整泵浦光腰斑位置的一组平面高反镜，目的是更好地将泵浦光耦合进钛宝石晶体与晶体中心的束腰更佳地匹配。发散的泵浦光经凸透镜 f_1 后变成近似平行的高斯光束，再经 f_2 会聚为需要的光斑大小。泵浦光经过由布儒斯特角切割的钛宝石晶体会引起像散，因此为了补偿这种像散，我们设计了如图 6.6.4(b) 所示的耦合系统，图中 f_1 为 β 角度放置，焦距为

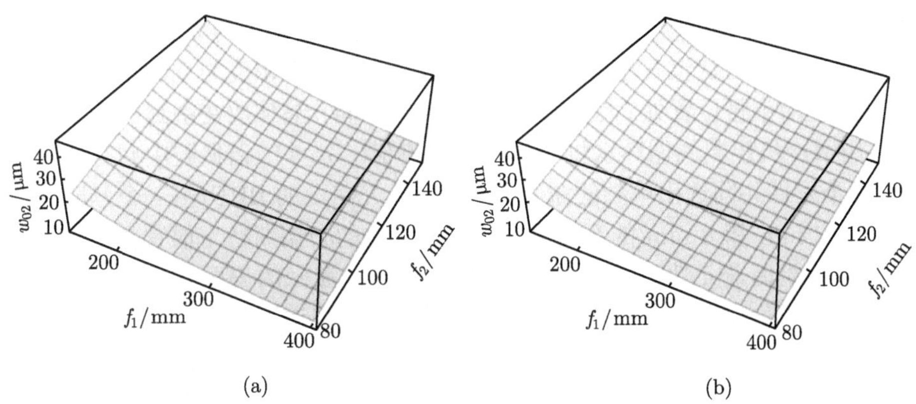

图 6.6.3 (a) $l=350$ 时，ω_{02} 随 f_1 和 f_2 的变化曲线图，(b) $l=750$ 时，ω_{02} 随 f_1 和 f_2 的变化曲线图

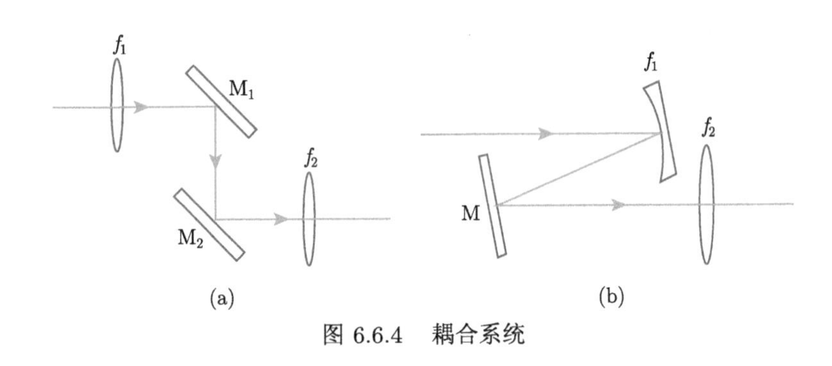

图 6.6.4 耦合系统

200 mm 的平凹镜，f_2 为焦距为 120 mm 的凸透镜。由像散补偿公式计算可得 β=5°。相比于 (a) 中所示的耦合系统，(b) 所示的耦合系统在补偿像散、提高钛宝石激光器的输出功率、提高光束质量等的同时，由于减少使用了一组平面高反镜及微小角度摆放而缩小了占用空间，有利于激光器产品的集成。

6.6.3 谐振腔

图 6.6.5 为激光器简易装置图。腔型采用四镜环形腔结构，M_1 ~M_4 是环形腔的四个腔镜，其中 M_1 和 M_2 是曲率半径为 100 mm 的两个平凹镜，M_3 和 M_4 是两个平面镜。为了减小泵浦光的传输损耗并实现可调谐范围内的激光在腔内的振荡，输入镜 M_1 镀有对 532 nm 激光高透和对 740~890 nm 激光高反的膜，M_2 和 M_3 都镀有对 740~890 nm 激光高反的膜，输出镜 M_4 镀有对 740~890 nm 激光具有一定透射率 T 的膜，其最佳透射率的确定会在稍后作详细阐述。激光在两平凹镜上的入射角为 15.8°，用来补偿腔内由布儒斯特角切割钛宝石晶体引入的像散。通过较好

的补偿，晶体中心处的束腰在弧矢面和子午面的光斑大小大约为 38 μm 和 36 μm。布儒斯特角切割的钛宝石晶体大小是 $\Phi 4\times 20\ \mathrm{mm}^3$，掺杂浓度为 0.05 wt.%，放置在环形谐振腔的束腰位置处 (大约为 M_1 和 M_2 的中间)。晶体放在密封的铜制晶体炉中，并用水冷机控制的循环水将晶体的温度控制在 15 ℃。谐振腔中共有两个选频元件，两个元件共同选出单频的激光。M_1 和 M_4 光路上的 BRF，由三个厚度分别为 0.5 mm、2 mm 和 8 mm 的石英晶片组成并以它的布儒斯特角放置在光路中，作为激光器的粗调谐元件。通过旋转 BRF 改变入射激光的偏振方向与双折射滤波片光轴之间的角度来实现连续单频可调谐激光器的粗调谐。为了在粗调谐的基础上精细地选择钛宝石激光器的输出频率，将一个固定在振镜电机 (GC) 转动轴上的电光标准具放置在 M_3 和 M_4 之间的光路上。通过控制振镜电机的转轴可以改变激光与电光标准具法线之间的夹角，从而改变激光器的输出波长。在锁定电光标准具的基础上，我们通过扫描加载在粘连于腔镜 M_3 的压电陶瓷上 (PZT) 的电压来连续改变谐振腔的腔长，进而实现钛宝石激光器输出激光频率的连续变化。最后，为了实现钛宝石激光器的单向运转，一个腔外反射率可调的简易反射装置被放置在钛宝石激光器反向光输出光路上。反射装置中的四分之一波片、棱镜和高反镜分别都镀有对 740~890 nm 激光高反膜。

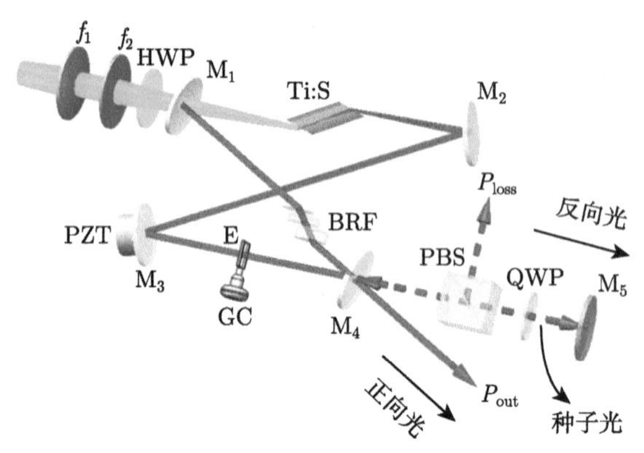

图 6.6.5　自注入锁定钛宝石激光器的简易装置图

6.6.4　内腔损耗的测量

在第 4 章中，已经介绍了描述激光器强度噪声的量子理论模型。该理论模型指出激光器强度噪声的来源主要有输出耦合镜引入的真空起伏噪声、泵浦源的强度噪声、自发辐射噪声、偶极起伏噪声以及由腔内损耗引起的噪声。这五种噪声源均会激发弛豫振荡，而引起弛豫振荡最主要的因素是真空起伏噪声、偶极起伏

噪声和腔内损耗引起的噪声。而激光器的弛豫振荡频率 f_{RRO} [36] 可以表示为

$$f_{\mathrm{RRO}} = \frac{1}{2\pi}\sqrt{\frac{(\kappa_m + \kappa_l)G}{\kappa_m N h\nu_0}}\sqrt{P_{\mathrm{out}}} \tag{6.6.3}$$

其中，$h\nu_0$ 为激光光子能量，P_{out} 为激光器的输出功率，G 为受激辐射速率，N 为增益介质中有效利用的原子个数，可以表示为

$$N = \rho V_{\mathrm{mode}} = \frac{1}{2}\pi\rho l\omega_0^2 \tag{6.6.4}$$

其中，ω_0 为激光谐振腔的腔模半径。

$2\kappa_m$ 表示输出耦合镜引起的腔衰减速率，可以表示为

$$2\kappa_m = \frac{Tc}{L} \tag{6.6.5}$$

$2\kappa_l$ 表示腔内损耗引起的腔衰减速率，可以表示为

$$2\kappa_l = \frac{\delta_c c}{L} \tag{6.6.6}$$

其中，T 为输出耦合镜的透射率，δ_c 为激光器谐振腔的腔内损耗。

将公式 (6.6.4)~(6.6.6) 代入公式 (6.6.3) 中，可以得到激光器腔内损耗的表达式：

$$\delta_c = \frac{2\pi^3 L\omega_0^2 nTh\nu f_{\mathrm{RRO}}^2}{\sigma_{\mathrm{s}} cP_{\mathrm{out}}} - T = \left(\frac{2\pi^3 L\omega_0^2 nh\nu_0 f_{\mathrm{RRO}}^2}{\sigma_{\mathrm{s}} cP_{\mathrm{out}}} - 1\right)T \tag{6.6.7}$$

令

$$k = \frac{2\pi^3 L\omega_0^2 nh\nu_0}{\sigma_{\mathrm{s}} c} \tag{6.6.8}$$

则公式 (6.6.7) 可以简化为

$$\delta_c = \left(k\frac{f_{\mathrm{RRO}}^2}{P_{\mathrm{out}}} - 1\right)T \tag{6.6.9}$$

从公式 (6.6.8) 可以看出，对于一个确定的激光器而言，k 值是确定的，这是因为激光器谐振腔的腔长 L、增益晶体折射率 n、增益介质处的腔膜半径 ω_0、输出激光的光子能量 $h\nu_0$ 以及在该波长处的受激发射截面 σ_{s} 和输出耦合镜的透射率 T 均为确定值。在此基础上，我们只要测量单频激光器的输出功率和在该功率下激光器的弛豫振荡频率，即可很方便地计算出单频激光器的腔内损耗值 [37]。

6.6.5 结果分析

在实验的过程中，当使用透射率分别为 5.5%、6.5%和 11%的输出耦合镜时，钛宝石激光器的输出功率随泵浦功率的变化曲线如图 6.6.6 所示。可以观察到在 18 W 的相同泵浦条件下，激光器在 795 nm 波长处的最大输出功率分别为 4.8 W、5.0 W 和 4.62 W，阈值分别为 2.65 W、2.89 W 和 3.61 W，斜效率分别为 31%、34.8%和 33%。也就是说，在 T_1=6.5%的时候，实现了最大功率为 5 W 的 795 nm 激光输出。将实验结果与我们之前使用腔内光学单向器得到的激光器性能相比 [37]，输出功率从 2.88 W 增加到 5.0 W，斜效率从 22%增加到 34.8%，实现的高功率和高效率激光输出，均归功于较低的内腔损耗。

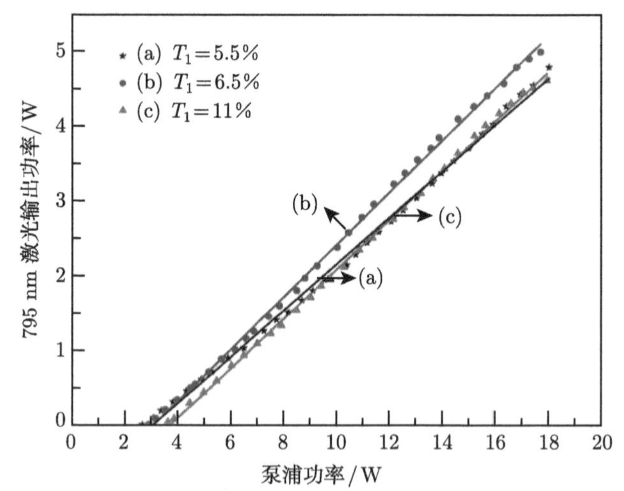

图 6.6.6 使用不同 T_1 的输出耦合镜时，钛宝石激光器在 795 nm 处的激光功率随泵浦功率的变化关系

测得的输出功率稳定性结果如图 6.6.7 所示，在 5 h 内优于 ±0.9%，我们用精细度为 100 的共焦 F-P 干涉仪 (F-P-100，Yuguang Co.，Ltd) 监视输出激光的纵模模式结构，结果如图 6.6.7 中的插图所示。

稳定单向单频运转的钛宝石激光器的实现不仅依赖于可获得单向行波运行的反射装置，而且也需要能有效压窄激光晶体增益线宽的腔内双折射滤波片和电光标准具的共同作用。

我们用 M^2 光束质量分析仪 (M2SETVIS，Thorlabs) 测量了钛宝石激光器的横模特性，得到的实验结果如图 6.6.8 所示，结果显示光束质量因子分别为 $M_x^2 = 1.04$，$M_y^2 = 1.03$。

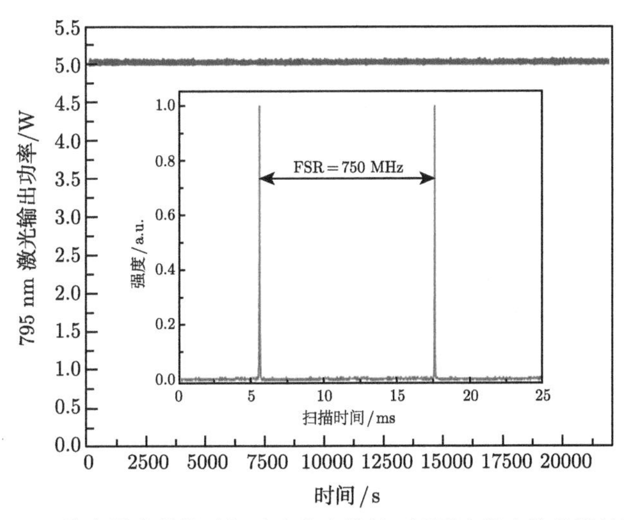

图 6.6.7 输出激光的长时间功率稳定特性 (插图为激光的纵模结构图)

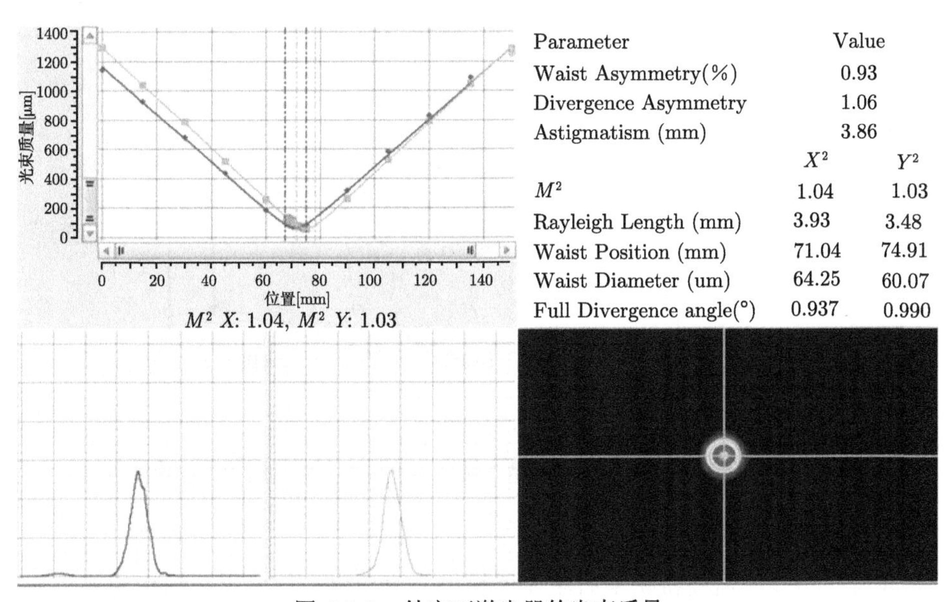

图 6.6.8 钛宝石激光器的光束质量

最后我们测量了自注入锁定钛宝石激光器的调谐特性。将激光器的输出光束分出一小部分注入波长计 (WS6/765，High Finesse Laser and Electronic Systems) 的探头中用来读取和记录注入激光的波长。自注入锁定激光器在不同工作波长处对应的功率如图 6.6.9(a) 所示。

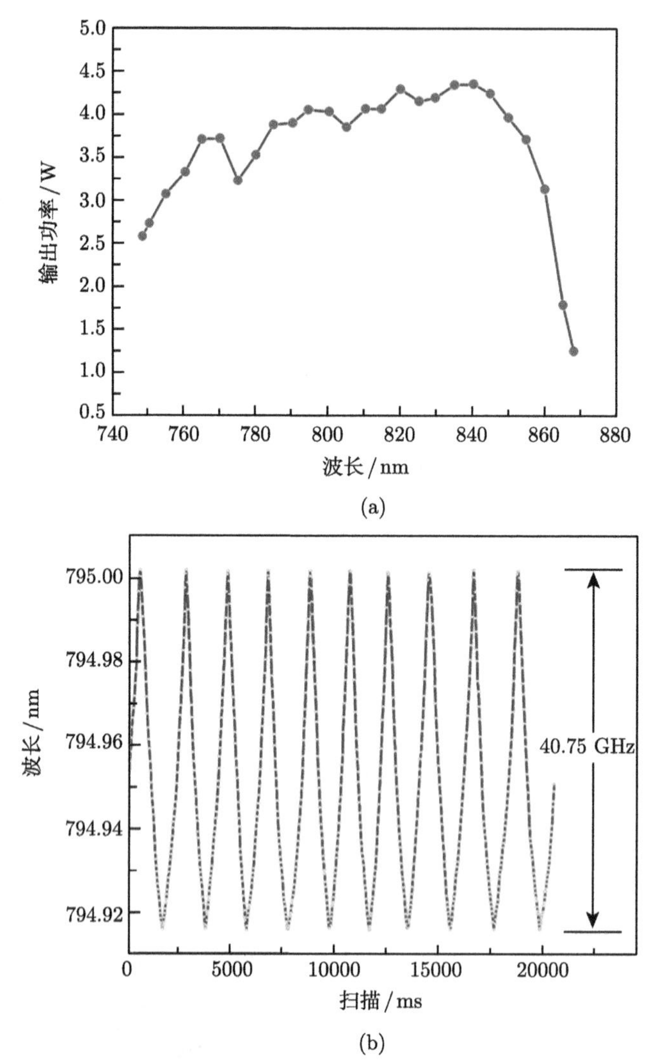

图 6.6.9　自注入锁定钛宝石激光器的激光调谐 (a) 最大调谐范围和 (b) 连续调谐能力

因为在实验中需要将钛宝石激光器输出光束分出一部分用于纵模模式、光束质量和线宽等激光性能的测量，所以图 6.6.9(a) 中记录的功率值略低于钛宝石激光器的实际输出功率。通过旋转 BRF 改变激光偏振方向与其光轴之间的夹角实现了自注入锁定激光器从 748 nm 到 868 nm 波长范围的调谐，获得了拥有宽达 120 nm 范围调谐能力的钛宝石激光器。由于自注入锁定钛宝石激光器不仅不受腔内宽带单向器 OD 的带宽限制而且也不受腔外种子激光器的带宽限制，当采用离轴 BRF 作为宽调谐元件时，可以实现调谐范围覆盖 700~1000 nm 的可调谐钛宝石激光器。之后，我们将腔内电光标准具锁定到激光器的振荡模上，用频率为 500 mHz 的三角波信号扫描粘连在腔镜 M_3 上的压电陶瓷，连续扫描激光谐振腔的腔长，实现了钛宝石激光器输出波长在 795 nm 附近的无跳模连续调谐，连续调谐能力为 40.75 GHz，实验结果如图 6.6.9(b) 所示。

实验中，利用获得的连续可调谐钛宝石激光器扫描了对应铷原子 D_1、D_2 线的饱和吸收谱。铷原子的 D_1、D_2 跃迁吸收线对应波长分别为 795 nm 和 780 nm，所以将钛宝石激光器输出波长分别调谐到 795 nm 和 780 nm 附近进行实验。扫描得到的铷原子饱和吸收谱如图 6.6.10 所示，其中 (a) 对应于 ^{87}Rb 和 ^{85}Rb 原子的 D_1 跃迁吸收线，(b) 对应于 ^{87}Rb 和 ^{85}Rb 原子的 D_2 跃迁吸收线。该实验结果表明，实验获得的连续可调谐钛宝石激光器可满足一些基于原子 (铷、铯、钾原子) 的实验研究及应用的需求。

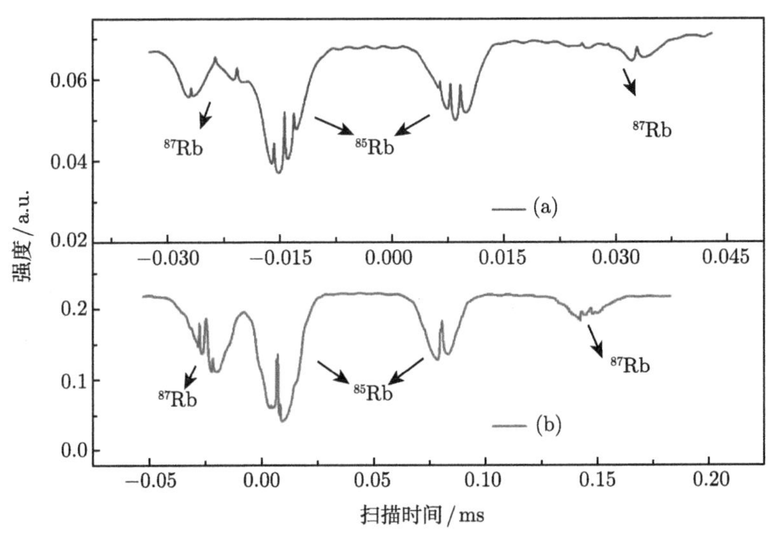

图 6.6.10 铷原子的饱和吸收谱。(a)D_1 跃迁吸收线，(b)D_2 跃迁吸收线

综上所述，我们结合理论分析设计了一个结构紧凑、操作简单的自注入锁定连续波单频可调谐钛宝石激光器，通过优化参数使自注入锁定的钛宝石激光器工作在最佳状态，输出激光在 795 nm 处的功率达 5.0 W，稳定性优于 ±0.9%(5 h)，M^2 因子小于 1.05。通过转动 BRF，实现调谐范围可达 120 nm 的可调谐激光输出，将电光标准具锁住后，自注入锁定钛宝石激光器的频率连续调谐范围达到 40.75 GHz。由于钛宝石激光器的输出波长覆盖锂原子、钾原子、铷原子和铯原子等碱金属原子的跃迁吸收线，因此在原子冷却和俘获，量子储存等方面有着较强的应用前景。基于发展的钛宝石激光技术以及非线性频率变换技术，通过外腔或

内腔倍频过程，已经成功研制了输出波长分别为 397.5 nm[38−40]、455.5 nm[41] 以及 461 nm[42] 全固态单频连续波可调谐激光器，进一步拓展了钛宝石激光器的应用范围。图 6.6.11 和图 6.6.12 分别是全固态单频连续波宽调谐钛宝石激光器及其伺服控制器的外观图。

图 6.6.11　全固态单频连续波宽调谐钛宝石激光器的外观图

图 6.6.12　全固态单频连续波可调谐钛宝石激光器伺服控制器

参 考 文 献

[1] Johnson L F, Dietz R E, Guggenheim H J. Optical maser oscillation from Ni^{2+} in MgF_2 involving simultaneous emission of phonons. Phys. Rev. Lett., 1963, 11(7): 318-320

[2] Moulton P F, Mooradian A. Tunable transition-metal-doped solid state lasers. Springer Ser. Opt. Sci., 1979, 21: 584-589

[3] Johnson L F, Guggenheim H J. Electronic and phonon-terminated laser emission from Ho^{3+} in BaY_2F_8. IEEE Journal of Quantum Electronics, 1974, QE-10(4): 442-449

[4] Sugimoto A, Segawa Y, Kim P H, Namba S. Spectroscopic properties of Ti^{3+}-doped $BeAl_2O_4$. J. Opt. Soc. Am. B, 1989, 6(12): 2334-2337

[5] Merkle L, Verdun H R, Brauch U, Fuente G, Allik. Growth and characterization of the spectra of $EuAlO_3$: Ti and $GdAlO_3$: Ti. J. Opt. Soc. Am. B, 1989, 6(12): 2342-2347

[6] Basun S A, Feofilov S P, Kaplyanskii A A. Transport and dynamics of nonequilibrium phonons in single-crystal ruby fibers. Phys. Rev. Lett., 1991, 11(7): 3110-3112

[7] Izumitani T, Peng B, Richardson K. Spectroscopic investigation of Cr-doped silicate and aluminate glasses. The Review of Laser Engineering, 1996, 24(6): 689-694

[8] Moulton P F. Spectroscopic and laser characteristics of Ti: Al_2O_3. J. Opt. Soc. Am. B, 1986, 3(1): 125-133

[9] Aggarwal R L, Sanchez A, Fahey R E, Strauss A J. Magnetic and optical measurements on Ti: Al_2O_3 crystals for laser applications: concentrateion and absorption cross section of Ti^{3+} ions. Appl. Phys. Lett., 1986, 48(20): 1345-1347

[10] Walling J C, Heller D F, Samelson H, Harter D J, Pete J A, Morris R C. Tunable alexandrite lasers: development and performance. IEEE Journal of Quantum Electronics, 1985, QE-21(10): 1568-1581

[11] Eilers H, Hoffman K R, Dennis W M, Jacobsen S M, Yen W M. Saturation of 1.064 μm absorption in Cr,Ca: $Y_3Al_5O_{12}$ crystals. Appl. Phys. Lett., 1992, 61(25): 2958-2960

[12] Kuck S, Koetke J, Petermann K, Pohlmann U, Hube G. Spectroscopic and laser studies of Cr^{4+}: YAG and Cr^{4+}: Y_2SiO_5. Opt. Comn., 1993, 101: 195-198

[13] Jia W, Eilers H, Dennis W M, Yen W M. Performance of a Cr^{4+}: YAG laser in the near infrared. Advanced Soild State Lasers, 1992, 13: 31-33

[14] 卢华东, 苏静, 李凤琴, 王文哲, 陈友贵, 彭堃墀. 紧凑稳定的可调谐钛宝石激光器. 中国激光, 2010, 37(5): 1166-1171

[15] Roy R, Schulz P A, Walther A. Acousto-optic modulator as an electronically selectable unidirectional device in a ring laser. Optics Letters, 1987, 12(9): 672-674

[16] Jarrett S M, Young J F. High-efficiency single-frequency cw ring dye laser. Optics Letters, 1979, 4(6): 176-178

[17] Johnston T F, Proffitt W. Design and performance of a broad-band optical diode to enforce one-direction traveling-wave operation of a ring laser. IEEE J. of Quantum Electronics, 1980, QE-16(4): 483-488

[18] Johnston T F, Proffitt W. Broadband optical diode for a ring laser. US Patent, 1981, 4272158

[19] 王军民, 梁晓燕, 李瑞宁. 一种可用于可调谐环行 Ti: Al_2O_3 激光器的宽带单向器. 激光与红外, 1993, 21(1): 31-33

[20] Wei Y X, Lu H D, Jin P X, Peng K C. Self-injection locked CW single-frequency tunable Ti: sapphire laser. Optics Express, 2017, 25(18): 21379-21387

[21] Loyt R. Un monochromateur a grand champ utilisant les interference en lumiere polarisee. Compt. Rent. Acad. Sci., 1933, 197: 1593-1595

[22] Loyt R. Birefringent filters. Ann. Astrophys, 1944, 7(1-2): 31-35

[23] Billings B H. A tunable narrow-band optical filter. J. Opt. Soc. Am, 1947, 37: 738-746

[24] Evans J W. The birefringent filter. J. Opt. Soc. Am, 1949, 39: 229-242

[25] Holtom G, Teschke O. Design of a birefringent filter for high-power dye lasers. IEEE J. Quantum Electron., 1974, 10(8) : 577-579

[26] Naganuma K, Lenz G. Variable bandwidth birefringent filter for tunable femtosecond lasers. IEEE J. Quantum Electron., 1992, 28(10) : 2142-2150

[27] Demirbas U. Off-surface optic axis birefringent filters for smooth tuning of broadband lasers. Appl. Opt., 2017, 56 (28) : 7815-7825

[28] Wei J, Cao X C, Jin P X, Su J, Lu H D, Peng K C. Diving angle optimization of BRF in a single-frequency continuous-wave wideband tunable titanium: sapphire laser. Optics Express, 2021, 29(5): 6714-6725

[29] 苏静, 靳丕铦, 卫毅笑, 卢华东, 彭堃墀. 自动宽调谐的全固态连续单频钛宝石激光器. 中国激光, 2017, 44(7): 0701006

[30] Wei J, Cao X C, Jin P X, Shi Z, Su J, Lu H D. Realization of compact watt-level single-frequency continuous-wave self-tuning titanium: sapphire laser. Optics Express, 2021, 29(2): 2679-2689

[31] Sun X J, Wei J, Wang W Z, Lu H D. Realization of a continuous frequency-tuning Ti: sapphire laser with an intracavity locked etalon. Chin. Opt. Lett., 2015, 13(7): 071401

[32] Jin P X, Lu H D, Wei Y X, Su J, Peng K C. Single-frequency CW Ti: sapphire laser with intensity noise manipulation and continuous frequency-tuning. Optics Letters, 2017, 42(1): 143-146

[33] Li F Q, Zhao B, Wei J, Jin P X, Lu H D, Peng K C. Continuously tunable single-frequency 455 nm blue laser for high-state excitation transition of cesium. Optics Letters, 2019, 44(15): 3785-3788

[34] Jin P X, Xie Y J, Cao X C, Su J, Lu H D, Peng K C. Modulation-noise-free continuously tunable single-frequency CW Ti: sapphire laser with intracavity-locked birefringent etalon. IEEE J. of Quantum Electron., 2022, 58(1): 1700106

[35] Lu H D, Sun X J, Wang M H, Su J, Peng K C. Single-frequency Ti: sapphire laser with continuous frequency-tuning and low intensity noise by means of the additional intracavity nonlinear loss. Optics Express, 2014, 22(20): 24551-24558

[36] Harb C C, Ralph T C, Huntington H, Freitag I, McClelland D E, Bachor H A. Intensity-noise properties of injection-locked lasers. Phys. Rev. A, 1996, 54(5): 4370-4382

[37] 卢华东. 利用弛豫振荡频率和输出功率测量单频钛宝石激光器的腔内损耗. 中国激光, 2013, 40(4): 0402002

[38] Lu H D, Wei J, Wei Y X, Su J, Peng K C. Generation of high-power single-frequency 397.5 nm laser with long lifetime and perfect beam quality in an external enhancement-cavity with MgO-doped PPSLT. Optics Express, 2016, 24(21): 23726-23734

[39] Wei J, Lu H D, Jin P X, Peng K C. Investigation on the thermal characteristic of MgO: PPSLT crystal by transmission spectrum of a swept cavity. Optics Express, 2017, 25(4): 3545-3552

[40] Lu H D, Sun X J, Wei J, Su J. Intracavity frequency-doubled and single-frequency Ti: sapphire laser with optimal length of the gain medium. Appl. Opt., 2015, 54(13): 4262-4266

[41] Li F Q, Li H J, Lu H D. Realization of a tunable 455.5-nm laser with low intensity noise by intracavity frequency-doubled Ti: sapphire laser. IEEE J. of Quantum Electron., 2016, 52(2): 1700106

[42] Li F Q, Li H J, Lu H D, Peng K C. High-power tunable single-frequency 461 nm generation from an intracavity doubled Ti: sapphire laser with PPKTP. Laser Phys., 2016, 26: 025802

结 束 语

通过在谐振腔内引入非线性损耗，全固态单频连续波激光器的整体性能得到了大幅度提高，研制的激光器可以应用于光场量子态制备、冷原子物理和引力波探测等诸多领域。

(1) 全固态单频连续波激光器在光场量子态制备中的应用。压缩态和纠缠态是两种典型的光场量子态。压缩态是将相干态对称分布在正交振幅分量和正交相位分量的噪声在不违背海森伯不确定原理的原则上重新分配，使得其中一个正交分量的噪声功率低于散粒噪声基准，另一个正交分量的噪声功率高出散粒噪声基准。同时，用两个工作在参量反放大状态的简并光学参量放大器产生的正交振幅压缩态光场在 50/50 光学分束器上耦合，可以得到 EPR 纠缠态光场。而使用全固态单频连续波激光器直接泵浦多个光学参量振荡器 (optical parametric oscillator，OPO) 或者光学参量放大器 (optical parametric amplifier，OPA) 是制备压缩态和纠缠态光场的主要手段。其中，倍频光用作 OPO 或 OPA 的泵浦光，基频光用作 OPO 或 OPA 的种子光以及探测时的本地光，如图 1 所示。为了获得高压缩度和纠缠度的压缩态和纠缠态光场，全固态单频连续波激光器不仅要有很好的光束质量以及功率和频率稳定性，而且要有极低的强度噪声。而为了获得多组分的压缩态和纠缠态光场，全固态单频连续波激光器又必须具有足够高的输出功率。因此，高功率低噪声全固态单频连续波激光器是基于谐波产生过程光场量子态制备中不可缺少的重要光源，是构建未来实用化量子网络的基础。

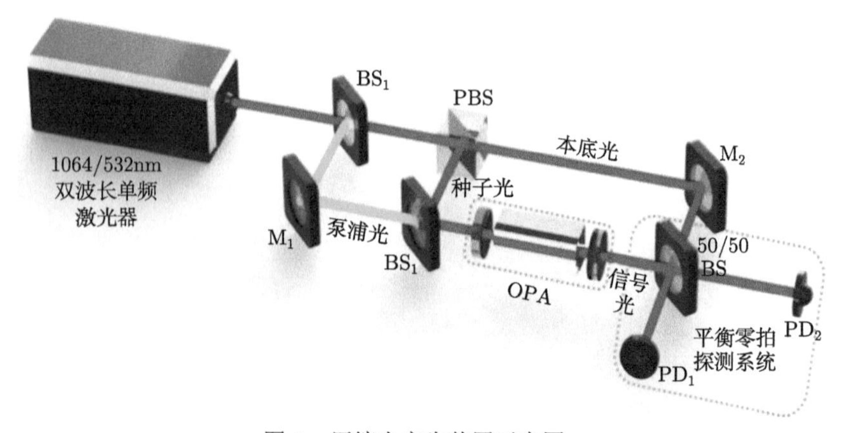

图 1　压缩光产生装置示意图

(2) 全固态单频连续波激光器在冷原子物理中的应用。原子物理作为物理学的一个分支,是人类认识世界强有力的工具之一。随着现代原子冷却技术的快速发展,冷原子物理已经成为人类开展光与物质相互作用,高精度精密测量等研究工作的理想平台。其中,利用冷原子、玻色–爱因斯坦凝聚体 (Bose-Einstein condensate, BEC) 和简并费米气体 (degenerate Fermi gas, DFG) 等超冷气体可以用于实现量子操控或者模拟一些复杂新奇的量子现象,进而研究许多无法直接观测的微观世界。激光冷却原子技术是获得超冷原子的基础,其基本原理就是利用激光与原子间的能级跃迁进行能量交换,降低原子热运动动能,并使其处于能量更低的量子态上,降低原子本身的内能。激光冷却原子过程中需要利用激光构建如磁光阱、暗磁光阱、光学偶极力阱等多种势阱对原子进行冷却和俘获。为了对原子进行调制和操控,人们还能够利用激光制备各种光学晶格,构建具有一定空间周期性分布的势阱。更重要的是,在表征或测量冷原子的状态和特性时,也需要利用激光进行探测。总之,在冷原子物理中,从冷原子的制备到冷原子的操控和探测,激光器都起着重要的作用。图 2(a) 为远失谐交叉的光学偶极力阱示意图。它由两束远失谐空间交叉的激光构成,这样就在空间为中性原子提供了一个简谐束缚阱,实现原子的蒸发冷却到量子简并。根据光学偶极俘获原理,利用相互干涉的多束激光也可以构建如图 2(b) 所示的光学晶格。然后将冷原子装载于光学晶格中,即可实现冷原子的一维、二维或三维微光学俘获,从而形成冷原子的空间周期性排列,结合其他外部参数的控制,实现了对原子量子态的精确操控。为了获得高质量的冷原子,实现精准的量子态操控和测量,实验中采用的激光器不仅要有足够高的输出功率以及足够高的功率和频率稳定性,而且要有较低的强度噪声,频率噪声和相位噪声特性,乃至较宽的调谐范围。因此,不同波长、不同功率的全固态单频连续波激光器以及可调谐激光器是原子物理研究领域中的重要工具。

(a) 光学偶极力阱

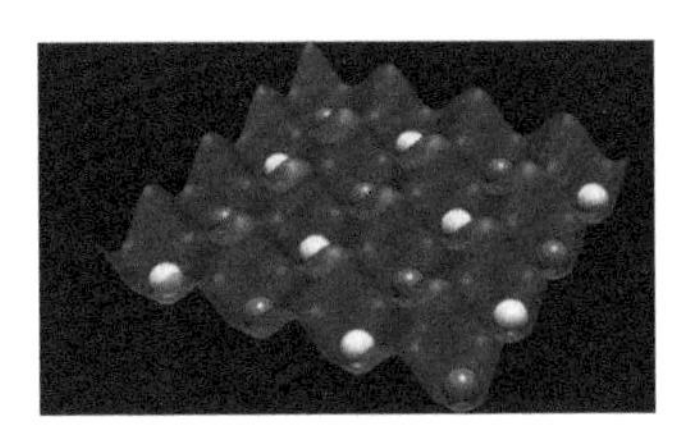

(b) 光学晶格

图 2 光学偶极力阱示意图

(3) 全固态单频连续波激光器在引力波探测中的应用。引力波是引力场的波动,表现为对时空度规的微扰。通常情况下,引力波与物质的相互作用非常微弱,尺度相对变化约为 1×10^{-21},要比电磁相互作用小 38 个量级,因此在地球上必须使用探测灵敏度非常高的激光干涉仪引力波探测器才可以对引力波进行探测。激光干涉仪引力波探测器的本质是迈克耳孙干涉仪，如图 3 所示。注入的光被分束器分成两束沿正交方向运动的光束。这两束光线分别被镜子反射，当在分束器上重叠时发生干涉。入射激光的强度越大，两束光干涉后亮暗条纹的对比度就越大。如果引力波通过干涉仪，则臂的长度分别被压缩或拉伸，干涉条纹就会发生变化，通过探测干涉条纹的变化就可以精确探测引力波。在引力波探测过程中，通过在干涉仪的两臂引入 F-P 腔，有效增加了干涉臂的长度；采用模式清洁器有效过滤入射激光的横模模式和高频段的强度噪声；采用光循环镜有效提高了入射激光的使用效率。利用该装置，从事引力波研究的科学家在 2015 年首次成功探测到了引力波。为了更深入地探索引力波的本质以及获取更多的引力波信息，必须制备探测灵敏度更高的激光干涉仪引力波探测器。为此，一方面可以进一步提高全固态单频连续波激光器的输出功率和降低激光器的强度噪声；另一方面可以将压缩态光场注入干涉仪的两臂填补真空通道，通过提高整个探测装置的信噪比，进而探测更多的引力波信息。

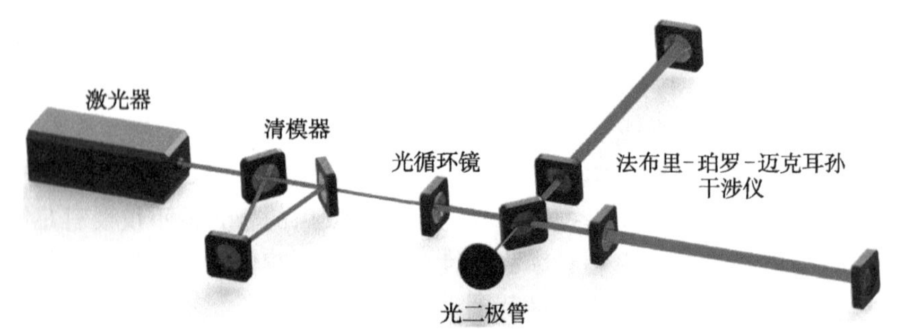

图 3　激光干涉仪引力波探测器的光学部分示意图